数字建造　钢构图腾

Totem of Steel Structure in Digital Fabrication

"金协杯"第二届全国钢结构行业数字建筑及 BIM 应用大赛获奖项目精选

Highlights of the 2nd Digital Architecture & Applied BIM Contest of National Steel Structure Industry

组织编写　中国建筑金属结构协会　河南省钢结构协会

主　　编　郝际平　魏　群

副 主 编　孙晓彦　刘尚蔚　魏鲁双　李旭禄

　　　　　王庆伟　王希河　李永明　郑　强

中国建筑工业出版社

图书在版编目（CIP）数据

数字建造 钢构图腾："金协杯"第二届全国钢结构
行业数字建筑及 BIM 应用大赛获奖项目精选＝Totem of
Steel Structure in Digital Fabrication——
Highlights of the 2nd Digital Architecture &
Applied BIM Contest of National Steel Structure
Industry/中国建筑金属结构协会，河南省钢结构协会
组织编写；郝际平，魏群主编；孙晓彦等副主编. —
北京：中国建筑工业出版社，2022.8
ISBN 978-7-112-27640-0

Ⅰ．①数… Ⅱ．①中… ②河… ③郝… ④魏… ⑤孙
… Ⅲ．①钢结构-建筑设计-计算机辅助设计-作品集-
中国-现代 Ⅳ．①TU391-39

中国版本图书馆 CIP 数据核字（2022）第 130927 号

本书收录了"金协杯"第二届全国钢结构行业数字建筑及 BIM 应用大赛的部分获奖
项目，详细介绍了在光启科学中心、中国国际丝路中心大厦、河南省科技馆、首都博物馆
东馆、海峡文化艺术中心、厦门新会展中心、亚洲金融大厦暨亚洲基础设施投资银行总部
等项目中 BIM 技术的应用情况。本书内容丰富，形式多样，极具参考价值，可为推进数
字建造及 BIM 技术在建筑信息化发展中的应用，深化 BIM 技术在钢结构工程中的实践，
创新 BIM 专业技术人才培养机制提供一定帮助。

责任编辑：高 悦 万 李 范业庶
责任校对：赵 颖

数字建造 钢构图腾

"金协杯"第二届全国钢结构行业数字建筑及 BIM 应用大赛获奖项目精选
Totem of Steel Structure in Digital Fabrication
Highlights of the 2nd Digital Architecture & Applied BIM Contest of National Steel Structure Industry
组织编写 中国建筑金属结构协会 河南省钢结构协会
主 编 郝际平 魏 群
副 主 编 孙晓彦 刘尚蔚 魏鲁双 李旭禄
王庆伟 王希河 李永明 郑 强

*

中国建筑工业出版社出版、发行（北京海淀三里河路 9 号）
各地新华书店、建筑书店经销
霸州市顺浩图文科技发展有限公司制版
临西县阅读时光印刷有限公司印刷

*

开本：880 毫米×1230 毫米 1/16 印张：21½ 字数：634 千字
2022 年 9 月第一版 2022 年 9 月第一次印刷
定价：280.00 元
ISBN 978-7-112-27640-0
（39648）

编写委员会

主　　编：郝际平　魏　群

副 主 编：孙晓彦　刘尚蔚　魏鲁双　李旭禄　王庆伟

王希河　李永明　郑　强

编　　委（按汉语拼音排序）：

曹平周　陈振民　董　春　段常智　樊建生

范业庶　郝际平　贺明玄　胡育科　贾　莉

乐金朝　李海旺　李旭禄　李永明　刘尚蔚

卢　定　罗永峰　马恩成　马智亮　宋为民

宋新利　孙晓彦　王庆伟　王仕统　王希河

王　勇　王元丰　魏　来　魏鲁双　魏　群

文林峰　杨　帆　张洪伟　张社荣　张新中

张艳霞　郑　强　郑展鹏　钟炜辉　周学军

周　瑜

秘 书 处：周　瑜　魏鲁婷　杨瑞祥

序　一

2021年是我国"十四五"宏伟篇章的开局之年，是实施城市更新行动，推动城市结构调整优化和品质提升，转变城市开发建设方式，建设宜居城市、绿色城市、韧性城市、智慧城市、人文城市，不断提升城市人居环境质量、人民生活质量、城市竞争力的关键之年，我国正走出一条有中国特色的城市发展道路。当下，建筑行业存在以下特点：

首先，自2020年始持续不断的疫情倒逼产业向数字化转型和升级，新动能逆势崛起成长。凡是采用信息化、自动化技术较多的制造业或服务业，以及采用新商业模式和新管理模式的企业，不仅受影响小而且复产复工速度快。

其次，产业发展中，和互联网相关的新业态、新模式继续保持逆势增长，线上交易增长迅猛，潜能巨大，新基建、新消费同频共振，将成为拉动经济的新增长点，开启巨大的经济新蓝海。线上线下融合的智慧零售、智能供应链、智慧物流在重塑着新消费环境和消费趋势，这也为企业发展提出了新的要求。越来越多的企业正在把握新机遇、新风口，危中觅机，加快业务转型。建筑行业正在积极采用新技术、新产品、新商业模式和新管理模式来寻求突破。

中国建筑金属结构协会积极发挥行业优势，肩负起助力城市腾飞、赋能城市发展的责任，为未来城市共生发展做出协会应有的贡献。为持续推进数字建筑及BIM技术在建筑信息化发展中的应用，深化BIM技术在钢结构工程中的实践，创新BIM专业技术人才培养机制，促进数字技术在钢结构领域的普及，由中国建筑金属结构协会主办、河南省钢结构协会承办的2021年"金协杯"第二届全国钢结构行业数字建筑及BIM应用大赛已圆满落下帷幕。这次大赛得到了全国钢结构行业的热烈支持和积极响应，组委会收到175项参赛作品。经过形式审查，有149项满足了参赛要求。按照BIM应用大赛评审办法，将通过的参赛作品按照随机分配的方式分成6个评审小组，每组作品由评审专家进行评审。按照评审标准要求，给出科学、公平、公正的评分和推荐意见，最终评选出获奖作品149项，其中特等奖14项，一等奖20项，二等奖39项，优秀奖76项。达到了经验分享，总结交流，共同提高的预期效果。为了充分发挥大赛的效果，使更多的业内同行能充分分享大赛成果，我们整理并出版了第二本精选的文集。

"长风破浪会有时，直挂云帆济沧海"，协会全体成员将持续努力，为大赛添彩，为自带绿色基因和装配化优势的钢结构产业在"数字建造，钢构图腾"的建筑业发展中，在不断推动钢结构与BIM技术、信息技术工业化的深度融合和我国建筑业转型升级中，做出更多贡献！

中国建筑金属结构协会会长

序　二

　　世界经济加速向以网络信息技术产业为重要内容的经济活动转变。我们要把握这一历史契机，以信息化培育新动能，用新动能推动新发展。要加大投入，加强信息基础设施建设，推动互联网和实体经济深度融合，加快传统产业数字化、智能化，做大做强数字经济，拓展经济发展新空间。

　　所以，建筑行业必须与时俱进，不断推进理论创新、实践创新、技术创新，进一步加快产业数字化、智能化技术应用和推广，促进建筑行业提质增效的高质量发展。

　　在我国建筑业的未来发展中，主要朝着两个方向行进，一是发展装配式建筑，有利于促进建筑业与信息化工业化深度融合；二是智慧建造与建筑工业化协同，推动建造过程的数字化、网络化、可视化、自动化以及智慧化。

　　近几年，住房和城乡建设部明确提出大力发展钢结构等装配式建筑，发展装配式建筑是建造方式的重大变革，有利于促进建筑业与信息化、工业化深度融合，因其提高质量、缩短工期、节约能源、减少能耗、绿色环保等优势特征，装配式建筑受到行业的青睐。实现智慧建造与建筑工业化协同的路径，是以工业化筑基，用信息化赋能，推动建造过程数字化、网络化、可视化、自动化、智慧化，要提升信息化水平，积极应用自主可控的建筑信息模型 BIM 技术，加快构建数字设计基础平台和集成系统，实现智能建造。

　　为引领行业的发展，由中国建筑金属结构协会发起，河南省钢结构协会承办的 2021 年"金协杯"第二届全国钢结构行业数字建筑及 BIM 应用大赛，持续推动数字建筑及 BIM 技术在建筑信息化发展中的应用，深化 BIM 技术在钢结构工程中的创新应用，创建 BIM 专业技术人才培养机制，达到了预期的目的，取得了显著的成绩。这本文集的出版是"金协杯"第二届全国钢结构行业数字建筑及 BIM 应用大赛的又一成果！值得祝贺！也向辛勤付出的各位专家、同仁和朋友表示感谢！

中国建筑金属结构协会原会长
住房和城乡建设部纪检组原组长　姚兵

前　　言

为全面贯彻党的十九大报告中提出的建设"数字中国"的国家战略,落实《国家中长期人才发展规划纲要(2010—2020年)》的有关精神和国家专业技术人才知识更新工程有关任务要求,大力推进BIM技术在装配式建筑、钢结构工程、道路、桥梁、岩土、水电工程领域的规划设计、施工建设和运行维护全生命期的运用,全面提升工程质量和效益,不断增强行业的技术进步和创新动力,以信息化推动建筑行业发展,中国建筑金属结构协会举办了2021年"金协杯"第二届全国钢结构行业数字建筑及BIM应用大赛。

这是2021年我国建筑钢结构行业发展与钢结构技术交流的又一次盛会,得到了业界的热烈响应和积极参与,共有175项作品参加了此次大赛,评选出了特等奖、一等奖、二等奖、优秀奖。为更好地总结交流,大赛组委会特编写精选项目论文集,由中国建筑工业出版社出版。本精选项目论文集,涵盖了钢结构性能与设计,钢结构信息化、可视化,钢结构制作,钢结构安装等多个门类在BIM技术创新与工程中的应用。其中很多参赛作品具有一定的代表性和典型性。BIM技术的实质是数字图形与数据融合一体,是将数字图形作为具体的载体,数据附着于图形,图形蕴含着数据,这是数字图形介质理论的核心内容,在真实自然界与计算机世界搭建了双向映射的桥梁与纽带。目前BIM技术已成为数字孪生的重要组成部分,今后BIM一定会围绕着"物理实体维度""虚拟模拟维度""孪生数据维度""连接与交互维度""服务与应用维度""图形图像采集处理维度"的科学问题,寻求持续的解决方法和进一步的发展。

BIM技术的发展及在实践推广过程中必然会存在着诸多疑问和困难,可以预见,在国家政策层面上的指导和支持下,有广大企业的积极响应和大力推广,相信BIM技术一定会有广阔的未来和应用前景。

在此对积极参赛的单位、作者、审稿的钢结构及BIM专家致以诚挚的谢意,对协助举办本次大赛给予大力支持的中建八局第一建设有限公司、中建八局第二建设有限公司、河南省第二建设集团有限公司、河南天丰钢结构建设有限公司、河南安阳大正钢板仓有限责任公司一并表示感谢。

对于编审中出现的错误,敬请批评指正。论文作者对文中的数据和图文负责。

目　录

三、二等奖项目精选 .... (133)

一、特等奖项目精选

光启科学中心项目钢结构 BIM 应用成果

中国建筑第二工程局有限公司，中建二局阳光智造有限公司

王永刚　苏铠　黄云　阙荣　严娇

1　工程概况

1.1　项目简介

光启科学中心项目位于东莞生态产业园区生态园大道与瑞和路交叉处西南侧（图1），总占地面积 2.68 万 m²，总建筑面积 5.3 万 m²，是集科技研发、展厅为一体的综合性建筑。本工程钢结构形式为钢框架结构，主要由圆管柱、H 型钢梁组成。整个结构由一圆环形主体及 3 个大倾角筒体网壳群塔组成，外形为飞碟圆盘状，结构形式新颖。

图 1　项目鸟瞰图

本工程主体结构由 5 层钢梁及其钢柱组成，总用钢量 6200t，结构内圆半径 32.9m，外圆半径 58.95m，整体结构平面尺寸为 149m×185m（图2）。3 个裙塔标高 13.35m 以下为钢管网壳结构，以上为圆形框架结构。裙塔 1~4 层是由 3 个编织筒体曲面网壳组成的圆盘状结构（图3），均由钢管杆件组成，作为上部 5~6 层钢框架结构的支撑。编织筒体网壳平面尺寸最大宽度约 25.6m，最小宽度约 10m，倾斜角度为 60°，总用钢量为 1047t，主要材质为 Q345B。

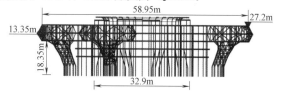

图 2　钢结构立面效果图

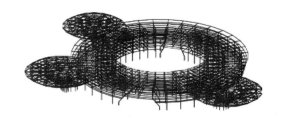

图 3　钢结构整体效果图

1.2　公司简介

中国建筑第二工程局有限公司是中建集团的全资子公司，是国内最具综合实力，集投资、建造、运营一体化的国有大型总承包工程服务商，拥有"双特双甲"及其他多项专业资质。

中建二局阳光智造有限公司是中建二局全资子公司，公司定位为 EPC 智能建造工业一体化承包商，是一家集钢结构研发、设计、制作、施工、检测于一体的大型智能建造工程公司。公司始终以"诚信、创新、超越、共赢"为核心价值观，致力于新工艺、新技术、新材料的推广和应用，大力推进 BIM 技术落地实施。

1.3　项目 BIM 应用重难点分析

（1）相贯线节点深化设计。本项目相贯线节点圆管杆件相交复杂，杆件众多，最多有 8 根杆件相贯连接，相贯节点的深化设计难度大。

（2）曲面网壳地面拼装。需要确定网壳构件各端口在地面的三维定位坐标，曲面网壳地面拼装精度不易控制。

（3）曲面网壳安装方案优选。裙塔下部为空间网壳结构，上部为钢框架结构，确定合理的钢结构安装方案是重难点。

（4）网壳结构施工过程变形控制。网壳分片单元在吊装过程中变形不易控制，采用 BIM 软件模拟吊装过程，保障网壳在吊装过程中的质量与安全是重难点。

1.4 项目 BIM 管理目标

（1）质量目标：利用 BIM 模型工厂预拼装减少现场施工误差，快速统计钢结构工程量，提高方案编制质量，提高交底质量，提高过程管控能力。

（2）安全管理目标：利用 BIM 模型对劳务作业进行可视化交底，同时对重大安全风险部位进行施工模拟，及时发现安全问题。

2 BIM 团队的建立及 BIM 软件系统

2.1 项目 BIM 团队介绍

项目 BIM 团队配备 8 人，概念设计、结构分析、三维建模、数字加工、虚拟建造工作各配置 1 人、1 人、2 人、2 人、2 人，各阶段分工明确，协调配合，运用 BIM 技术高效、高质量地完成钢结构工期控制、节点验算、模型深化、建筑漫游、复杂节点可视化、施工模拟、数控加工、工厂预拼装等技术工作（图 4）。

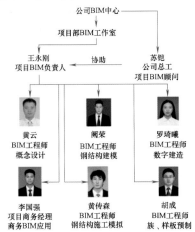

图 4 团队组织架构

2.2 BIM 应用软硬件配置（图 5）

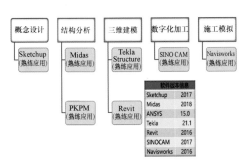

图 5 BIM 应用软硬件配置

2.3 项目 BIM 工作标准

根据公司关于推进项目 BIM 落地实施的相关文件和要求，项目编写和制定了《BIM 工作实施计划》《BIM 建模标准》和《BIM 实施方案》等文件，确保 BIM 工作的顺利进行。

3 BIM 技术应用情况

3.1 BIM 技术在钢结构精确建模中的应用

（1）BIM 技术辅助相贯线节点深化设计。网壳钢结构相贯线节点杆件众多，最多时有 8 根，其余大部分为 5 根相贯连接，利用 BIM 技术辅助相贯线节点深化设计，可有效控制相贯线节点加工质量和现场拼装精度（图 6、图 7）。

图 6 相贯线节点深化   图 7 相贯线节点形式

（2）铸钢件节点的深化。使用 BIM 软件进行铸钢件节点的深化设计，对铸钢件细部构造设计提供了便利，同时通过两种软件转化，借助 BIM 模型碰撞及模块化检测功能，能对铸钢件细部节点进行精确核对，避免出图偏差（图 8）。

图 8 BIM 模型中的铸钢节点

3.2 BIM 技术在钢结构施工现场的应用

（1）BIM 技术辅助网壳拼装。通过 BIM 软件建立三维模型（图 9），在软件中将分块的网壳三维模型转换到地面预先设定位置，所谓地面预先设定位置即为现场临时拼装场地，选定一参考点，再根据模型确定网壳构件各端口在地面的三维定位坐标，从而确定了网壳地面拼装坐标，同时根据得到的坐标制作专用的拼装胎架（图10）。

图 9　空网壳拼装三维示意图

图 10　网壳现场拼装

（2）施工方案比选。按面分块吊装，如图11（a）所示，网壳在地面拼装时，拼装单元按平面分块，从下往上共成四片拼装单元，每片之间留设后装构件（图11b）。地面拼装单元采用卧式拼装，既有利于控制拼装单元精度，又有利于保证人员安全，最后用汽车式起重机整体吊装。

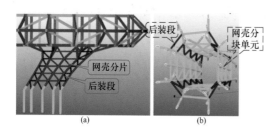

图 11　拼装单元平面分块

3.3　BIM 技术创新应用

（1）建筑二维码应用。借助 BIM 软件可直接生成二维码，通过二维码可快速查找相对应的构件，通过左侧的二维码菜单栏（图12），能方便地对二维码进行集中管理（图13）。

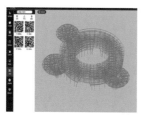　

图 12　二维码构件定位　　图 13　二维码信息核对

（2）钢结构施工进度模拟分析。借助 BIM 管理平台实现项目工期的动态管理（图14）。

图 14　项目动态管理

（3）平台协同管理。BIM 技术与公司钢结构管理系统协同管理，从下单、提料、下料、质检、生产、运输各环节实时跟踪生产进度、质量，为项目履约保驾护航，实现设计、工艺的提质增效（图15、图16）。

图 15　全自动下料系统

图 16　全自动套料引擎

4　BIM 应用成果总结

（1）经济效益：BIM 技术在该深化设计、加工厂预制、现场安装的应用极大地提高了工作效率，缩短了项目建设周期，通过 BIM 技术共计节约成本 60 万元，工期节约 22 天。

（2）社会效益：项目施工过程中共获得专利4 项，BIM 相关论文 3 篇，荣获科技奖 1 项，荣获中国钢结构金奖。

（3）管理增效：协同平台，高效管理项目，扩展了 BIM 软件系统组成以及应用深度，引进更先进的软件管理平台，加强软件间的对接整合，保存项目全过程资料，为项目实施的追溯提供依据。

A004 光启科学中心项目钢结构 BIM 应用成果

团队精英介绍

王永刚
中建二局阳光智造有限公司
项目 BIM 负责人

工学学士
工程师

主要从事装配式钢结构施工、大跨度钢结构施工和钢结构有限元分析，参与了光启科学中心、南宁万达茂、腾讯滨海大厦等项目施工。曾获广东省土木建筑学会科学技术奖 3 项，专利授权 30 余项，发表论文 10 余篇。

苏 铠
中建二局阳光智造有限公司总工程师

工学学士
工程师

主要从事装配式钢结构施工、大跨度钢结构施工和钢结构有限元分析，主持了光启科学中心、南宁万达茂、腾讯滨海大厦等项目施工，现任广东省钢结构协会副秘书长，广东省装配式建筑与绿色建材专家委员会专家。

黄 云
中建二局阳光智造有限公司项目 BIM 工程师

工学学士
工程师

主要从事装配式钢结构施工、大跨度钢结构施工和钢结构有限元分析，参与了光启科学中心、南宁万达茂、腾讯滨海大厦等项目施工。曾获省级先进个人奖，省级科学技术奖 7 项，专利授权 30 余项，发表论文 8 篇。

阙 荣
中建二局阳光智造有限公司项目 BIM 工程师

工学学士
助理工程师

主要从事装配式钢结构施工、大跨度钢结构施工和钢结构有限元分析，参与了光启科学中心、南宁万达茂、腾讯滨海大厦等项目施工。曾获国家级BIM 比赛奖 10 余项，专利授权 10 余项，发表论文 4 篇。

严 娇
中建二局阳光智造有限公司项目 BIM 工程师

工学学士
助理工程师

主要从事装配式钢结构施工、大跨度钢结构施工和钢结构有限元分析，参与了光启科学中心、腾讯滨海大厦等项目施工。曾获第三届"共创杯"智能建造技术创新大赛三等奖，第三届"SMART BIM"智建中国 BIM 比赛一等奖。

柳州市图书馆（新馆）BIM技术应用

中建科工集团有限公司

梁雄杰　周德亮　刘汝华　方文宗　何凯　马庆　方自飞　顾宇　覃骅　李深圳

1　工程概况

1.1　项目简介

本项目位于广西柳州市柳东新区，九子岭大道西侧，新建的市民中心西侧。

建设工期：2020年11月1日至2022年11月1日，共计730天。

柳州市图书馆（新馆）位于柳东新区核心商务区，总建筑面积7.9万m²，地下1层，地上8层。藏书量360万册，主要功能包含图书馆主馆、少儿馆及多功能展区三大部分。地上6个核心筒为钢骨混凝土结构，其余框架为全钢结构，围护结构为全幕墙，室内为全装修交付，楼板采用组合楼板，装配率达到66%，评价为A级装配式建筑（图1）。

图1　项目效果图

项目钢结构主要包括地下室型钢柱、地上矩形钢柱、H型钢梁、矩形钢梁、屋顶桁架层、悬挂钢结构、钢筋桁架楼承板等。建筑北面、西面5~8层结构通过屋顶桁架悬挂出挑，最大悬挑长度12m，最大悬挑高度20.3m。

1.2　公司简介

中建科工集团有限公司是中国最大的钢结构产业集团、国家高新技术企业、世界500强——中国建筑二级单位。公司打造"中建钢构""中建科工"两大品牌，分别从事钢结构和"钢结构＋"业务，公司聚焦以钢结构为主体结构的工程业务，致力于为客户提供"投资、研发、设计、建造、运营"整体解决方案。

公司连续九年蝉联全国钢结构行业榜首，全球高度前10位的已建成摩天大楼，中建科工承建了4座；国内26座超过400m的钢结构超高层建筑，中建科工承建了23座，创造了国内钢结构建筑史上"最早""最高""最大""最快"的纪录。

目前，具有建筑行业设计甲级、建筑工程施工总承包特级和钢结构制造特级等全序列资质。累计获得国家科技进步奖9项、詹天佑大奖15项、中国钢结构金奖104项等多个奖项，国家专利1162项（其中发明专利154项）。

1.3　工程重难点

本工程建筑造型独特、结构体系复杂、专业工程繁多，各专业间深化协调难度大。

（1）首层梁板为混凝土结构，柱为型钢混凝土柱，并在±0.000转换为箱形柱，钢结构与混凝土结构的节点复杂；

（2）屋顶桁架部分为悬挑结构，且桁架下部还有4层悬挑挂接钢结构，施工过程为自下而上进行钢结构安装，需模拟施工过程和受力转换过程；

（3）机电系统众多，管线复杂，特别是地下室局部集中了建筑各大机房，所有管线和设备集中，各专业设计施工难度大；

（4）精装修方面，设计和使用方对建筑的空间、天地墙综合点位排布要求高，吊顶空间极致压缩，吊顶内的管线排布复杂；

（5）幕墙工程包括石材、金属格栅和玻璃幕墙，双层幕墙造型复杂，如何保证幕墙的整体造型与外观美观，同时保证幕墙与结构之间的质量，也是本项目的重难点之一；

（6）项目为装配式钢结构建筑，内部建筑空间存在大量的跃层、大跨度（钢梁最大跨度36m）的大空间，施工过程中存在大量高空作业、临边作业、交叉作业、动火作业，施工安全管理难度大。

2　BIM团队建设及软硬件配置

2.1　制度保障措施

项目启动时，确定BIM管理组织架构、管理流程、进度计划，统一的软件平台、轴网、标高数据、模型精度标准、项目文件命名标准、管线颜色标准等内容，确保各项工作的有序高效进行。

（1）建立总包与各个分包之间的BIM组织架构和分工；

（2）确定不同专业模型的软件名称和版本要求；

（3）确定不同专业模型的建模深度要求；

（4）确定模型文件命名和模型拆分原则；

（5）依据总控计划，编制不同专业之间的模型协调计划安排；

（6）编制不同专业之间的模型复核协调内容；

（7）建立不同专业之间的模型管理流程和会议协调制度；

（8）建立不同专业之间模型协调成果的奖励和处罚制度。

2.2 团队组织架构

根据本工程实际情况，公司在总承包管理层建立BIM中心，公司总部BIM技术研发中心提供技术保障。本工程BIM实施管理中心设置一名BIM项目经理，制定BIM实施管理制度，对本工程BIM工作负责，针对总包自营工程，配备建筑、结构、给水排水BIM工程师，负责各自的建模和协调工作；针对各专业分包工程、市政工程，配置相关专业的BIM工程师协调各分包单位、市政单位的BIM实施。此外还配置协调、计划、现场、信息等BIM工程师来负责基于BIM模型的应用和管理（图2）。

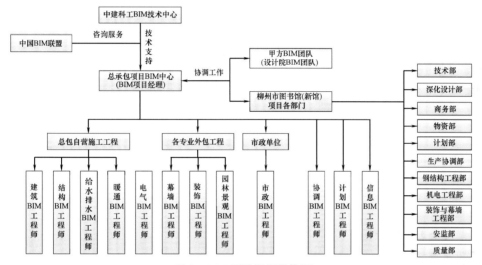

图2 BIM团队组织架构图

2.3 软件环境（表1）

软件环境   表1

序号	软件名称	功能
1	AutoCAD 2018	应用广泛的工程设计软件
2	Autodesk Revit 2018	参数化三维建筑设备设计软件，建筑、结构、暖通、给水排水、电气可实现协同作业，通过管线综合碰撞检查专业设计成果
3	Navisworks Manage 2018	三维设计数据集成，软硬空间碰撞检测，项目施工进度模拟展示专业设计应用软件
4	Autodesk 3ds Max 2018	三维效果图及动画专业设计应用软件，模拟施工工艺及方案
5	广联达BIM 5D，广联云	实现项目BIM现场与BIM模型相结合，实现项目管理信息化，搭建项目BIM云平台
6	Midas Gen 2020	实现结构模型建立与导入、边界及荷载条件设定、施工步骤及模拟、模拟结果分析及导出
7	Tekla V19.0	实现钢结构建模、节点优化处理、碰撞解决、出图

2.4 硬件环境

在本工程BIM实施中配置了10台建模台式机、3台高性能笔记本、1台共享数据服务器，并根据本工程的BIM模型规模及应用设想，配置了相应的BIM硬件系统，以保证BIM管理工作的顺畅运行。

3 BIM技术重难点应用

3.1 劲性柱与混凝土梁连接节点优化设计

钢柱与混凝土梁钢筋原设计为套筒连接，考

虑到套筒连接存在钢筋定位不准、套筒与钢筋锚固不牢且施工效率较低、钢筋过于密集导致钢柱竖向钢筋无法施工等问题。通过利用 BIM 技术，钢筋与钢结构的集成化设计，采用 Z 形折板牛腿作为水平钢筋搭接、竖向劲板作为柱钢筋搭接，提前加工，现场大截面混凝土梁钢筋上下可最多满足 4 排纵向主筋搭接焊接，在保证节点连接可靠性、受力合理性的前提下，还有能满足施工操作简单方便、保证质量的优点（图 3）。

图 3　型钢柱与混凝土梁纵筋连接

3.2　悬挑倒挂结构施工模拟计算

悬挂钢结构分布于北侧及西侧（5～8F），悬挑跨度分别为 12m 及 9m，悬挑高度 20.3m，原设计采用自上而下的安装顺序时，存在以下问题：高空作业无操作空间，安全性无法满足；塔式起重机吊装无法覆盖悬挑下方位置，可操作性无法满足；顶部主桁架和竖向拉杆的应力和变形随着下部悬挂结构的逐步施加而不断变化，从而对下部水平杆件及其与竖向拉杆连接点产生不同内力和位移，沉降控制难度较大。当优化为支撑胎架自下而上的安装顺序时，悬挂吊柱由竖向拉杆转变为竖向压杆，施工卸载后结构的受力工况与卸载前完全相反，在变形协调的要求下，将对下部悬挂结构产生内部自应力，故采用 Midas 对优化后的安装顺序进行模拟，确保施工过程应力及变形满足设计要求，并以计算中各支撑点的位移为依据，在第一节悬挂吊柱安装时利用胎架顶部工装对结构进行抬高，从而实现变形可控的效果。

3.3　钢结构与围护结构集成化设计

在利用 BIM 技术之前，即使是钢结构装配式建筑也存在设计、施工不合理之处。例如幕墙与结构连接的节点埋件，常规项目幕墙埋件单独设计、单独施工，施工时往往在钢结构已施工完成的高空中进行。高空作业，施工操作平台作业量大、施工危险性高、施工质量不好控制。本项目的先进做法中，钢结构深化设计时，在钢结构 BIM 模型中，拟合幕墙龙骨、埋件的模型，一次性深化、加工、安装，在施工措施的节约、功效提升、质量保证、

安全可靠方面，都有很大的改进。

3.4　钢结构与楼板的集成设计

常规项目很少将钢结构框架与楼板综合考虑设计，导致在实际施工中，楼板施工往往需要增加更多的结构性的措施，不利于节约材料和安全施工。本项目将楼板与钢结构集成，在设计阶段建立支撑结构的模型，综合考虑、整合出图，做到节省人工、材料，提高安全保证。

3.5　机电与钢结构、建筑墙体的集成化设计

根据业主的需求，设计方规定了较高的顶棚吊顶高度，将空间利用到极致。为了满足使用者的需求，我们首先利用 BIM 基本功能进行了管线综合排布，根据统一的标高设计和维修空间要求，调整管线的路由和排布方式。往往梁下空间不足以满足以上条件。整合机电、钢结构、建筑模型后，提前深化钢梁开设洞口、建筑墙留设洞口、楼板开洞，确保功能得到满足，且施工一步到位，避免二次浇筑楼板混凝土或二次开洞的问题。此项应用除建立模型外，需出具楼板预留洞口深化图、墙体预留洞口深化图、机电 BIM 对钢结构 BIM 的钢梁开洞提资等成果。项目将以上专业集成设计后在梁中增开给水排水洞 52 处，增开桥架洞 26 处，楼板洞口 23 处。

3.6　集成信息化应用

通过运用项目管理驾驶舱这一功能强大的报表展示平台，利用 BIM 技术将项目的施工进度、质量管理、安全监管、资金等方面与公司业财、安全、质量等信息管理系统的业务数据、经营数据集成整合在一起，并运用大数据手段进行数据处理分析，以图表、表格、控件等形式展示项目各类业务的指标，深入挖掘项目管控中隐藏的风险点，实现可视化管控，为项目管控提供抓手。

3.7　进度 4D 和造价 5D 应用

将三维模型与施工进度计划整合后生成具有时间刻度的施工模拟演示，直观地分析工序穿插的合理性，形成 4D 应用成果；模型中赋予构配件的造价数据，与进度计划链接，实现以时间为轴的资金需求曲线图，协助业主单位精确融资，降低资金成本。

A005 柳州市图书馆（新馆）BIM 技术应用

团队精英介绍

梁雄杰
中建科工集团有限公司

柳州市图书馆（新馆）项目总工程师

从事建筑行业工作 8 年，参与了澳门美高梅、南宁华润东写字楼、柳州文化广场、柳州市图书馆等项目。获得钢结构金奖、广西科技示范工程等多项科技成果，完成"超 400m 结构偏心倾斜超高层钢结构综合建造技术研究与应用"的课题研究并被评为国际领先，获得 BIM 奖项 10 项，发表论文 5 篇，专利 10 项。

周德亮
中建科工集团有限公司
广西公司

柳州市图书馆（新馆）
项目机电总工程师

曾在柳州市柳东新区文化广场项目担任机电安装经理，先后获得国家级 BIM 奖项 2 项，省级 BIM 奖项 2 项。

刘汝华
中建科工集团有限公司

柳州市图书馆（新馆）
项目技术部经理

曾在昆明南二环，柳州会展二、三期，柳州市图书馆（新馆）从事技术管理，获得 BIM 奖项 3 项。

方文宗
中建科工集团有限公司

柳州市图书馆（新馆）
项目钢结构 BIM 工程师

参与柳州市图书馆（新馆）项目全过程 BIM 管理工作，获得国际级 BIM 奖项等 4 项。

何 凯
中建科工集团有限公司

柳州市图书馆（新馆）
项目钢结构 BIM 工程师

曾在金山橘园项目 A、江东新区 1.5 级企业港项目、柳州市图书馆（新馆）项目从事技术管理，获得国际级 BIM 奖项 2 项，国家级 BIM 奖项 2 项。

马 庆
中建科工集团有限公司

柳州市图书馆（新馆）
项目土建工程师

主要从事技术管理，负责项目土建、弱电及相关技术工作。获得实用新型专利 1 项，省级工法 1 项，发表论文 2 篇，BIM 奖项 1 项

方自飞
中建科工集团有限公司

柳州市图书馆（新馆）
项目机电工程师

曾在柳州市花岭物流中心、柳东新区文化广场、柳州市图书馆项目从事技术管理，曾获广西壮族自治区"八桂杯"BIM 技术应用大赛二等奖，华夏建设科学技术奖三等奖。

顾 宇
中建科工集团有限公司

柳州市图书馆（新馆）
项目精装工程师

曾在杭州阿里巴巴办公楼项目、武汉恒隆广场项目、北京世界大会平谷区国际会展中心项目、柬埔寨鹿岛酒店精装项目中从事深化设计工作。

覃 骅
中建科工集团有限公司

柳州市图书馆（新馆）
项目土建工程师

曾在常州华润国际花园，南京华润国际社区，大化易地扶贫搬迁工程拿银安置区、拿银小学、拿银幼儿园、拿银医院、民族中学项目中从事技术管理工作，获得实用新型专利 2 项，发表论文 2 篇。

李深圳
中建科工集团有限公司

柳州市图书馆（新馆）
项目助理工程师

在柳州图书馆项目中从事机电管理工作，在支援深圳国际应急酒店项目中从事生产管理工作，并获得公司"展北英雄"勋章。

基于 BIM 的钢结构全过程三维激光扫描数字化建造技术助力亚运会工程——杭州西站建设提速

中铁建工集团有限公司，浙江精工钢结构集团有限公司，比姆泰客信息科技（上海）有限公司

杜理强　郑明　童宇超　张胜利　吴勃侠　张健　王强强　金佳晨　徐高　张文旭

1　工程概况

1.1　项目简介

杭州西站站房工程位于浙江省杭州市余杭区，是杭州铁路枢纽的重要组成部分，对外连接湖杭、杭临绩、商合杭、杭温、杭黄、沪乍杭等干线铁路，是打造"轨道上的长三角"的重要节点工程。工程总投资 61 亿元，总建筑面积 51.2 万 m^2，车站总规模 11 台 20 线，建筑高度 60.75m，地上 5 层（局部 8 层）、地下 4 层（图 1）。

图 1　杭州西站整体效果图

杭州西站站房钢结构主要由下部主体支撑柱、联系通廊、钢屋盖、云谷拱和落客雨棚等组成（图 2）。钢结构总用钢量 5.6 万 t。地上结构平面投影长度约 450m，宽度约 302m。

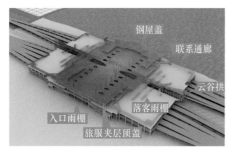

图 2　杭州西站钢结构图

1.2　公司简介

（1）中铁建工集团有限公司

中铁建工集团有限公司是中国中铁股份有限公司的全资子公司，始建于 1953 年，具有建筑、铁路、公路 3 项施工总承包特级资质，5 项工程设计甲级资质，3 项房地产开发一级资质，2 项物业服务企业一级资质，1 项军工涉密资质，19 项施工一级资质。

（2）浙江精工钢结构集团有限公司

浙江精工钢结构集团有限公司，是一家集国际国内大型建筑钢结构、钢结构建筑、建筑幕墙及建筑金属屋面墙面等的研发、设计、制造与施工于一体的大型公司，是住房和城乡建设部首批试点的房屋建筑工程（钢结构）施工总承包一级资质企业。

（3）比姆泰客信息科技（上海）有限公司

比姆泰客信息科技（上海）有限公司是一家专注于建筑业信息化管理的科技互联网公司，融合精工 20 余年的行业经验，以精工绿筑完整的装配式产业链与 EPC 项目为实践支撑，助力传统建筑业开启"互联网＋"的新未来。

1.3　工程重难点

（1）劲性结构梁柱节点复杂

承轨层、候车层大型圆管柱节点，圆管直径 1600mm，节点高度 2000mm，内含十字支撑、外附 H 型钢牛腿，最大板厚 80mm，单个节点内零件数量达 60 块，节点处多达 437 根 ϕ40mm 钢筋、4 个方向预应力 126 根预应力筋等（图 3）。

图 3　钢结构节点图

（2）钢屋盖结构复杂施工难度大

站房钢屋盖采用正放四角锥网架＋正交正放桁架组成大跨度多曲面空间结构体系（图4）。屋盖投影面积近 8 万 m^2，中间区域与边缘区域最低点高差最大 12m，拼装措施量投入大，高空作业安全风险大。

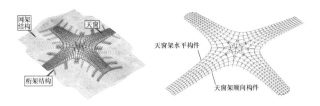

图 4　钢屋盖图

（3）卸载变形控制要求高

南区屋盖卸载点达 54 个，北区屋盖卸载点达 70 个，卸载方案经过仿真模拟，对比验算结果确定卸载方案，并进行全过程变形监测。

2　BIM团队建设及软硬件配置

2.1　制度保障措施

项目部以数据和信息交付为核心，细化了 3 版包含完整推进计划可操作实施的 BIM 及智慧工地实施方案，确立了 9 大类应用方向，43 项 BIM 应用点，全面保障杭州西站全生命周期 BIM 模型及数据的正确性和完整性，提升杭州西站的交付质量，为智慧车站打下坚实的数据基础。

2.2　团队组织架构

成立了由业主总经理为组长，铁路 BIM 联盟理事长为副组长的领导小组及工作小组来监督以及推进 BIM 日常工作。

2.3　软件环境（表1）

软件环境　　　　　　　　　　　　　　　　　表 1

建模类软件		
序号	软件名称	用途
1	Revit 2018	模型、节点深化
2	Navisworks 2018	模型轻量化整合、碰撞检测
3	Tekla structures 19.0	钢结构模型深化
4	Rhino7	金属屋面、幕墙、精装修异形曲面深化
5	Lumion 9	效果输出、虚拟漫游
6	橄榄山快模	预留洞口
7	品茗 HiBIM	机电应用，效率提升
平台类软件		
序号	软件名称	用途
1	精筑 BIM+	BIM 模型轻量化集成平台
2	品茗桩桩	智慧工地系统集成

2.4　硬件环境（表2）

硬件环境　　　　　　　　　　　　　　　　　表 2

电脑/服务期		
序号	硬件名称	用途
1	戴尔 T440	平台部署
2	扑赛 AMD3990X 3090ti	渲染动画
3	扑赛 AMD5900X 3070ti	建模
4	iPad	AR 应用
三维激光扫描		
序号	硬件名称	用途
1	MetraSCAN210 工业级光学三坐标三维扫描仪	扫描钢结构的形面、孔位及关键部位，进行检测、对比、分析
2	MaxSHOT 摄影测量系统	拍照定位，提高测量的整体精度
3	FAROFocusS150 三维激光扫描仪	扫描现场整体施工完成的钢结构屋盖

3 BIM 技术重难点应用

3.1 大跨异形钢屋盖旋转提升技术

根据屋盖钢结构中间高、四周低且下弦高差大的结构特点,采用"分区旋转＋整体提升"施工工艺,有效地克服了常规拼装胎架高、高空作业多、大型吊机上楼面加固繁琐和措施成本高等弊端,高效经济地实现了超大面积屋盖结构的施工。实施过程中利用 BIM 技术攻克了本项工艺的三大技术难点。

（1）基于 BIM 的分态合模技术

利用 BIM 模型进行动态碰撞检测,确保旋转过程中被提升结构不与其余结构发生碰撞（图5）。

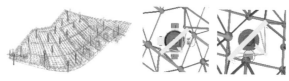

图 5　动态碰撞检测图

（2）旋转提升施工仿真技术

通过旋转提升过程仿真模拟分析技术进行结构安全指标评估,并设计对应提升架及配套的提升系统。

（3）大跨钢构旋转提升控制技术

基于实现多个提升吊点等比例提升的目标,通过重新开发液压计算控制系统,根据各吊点行程计算比例系数控制各吊点同步提升速率,此方法避免了旋转提升过程中多吊点间的不同步性。

3.2 钢结构建造全过程三维扫描技术

本项目针对工厂加工、现场安装和结构成型三个阶段分别研发了数字化扫描应用配套技术,根据各阶段的质量控制要点,建立了钢结构建造全过程质量控制体系,提高了大跨异形曲面的施工精度。

（1）工厂加工阶段

利用单构件检测技术结合虚拟预拼装技术分析各类偏差,在工厂阶段便可提供切实可行的偏差构件调整方案（图6）。

图 6　单构件检测/虚拟预拼装图

（2）现场安装阶段

通过三维激光扫描,对结构拼装阶段进行检测,获取拼装分区对接区域偏差数据,指导后补杆加工。旋转提升阶段对结构进行多级监测,获取结构旋转过程关键点位移,及时调整至与施工仿真结果基本一致,保证结构顺利旋转至设计姿态。

（3）结构成型阶段

通过三维激光扫描模型重构技术,对完工后的屋盖钢结构进行整体三维激光扫描;扫描后的点云模型经 Sence 软件降噪处理,通过 Navisworks 分析结构的安装偏差,对精度要求高、偏差较大的区域进行逆向建模生成结构的三维模型（图7）。

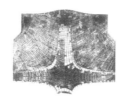

图 7　钢屋盖偏差分析图

3.3 智能制造协同管理平台

通过 BIM 与物联网的集成应用实现整个施工过程中的"闭环信息流",辅助施工决策,提高质量、安全管理水平。

A009 基于 BIM 的钢结构全过程三维激光扫描数字化建造技术助力亚运会工程——杭州西站建设提速

团队精英介绍

杜理强
中铁建工杭州西站建设指挥部常务
副指挥长

一级建造师
高级工程师

从事大型公共建筑项目管理二十余年，担任了重庆北站、国浩长风城、贵州茅台酒厂迎宾工程等十余项大型公建项目经理。

郑　明
中铁建工杭州西站建设
指挥部总工

工学硕士
一级建造师
教授级高工

长期参与大型高铁站房建设及新技术研究，曾获得全国优秀项目经理 1 次，茅以升工程师奖 2 次。

童宇超
中铁建工杭州西站建设
指挥部技术中心负责人

工学学士
助理工程师

主要负责 BIM 技术施工管理、课题研究、创新管理等工作，获国家级、行业一级协会 BIM 奖项十余项。

张胜利
中铁建工杭州西站建设
指挥部副指挥长

一级建造师
高级工程师

长期从事大型公建项目建设工作，先后参建广州新客站、广州奥园都会广场、天津诺德名苑、杭州南站、杭州西站等项目。

吴勍侠
中铁建工杭州西站机电
经理

一级建造师
高级工程师

长期从事大型公共建筑施工技术工作，发表论文 2 篇，实用新型专利 2 项。

张　健
中铁建工集团上海分公司 BIM 工程师

工学学士
助理工程师

主要从事 BIM 行业 12 年，研究首个 BIM 技术结合 3D 打印技术助力机房实施，BIM 技术结合成品支架在轨道交通项目应用等多项研究。

王强强
浙江精工钢结构集团有限公司 BIM 事业部副总经理

一级建造师
高级工程师

主持省部级重点研究与开发计划项目 1 项，取得发明专利 8 项，实用新型专利 10 项，软著及外观专利 8 项；省级科技成果 8 项，获省级工法 1 项；核心期刊发表专业论文 20 余篇。

金佳晨
比姆泰客信息科技（上海）有限公司高级工程师

工学学士
工程师

获得中国 BIM 大赛奖 10 项，其中 2 项全国 BIM 大赛特等奖。在《建筑工程技术与设计》等国内专业核心期刊发表专业论文 3 篇。

徐　高
比姆泰客信息科技（上海）有限公司工程师

工学学士

长期从事轨道交通、民用建筑、公共建筑机电设计工作，主要负责项目的 BIM 技术质量管理，团队技术能力培训，曾获得多项全国各类 BIM 大赛奖项。

张文旭
比姆泰客信息科技（上海）有限公司工程师

工学硕士
助理工程师

获得中国 BIM 大赛奖 2 项，其中 1 项全国 BIM 大赛特等奖。在《建筑科学与工程学报》中文核心期刊发表学术论文 1 篇。

郑东新区科学谷数字小镇项目 BIM 技术综合应用

中建八局第一建设有限公司

王勇　王东宛　张小刚　候乐　张瑞源　王硕　朱东东　张超　张亚洲　苏峥宇

1　项目简介

1.1　项目概述

郑州鲲鹏软件小镇项目是郑开科创走廊重要的节点及重要组成部分，是河南省科技创新能力升级的一个重要载体（图1）。

图 1　项目整体效果图

展示中心项目位于云溪东侧，是环湖三岛中的数码岛，本项目以"码岗"为设计意象，强调数码化石岗的滨水张力（图2）。主要分为两大功能：规划展示馆，科研办公。地上4层，地下1层，最大建筑高度为34.40m，主体结构形式采用装配式钢结构框架结构，局部为钢桁架＋单层张弦网壳，楼面均采用压型钢板＋钢筋混凝土楼板体系。

图 2　展示中心项目

1.2　公司简介

中建八局第一建设有限公司始建于1952年，系世界500强企业、全球最大的投资建设集团——中国建筑集团有限公司下属三级独立法人单位，具有房屋建筑工程施工总承包特级资质、市政公用工程施工总承包特级资质、机电工程施工总承包壹级、水利水电贰级等7项总承包资质，建筑工程、人防工程、市政行业设计3项甲级设计资质，具备军工涉密资质、消防设施工程专业承包壹级、机场场道贰级等18项专业承包资质。公司拥有"国家级企业技术中心"研发平台，是科技部认证的"国家高新技术企业"。

1.3　项目特点

1. EPC 总承包项目特点

本项目是包含设计—采购—施工的EPC总承包工程，涉及施工专业众多，交叉施工错综复杂，使用BIM技术可提高各专业交叉施工效率。

2. 场内交通流量大

利用BIM相关场地布置技术合理进行平面布置、施工机械布置，保证施工现场垂直及水平运输有序进行。

3. 空间管理难度较大

本项目专业分包众多，管线密集复杂，且管道的直径较大，需在有限的桥架及空间内对现场各专业分包的管道进行合理的排布。

4. 施工节点复杂

用BIM技术对复杂节点建模，编制施工方案，技术交底，并利用3D模型指导现场施工，避免出错返工。

2　BIM 团队建设及软硬件配置

2.1　制度保证措施

为保证BIM工作有序开展，制定了项目BIM

实施导则、BIM实施方案与实施计划，指导项目BIM管理；BIM工程师实行一岗双责制，明确岗位职责与管理办法。

2.2 团队组织架构

项目针对工程特点及实际工作需求，建立了层级分明的BIM团队组织架构。公司技术中心提供BIM应用指导，设计院及项目BIM团队负责实施应用，提高协同效率。

项目建立四级BIM保障体系，即企业保障层、总承包管理层、总承包操作层、分包操作层，确保BIM技术贯彻应用与实施（图3）。

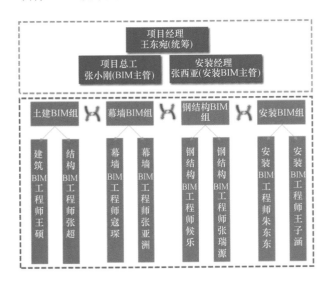

图3 团队组织架构

2.3 软件环境

根据应用需求确定各专业建模、视频动画及协同管理平台使用的软件（表1）。

软件环境　　　　　　　　　　　　表1

名称	项目需求
Revit 2018	建模、深化、模型集合
SkechUp 2018	场地布置、工况模拟
3ds Max 2018	施工组织、模拟
Tekla 21.0	钢结构深化设计
Rhinoceros 6.0	幕墙深化设计
Navisworks 2018	集成、漫游、动画制作

2.4 硬件环境

同时提供相应的硬件配置，保证BIM策划的顺利实施。

项目硬件配置主要包括 Thinkpad W541 工作站2台、台式计算机2台、笔记本电脑10台、交底移动终端2套、大疆御2无人机1套，并配备VR体验馆等。

3 BIM技术重点应用

3.1 钢结构深化设计

展示中心结构形式主要包含：地下劲性结构、地上钢框架结构、四个窗口的悬挑桁架结构，中心大厅的多向交叉型钢桁架、张弦网壳。钢结构深化设计主要包括地下劲型结构深化设计、大跨度交叉桁架深化设计、型钢桁架柱深化设计、张弦网壳深化设计、钢构件预留管线孔设计等（图4）。

图4 钢结构深化设计

3.2 基于BIM的施工模拟

施工前对主体结构、临时架体、楼面结构及地下室脚手架整体建模，对施工过程各阶段、各工况进行施工流程规划，保证施工规划与现场施工实际情况相同，保证施工过程合理、安全（图5）。

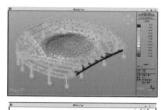

图 5 基于 BIM 的施工模拟

通过对施工过程各工况模拟，对比结果可知，变形趋势和变形值两者差距较小，但是对于个别结构杆件而言，施工状态的杆件安装顺序及安装方法改变了结构局部的内力分布，影响了构件内的应力变化。但是施工完成后的结构杆件的承载力均满足要求。

3.3 幕墙深化设计

通过 Rhino 基于钢结构模型建立幕墙 BIM 模型，既可以对建筑与结构进行对比结合，找出建筑及结构的不足，还可以实现幕墙材料的自动下料和半自动的加工（图 6）。

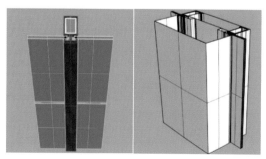

图 6 幕墙深化设计

3.4 基于 BIM 的场地布置

利用 BIM＋无人机技术对施工现场进行平面管理，每月按照施工进度要求更新平面布置管理内容，并收集绘制成册。按照土方施工、地库结构施工、主体结构施工、装配式施工、装饰装修施工阶段分阶段绘制（图 7）。

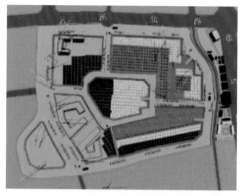

图 7 基于 BIM 的场地布置

3.5 智慧图纸

中建八一自主研发智慧 AI 图纸 App，形成一种按图施工、照模型施工并存的机制，为工地上的全员打造出一个触手可得的 3D 可视化施工指导及技术交底平台（图 8）。

图 8 智慧图纸 App

A030 郑东新区科学谷数字小镇项目 BIM 技术综合应用

团队精英介绍

王 勇
中建八局第一建设有限公司中原公司执行总经理

主持完成国家优质工程 1 项、钢结构金奖工程 1 项，荣获多项专利、工法、科技进步奖等科技成果，负责公司 BIM 技术的推广与培训。

王东宛
中建八局第一建设有限公司项目经理

公司"优秀员工""十佳业务标兵"，获得专利 17 项，省级工法 8 个，全过程参与 1 个项目的国家优质工程、2 个项目的中国钢结构金奖创奖工作。

张小刚
中建八局第一建设有限公司项目总工

一级建造师
工程师

获得省级 QC 成果 3 项，省级工法 3 项，受理专利 5 项，发表论文 2 篇，国家级 BIM 奖 1 项，省级 BIM 奖 1 项。

候 乐
中建八局第一建设有限公司项目总工

工程师

获得国家级 QC 成果 1 项，省级 QC 成果 5 项，省级 BIM 大赛优秀奖 1 项，发表论文 4 篇，专利 5 项。

张瑞源
中建八局第一建设有限公司项目钢结构负责人
河南省钢结构协会专家

一级建造师

获得国家级 BIM 一等奖 2 项，专利 7 项，省部级科技成果 4 项，6 项 QC 小组成果，省级工法 5 项，为项目中国钢结构金奖申报工作的主持者。

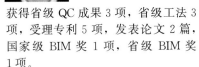

王 硕
中建八局第一建设有限公司技术工程师

获得省级 QC 成果 5 项，省级工法 2 项，发表论文 2 篇，省级科技鉴定成果 1 项，国家级 BIM 奖 1 项。

朱东东
中建八局第一建设有限公司技术工程师

一级结构建模师

获得国家级 BIM 大赛特等奖 1 项，发表论文 4 篇，实用新型专利 1 项。

张 超
中建八局第一建设有限公司技术工程师

一级建造师

目前已获得省级 QC 成果 2 项，省级工法 1 项，专利 2 项，省级科技进步奖 2 项，国家级 BIM 奖 1 项。

张亚洲
中建八局第一建设有限公司技术工程师

主要负责预制 T 梁、预制箱梁、大跨度变截面现浇箱梁、异形花瓶墩、超高空心薄壁墩的技术管理工作，目前已获得省级 QC 成果 3 项，国家级 BIM 奖 1 项。

苏峥宇
中建八局第一建设有限公司技术工程师

已获得国家级 BIM 奖 1 项，专利 2 项。

中国国际丝路中心大厦钢结构工程 BIM 技术应用

中建八局第一建设有限公司

张业　王彬　李玉龙　杨青峰　冯泽权　李泽　刘王奇　胡闯　张轩　童乐

1　工程概况

1.1　项目简介

中国国际丝路中心项目是绿地集团与陕西省政府签订千亿级战略合作协议后落地的首个重大项目，坐落于西咸新区沣东新城，处于新长安大轴线"科技创新引领轴"核心位置，踞守大西安未来新中心横轴与纵轴交汇处（图1）。

图1　项目效果图

项目占地 3.22 万 m^2，总建筑面积 38.4 万 m^2，地下总建筑面积 8.9 万 m^2，地上总建筑面积 29.5 万 m^2，其中塔楼建筑面积 26.7 万 m^2，裙房建筑面积 1.99 万 m^2。塔楼建筑高度 498m，地上 100 层，地下 4 层；裙房会议中心高 35.4m，地上 3 层，地下 3 层。主要业态为 5A 级办公、五星级酒店、国际会议中心、精品商业、观光等。

项目塔楼采用型钢混凝土巨柱框架-钢筋混凝土核心筒-伸臂桁架-空腹桁架结构体系，裙房采用钢筋混凝土框架结构；塔楼基础为桩筏基础，筏板厚度超过 5m，裙房基础为筏板基础。核心筒竖向 2 次截面收缩，外框设置 4 道伸臂桁架，总用钢量超过 12 万 t，混凝土总用量超过 30 万 m^3，建造标准要求高，建造难度大（图2）。

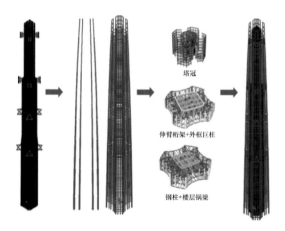

图2　整体结构效果

1.2　公司简介

中建八局第一建设有限公司始建于 1952 年，系世界 500 强企业、全球最大的投资建设集团——中国建筑集团有限公司下属三级独立法人单位，具有房屋建筑工程施工总承包特级资质、市政公用工程施工总承包特级资质、机电工程施工总承包壹级、水利水电贰级等 7 项总承包资质，建筑工程、人防工程、市政行业设计 3 项甲级设计资质，具备军工涉密资质、消防设施工程专业承包壹级、机场场道贰级等 18 项专业承包资质。公司拥有"国家级企业技术中心"研发平台，是科技部认证的"国家高新技术企业"。

1.3　项目特点

（1）承建意义大：本工程是由绿地集团在陕投资的集商业、办公、酒店、观光、会议中心等为一体的 500m 级超高层建筑，建筑高度排名全国第八。

（2）质量要求高：项目建设质量要求为鲁班奖、中国钢结构金奖、"长安杯"等。因此需要全方位、全过程、全周期高水准的质量管理。

（3）总承包管理要求高：本工程专业分包多（含指定分包），工程体量大，场地小，多专业、多工种的交叉作业、立体作业情况多。因此，施工总承包管理、协调工作是本工程的重点。

（4）BIM及深化设计管理要求高：工程规模浩大，建筑功能复杂，钢结构、幕墙、机电、精装修、园林绿化、专用设备等几十个专业工程需要深化设计；由于专业工程的局限性，无法进行通盘考虑，须利用BIM三维建模进行施工模拟及碰撞分析，对项目BIM建模及深化设计要求高。

2　BIM团队建设及软硬件配置

2.1　制度保证措施

为保证BIM工作有序开展，制定了项目BIM实施导则、BIM实施方案与实施计划，指导项目BIM管理；BIM工程师实行一岗双责制，明确岗位职责与管理办法。

2.2　团队组织架构

项目针对工程特点及实际工作需求，建立了层级分明的BIM团队组织架构（图3）。公司技术中心提供BIM应用指导，设计院及项目BIM团队负责实施应用，提高协同效率。

我们建立了四级BIM保障体系，为企业保障层、总承包管理层、总承包操作层、分包操作层，确保BIM技术贯彻应用与实施。

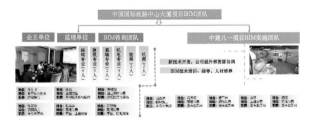

图3　团队组织架构

2.3　软件环境

根据应用需求确定各专业建模、视频动画及协同管理平台使用的软件（表1）。

软件使用情况　　　　　　　　表1

软件名称	作用
Revit 2020	建模、深化、模型集合
SkechUp 2020	场地布置、工况模拟
3ds Max 2020	施工组织、模拟
Tekla 21.0	钢结构深化设计
Rhinoceros 6.0	幕墙深化设计
Navisworks 2020	集成、漫游、动画制作

2.4　硬件环境

同时提供相应的硬件配置，保证BIM策划的顺利实施。

项目硬件配置主要包括Thinkpad W541工作站2台、台式计算机2台、笔记本电脑10台、交底移动终端2套、大疆御2无人机1套，并配备VR体验馆等。

3　BIM技术重点应用

3.1　总承包深化设计

根据设计图纸的不断调整，地下室部分土建问题报告共更新5版，累计发现并解决建筑、结构设计问题94条。机电问题报告共更新8版，累计发现并解决机电管线排布、净高问题167条（图4）。

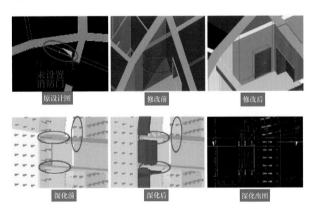

图4　结构深化设计

3.2　钢结构深化设计

本工程深化设计过程复杂，涉及结构验算、节点计算、应力分析等一系列操作，因此需提前配备各种软件，保证深化工作的顺利进行，深化设计根据钢结构制作及安装计划编制钢结构深化设计出图计划，并与制作安装批次配套出图，满足每批构件制作安装要求（图5）。

图5　钢结构深化设计

3.3　基于BIM的施工模拟

施工前对主体结构、临时架体、顶升平台整体建模，对施工过程各阶段，各工况进行施工流程规划，保证施工规划与现场施工实际情况相同，保证施工过程合理、安全（图6、图7）。

图6　筏板浇筑施工模拟

图7　塔式起重机转换施工模拟

3.4　顶升平台设计

基于BIM正向设计建立三维模型，赋予构件模拟型号尺寸，采用有限元分析方法，对钢平台桁架系统、支撑架的安装节点及特殊受力点等关键部位的内力分布、受力机理及相关参数的影响进行分析，全面反映各阶段钢平台受力状态，保证体系的安全可靠（图8）。

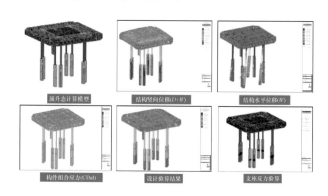

图8　顶升平台正向设计

3.5　基于BIM的技术管理

结构、建筑、机电按照下发图纸进行分区、分层精细化建模，方便现场查看比对。利用BIM建筑施工工艺仿真实训平台，同时将工艺流程、细节做法、质量控制要点等信息加入BIM模型之中，提高方案工艺交底效果（图9）。

图9　基于BIM模型技术管理

3.6　智慧图纸

中建八一自主研发智慧AI图纸App，形成一种按图施工、照模型施工并存的机制，为工地上的全员打造出一个触手可得的3D可视化施工指导及技术交底平台。

A034 中国国际丝路中心大厦钢结构工程 BIM 技术应用

团队精英介绍

张 业
中建八局第一建设有限公司中原公司
总经理

马来西亚建筑科学协会特聘专家，先后主持完成了马来西亚吉隆坡标志塔，32 个月完成了一栋452m 高、106 层塔楼，创造了超高层施工速度的奇迹，把中国超高层成套管理技术输出到海外，创造了超高层施工速度的奇迹。

王 彬
中建八局第一建设有限公司项目经理

高级工程师
一级建造师

第三届工程建设行业杰出科技青年，公司"优秀项目经理"，获得专利 18 项，省级工法 8 个，参建项目获得国家优质工程 1 项、中国钢结构金奖 2 项。

李玉龙
中建八局第一建设有限公司项目总工

工程师
一级建造师

获得省级 QC 成果 18 项，国家级 QC 成果 2 项，省级工法 7 项，受理、授权专利 14 项，发表论文 5 篇，省级科技奖 1 项，国家级 BIM 奖 5 项，主编地方标准 1 项。

杨青峰
中建八局第一建设有限公司项目总工

高级工程师
河南省钢结构协会专家

河南省钢结构科技评审专家，河南省建筑业协会智慧建造 BIM 专家，从事钢结构设计、深化设计、钢结构加工安装工作，主持完成了多个重点项目的钢结构深化、安装。

冯泽权
中建八局第一建设有限公司中原公司业务经理
BIM 高级建模师（结构设计专业）

曾荣获国家级 BIM 大赛一等奖 5 项，二等奖 1 项，省级 BIM 大赛一等奖 1 项，二等奖 1 项；多次主导参与项目省级、国家级 BIM 大赛成果申报与答辩工作。

李 泽
中建八局第一建设有限公司技术工程师
BIM 高级建模师（结构设计专业）

先后荣获国家级 BIM 大赛奖项 3 项，省级 BIM 大赛奖项 2 项，从事将近 3 年的 BIM 管理工作，多次参与、主导省级、国家级 BIM 大赛的成果申报与答辩工作。

刘王奇
中建八局第一建设有限公司技术工程师

一级结构建模师

获得国家级 BIM 大赛特等奖 2 项，省级工法 2 项，发表论文 4 篇，实用新型专利 4 项。

胡 闯
中建八局第一建设有限公司技术工程师

BIM 建模师

获得省级 QC 成果 2 项，省级工法 1 项，专利 2 项，省级科技进步奖 2 项，国家级 BIM 奖 2 项。

张 轩
中建八局第一建设有限公司技术工程师

BIM 建模师

先后荣获国家级 BIM 奖 2 项，国家级 QC 成果 1 项，省级 QC 成果 4 项，专利 8 项，论文 2 篇，省级工法 3 项。

童 乐
中建八局第一建设有限公司责任工程师

工程师
一级建造师

获得省级 QC 成果 5 项，省级工法 2 项，发表论文 2 篇，省级科技鉴定成果 1 项，国家级 BIM 奖 1 项。

苏州科技馆、工业展览馆土建安装总承包工程建设项目钢结构 BIM 技术综合运用

苏州第一建筑集团有限公司，上海宝冶集团有限公司

周伟　黄宋斌　倪晓平　黄首骞　游辰　李游　张焕敏　潘小铜　周玉龙　宋高强

1　工程概况

1.1　项目简介

苏州市科技馆、工业展览馆土建安装总承包工程建设项目位于苏州市高新区金山路南、长江路西侧，总建筑面积 61285.49m²。项目定位为国内一流，精而美的科普教育中心，工业发展成果展示中心。被苏州市政府定位为"苏州城市新名片、城市中心新客厅、山水城市公共开放空间、苏州城市中央文化公园"。

图 1　科工馆效果图

建筑主体从西向东由工业展览馆和科技馆连接在一起形成，结构从西侧盘旋而上，旋转 270°后向水面延伸，形成一段大悬臂（图 1）。科技馆地上 3 层，地下 1 层，中部设有一处下沉庭院，结构形式采用钢-混凝土混合框架（局部钢管混凝土柱）＋巨型钢桁架结构，建筑最高高度 24m，楼面及屋面板均采用钢筋桁架楼承板；中部下沉庭院内设一球幕影院，结构形式为单层网壳结构。工业展览馆地上 1 层，结构形式采用钢-钢筋混凝土（局部型钢混凝土柱）混合框架结构，建筑最高高度 12.9m，楼面板采用钢筋桁架楼承板。钢结构总用钢量约 2.77 万 t。

1.2　公司简介

苏州第一建筑集团有限公司成立于 1952 年，2003 年国有资产全部退出，公司体制改为民营的有限责任公司，公司注册资本 40880 万元，现有房屋建筑施工总承包特级、建筑设计甲级、2 个总承包一级和 5 个专业承包一级资质。公司主要从事各类房屋建筑和市政工程、机电安装工程总承包施工，公司拥有土建、市政、设备安装和消防、智能化、设备租赁、管廊、轨道交通等 10 多个专业分公司，形成了开发设计、施工、安装、装潢、租赁等技术和装备齐全的集团型企业。

上海宝冶集团有限公司始建于 1954 年，是世界 500 强企业中国五矿和中国中冶旗下的核心骨干子企业，拥有中国第一批房屋建筑、冶炼工程施工总承包特级资质以及国内多项施工总承包和专业承包最高资质，业务覆盖研发、设计、生产、施工全产业链，服务涵盖投资、融资、建设、运营全生命周期，是国家级高新技术企业、国家知识产权示范企业、国家企业技术中心、国家技术标准创新基地。2018 年顺利通过"上海品牌"认证，成为上海"四大品牌"战略中"上海服务"的优秀代表。

1.3　工程难点

本工程建筑物每层高度不同，且外形为不规则弧形，测量精度需严格控制。本工程主体结构复杂，涵盖钢与混凝土组合结构、钢骨（钢管）混凝土结构、钢框核心筒、巨型 H 型钢梁、巨型弯扭桁架、减震支撑和调频质量阻尼器等，且幕墙结构形式也繁多复杂，球幕影院属于特殊网壳结构。

与传统钢结构项目比较，工程最大的难点在于巨型弯扭构件、大型复杂节点的深化设计及构件建造和超厚板焊接技术，同时因场地限制采用建筑环内跨外吊装及大跨度空间钢结构的变形控制也是本项目的重难点。

本工程钢结构箱形主梁、内外悬挑桁架、二层转三层梯梁等部位均为大截面弯扭构件，数量多，弯扭构件多。各处弯扭变化无规律，深化难度大。内外侧悬挑桁架上、中、下弦杆截面均为平行四边形，弯扭空间定位难度大。弯扭构件节点位置多维度杆件交汇，节点复杂多变不共面，内部隔板众多且角度多变，无特定规律，细部构造处理难度大。

2　BIM 团队建设及软硬件配置

2.1　制度保障措施

组建本工程项目 BIM 团队，选派曾实施过类似工程结构形式的具有丰富经验的 BIM 人员进驻现场直接参与本工程的 BIM 实施。根据本工程的规模和特点，采用直线职能式的总体项目管理组织机构——现场项目 BIM 管理组织机构的模式。

2.2　团队组织架构（表1）

团队组织架构　　　　　　表 1

序号	姓名	岗位	职责
1	周伟	项目 BIM 总指挥	全面协调,把控项目 BIM 运用总方向
2	黄宋斌	总包 BIM 总指挥	监督、考核项目 BIM 实施应用
3	倪晓平	项目 BIM 总负责	把控项目 BIM 技术工作的总方针
4	黄首骞	BIM 工作站站长	主持项目各专业 BIM 技术工作内部协调、方案编制、把关工作实施进度
5	游辰	土建 BIM 负责人	土建 BIM 模型的建立与土建专业 BIM 技术应用实施方案编制的工作
6	李游	科技馆钢结构 BIM 负责人	钢结构 BIM 模型的建立与钢结构专业深化技术应用实施方案编制的工作
7	张焕敏	工业展览馆钢结构 BIM 负责人	钢结构 BIM 模型的建立与钢结构专业 BIM 技术应用实施方案编制的工作
8	潘小铜	钢结构深化	钢结构 BIM 模型的建立
9	周玉龙	钢结构深化	钢结构 BIM 模型的建立
10	宋高强	钢结构深化	钢结构 BIM 模型的建立

2.3　软硬件环境（表2、表3）

软件环境　　　　　　表 2

序号	软件名称	软件作用
1	Tekla	模型生成钢结构详图及节点深化
2	Rhino 6.0	整合精细、弹性与复杂的 3D 幕墙模型
3	Revit	创建、修改模型,模型整合
4	Navisworks	模型轻型化,漫游,综合管线碰撞
5	3ds Max 2014	效果渲染、施工模拟

续表

序号	软件名称	软件作用
6	fuzor 2021	虚拟漫游、数据互动
7	Lumion 8.0	数据输出,动画效果,成果渲染
8	Enscape 2018	场景渲染、数据传输、轻量化运用
9	广联达 BIM 土建计量平台	土建实时算量、出工作料单
10	广联达 BIM 云平台	资源整合、数据传输、协同管理
11	品茗 HiBIM、施工策划	三维场布,施工部署,场地规划
12	品茗模板脚手架工程软件	辅助方案优化、构件工程量统计
13	VR 设备、无人机设备	虚拟与实际对接、巡检、观摩展示

硬件环境　　　　　　　　　　　　　　　　　　表 3

序号	名称	型号	数量(台)
1	台式电脑	DELL Precision 台式工作站	5
2	移动电脑	Alienware M15 R6	5
3	移动设备端	华为 MatePad	10

3　BIM 技术重难点

3.1　模型整合、协同管理

本工程结构复杂,在模型整合过程中,进行细部节点深化,及时发现钢结构、土建、机电安装、幕墙等各专业间碰撞,现场无操作空间等问题,提出相关结构碰撞报告,并将优化方案集中反馈至设计单位,同时,以综合性 BIM 技术运用理念检验相关方案的可行性。

3.2　进度管理

本工程工期紧,目标定位高,运用 4D-BIM 技术进行不同阶段的虚拟建造,合理制定施工计划,精确掌握施工进度,优化使用施工资源,从而对工程进度进行整体把控,达到控制工期、降本增效的目的。

3.3　安全管理

本工程群塔布置,在进行塔式起重机覆盖范围可视化模拟的同时,通过建立的三维模型让管理人员提前对施工面的危险源进行判断,以 BIM 3D 漫游使安全教育讲解更加生动形象,从而有效辅助现场施工安全管理。

3.4　成本管理

本工程项目体量大,运用 BIM 模型进行相关工程量的快速统计,结合相关方案进行对比,在不同阶段提供工程量参考、复核相关工程量,对各个阶段的结算成本进行分析,从而根据项目需求快速获取人、材、机的使用计划,为项目实际成本管理提供数据参考。

3.5　文明施工

本工程施工场地狭小,工期紧,目标定位高,通过 BIM 技术,以施工策划三维布置为平台,在不同阶段,通过各个专业模型导入实现安全文明施工的整合,为现场安全文明目标的创建提供了技术支持。

A035 苏州科技馆、工业展览馆土建安装总承包工程建设项目钢结构 BIM 技术综合运用

团队精英介绍

周 伟
苏州第一建筑集团有限公司钢结构工程分公司总工程师

高级工程师
一级建造师
苏州市建筑行业协会专家

先后主持 6 项省级"扬子杯"、3 项钢结构金奖、2 项鲁班奖项目，完成市级科研课题 2 项，省级科研课题 1 项，发表技术论文 20 余篇，多次被评为省级建筑施工技术（学术）先进个人。

黄宋斌
上海宝冶集团有限公司钢结构工程公司项目经理

高级工程师
一级建造师

主持 1 项钢结构金奖项目，部级工法 1 项，发表论文 7 篇。

倪晓平
苏州第一建筑集团有限公司钢结构工程分公司技术部经理

工程师

长期从事技术管理工作，先后参与 5 项省级"扬子杯"、1 项钢结构金奖项目，完成市级科研课题 1 项，获得国家级 BIM 奖 3 项，省级 BIM 奖 3 项，省级科技奖 1 项，发表技术论文 7 篇。

黄首骞
苏州第一建筑集团有限公司四分公司副经理

高级工程师
一级建造师

先后主持 3 项省级"扬子杯"、2 项鲁班奖项目，获得国家级 BIM 奖 2 项，省级 BIM 奖 4 项，省级科技奖 1 项，发表技术论文 12 篇。

游 辰
苏州第一建筑集团有限公司 BIM 技术中心主任

工程师

先后参与包括鲁班奖项目在内的多个项目并主持项目 BIM 技术应用，获得国家级 BIM 奖 8 项，省级 BIM 奖 5 项，参与 QC 成果 1 项，发表论文 2 篇。

李 游
上海宝冶集团有限公司钢结构工程公司项目总工程师

工程师
一级建造师

主持 1 项钢结构金奖项目，编写发明专利 2 篇。

张焕敏
苏州第一建筑集团有限公司钢结构工程分公司深化设计主任

工程师
二级建造师

长期从事钢结构深化设计及管理工作，先后主持完成了苏州第二图书馆、苏州轨交 5 号线黄天荡控制中心、杜克大学二期等重大项目的深化设计工作，参与 1 项钢结构金奖项目。获得国家级 BIM 奖 1 项，发表技术论文 3 篇。

潘小铜
郑州宝冶钢结构有限公司钢结构技术工程师

BIM 建模工程师
一级建造师

长期从事钢结构深化设计、BIM 管理工作，先后获得国家级 BIM 奖 1 项，省级 BIM 奖 1 项。

周玉龙
上海宝冶集团钢结构工程公司质量环保管理部技术主管

工程师

先后参与 2 项金钢奖项目、1 项钢结构金奖项目，参与国家自然科学基金课题 1 项，参与企业级重大研发课题 1 项，获得省级 BIM 奖 1 项，参与省级 QC 成果 2 项，专利 2 项，先后发表技术论文 3 篇（含中文核心 1 篇）。

宋高强
上海宝冶集团有限公司钢结构工程公司项目技术员

助理工程师

参与 1 项鲁班奖项目，1 项钢结构金奖项目，参与企业级研发课题 1 项。

赤壁体育中心钢结构全生命周期 BIM 技术应用

中国建筑第七工程局有限公司，中建七局土木工程公司

张新献　白皓　刘海成　柳健　刘学胜　陈佳媛　赵鑫宗　史鹏磊　王浩錡　宋豫

1 工程概况

1.1 项目简介

项目地点：赤壁市赤壁大道与蒲圻大道交汇处（图1）。

工程造价：4.6亿元。

建筑面积：45675m²。

钢构体量：3250t。

工期要求：2018年9月1日开工，2020年8月30日竣工。

本项目的钢结构工程为体育馆劲性柱及屋盖钢管桁架结构。屋盖檐口高度为14.6～19.1m，屋盖顶部最高点高度为24.6m。屋盖长轴长度为138m，短轴长度为97.5m，结构最大跨度为67.5m（图2）。

图1　项目鸟瞰图

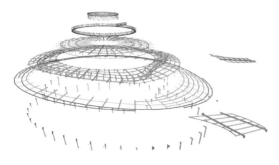

图2　钢结构工程

1.2 公司简介

中建七局土木工程公司隶属于世界500强、全球最大的投资建设集团中国建筑旗下的骨干成员企业中建七局，经营业务为基础设施和房建项目，主营区域为中原、华中、西南和华南地区。公司总部目前设置"十一部一室"，并成立4家三级分支机构，设立中建七局土木工程公司中原分公司（驻地郑州）、华南分公司（驻地广州），华中分公司（驻地武汉），基础设施分公司（驻地武汉）。目前公司在职员工1700余人，在施项目40个，其中基础设施类项目15个、房屋建筑类项目25个、100m以上超高层项目10个。

1.3 工程重难点

造型复杂，深化设计工作量大。本工程为异形桁架结构＋弦支穹顶贾拉索结构，底部钢骨柱为斜柱，存在与土建钢筋碰撞现场，杆件均为异形构件，建模难度大，审图要求高，出图难度任务重。

工期紧，场内外协调难度大。主体施工时要合理穿插二次结构，机电安装等工程，既要保证主体进度不受影响，又要保证后续施工的及时进行。

体量大，安装成型质量要求高。本项目安装定位难度大，拼装胎架及吊装架体均需做结构整体稳定性力学计算复核。

整体式吊装，安全风险高。本项目高空拼装节点多，焊接质量要求严，安全操作要求高，跨度大，组织专家论证后方可施工。

2 BIM 团队建设及软硬件配置

2.1 制度保障措施

项目部参照《中建七局 BIM 实施手册》及建

模标准，编制完成 BIM 技术实施策划书，详细且明确规定组织机构、岗位职责、应用环境（软硬件）、模型创建与管理、模型应用与交付，应用质量效果评价及改进方式等方面，并随着工程进展不断修订完善，确保项目 BIM 应用真正有效落地。

2.2 团队组织架构（图3）

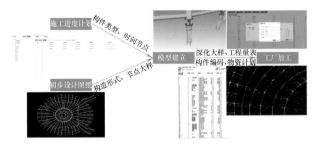

图 3 团队组织架构

3 BIM 技术重难点应用

3.1 模型深化

建立钢结构深化模型，将深化完成后的模型拆分，生成对应图纸和工程量清单，同时生成 NC 数控文件格式传递至钢结构厂家加工（图4）。引入 WBS 配置，对模型构件逐一进行编码，并保证编码唯一性，考虑构件类型、安装方式、加工运输周期，进行 EBS 配置，并使两者相互映射关联。将构件 WBS 和 EBS 配置编码数据导入企业 ERP 系统，为采购招标和运输提供数据支持。

图 4 模型深化流程示意图

3.2 数字化加工

加工厂数控机床计算器在接收到 NC 数控文件后，识别杆件尺寸及坐标信息，进行相贯线的自动提取切割。零件版在考虑多型号、同时下料的基础上，预先应用智能化软件对钢板进行排版后下料，以最大化节省材料，根据生成的图纸进行构件拼装（图5）。

图 5 数字化加工零件示意图

3.3 BIM＋物联网应用

工厂根据模型构件编码，将构件信息导入二维码系统，生成二维码张贴于构件之上；指定各批次构件对应运输车辆，现场管理人员根据车辆上加载的 GPS 定位设备实时查询物流信息（图6）。

图 6 车辆物流查询示意图

3.4 进场验收

钢构件到场后，物资工程师通过扫描构件附带的二维码，获取构件信息，验收合格完成后，按照构件堆场划分放置在对应区域内进行后续安装施工（图7）。

图 7　扫描二维码进行验收

3.5　工况验算、模拟拼装

在钢构件现场安装之前，应用 Midas 软件建立结构验算模型，对吊装拼接过程中各个施工工况进行模拟受力分析，确保现场安装安全有序、一次成型。

3.6　过程监测

在钢构件重点部位布设物联传感设备对安装过程进行智能监测，并将监测结果在系统中分析完成后进行对比，保证安装全过程处于可控状态。

3.7　进度管控

将计划进度模型和实际完成模型进行对比分析，及时调整后续施工计划，并借助 WBS 和模型之间关系，修正计划模拟施工为后续施工组织安排提供决策辅助（图 8）。

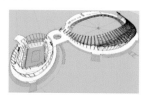

图 8　计划进度和实际进度

3.8　安全风险管控

根据 WBS 对各项工序进行风险识别，依据 LECD 法进行五级风险源划分，并与相关 BIM 模型构件关联，点击构件可查看风险源基本信息、当前状态描述信息，并可追溯过程安全管理行为；将智能监测设备监控的实时数据、异常数据和历史数据均以图表形式汇总分析展示。

3.9　其他应用

将 BIM 模型钢结构节点坐标信息导入至全站仪和三维激光扫描仪中进行安装定位，控制校核；利用二维码等手段进行方案模拟交底和三维技术交底；通过 3D 打印技术进行方案拼装模拟和节点大样交底（图 9）。

图 9　放样定位

3.10　成品检测

依据钢结构验收标准和设计信息，建立钢构件成型后模型，完善成品必要信息（钢材厚度，涂层材质、厚度等），现场根据 BIM 模型提供信息进行涂层和探伤检测（图 10）。

图 10　进行成品检测

3.11　健康监测

依据设计要求，通过对构筑物进行监测设备预装预埋，对钢结构进行健康监测并在 BIM 模型上呈现结构变形、支座沉降、环向位移、温度、风力等环境监测数据信息。

3.12　数据交付

将钢结构施工过程中各项业务流程数据、智能监测数据和模型自带属性信息经过数据清洗筛选，结构化重组，利用 BIM 技术集成性特点，以 BIM 模型承载作为竣工成果交付。

A062 赤壁体育中心钢结构全生命周期 BIM 技术应用

团队精英介绍

张新献
中建七局土木工程公司总工程师

一级建造师
高级工程师
硕士研究生

主持企业技术质量科技管理工作、局级科研课题研究、企业智慧建造平台建设，主编规范 5 本，获发明专利 8 项，省级工法 12 项，软件著作权 3 项，国家优质工程 4 项，鲁班奖 2 项。

白 皓
中建七局土木工程公司技术质量部经理

工程师

主持技术和科技管理工作，获国优金奖 1 项，中国安装工程优质奖 1 项，省优 3 项，完成省级示范工程立项及验收各 8 项，受理授权专利 50 余项，获得省级工法 4 项。

刘海成
中建七局土木工程公司华中分公司总工程师

工程师

主要从事工程技术管理工作，获河南十大优秀总工称号，多次组织科技管理工作，发表论文 10 余篇，获 BIM 奖 10 项，拥有实用新型专利 4 项，软件著作权 3 项。

柳 健
中建七局土木工程公司华中分公司技术质量部经理

一级建造师
高级工程师

长期从事工程技术质量管理工作，参与完成发明专利 3 项、实用新型专利 5 项。发表论文 5 篇，参编省部级工法 2 项，参加局级科研课题 2 项及企业智慧建造平台建设，获得 BIM 奖 15 项，软件著作权 3 项。

刘学胜
中建七局土木工程公司华中分公司技术质量部执行经理

BIM 工程师
工程师

长期从事建筑信息领域工作、EPC 管理工作、科技工作，完成省级工法 1 篇，获软件著作权 3 个、专利 4 项，发表论文 3 篇，获得各类 BIM 奖 30 项。

陈佳媛
中建七局土木工程公司智慧建造中心工程师

BIM 工程师
环境艺术设计学士

长期从事建筑信息领域工作，参与赤壁体育中心、硅谷小镇等数十个项目，先后发表论文 3 篇，专利 3 篇，标准制定 4 篇，获得相关 BIM 奖 2 项。

赵鑫宗
中建七局土木工程公司华中分公司技术质量部副经理

二级建造师
工程师

长期从事工程技术质量管理工作，参与完成实用新型专利 4 项，发表论文 3 篇，参加局级科研课题 2 项及企业智慧建造平台建设，获得 BIM 奖 15 项，软件著作权 1 项。

史鹏磊
中建七局土木工程公司华中分公司专业师

工程师

从事技术质量研究工作，主持完成省级工法 8 项，发表论文 4 篇，授权实用新型专利 4 项，局级科研课题 2 项，获得 BIM 奖 10 项，软件著作权 2 项，荣获省级科技成果 3 项。

王浩锜
中建七局土木工程公司基础设施分公司质量总监

在职研究生
高级工程师

长期从事工程管理、施工技术质量研究工作，主持完成省部级施工工法 2 项，发表论文 4 篇，作为主要完成人授权发明专利 3 项、实用新型专利 7 项，荣获省级科技成果多项。

宋 豫
中建七局土木工程公司智慧建造中心工程师

工学硕士

主要从事建筑信息领域工作，追踪建筑领域信息技术发展，参与打造智慧建造平台的相关工作。发表论文 2 篇，获得 BIM 奖 1 项。

世界最大悬索结构展厅 BIM 技术应用总结——石家庄国际展览中心

中国建筑第八工程局有限公司

白龙　王凤亮　高善友　张新　谢杰　夏成辰　王晓飞　齐凡　刘晓亮　李森

1　工程概况

1.1　项目简介

石家庄国际展览中心项目占地 64.4 万 m^2，总建筑面积 36 万 m^2。主承重结构最大跨度 105m，次承重结构最大跨度 108m，创造性的双向悬索结构和全无柱设计方案，引领了行业科技标准。

项目效果见图 1。

图 1　项目效果图

根据功能和结构特点，本工程共划为 12 个分区，包括 A、B、C、D、E 展厅及观演厅、宴会厅、观光塔、中央大厅、南登录厅、北登录厅、B 区东部、东登录厅（图 2）。

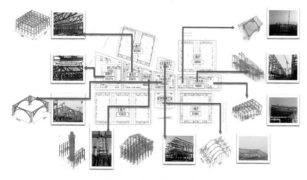

图 2　各功能厅展示

展厅主体结构主要由屋盖结构支承柱、主承重结构（自锚式悬索结构）、次承重结构（索桁架）组成，索体上为刚性铝镁锰屋面。构造：①＋②＋③＝④，④＋⑤＝⑥＝屋盖整体结构（图 3）。

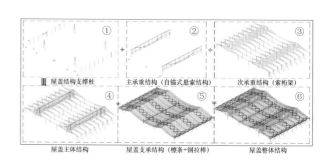

图 3　展厅钢结构构造展示

1.2　公司简介

中国建筑第八工程局有限公司（以下简称中建八局），作为世界 500 强企业——中国建筑股份有限公司的骨干成员，国家首批"三特三甲"资质企业，以投资、建造、运营为核心业务，始终活跃在中国经济建设的前沿。

中建八局作为中国最具竞争力的大型综合投资建设集团，以承建"高、大、特、精、尖"工程著称于世，重点发展高端房建、基础设施、地产开发、投资运营、创新业务"五大业务板块"。形成了机场、会展、体育场馆、文化旅游、医疗卫生、高档酒店、城市综合体、大型工业厂房和公路、铁路、城市轨交、市政路桥、环保水务、城市更新等系列建筑产品。

1.3　项目重难点

（1）工程体量大，工期短

建筑平面总长度约 648m，总宽度约 352m，总建筑面积 36 万 m^2。工期仅有 390 天，并且跨越冬季和雨季，施工强度较大。

（2）钢结构超重构件多

地上 B 区顶部桁架属于大跨度超重构件，其中单榀桁架最重 51.2t，最大跨度 54m，由于受地下室顶板承重条件制约，现场现有起重设备无法满足整体吊装要求，需进行施工优化。

（3）自锚式悬索结构施工难度大

本工程借鉴德国著名的汉诺威会展结构形式，是世界最大的悬索结构，属国内首次应用"自锚式悬索结构＋索桁架结构"。

（4）二次深化量大、多专业交叉施工

需要对悬索结构节点、钢屋盖罩棚、幕墙、金属屋面及智能化等进行二次深化设计。在基础施工开始，即涉及土建、钢结构、幕墙及安装的交叉施工，对我方的管理和组织能力提出很高要求。

2 BIM 团队建设及软硬件配置

2.1 团队保障措施

BIM 团队分两个层级，由公司 BIM 工作站主导，对高精度模型创建、智慧管理平台打造、BIM 技术研发与应用、BIM 应用成果推广等板块进行统筹管理。

项目 BIM 固定工作站下设五个 BIM 团队，按合同约定和权责划分，分别对项目各个专业的 BIM 建模和应用进行实施层面的管理。

2.2 团队组织架构（图4）

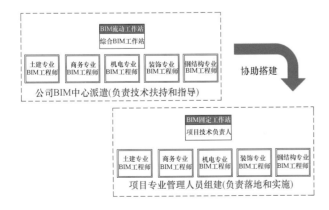

图 4　组织架构图

2.3 软件环境（表1）

软件环境　　　　　　　　　　　　　表 1

序号	软件名称	应用环境
1	Revit 2016	建筑结构、机电、竖向幕墙等建模
	Tekla16.1	钢结构建模
	Navisworks	模型整合，碰撞检测
	3ds Max	模型渲染，虚拟现实
	Fuzor 2017	模型渲染，虚拟现实、动画制作
	广联达 BIM5D	砌体排砖
	Midas	模型分析软件
	ANSYS	模型分析软件
2	协筑	集成各个应用端工具模块数据，统一分析与展示
	DBworld	集成各个应用端工具模块数据，统一分析与展示
3	DJI GO4	无人机操作软件
	Litchi	无人机飞控(定航线、定点环绕)软件
4	Enscape	全景图制作软件
	720yun	720 云全景制作及发布平台软件

2.4 硬件环境（表2）

硬件环境　　　　　　　　　　　　　表 2

序号	硬件名称	应用环境
1	3 台移动工作站	模型创建,多专业模型整合;720 全景制作等
2	2 台专业台式机	模型创建、模型应用、多专业模型整合;720 全景制作等
3	移动终端设备	主要是手机端(多采用手机 App，既减少项目成本，又便于各项 BIM 技术的推广)
4	1 台无人机	航拍、点云模型逆向生成、挂载红外摄像头拍摄

3 BIM 技术重难点应用

（1）基于 BIM 技术的复杂新型悬索结构施工

本项目创造性采用双向悬索结构＋索桁架设计方案，该结构形式从未应用在房建项目，从设计到施工，没有借鉴对象。其节点如何优化，支撑采用何种形式，拉索的安装、张拉顺序如何确定，都需要 BIM 技术进行大量的深化和优化设计（图5）。

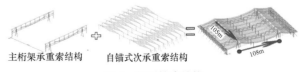

图 5　新型拉索结构

本项目通过采用 BIM 技术对拉索节点进行深化设计，建立主桁架拉索支撑体系，设计应用拉索施工平台，设计应用拉索提升、张拉工装，对拉索张拉安装进行仿真模拟计算，从拉索结构施工健康监测和施工技术等方面对整个施工周期进行全过程施工仿真验算，找出各施工工序下最不利的状态，通过多方案反复比较选择，验证施工过程的合理性和可行性，为整个拉索提升过程提供理论依据，保证施工质量和施工过程的安全（图 6）。

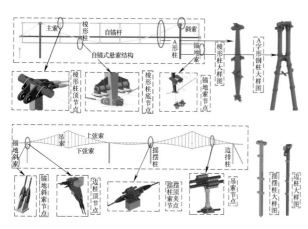

图 6　钢结构节点深化设计

（2）基于 BIM 技术的大跨度超重构件施工

本工程大跨度结构包括观演厅、宴会厅、中央大厅、东登录厅、南登录厅五大部分，主要结构体系为桁架、拱结构，最大跨度 63.5m，大部分钢构件为超重超长构件，由于现场地下室顶板荷载无法承载大型起重机，必须采用 BIM 技术对桁架、拱结构吊装进行模拟验算。

本项目通过采用 BIM 技术对双机抬吊吊装进行模拟分析验算、对履带式起重机行走路线及吊装区域模拟验算并加固及钢结构屋面吊装施工模拟分析验算。

（3）基于 BIM 技术的网架节点施工技术

屋面网架位于中央大厅 B 区，为正放四角锥螺栓球节点网架，网架支座为下弦多柱点支承，网架覆盖面积 5993m²，跨度 58.5m，重量 168.5t（图 7）。由于施工场地狭小，不具备大型吊装设备的使用条件，经采用 BIM 技术进行方案的反复比较，现场采用了散拼方式，其中网架整体挠度、沉降量、整体稳定性以及累计偏差控制是施工重点。

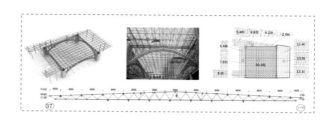

图 7　网架模型示意图

项目通过 BIM 技术在网架螺栓球高空散拼施工模拟、支撑顶杆节点设计应用及网架结构整体吊装模拟验算等方面的应用，为网架施工提供了必要的帮助。

（4）基于 BIM 技术的柔性索上刚性重型金属屋面施工技术

本项目金属屋面在柔性的悬索结构上进行施工，与一般的刚性屋面施工有所不同，悬索上屋面构件的安装势必产生一定的变形和位移，尽可能降低变形带来的影响，保证施工过程的稳定性和屋面施工精度是本工程施工的重点（图 8）。

图 8　刚性铝镁锰屋面展示

本工程通过 BIM 技术在重要施工工序模拟交底、屋面安装过程监测及屋面遮阳百叶-铝方通吊挂件设计应用等方面的应用，保证钢结构屋面的顺利施工。

4　项目 BIM 应用心得

本项目 BIM 应用以服务现场为基础，以提升管理品质为原则，以科技创造效益为目标，深入实践 BIM 技术在本项目的综合应用，创造 BIM 技术在高难度、高标准项目的应用新方法。贯彻 BIM 技术服务施工的原则，实现了 BIM 模型在施工阶段的高效率利用；通过施工模拟验算等技术的应用，降低了施工风险和难度；通过基于 BIM 技术的项目管理平台应用，提高了项目实施效率，增强了项目过程管控能力，从而节约了项目成本和工期。在项目高效施工、智慧建造方面积累了宝贵的经验。

A071 世界最大悬索结构展厅 BIM 技术应用总结——石家庄国际展览中心

团队精英介绍

白 龙
中国建筑第八工程局有限公司

项目总工程师

从事建筑工程施工技术管理，负责 BIM 技术应用及技术创新管理工作，曾获省级科学技术奖 5 项，授权发明专利 1 项，实用新型专利 8 项，获得国家级 BIM 奖项 11 项，省级 BIM 奖项 8 项，获评省级建筑业青年拔尖人才。

王凤亮
中建八局第二建设有限公司河北分公司执行经理

主要从事建筑施工、建筑信息化等相关研究，主持了北京市通州新光大中心等项目施工。获得国际级 BIM 成果 1 项，国家级 QC 成果 2 项，国家级 BIM 成果 2 项，省部级科技进步奖 3 项，已授权发明专利 1 项，实用新型专利 2 项，在各种重要刊物上发表论文 4 篇。

高善友
中建八局第二建设有限公司科技部经理

从事建筑工程施工技术管理，曾获华夏科学技术奖 1 项，省级科学技术奖 10 项，省级工法 6 项，获得授权发明专利 1 项，实用新型专利 17 项，获得钢结构金奖 1 项，获得国家级 BIM 奖项 11 项，省级 BIM 奖项 8 项。

张 新
中国建筑第八工程局有限公司

BIM 工程师

主要负责 BIM 技术的研究、应用、推广，负责 BIM 工程模拟动画技术咨询，曾获省级建筑设计 BIM 应用个人奖项 1 项，国家级 BIM 大赛奖项 2 项，发表论文 10 余篇，实用新型专利 1 项。

谢杰
中国建筑第八工程局有限公司
项目经理

从事建筑工程施工技术管理，获得授权发明专利 1 项，实用新型专利 9 项，，获得国家级 BIM 奖项 5 项，省级 BIM 奖项 3 项，在各种刊物上发表论文 5 篇。

夏成辰
中国建筑第八工程局有限公司
项目经理

从事建筑工程施工技术管理，获得实用新型专利 3 项，获得国家级 BIM 奖项 5 项，省级 BIM 奖项 3 项，参与建设项目 5 个，涉及机场、会展中心、商业中心及园博园等。

王晓飞
中国建筑第八工程局有限公司

BIM 工程师

长期从事施工现场 BIM 全专业技术应用、技术质量管理、技术创新应用研究工作，参与 BIM 项目 10 余项，涉及公建、房建、道路、桥梁、隧道等各个领域，曾获国家级奖项 6 个，省部级奖项 4 个。

齐 凡
中国建筑第八工程局有限公司

BIM 工程师

长期从事施工现场 BIM 全专业技术应用、建筑信息化研究与推广、技术质量管理、技术创新应用研究工作，参与 BIM 应用项目 10 余项，涉及公建、房建、道路、桥梁等各个领域，曾带领团队获得国家级奖项 6 个，省部级奖项 4 个。

刘晓亮
中国建筑第八工程局有限公司

BIM 工程师

主要从事建筑施工、建筑信息化等相关研究。组织参与多项国家级、省部级科技成果申报。曾获得过国际级 "SMART BIM" 智建 BIM 大赛一等奖，国家级 BIM 成果 3 项，省部级 BIM 成果 2 项，已受理发明专利 2 项，发表论文 1 篇。

李 森
中国建筑第八工程局有限公司

BIM 工程师

长期从事施工现场 BIM 全专业技术应用、建筑信息化研究与推广、技术质量管理、技术创新应用研究工作，参与 BIM 应用项目 10 余项，涉及公建、房建、道路、桥梁等各个领域。获国家级奖项 1 个、省部级奖项 1 个。

BIM助力众邦超高层钢结构智慧建造

中建七局安装工程有限公司

卢春亭　牛敬森　张祥伟　史泽波　杨超　李鹏飞　范帅昌　曹菁华　李齐波　邵琛凯

1　工程概况

1.1　项目简介

众邦金水湾项目位于兰州市安宁区，总建筑面积16.17万m²，建筑高度239m，是集展会、商业、甲级办公、居住、酒店、餐饮、娱乐于一体的超高层地标性建筑（图1、图2）。

图1　项目效果图

图2　项目BIM模型图

结构形式为型钢混凝土框架-型钢混凝土核心筒＋屋面钢框架，钢柱最大截面尺寸2500mm×800mm，最大质量24.38t，裙房钢结构最大跨度45m，最大板厚50mm，材质Q345C，总用钢量约2.3万t。

1.2　公司简介

中建七局安装工程有限公司于2013年成立BIM技术中心，主要负责BIM技术推广应用。2015年在技术中心基础上成立设计研究院，下设BIM设计一所、BIM设计二所、钢结构设计所、BIM运维管理所，8个分公司均设有BIM工作室，项目设有BIM工作小组，整体形成了"公司-分公司-项目"的三级管理体系。2020年公司荣获河南省建筑企业BIM技术能力"一级认定"。公司先后获得36项国家级BIM奖项、40余项省部级BIM奖项。

1.3　工程重难点

本工程为甘肃省重点项目、兰州市重点工程、省级观摩工地、国家AAA级安全文明标准化工地、全国建筑业绿色施工示范工程，受到各界领导关注，项目战略定位意义重大。

项目地处繁华市区，基坑三边均有居民住宅楼环绕，坑边距离周边住宅楼仅8m，现场施工场地狭小，构件堆放场地不足。钢结构、土建、机电等各专业交叉施工、同时作业，施工过程协调难度大。

钢柱有H形、十字形、T形、箱形、组合型等多种截面，钢梁有H形、矩形截面，连接节点形式多样；钢结构梁、柱节点穿筋预留孔洞多，节点深化设计复杂，构件加工难度大，现场安装精度要求高。

2 BIM 团队建设及软硬件配置

2.1 制度保障措施

项目在公司指导支持下，提前进行 BIM 策划，建立以公司技术质量部统筹管理、公司设计研究院技术指导、分公司应用策划、项目部具体实施的 BIM 团队，由公司总工程师统筹各参与方共同开展 BIM 实施。

2.2 团队组织架构（图3）

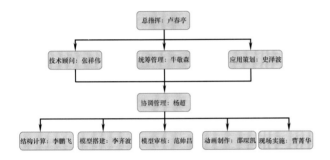

图 3 团队组织架构

2.3 软件环境（表1）

	软件环境		表 1	
序号	名称	项目需求	功能分配	
1	Revit 2017	土建与安装模型创建、碰撞检测	建筑	建模
2	Tekla 2018	钢结构模型创建、图纸深化	结构	建模
3	3d3s 14.1	钢结构受力计算，挠度分析	结构	建模
4	Midas Gen	结构设计有限元分析	结构	建模
5	3d Max	动漫演示、三维可视化交底	建筑	动画

2.4 硬件环境（表2）

	硬件环境		表 2
项目	配置	项目	配置
CPU	英特尔酷睿八核 I7-10700	显卡	NVIDIA RTX 3070
内存	32GB DDR4	网卡	集成 Realtek® RTL8151GD 以太网 LAN
硬盘	1T SSD+ 2TB HDD	显示器	E2216HV （21.5 寸双显示器）

3 BIM 技术重难点应用

3.1 大跨度型钢梁施工方案优选及支撑胎架受力分析

宴会厅型钢梁最大跨度 45m，Tekla 模型导出 DWG 三维模型，导入 3d3s 软件模拟施工验算，计算钢梁最大挠度值，确定支撑胎架合理位置和数量，确保施工安全（图 4、图 5）。

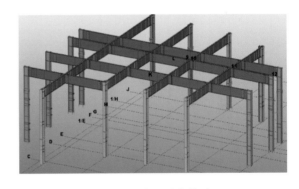

图 4 裙房钢结构模型

图 5 胎架现场支撑

3.2 拉筋穿型钢柱腹板连接方式优化

箍筋设计节点由在钢柱腹板上开孔优化为在钢柱腹板上增加定位缀条板，既保证了箍筋的拉结，又减少了对构件截面力学性能的削弱（图6、图7）。

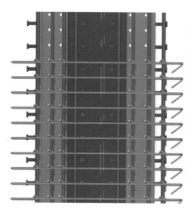

图6 箍筋穿腹板模型

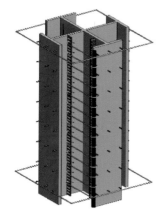

图7 优化定位缀条板模型

3.3 钢结构与铝模板体系整体深化

在钢结构深化设计过程中，提前确定铝模对拉螺杆的位置，在加工厂开孔，避免现场开孔误差，减少现场施工（图8）。

图8 钢结构与铝模体系整体深化

3.4 BIM＋总承包管理应用

借助物联网、AR、VR、全息投影等信息化技术，对进度、商务、质量、安全管理等工作进行管控，实现 BIM 技术在施工全过程中的应用（图9）。

图9 AR、VR、全息投影虚拟现实体验

3.5 BIM＋自主研发安赢数智项目管控平台

公司自主研发的"安赢数智"项目管控平台（图10），通过项目相关设备加传感器自动收集信息，与 BIM 模型挂接，围绕人、机、料、法、环五项施工生产与项目管理影响因素，开展平台各项智慧管理工具的应用集成，通过提炼、分析各项相关信息与数据，验证项目管理，从而促进施工生产与过程管控；对工程、商务、物资、财务进行模块化集成管理，自动汇总分析数据，实现业务表单无纸化，缩短审批流程，提高管理效率。

图10 平台登录界面

A075 BIM 助力众邦超高层钢结构智慧建造

团队精英介绍

卢春亭
中建七局安装工程有限公司副总经理兼总工程师
教授级高级工程师

一级建造师
注册造价工程师
注册监理工程师

发表 SCI 论文 2 篇、中文核心期刊论文 5 篇，主编专著 1 部，参编国家标准 1 部，获河南省科学技术进步奖三等奖 2 项，中国安装协会科技进步奖一等奖 1 项，获发明专利 7 项，获国家二级工法 1 项、省级工法 30 项，参与企业级科研课题 15 项。

牛敬森
中建七局安装工程有限公司中建七局郑州彩虹桥项目经理

高级工程师
一级建造师

主持参与郑州市二七广场下穿隧道等重大民生工程。获得中国安装协会科技进步一等奖 1 项，中国施工企业管理协会科技进步二等奖 1 项，发明专利 5 项，实用新型专利 40 余项，论文 5 篇。

张祥伟
中建七局安装工程有限公司设计研究院副院长、总工程师

高级工程师
一级建造师
河南省钢协专家
中国安装协会 BIM 专家

主要从事钢结构、混凝土设计、BIM 设计。先后获中国安装协会科技进步一等奖 1 项、省级二等奖 1 项；获国际 BIM 奖项 2 项，国家级 BIM 大赛奖 16 项（一等奖 4 项）；获发明专利 4 项，实用新型 20 项；获省级工法 6 项。

史泽波
中建七局安装工程有限公司钢结构分公司副总经理、总工程师

高级工程师
一级建造师
河南省钢协专家

长期从事技术管理及科技研发工作，先后主持创建钢结构金奖工程 4 项，获河南省科技进步二等奖 3 项，授权发明专利 4 项，实用新型专利 20 余项，国家级及省部级 BIM 奖 8 项。

杨 超
兰州众邦项目钢结构分部项目经理

工程师

长期从事钢结构施工管理工作，获得中国安装协会科学技术进步奖一项，专利 5 项，省部级工法 2 项，BIM 奖项 4 项，发表论文 6 篇。

李鹏飞
中建七局安装工程有限公司钢结构设计所所长

高级工程师
一级注册结构工程师

长期从事结构设计和钢结构 BIM 工作，获得局级科技进步奖 2 项，发表 SCI 论文 1 篇，发明专利 2 项，获得国际 BIM 奖项 2 项、国家级 BIM 奖项 6 项。2021 年中西部 BIM 联赛综合组评委。

范帅昌
焦作南水北调纪念馆项目

总工程师
一级建造师

长期从事钢结构施工技术工作，负责完成焦作南水北调纪念馆项目技术质量工作，曾获得洛阳市建筑企业优秀项目经理称号，年度中建七局安装公司"十佳师徒"称号。发表论文 3 篇，获得专利 3 项，工法 2 项，国家级 BIM 奖项 3 项。

曹菁华
中建七局安装工程有限公司众邦金水湾工程部经理

工程师
一级建造师

长期从事结构设计和钢结构 BIM 工作，发表核心论文 2 篇，获得发明专利 1 项，国际 BIM 奖项 1 项，国家级 BIM 奖项 4 项，省部级 BIM 奖项 10 余项。

李齐波
中建七局安装工程有限公司 BIM 工程师

高级工程师
一级建造师

长期从事结构设计和钢结构 BIM 工作，发表核心论文 2 篇，获得发明专利 2 项，国际 BIM 奖项 2 项，国家级 BIM 奖项 4 项，省部级 BIM 奖项 10 余项。

邵琛凯
中建七局安装工程有限公司设计研究院 BIM 工程师

工程师

长期从事 BIM 设计、BIM 动画后期工作，发表论文 2 篇，发明专利 1 项，实用新型专利 2 项，获国际 BIM 奖项 1 项，国家级 BIM 奖项 4 项，省部级 BIM 奖 6 项。

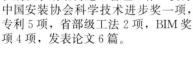

清华大学附属中学福州学校设计施工一体化 BIM 应用

中建海峡建设发展有限公司

王昱淇 杨昆 高磊 李肇娟 赵永华 官灿 林兴 欧阳再福 郑义颖 林秀温

1 工程概况

1.1 项目简介

本项目位于福建省福州市仓山区城门镇，南江滨东大道和三环快速路交叉口南侧，福厦高速连接线北侧。

合同总价约 13.16 亿元，合同工期 610 天。

本项目主要建筑功能为学校，总建筑面积 176444.2m^2，其中地上计容建筑面积 147660.2m^2，地下建筑面积 28784m^2。装配率不少于 50%（钢结构装配式建筑共 8 栋楼）。

根据项目用地的特点及办学需求，校园可划分为五大功能区：由场地的西北至东南以此为小学部、中学部生活区、初中部、高中部以及沿南江滨东大道设置的体育运动区。校内拟建小学综合教学楼、初中教学楼、初中综合楼、高中教学楼、高中综合楼、大礼堂、小学部食堂及风雨操场、中学部食堂及风雨操场等建筑物，同时配置 200m 运动场及 300m 运动场各一个，室外篮排球场若干，高中部体育运动区考虑设置在用地东侧的城市体育公园用地内（图 1）。

图 1　项目鸟瞰图

1.2 公司简介

中建海峡建设发展有限公司是中国建筑股份有限公司在福建海西市场设立的首家区域总部实体运营公司（区域投资公司）。公司扎根福建 30 多年来，连续多年位居福建省市场行业排名前列，福建省建筑业企业综合排名前列，是全国优秀施工企业、福建省建筑业龙头企业，先后创鲁班奖、国家优质工程、"闽江杯"等省部级以上优质工程百余项。

1.3 工程重难点

（1）本项目总建筑面积 176444.2m^2，合同工期仅为 610 天，工期超紧；

（2）工程专业多，施工工序穿插量大，交叉作业多，协调难度大；

（3）三大场馆均为钢结构装配式建筑，工艺要求高；

（4）体育地块场馆建筑外立面造型复杂，有石材、铝板、玻璃、风动幕墙，需深化设计，优化节点做法；

（5）水电、消防、弱电系统复杂，子系统多，机电协同管线综合排布难度大；

（6）省重点工程，管理目标高。

本工程充分利用 BIM 可视化、可优化性、可协调性等优势，通过三维模型建设，提前可视化查错、查漏、可视化交底，合理策划施工顺序，促进多方协调，以期极大提升工程品质。

2 BIM 团队建设及软硬件配置

2.1 制度保障措施

参照现行国家标准《建筑信息模型施工应用标准》GB/T 51235 和中建《建筑工程设计 BIM 应用指南》，形成本项目策划书，规定建模标准。

2.2 团队组织架构

本项目工期紧、任务重，为确保进度，本项目采取公司领导挂职的方式，在项目部组建专业 BIM 团队（图 2）。

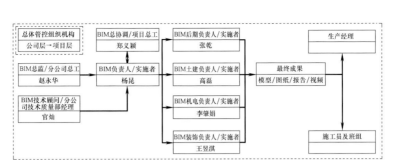

图 2　团队组织架构图

2.3　软件环境

采用了 Fuzor 2018、Tekla 等软件。

2.4　硬件环境

硬件环境见表 1。

硬件配置　　　　　　　　　　　　　　　　　　　　　　　　表 1

序号	项目	具体内容	建议配置	数量
1	办公室	投影仪	工程投影仪,1920×1080 分辨率,800lm,400~600 寸幕布	1
		电子白板	交互式电子白板,面板尺寸:1820mm×1280mm×34mm	1
2	BIM 建模电脑	主机	英特尔 i9-9900k,技嘉 GeForce RTX 2070,芝奇 8GB DDR4,希捷 2TB 机械硬盘,三星 500G SSD	8
		显示屏	戴尔(DELL)S2419H 23.8 英寸	16
3	BIM 客户端电脑	主机	i5/8GB/500GB/Quadro NVS300	4
		显示屏	戴尔(DELL)S2419H 23.8 英寸	4
4	ipad	移动应用	minipad	2
5	手动移动端	移动应用	4 核/2G/16G	3
6	BIM 服务器	服务器	DELL 戴尔 R720(Xeon E5-2600×1/16GB/4×1T)	1
7	影像记录	无人机	DJI 大疆御 Mavic 2 pro 专业版(哈苏相机)(DJI 带屏遥控器+全能配件包+DJI CARE)	1

3　BIM 技术重难点应用

3.1　建立全专业 BIM 模型（图 3）

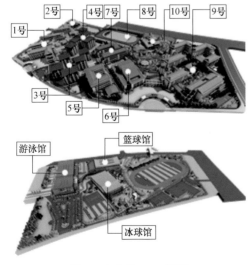

图 3　全专业 BIM 模型

3.2　钢结构施工节点优化

本工程采用钢筋直螺纹套筒一体化连接替代传统钢筋与翼缘板焊接工艺,可大幅节约工期,且现场安装相对容易。

运用模型,对梁钢筋数量、规格、位置进行统计编号,在箱形柱制作时按照深化模型及图纸将直螺纹套筒一次性焊接,在钢柱上加工成型。

现场安装时,将钢筋螺入套筒内即可,有效节约工期,提高现场施工质量。

3.3　6 号礼堂多维度综合深化

（1）设计优化

原设计吊顶马道为弧形,与吊顶转换层中吊杆碰撞严重。经过多次调整,最终决定修改弧形马道为直线型马道,精准避障 24 处（图 4）。

（2）安装深化

吊顶转换层竖向杆件 132 根、横向杆件 552

图 4　马道方案优化对比

根，与机电碰撞严重（图 5）。

图 5　机电与吊杆碰撞

优化管综排布，精准避障 137 处，出图指导施工。

吊顶为波浪造型。喷淋口垂直于斜板面，需定制非标准角度接头。BIM 团队利用两个直角接头，调整角度，使喷淋口垂直于斜板面，无须定制接头，便于现场施工（图 6）。

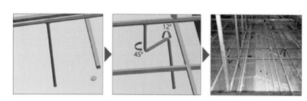

图 6　调整喷淋安装

3.4　体育地块多维度综合深化

（1）钢构网架与机电深化

体育地块屋顶为钢网架结构，管线、马道穿梭于网架内，三个场馆网架部分共碰撞 53 处，施工难度大（图 7）。

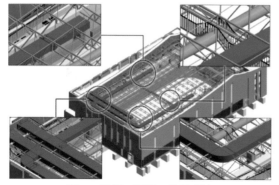

图 7　网架、管线、马道碰撞

利用 BIM 技术进行深化，合理排布管线安装位置，有效避免碰撞（图 8），出图 58 张，指导施工。

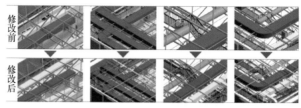

图 8　管线深化

（2）网架安装工艺模拟（图 9）

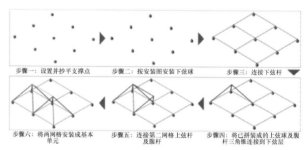
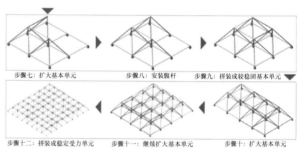

图 9　网架安装工艺模拟

（3）工艺交底

风动幕墙工艺相对少见，工人无类似施工经验，通过 BIM 进行可视化交底。原设计风动幕墙，配件数量达 13 个，工艺繁琐。BIM 团队简化其配件数量为 7 个，既简化工艺、又节约成本及工期，一举多得。

（4）机房优化

原设计中冰球馆制冰机房中一制冷机组正对结构柱，导致机组的冷凝器、蒸发器受到结构柱空间限制，难以抽出检修。通过 BIM 技术推敲机组排布方案，最终将机组位置变更，将机组移到正对大门位置，必要时可以打开房间大门，确保设备有效抽出检修，确保了有效检修空间（图 10、图 11）。

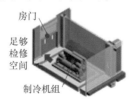

图 10　优化前　　　图 11　优化后

A106 清华大学附属中学福州学校设计施工一体化 BIM 应用

团队精英介绍

王昱淇
中建海峡建设发展有限公司

工程师

从事项目施工 BIM 技术应用工作，获国家级、省部级等 BIM 奖项多项，2019 年获福建省建设行业 BIM 十大技术标兵称号，2020 年获福建省金牌工人称号。

杨 昆
中建海峡建设发展有限公司

工程师

先后参与多个重大工程的 BIM 研究，获国家级、省部级等 BIM 奖项 26 项，2019 年获福建省建设行业 BIM 十大技术标兵称号，2020 年获福建省金牌工人称号。2021 年获全国五一劳动奖章。

高 磊
中建海峡建设发展有限公司

工程师

长期从事项目施工 BIM 技术应用工作，获国家级、省部级等 BIM 奖项多项。

李肇娟
中建海峡建设发展有限公司

工程师
一级建造师

长期从事项目施工 BIM 技术应用工作，获国家级、省部级等 BIM 奖项多项，获得省部级科技奖 1 项，发表论文 3 篇。

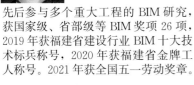

赵永华
中建海峡建设发展有限公司总承包公司总工程师

高级工程师
一级建造师

先后主持海峡文化艺术中心、数字中国会展中心等多个重大工程的施工技术研究，获多项国际级 BIM 奖项，获国家级、省部级等科技质量奖项数十项（含中国钢结构金奖 3 项），作为主要起草人先后编写多部国家专利、地方规程，省级工法、论文等。

官 灿
中建海峡建设发展有限公司

高级工程师
一级建造师

先后参与多个重大工程的施工技术研究，获多项 BIM 奖项，获国家级、省部级等科技质量奖项多项，先后编写多部国家专利、地方规程，省级工法、论文等。

林 兴
中建海峡建设发展有限公司

工程师
一级建造师

清华大学附属中学福州学校项目经理，长期从事项目施工工作。获国家级、省部级等 BIM 奖项多项。

欧阳再福
中建海峡建设发展有限公司

工程师
一级建造师

清华大学附属中学福州学校体育地块项目经理，长期从事项目施工工作。获国家级、省部级等 BIM 奖项多项，省部级 QC 成果 1 篇。

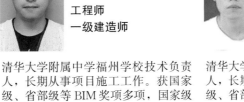

郑义颖
中建海峡建设发展有限公司

工程师
一级建造师

清华大学附属中学福州学校技术负责人，长期从事项目施工工作。获国家级、省部级等 BIM 奖项多项，国家级 QC 成果 1 篇，省部级 QC 成果 1 篇，专利 1 个。

林秀温
中建海峡建设发展有限公司

工程师
一级建造师

清华大学附属中学福州学校机电负责人，长期从事项目施工工作。获国家级、省部级等 BIM 奖项多项，国家级 QC 成果 1 篇，省部级 QC 成果 1 篇，专利 1 个。

城市副中心图书馆项目钢结构 BIM 技术的应用与实践

中铁建工集团有限公司

丁建军　李勇　王国鹏　宫建宏　王佳乐　王伟宏　钱龙　胡佳鑫　朵丽娜　李雪进

1　工程概况

1.1　项目简介

项目地点：城市副中心图书馆位于北京市通州区小圣庙村，施工现场位于城市副中心绿心工程西北角，小圣庙桥收费站南侧。

开工时间：2020 年 10 月 10 日。

竣工时间：2023 年 1 月 8 日。

建筑面积：总建筑面积 75221m²，建筑高度 22.3m。

建筑层数：副中心图书馆地上建筑 3 层，地下建筑 1 层。

项目效果见图 1。

图 1　项目效果图

城市副中心图书馆项目，钢结构总工程量约 1.63 万 t，其中屋面总用钢量约 6000t，屋面总面积近 29000m²，控制精度要求高、实施难度大。东西两侧山体结构线性复杂，曲曲弯弧数量大，局部为空间弯扭构件，造型复杂（图 2）。钢屋盖为一方形平面单层网壳结构，平面尺寸 168m×168m，每个结构单元尺寸 14m×14m。屋盖与屋盖柱连接过渡部分为一异形叶片状结构，节点采用铸钢节点。

图 2　钢结构效果图

1.2　公司简介

中铁建工集团有限公司（简称"中铁建工"）是世界 500 强中国中铁股份有限公司的全资子公司。始建于 1953 年，1965 年整编为铁道部第五设计院，后更名为铁道部建厂工程局。2002 年改制为中铁建工集团有限公司。企业注册资本金 96 亿元。

中铁建工具有建筑、铁路、公路 3 项施工总承包特级资质，5 项工程设计甲级资质，3 项房地产开发一级资质，2 项物业服务企业一级资质，1 项军工涉密资质，19 项施工一级资质。立足于房建工程、基础设施工程、房地产、设计四大业务板块，统筹协调路内、路外、海外三大市场，形成了投资、设计、施工、安装装饰、物业管理一体化的全产业链发展优势。

1.3　工程重难点

（1）银杏叶片屋盖样式新颖

图书馆的屋顶以银杏树（公孙树）叶片为灵感来源（图 3），设计了一组宛如森林伞盖般的树状建筑结构，叶片钢结构样式新颖，与钢柱通过铸钢件连接，弯扭结构定位难度大，且需要协调结构、机电各专业，优化伞形柱控制面，包覆结构钢铸件、雨水管、消防水管、电管线。

图 3 "银杏叶"效果图

（2）交叉作业安全压力大

施工作业空间狭窄、人群集中、多工种及群塔联合交叉施工，机械设备、建筑物资到处可见，加上后期多层立体交叉作业，使现场安全压力较大。现场钢结构现场安装时经常发生与土建混凝土施工作业上下同时交叉作业的情况。

（3）节点构造复杂

地上东西两侧山体线性复杂，曲面弯弧数量巨大，局部为空间弯扭构件，钢梁最大跨度达到24.45m，单根质量约30t。屋盖区域由144个"银杏叶"支撑，构造复杂，焊接难度大（图4）。

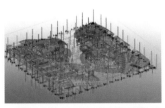

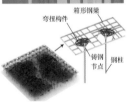

图 4 钢结构山体节点模型图

（4）创优目标高

创优目标包含：中国建筑工程鲁班奖、绿色施工科技示范工程、北京市结构"长城杯"金奖、北京市建筑"长城杯"金奖、中国钢结构金奖、北京市绿色安全文明样板工地。

2 BIM 团队建设及软硬件配置

2.1 制度保障措施

为保证施用阶段 BIM 应用规范性、标准性、

北投集团及三大建设项目部联合下发"施工阶段 BIM 模型精度标准""施工阶段 BIM 模型审核要点""施工阶段 BIM 实施标准""施工阶段 BIM 实施导则""施工阶段 BIM 工作统一模板"等制度保障文件。

根据业主 BIM 应用标准文件、集团 BIM 工作精度要求，结合项目特点与以往工程施工经验，编制"副中心图书馆项目 BIM 技术实施规划方案"，针对本工程的施工重点、难点明确提出解决措施。

2.2 团队组织架构

在指挥部层级成立 BIM 及信息化中心，在各分部成立实施小组，实现主要技术、管理岗位全覆盖，调动全集团资源为项目 BIM 落地提供支持，目前纳入 BIM 应用实施人员 33 人。其中各岗位人员的岗位职责、工作内容均分配完整（图5）。

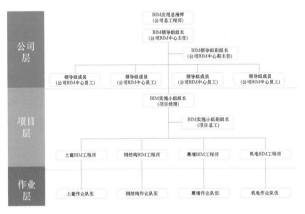

图 5 组织架构图

2.3 软件环境（表1）

软件环境　　　　　　　　表 1

序号	软件名称	项目需求	功能分配
1	Autodesk Revit	建模	模型制作、可视化展示
2	Autodesk AutoCAD	辅助建模	二维图纸参照、处理
3	Autodesk Navisworks	BIM 方案应用	碰撞检查、进度及施工方案模拟优化
4	Rhino	幕墙深化	幕墙模型搭建
5	Tekla	钢结构深化	钢结构模型搭建
6	Fuzor	模拟应用	渲染、协同工作软件
7	Autodesk 3d Max	动画、出效果图	配合施工模拟进行动画与效果图制作
8	Lumion	动画、漫游	漫游场景动画演示

3 BIM 技术重难点应用

3.1 银杏叶伞盖可视化分析

钢结构提升区屋盖分为四个区域，整个项目安装 144 根叶片钢柱，每根钢柱都被装饰成"树干"，屋顶由 144 片形如银杏叶片的钢结构拼接而成，犹如伞盖，为市民营造出置身森林之感，因此图书馆又名"森林书苑"。副中心图书馆银杏叶片的钢结构以开口方向不同，共分为 8 种类型（上，下，左，右，东南，西南，东北，西北）（图 6）。

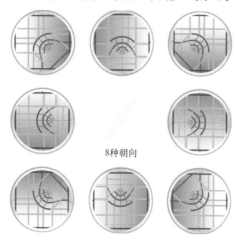

8种朝向

图 6 "银杏叶"朝向示意图

为完美展现花瓣造型，建筑要求花瓣 5 根径向钢梁需全部隐藏在建筑外皮之内，所以花瓣深化设计需同时考虑结构与建筑外皮的影响。采用 Dynamo 可视化编程，对"银杏叶"径向钢梁进行结构线型分析，经过模拟分析，调整花瓣结构线型，把外部 4 根钢梁向内部移动。在满足结构稳定性的同时，保证结构建筑造型。

3.2 钢结构 BIM 全生命期应用

（1）钢结构 BIM 深化标准

钢结构深化前期编制 BIM 模型深化标准以及针对项目钢结构工程的复杂度，施工管理难度高等特点，制定了钢结构构件及焊缝编码标准，作为钢结构管理的唯一身份标识，保证创建、优化钢结构模型阶段，BIM 模型包含编码、制造、安装等相关信息，贯穿全生命期的施工生产管理。后期通过平台可以查看构件的所有详细信息。

（2）BIM 模型深化

项目初期建立 238 个专属 BIM 族库，为各专业模型搭建做基础准备，在各专业模型创建完成后，BIM 人员在此基础上协同开展全专业 BIM 模型整合工作。在 BIM 模型整合阶段通过 BIM 模型验证，我们发现图纸问题共计 200 余处，2000 ＋ 碰撞点，BIM 优化节约材料近 15%（图 7）。

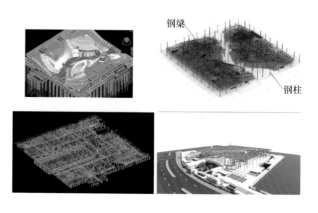

图 7 各专业模型截图

3.3 钢结构数字化加工

钢结构节点复杂，工厂加工难度大，通过 BIM 深化后出图便于钢结构的数字化加工。在钢结构原材料的入库环节包含当前构件的钢板合格证以及钢板检测报告、入库时间。项目应用 Sinocam 自动套料系统，覆盖本工程的所有零部件，并且做到 100% 的数控切割率。通过 Sinocam 自动套料系统设计的下料数据，自动切割原材料。采用传统的 Fastcam 套料软件，耗时 30min，材料利用率只有 86%。应用 Sinocam 套料软件之后，耗时 3min，材料利用率 87.7%（图 8）。

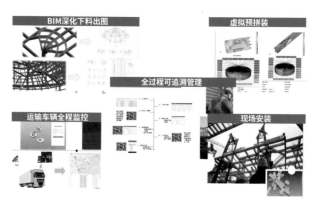

图 8 钢结构 BIM 全过程应用

A108 城市副中心图书馆项目钢结构 BIM 技术的应用与实践

团队精英介绍

丁建军
城市副中心图书馆项目项目经理

高级工程师

历任哈尔滨站改造工程、丰台站第三分部、城市副中心图书馆等大型工程项目经理，荣获省部级工法 2 项，国家发明专利 1 项，中铁建工集团科学技术进步奖特等奖，中国铁路工程总公司科学技术奖一等奖，中国铁道学会铁道科技奖二等奖，中国施工企业管理协会第二届工程建设行业 BIM 大赛二等成果等。

李 勇
城市副中心图书馆项目
总工程师

一级建造师
高级工程师

先后主持城市副中心图书馆、郑州市轨道交通 2 号线二期工程等大型工程，长期负责工程技术管理、BIM 管理、课题研究、创新管理工作，获各类工程奖 10 项（含中国钢结构金奖 1 项），专利 6 项，省部级工法 2 项，多项全国各类 BIM 大赛奖项等。

王国鹏
城市副中心图书馆项目
总工程师

工程师

参与"基于特殊环境保护条件下复杂多界面协同作业坑支护技术研究"、"大型公共文化场馆建筑复杂造型设计施工一体化综合技术研究"等科研课题研究工作，获得北京市 BIM 大赛二类成果奖，中施企协 BIM 大赛二类成果奖，2021 年"优路杯"二等奖，第三届"共创杯"三等奖，中建协 BIM 成果三等奖等相关项。

官建宏
城市副中心图书馆项目
工程技术部副部长

助理工程师

先后参建沈阳站、沈阳南站等大型工程，荣获省部级工法 2 项，中国铁路工程总公司科学技术奖二等奖，中国建筑协会科技进步奖三等奖，中铁建工集团有限公司科学技术进步奖特等奖等。

王佳乐
城市副中心图书馆项目
工程技术部副部长

助理工程师

主要从事土建、钢结构 BIM 建模、施工信息化工作。参与的清河站站房工程获得国家优质工程金奖，参与的图书馆项目获得结构"长城杯"金奖、钢结构"长城杯"金奖、中国钢结构金奖。参与的 BIM 比赛获得特等奖 1 次、二等奖 2 次、三等奖 1 次。

王伟宏
城市副中心图书馆项目
安质部副部长

助理工程师

先后参与赤喀铁路站房、冬奥村、图书馆建设，获得国家级品质成果，国家级 QC 成果一等奖。荣获 2021 年北京市工程建设 BIM 大赛二类成果奖，第二届工程建设行业 BIM 大赛二等成果奖，2021 年第三届"共创杯"智能建造技术创新大赛三等奖，2021 年第四届"优路杯"全国 BIM 技术大赛银奖。

钱 龙
城市副中心图书馆项目
技术员

助理工程师

先后参建城市副中心图书馆、赤喀客专工程、冬奥会三场一村项目、京雄城际铁路雄安站工程，参与"大型公共文化场馆建筑复杂造型设计施工一体化综合技术研究"科研课题研究，先后获得中国建筑金属结构协会"金协杯"特等奖，北京市 BIM 大赛二类成果奖，中施企协 BIM 大赛二类成果奖，2021 年"优路杯"二等奖，第三届"共创杯"三等奖，中建协 BIM 成果三等奖等奖项。

胡佳鑫
城市副中心图书馆项目
技术员

助理工程师

先后参建城市副中心图书馆、赤喀客专工程、冬奥会三场一村项目、京雄城际铁路雄安站工程，参与"大型公共文化场馆建筑复杂造型设计施工一体化综合技术研究"科研课题研究，先后获得中国钢结构协会"金协杯"特等奖，北京市 BIM 大赛二类成果奖，第三届"共创杯"三等奖，中建协 BIM 成果三等奖等奖项。

朵丽娜
城市副中心图书馆项目
BIM 负责人

助理工程师
BIM 高级建模师

负责项目 BIM 技术的咨询、管理、实施、应用技术研究等相关工作，协调项目完成 BIM 深化及 BIM 全过程应用。获得"龙图杯"、"创新杯"、"优路杯"、中建协、中施企等 10 余个 BIM 奖项，参与实施国外 20 余项大型工程，参编多部行业、协会标准。

李雪进
城市副中心图书馆项目
BIM 工程师

BIM 设备专业高级工程师
AUTODESK 认证 BIM 暖通设计师

曾作为项目经理负责广州地标性建筑无限极广场精装专业 BIM 技术的实施，作为机电经理负责 10 余个项目机电 BIM 技术的实施与组织协调工作。

绍兴市妇幼保健院（绍兴市儿童医院）建设项目施工总承包工程 BIM 技术及智慧平台数字化应用

浙江精工钢结构集团有限公司，浙江绿筑集成科技有限公司，比姆泰克信息科技（上海）有限公司

王晓文　杨飞　徐高　赵切　金佳晨　程智良　顾建龙　尤存先　蔡京翰　余斌

1 工程概况

1.1 项目简介

绍兴市妇幼保健院（绍兴市儿童医院）建设项目总用地面积 85933m²，总建筑面积约 203185.68m²。建设内容包括：门急诊医技综合楼、行政后勤楼、妇幼保健楼、住院楼、污水处理站、配电房和柴油发电机用房等，其中门急诊医技综合楼、行政后勤楼、儿科住院楼、妇科住院楼等主体为钢框架结构，单体 60% 装配率，见图 1、图 2。

图 1　项目鸟瞰图

图 2　施工鸟瞰图

1.2 公司简介

长江精工钢结构（集团）股份有限公司成立于 1999 年，是一家集国际、国内大型建筑钢结构等的设计、研发、销售、制造、施工于一体的大型上市集团公司。作为"世纪工程"北京奥运"鸟巢"、"凤凰展翅"北京大兴国际机场等一系列国家地标级工程的缔造者，精工钢构不断跨越发展，构建了国家级创新研发平台，拥有多项自有创新技术体系，成功塑造了"精工品牌"。独有的"专业协同""集成服务"发展模式，让集团在公共建筑、工业建筑及居住建筑等钢结构建筑领域持续引领发展。

1.3 工程重难点

项目体量巨大：总建筑面积约 203185.68m²，各类专项系统繁杂。在目前的软硬件技术条件下，对各类 BIM 软件平台都是一个挑战。

专业、系统复杂性高：涉及专业多，量大，覆盖面广，与其余专项工程覆盖面广，交叉点多，需协同单位多。各专业系统由多种软件建模而成，对于各类模型如何做到兼容、定位、更新，都需要提前做好详细的 BIM 应用实施规划。BIM 应用实施规划落实为项目标准，各专业严格按照标准实施。

深化要求高、时间紧凑：总工期约为 1080 天，交叉协同作业节点多，项目采用钢结构装配式，总用钢量达到 18000t，装配率达到 60%，深化设计要求高。

模型深化与协调：项目全专业模型采用 Revit 统一建模，根据单体对模型进行拆分。钢结构采用 Tekla 深化设计，见图 3、图 4。

图 3　项目机电模型

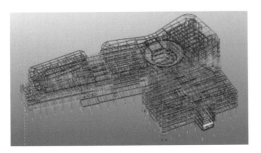

图 4　钢结构深化模型

图 5　BIM＋线上管理系统示意图

2　BIM 团队建设及软件配置

2.1　团队配置及实施保障

项目全周期 BIM 应用需要一个完善的团队技术支持。项目开始之初建立需完成的协同目标计划和执行体系，制定详细的 BIM 实施方案，确保方案落地性。项目全周期使用公司自主研发的 BIM＋平台，采集各类工程信息，形成可追溯性文件，方便各方查阅。各个管理方及施工方通过平台共享数据，减少不必要的现场会议，提高各单位施工效率，见图5、图6。

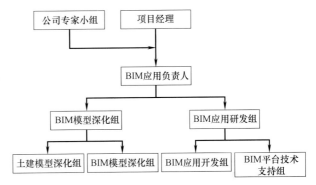

图 6　BIM 应用小组组织架构

2.2　软件配置（表 1）

软件配置　　　　　　　　　　　　　　　　　　　　　　　　表 1

序号	名称	项目需求	功能分配
1	Revit 2018	三维建模，土建深化及管线综合	建筑、结构、机电、医疗管线、物流建模深化
2	Navisworks 2018	模型轻量化展示	成果展示、管线综合碰撞检查
3	Fouzor 2021	施工模拟展示	成果展示
4	Tekla	钢结构深化设计	结构深化
5	Autodesk CAD	钢结构深化设计	结构深化
6	JG BIM 管理平台	项目全周期数据共享	项目全生命周期管理

3　BIM 技术重难点应用

3.1　对于复杂节点繁多，定位难度大的应对措施

项目中存在钢结构外立面不规则，交叉节点复杂且数量多；屋面碗顶造型复杂，杆件定位难度大；成品钢柱与焊接钢柱过渡时存在变截面工艺复杂；弧形轴线与钢柱存在角度，放样难度大

等一系列问题，通过精工激光三维扫描测量与数字化预拼装技术，综合逆向成形、虚拟现实、激光三维扫描、BIM 技术，将先进的高端工业制造技术引入传统建筑行业，利用精度达 0.085mm 的工业级三维激光扫描仪，对实际钢构件扫描，对扫描模型的测量实现构件测量；在虚拟环境下仿真模拟实际预拼装过程，通过扫描模型与理论模型拟合对比分析，实现结构单元整体的数字预拼装，具有高效率、高精度、短工期、绿色环保等优点，见图7。

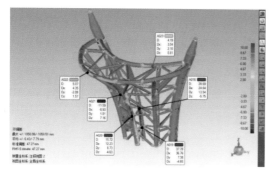

图 7　三维数字化预拼装示意图

3.2　对于建筑体量大，交叉协同作业节点多，质量安全管理难度大的应对措施

针对工程体量大，专业、系统复杂性高，工期紧张，BIM 模型整合，共享工程数据困难等一系列难点，引入公司 BIM＋工程管理平台，见图 8。

在生产加工过程中，BIM 信息化技术能自动生成构件下料单、派工单、模具规格参数等生产表单，并且能通过可视化的直观表达帮助工人更

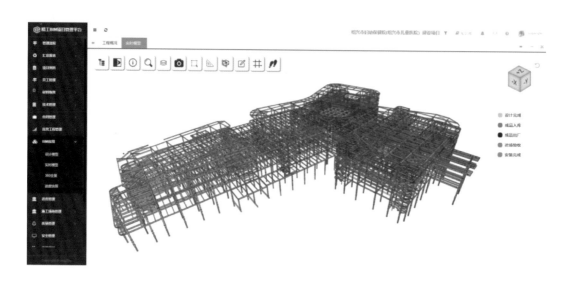

图 8　BIM＋工程管理平台示意图

好地理解设计意图，可以形成 BIM 生产模拟动画、流程图、说明图等辅助培训的材料，有助于提高工人生产的准确性和质量效率；同时将施工进度计划写入 BIM 信息模型，将空间信息与时间信息整合在一个可视的 4D 模型中，就可以直观、精确地反映整个建筑的施工过程。提前预知本项目主要施工的控制方法、施工安排是否均衡，总体计划、场地布置是否合理，工序是否正确，并可以进行及时优化。

3.3　对于项目中机电安装系统繁杂，施工工作面多的应对措施

项目内安装系统多达 20 多种，合理利用建筑内空间，提高感官度及舒适度，也是重中之重。为

此，在原有的管线综合基础上，引入管理平台，达到与建筑各方数据共享的目的，及时预警净高不足之处，在施工前及时采取应对措施，减少返工量，提高施工效率，见图 9。

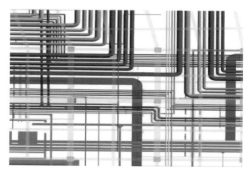

图 9　机电管线综合

A110 绍兴市妇幼保健院（绍兴市儿童医院）建设项目施工总承包工程 BIM 技术及智慧平台数字化应用

团队精英介绍

王晓文
项目负责人

湖北省质量安全专家委专家
湖北省资质评审委员会专家
武汉市建设安全专家委专家

先后主持华中科技大学教学楼、七〇一船舶研究所仿真大楼、金地格林等项目，所管理的项目获得湖北省"楚天杯""黄鹤杯"等奖项。

杨 飞
项目技术总工
中南民族大学

先后主持青川县教育园区项目、武汉华汉广场项目、太古冷链物流（南京）等项目技术管理工作，所管理的项目先后获四川省"天府杯"、国际LEED认证白金奖等奖项。

徐 高
BIM 技术负责

BIM 工程师

长期从事轨道交通、民用建筑、公共建筑机电设计，主要负责项目的 BIM 技术质量管理，团队技术能力培训，曾获得全国各类 BIM 大赛奖项。

赵 切
工学学士

二级建造师

主持或参与的技术研发成果获得科技成果 1 项；获得浙江省科学技术奖 1 项，省级工法 1 项，中国 BIM 大赛奖 5 项。申请发明专利、实用新型专利共计 12 项，发明专利授权 3 项。

金佳晨
工学学士

BIM 工程师

获得国家级 BIM 大赛奖项 10 项，其中 2 项全国 BIM 大赛特等奖。在国内专业核心期刊发表专业论文 3 篇。

程智良
工学学士

工程师

主要从事建筑信息化相关工作，参与武汉绿地中心、恒大后海总部、北京环球影城、哈尔滨万达游乐园等项目。

顾建龙
工学学士

BIM 工程师

从事 BIM 设计工作；曾获得国家级 BIM 大赛奖项 5 项，其中 1 项获全国 BIM 大赛特等奖，2 项获全国 BIM 大赛一等奖。

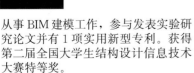

尤存先
工学学士

BIM 工程师

从事 BIM 建模工作，参与发表实验研究论文并有 1 项实用新型专利。获得第二届全国大学生结构设计信息技术大赛特等奖。

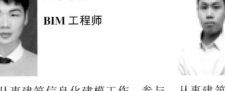

蔡京翰
工学学士

BIM 工程师

主要从事建筑信息化建模工作，参与绍兴市妇幼保健院、杭州亚运会棒（垒）球等多个大型项目，获得全国各类 BIM 大赛奖项 4 项。

余 斌

助理工程师

从事建筑信息化等领域相关研究工作，并参与多项省市级以及企业战略级创新课题研发，获省级工法 2 项、专利 10 余项；出版著作 2 项。

金强国际赛事中心基于 BIM 的施工精细化管理

中建八局第二建设有限公司

李宁　苑庆涛　葛小宁　王健　卢昊　石元桦　张佳兴　姜杰忠

1　工程概况

1.1　项目简介

项目位于成都市温江区，建筑面积 16.2297 万 m²，包含大型甲级体育馆、4.2 万 m² 配套商业及 4.5 万 m² 地下停车场，目的为打造全国首个集大型体育场馆、健身、博览以及休闲式公园等为一体的一站式全能体育综合体项目，建成后作为 2021 世界大学生夏季运动会备用会场，成为成都市标志性建筑（图 1）。

图 1　项目效果图

本工程屋盖为大跨度钢桁架结构，最大跨度 122.0m×140.8m，最大高度 9.5m，总用钢量约 2200t。为减少工期、确保质量，采用高空滑移法施工（图 2）。

长轴约141m

短轴约122m

图 2　钢结构屋盖效果图

1.2　公司简介

中建八局第二建设有限公司是世界 500 强企业中国建筑股份有限公司的三级子公司，是中国建筑第八工程局有限公司法人独资的国有大型骨干施工企业。

公司具备"双特三甲"资质（建筑工程施工总承包特级、市政公用工程施工总承包特级、市政行业设计甲级、建筑工程设计甲级、人防工程设计甲级）以及多项工程承包与设计资质。

公司总部位于山东济南，下辖 15 个分公司、6 个专业公司、1 个设计研究院和 7 家法人单位，经营区域覆盖京津冀、长三角、粤港澳、北部湾、成渝、中原及西北等 16 省 40 多个地市，并远赴海外，致力于打造"最具价值创造力"的城市建设综合服务商。

1.3　工程重难点

土建工程施工难度大：工程体量大，劳动用工量大，工人操作水平，管理人员的素质等问题，直接影响工程质量。

机电专业系统复杂：管线排布复杂，工序穿插多，各专业之间施工配合及成品保护管控难度大。

钢结构施工场地受限：屋面钢桁架跨度大、体量大，现场缺少拼装场地，常规方法施工难度高。屋面钢结构桁架区域安装体量大，作业危险性大。

幕墙异形材料难加工：幕墙设计造型复杂、圆弧双曲面多，下料及加工难度大。

2　BIM 团队建设及软硬件配置

2.1　制度保障措施

结合公司 BIM 建模标准、BIM 应用指导手册编写项目级 BIM 管理制度，用于指导 BIM 工作。从公司到分公司再到项目部开展 BIM 培训，为 BIM 应用打下坚实基础。

2.2 团队组织架构

成立 BIM 应用团队，由分公司总工程师牵头，公司数字建造中心和项目部管理团队共同策划，项目各专业应用小组共同实施（图3）。

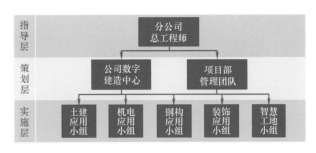

图 3　团队组织架构

2.3 软件环境（表1）

软件环境　　　　　　　　　　　　　　　　　　　　　　　　　　　　　　表 1

序号	名称	项目需求	功能分配	
1	Revit 2018	三维建模	结构、建筑、机电	建模、模型整合
2	Rhino	节点深化	土建、钢结构	模型整合、深化
3	BIMFilm	工艺展示	土建、钢结构	工艺动画

2.4 硬件环境（表2）

硬件环境　　　　　　　　　　　　　　　　　　　　　　　　　　　　　　表 2

序号	名称	项目需求	功能分配	
1	图形工作站	三维建模	结构、建筑、机电	建模、模型整合
2	移动工作站	现场应用	全阶段	现场操作、演示
3	无人机	航拍记录	全阶段	延时摄影、倾斜摄影

3 BIM 技术重难点应用

为最大程度挖掘滑移法的价值，创新性地将机电风管及钢结构马道穿插到施工过程中，实现同步滑移（图4）。

图 4　多专业同步滑移示意

应用 BIM 技术对滑移体系精确深化，优化技术细节，保证了滑移过程始终处于安全、可靠、有序的状态（图5）。

从 BIM 模型提取数据导入有限元分析软件进行吊装工况验算，挑选有代表性的构件及结构进行工况分析，确保拼装及滑移过程中构件的受力安全（图6）。

为排除施工过程中的不可预见因素、降低施工安全风险、加快施工进度，结合现场实际情况，通过 BIM 技术辅助制定可靠的滑移方案，确保滑移的成功（图7）。

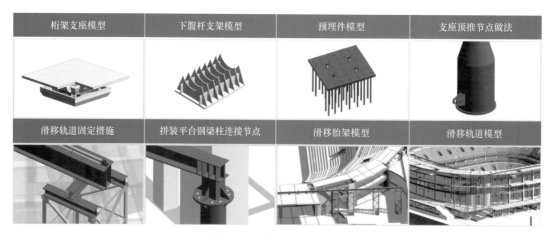

图 5　钢结构滑移体系设计

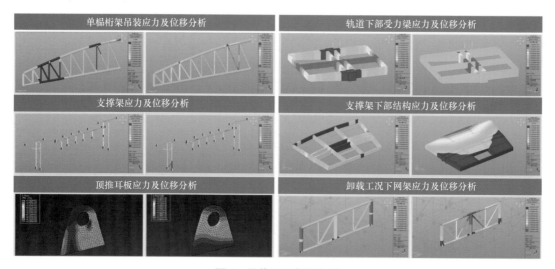

图 6　吊装工况复核分析

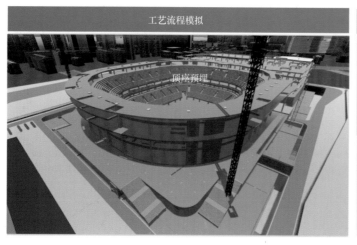

图 7　全流程工艺模拟

A131 金强国际赛事中心基于 BIM 的施工精细化管理

团队精英介绍

李 宁
分公司总工

高级工程师

曾担任安阳万达项目、重庆四号线土建八标等工程项目经理，工程经验丰富，获中国市政金杯奖 1 项、优质工程奖 4 项、省部级科技进步奖 2 项，发表论文 3 篇，拥有实用新型专利 5 项，指导的项目获省部级以上 BIM 奖项26 项。

苑庆涛
项目经理

高级工程师

先后组织开封妇幼医院、郑州奥体等重大工程施工，获评"工程建设科技创新人才万人计划"青年拔尖人才及"八局工匠"。先后获国家及省部级工程奖 12 项、国家级科技成果奖 2 项、省部级科技成果奖 21 项，拥有专利 9 项。

葛小宁
项目总工

工程师

主持及参与郑州市奥林匹克体育中心及金强国际赛事中心等大型项目施工，获中国钢结构金奖 1 项、鲁班奖 1 项，获省部级科技成果奖 2 项，拥有实用新型专利 3 项、发明专利 2 项，公开发表论文 6 篇。

王 健
业务经理

工程师

参与重庆九号线、金强国际赛事中心、重医附一院等项目的 BIM 策划及应用工作，获得国家级 BIM 奖项 12 项，省部级 BIM 奖项 11 项，具备丰富的 BIM 施工应用经验。

卢 昊
业务经理

工程师

参与重庆市市政院、金强国际赛事中心、四川赛事中心等项目的 BIM 应用及总结工作，主导项目获 2021 年"龙图杯"BIM 大赛一等奖。

石元桦
业务经理

助理工程师

擅长快速建模、方案模拟论证及后期视频剪辑，建模面积累计 100 万 m²，成品动画数量累计 12 余部。参与项目获得 2021 年"龙图杯"BIM 大赛一等奖。

张佳兴
项目专业工程师

助理工程师

参与金强国际赛事中心工程，主要从事工程技术管理工作，获省部级科技成果奖 2 项，拥有实用新型专利 1 项、发明专利 2 项，公开发表论文 1 篇。

姜杰忠
业务经理

工程师

主要从事 BIM 技术的质量管理、创新管理和课题研究工作，以及基于 BIM 的工程全生命周期管理平台的设计。参与西部科学城、广阳岛等省级重点工程建设项目，参与多项重庆市重点科研项目。

河南省科技馆新馆建设项目超大空间异形扭转钢结构

中建三局集团有限公司

赵毅　方园　张红永　李龙刚　杨中涛　宋科龙　胡超　刘洋　班允昊　段泽宇

1　工程概况

1.1　项目简介

河南省科技馆新馆建设项目位于郑州市郑东新区郑开大道北侧、锦绣路东侧、象湖西侧，由河南省和郑州市财政共同出资建设，总建筑面积约 13 万 m^2，总投资额约 20.3 亿元，是河南省重点工程，是展现河南文化实力、传播河南历史文化的窗口（图 1）。

图 1　科技馆新馆项目效果图

主场馆东塔为含方钢管套筒柱的钢框架结构，建筑高度 43m，标准层高 10m，共 4 层，悬挑长度 21m。单层面积 4500 m^2 左右。结构含劲性柱、钢套管柱，楼板采用钢筋桁架楼承板。项目中庭连廊为大跨度钢结构，单层最重 1350t，最大跨度 80m，共计 3 层。外立面整体为幕墙支撑钢结构（立面及屋面钢结构、中庭大跨度扭曲钢屋盖结构、中庭采光穹顶）。中庭球幕影院为 28m 直径钢结构网壳结构。圭表塔为 100m 高层异形扭转钢结构观光塔（图 2～图 5）。

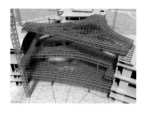

图 2　幕墙钢结构　　图 3　中庭大跨度钢结构连廊

图 4　东塔钢结构　　图 5　钢结构网壳

1.2　公司简介

中建三局是世界 500 强企业中国建筑的重要全资子公司，是全国首家行业全覆盖房建施工总承包新特级资质企业，连续多年排名中国建筑业竞争力 200 强企业第一名，位居湖北省百强企业第二名，是首家达到世界 500 强标准的中国建筑子企业。

1.3　工程重难点

（1）大尺度悬挑、大跨度连廊等创新性结构设计。比如双层大悬挑桁架＋大跨封边桁架组合转换桁架设计（单边悬挑 25m），屋脊空间桁架＋单层折面网壳组合大跨度钢屋盖（跨度 89m）。

（2）双层扭转生态立面幕墙设计。建筑的整体形态由六个延展曲面和三个端面等基本面构成，各个基本面之间圆滑过渡形成建筑整体表皮。

（3）大型场馆多元、复杂的机电安装系统体系构建。

（4）绿建三星体系。

（5）项目工期紧、质量、安全创优标准高。

2　BIM 团队建设及软硬件配置

2.1　制度保证措施

制定项目 BIM 技术应用实施方案，BIM 技术应用建模深度标准，项目 BIM 技术应用文档及构件编码标准，以及 BIM 技术应用设计施工一体化协同管理平台施工手册，结合项目特点指导 BIM 技术落地使用，确保应用执行有效，促进管理提升。

2.2 团队组织架构

以代建单位为主导，设计、施工、监理、咨询单位全体参与（图6）。

图 6 团队组织架构

2.3 软硬件环境

项目 BIM 工作站软硬件配置齐全（图 7、图 8），以保证 BIM 模型的搭建，BIM 工作的有序开展，以及 BIM 数据的采集和后台储备。以模型为唯一准则，各参与方沟通洽商，并制定了相关 BIM 工作标准，确保应用执行有效。

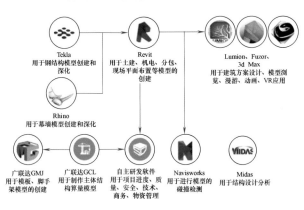

图 7 BIM 软件配置

图 8 BIM 硬件配置

3 BIM 技术重难点应用

3.1 BIM 设计阶段

钢结构设计是结构设计方面的最难点之一，大尺度悬挑、大跨度连廊等创新性结构设计，幕墙支撑钢结构为折面网壳结构，球幕影院内部圆形为单层空间球壳结构，中庭区域二、三层钢结构连廊为网架结构，东塔为钢框架结构，楼板采用钢筋桁架楼承板，钢天桥结构作为北塔及东塔通道，桥面覆 50mm 钢化玻璃，主要截面形式为箱形（图9~图13）。

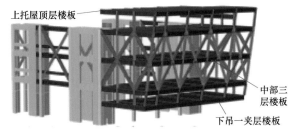

图 9 双层大悬挑桁架＋大跨封边桁架组合转换桁架设计（单边悬挑 25m）

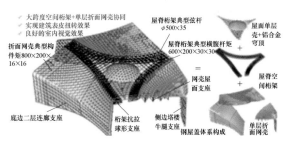

图 10 屋脊空间桁架＋单层折面网壳组合大跨度钢屋盖设计（跨度 89m）

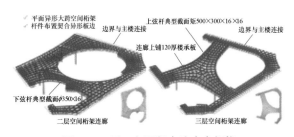

图 11 Y形三向通行大跨度空间桁架钢连廊结构设计（45m 跨度）

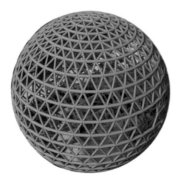

图 12　完整球形单层网壳结构球
幕影院设计（直径 28m）

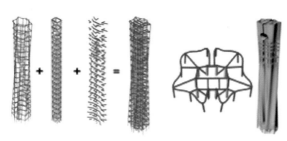

图 13　斜柱框架＋支撑内筒的钢
框筒体系（异形空间结构）

3.2　BIM 深化设计阶段

3.2.1　模型深化设计

对设计单位提交的 BIM 模型分专业进行深化设计，对整体模型、施工节点等进行细化，为材料的加工、现场施工的顺利推进提供保障，避免返工、拆改，提升整体品质。

3.2.2　钢结构深化设计

对钢结构进行应力分析，将红色框选部分划入幕墙龙骨体系，不参与主体结构受力。幕墙支撑钢结构与幕墙龙骨精细化设计，既减少用钢量，同时解决施工质量精度控制不匹配问题。

利用设计单位钢结构专业已经搭建的模型，对节点及做法进行直观的深化、优化分析，保证复杂节点可视化定制加工（图 14）。

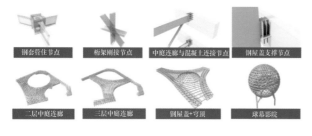

图 14　钢结构深化设计

3.3　施工模拟阶段

（1）中庭钢结构施工模拟：中庭连廊采用有限空间整体吊装逆作业的形式进行施工，先拼装胎架，再拼装二层、三层以及屋脊桁架，最后依次按照屋脊、三层、二层的顺序进行整体提升（图 15）。

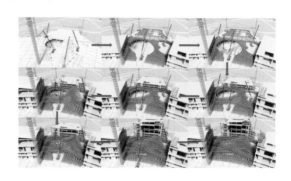

图 15　中庭钢结构施工模拟

（2）东塔悬挑钢结构施工模拟：东塔的大跨度悬挑，将钢桁架以榀为单位，从南向北依次施工（图 16）。可视化交底提高施工效率与施工准确性。

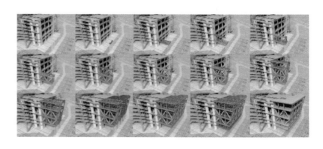

图 16　东塔悬挑钢结构施工模拟

3.4　经验总结

在 BIM 技术的带动下，项目品质与施工安全得到了应有的保障，更使得建设项目能够实现人力、物力方面的节约，资源方面的合理、有效利用，也使得本项目向科学、可持续发展的方向前进。

（1）可视性与协调性：扩大了设计维度，增强了设计对施工的指导性和各个专业的协同优化。

（2）模拟性与准确性：通过施工模拟，提前发现重难点和设计漏洞，增加施工过程的准确性，节约时间和造价成本。

（3）高效性与优化性：基于大数据平台信息，进行资源整合，优化资源配置，提高施工质量，节省造价。

A167 河南省科技馆新馆建设项目超大空间异形扭转钢结构

团队精英介绍

赵 毅
中建三局集团有限公司工程总承包公司
中原分公司副总经理

高级工程师
一级建造师

主持项目期间，获得"龙图杯"等BIM奖项6项，取得发明专利3项，实用新型专利9项；国家级QC成果2项，省级工法16项；发表核心论文5篇，三星绿色建筑设计标识证书。主持完成了河南省科技馆新馆项目建设，让民生工程跑出了河南速度。

方 园
中建三局集团有限公司工程总承包公司中原分公司总工程师

高级工程师
一级建造师

2020～2021年先后获得上海市科技进步二等奖、工程建设科学技术进步二等奖、中建三局科技进步一等奖，第九届"龙图杯"综合组一等奖、第七届"龙图杯"综合组一等奖、第七届"龙图杯"施工组三等奖。省级工法9项，发表论文及书籍6篇，获得科技示范工程奖6项。

张红永
中建三局集团有限公司河南省科技馆新馆建设项目技术总工

工程师
一级建造师

主持特大型项目港区十二标、洛阳百脑汇项目、河南省科技馆新馆项目的技术管理工作，获得国家级QC成果2项，发表论文4篇，省级工法8项，实用新型2项，省级绿色示范工程和科技示范工程各2项。获"龙图杯"一等奖，科技成果鉴定达到整体国际先进、局部国际领先水平。

李龙刚
中建三局集团有限公司工程总承包公司中原分公司项目经理

工程师

主持河南省科技馆新馆项目、郑州一中项目的生产管理工作，获得国家级QC成果2项，发表论文2篇，省级工法2项，实用新型2项，省级绿色示范工程和科技示范工程各1项。参与科技成果鉴定达到整体国际先进、局部国际领先水平。

杨中涛
中建三局集团有限公司河南省科技馆新馆项目质量总监

工程师
一级建造师

主持河南省科技馆新馆项目、天鹅湖环球中心项目、港区二标项目等7个项目的质量管理工作。获得国家级QC成果2项，发表论文2篇，省级工法3项，实用新型2项，省级绿色示范工程和科技示范工程各2项。

宋科龙
中建三局集团有限公司河南省科技馆新馆项目商务经理

工程师
一级建造师

主持河南省科技馆新馆项目、天鹅湖环球中心项目、港区二标项目等7个项目的质量管理工作。获得国家级QC成果1项，发表论文2篇，省级工法3项，实用新型2项，省级绿色示范工程和科技示范工程各2项。

胡 超
中建三局集团有限公司河南省科技馆新馆项目技术员

工学学士
工程师

参与河南省科技馆新馆项目的技术管理工作。获得国家级QC成果1项，发表论文2篇，省级工法3项，省级绿色示范工程和科技示范工程各1项。

刘 洋
中建三局集团有限公司项目技术负责人

工学硕士
工程师

获得专利6项，软件著作2项，各类省级科技成果12项，国家级科技成果3项，发表论文2篇。

班允昊
中建三局集团有限公司项目技术负责人

工学学士
工程师

先后参与河南省科技馆新馆项目、郑大一附院人才公寓项目，发表论文2篇，专利2项，工法3项。

段泽宇
中建三局集团有限公司河南省科技馆新馆项目预算员

工学学士
工程师

参与河南省科技馆新馆项目的商务管理工作。获得省级工法2项，发表论文1篇，省级科技示范工程1项。

二、一等奖项目精选

BIM 技术助力杭政储出【2015】31 号地块商务金融项目数字建造

中天建设集团有限公司

陈万里　徐晗　顾鑫　段坤朋　彭明磊　王佩君　谢子健　袁利伟　叶思雨

1　工程概况

1.1　项目简介

本项目位于杭州市西湖区，北至西溪路，南至老和山，总建筑面积 85546m²，由 A、B、C、D 四个单体组成，地上 1～3 层为裙房，4～12 层为商业办公楼（图 1）。

图 1　项目效果图

本项目 A、B、C 三楼结构形式为核心筒-剪力墙钢桁架悬挂结构体系，最顶层为桁架层，内部桁架穿过核心筒，外圈桁架悬挑，标准层外框柱由 ϕ120 圆钢棒组成，塔楼结构最高标高为 57m，标准层层高 4.2m（图 2）。

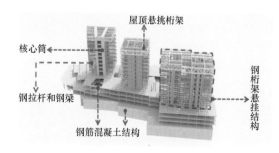

屋顶悬挑桁架
核心筒
钢拉杆和钢梁
钢筋混凝土结构
钢桁架悬挂结构

图 2　结构示意图

1.2　公司简介

中天建设集团有限公司是中天控股集团旗下的骨干企业，是一家以房屋建造、房产开发、交通路桥、新材料开发为主要经营业务，具有鲜明特色的现代大型企业。公司拥有施工总承包特级资质，业务市场遍布全国以及南亚、东南亚、中东、北非、西非多个国家和地区。近年来，公司以承接"高、大、难、新、特"项目为突破口，承建了杭州奥体博览中心主体育场、浙江省人大及政协大楼、杭州市政府办公大楼、郑州绿地中央广场、北京国际中心、上海中融-碧玉蓝天广场、上海新国际博览中心新馆等一大批标志性工程。

公司荣获鲁班奖 26 项、国家级奖项超 210 项、省级优质工程近 600 项、省级文明工地近 1900 项；获得核心专利近 1190 项、总结省级以上工法近 560 项、绿色示范工程近 100 项、新技术应用示范工程超 150 项、科技进步奖超 60 项。

1.3　工程重难点

（1）项目位于市区，紧邻商区，施工场地较小，施工环境复杂。

（2）本项目协作单位较多，作为施工总承包方，需要协调各个单位，沟通协调难度较大。

（3）钢结构深化施工策划难度大，部分工艺节点复杂，施工难度大。

（4）项目管线众多，业主对净高的要求较高，管线碰撞冲突点多，调整深化量大。

（5）幕墙、机电等安装工程量大，工期紧。

2　BIM 团队建设及软硬件配置

2.1　制度保障措施

针对本项目，公司制定了相应的 BIM 工作制度管理流程（图 3）。

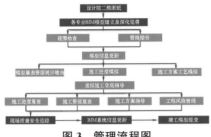

图3 管理流程图

2.2 团队组织架构

为了提高项目总承包 BIM 协调能力，成立了以总工程师为领导的 BIM 团队（表1）。

BIM 组织架构　　　　　　表1

成员		职务	分工
陈万里		总工程师	负责项目 BIM 应用总策划、协调各部门工作
徐晗		总工程师	负责项目钢结构 BIM 技术应用质量、进度把控
施工BIM团队	顾鑫	BIM 组长	协同整个项目 BIM 深化设计、落地应用
	彭明磊	土建 BIM 工程师	协同土建工程正向设计及模块化深化
	谢子健	机电 BIM 工程师	协同安装工程正向设计及模块化深化
钢构BIM团队	段坤朋	BIM 副组长	统筹钢结构施工事宜
	王佩君	钢构 BIM 工程师	钢结构深化，对接项目部落地实施
	袁利伟	钢构 BIM 工程师	钢结构深化，对接项目部落地实施
	叶思雨	驻场 BIM 工程师	负责现场蹲点服务

2.3 软件环境（表2）

软件环境　　　　　　表2

序号	名称	项目需求	功能分配
1	Revit	结构、机电深化	三维模型创建，深化设计
2	Tekla	钢结构深化	钢结构三维模型创建
3	Navisworks Mange	各专业模型整合	各专业碰撞检查
4	Auto CAD	平面图纸展示	二维图纸成果
5	3d Max	效果展示	项目整体，工艺节点展示
6	PM-CCBIM	云平台管理	项目数字化管理
7	Fuzor	施工推演	各阶段施工推演

2.4 硬件环境（表3）

硬件环境　　　　　　表3

序号	名称	配置
1	CPU	Intel 酷睿 i7 8700k
2	主板	华硕 PRTME Z270-P
3	内存	金泰克 DDR4 400MHz 32G
4	硬盘	七彩虹 DL500 640G 固态
5	显卡	GeForce RTX 2060 GB
6	显示器	戴尔 DELAOA3 U2414H

3 BIM 技术重点应用

3.1 精细化三维场布

施工前期准备阶段，利用 BIM 技术对场地进行排布策划，模拟不同阶段的场地布置，分析并优化临设水电线路、堆场、加工车间、运输路线等，结合公司标准化构件族库系统，输出临建材料明细清单（图4、图5）。

实施流程：标准化策划→标准化建模→标准化出图→标准化施工。

图4 三维效果图

图5 劳务室效果图

3.2 卸料平台节点深化

根据本工程的平面布置及塔式起重机的安装位置，采用悬挑式卸料平台。考虑到主体结构施工进度，卸料平台加工成品随主体施工进度周转使用。采用 BIM 技术对定制化卸料平台进行受力分析计算并对槽钢挡铁、吊环夹具等关键部位进行细部优化（图6）。

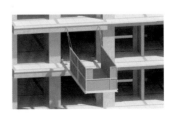

图6 卸料平台三维模型

3.3 施工部署推演

针对现场的施工进度计划，利用 BIM 技术对进度计划进行模拟，使其直观展示进度计划的效果，并发现解决其中存在的进度问题，最终形成可指导现场的进度计划内容（图 7）。

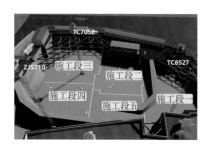

图 7 施工部署三维图

本工程主体结构施工总体分三个阶段，第一阶段为 1～3 层结构施工（主楼及裙房）；第二阶段为 A、B、C 主楼 4～12 层核心筒施工；第三阶段为 A、B、C 主楼钢结构施工。

主体结构 1～3 层（裙房）及核心筒 4～12 层施工阶段，采用 3 台塔式起重机施工。其中 1 号塔式起重机型号 TC6527，2 号塔式起重机型号 TC7052，B、C 楼共用。塔式起重机附墙固定在核心筒上。

主楼钢框架及楼承板施工阶段，塔式起重机全部拆除，配备 3 台汽车式起重机辅助钢框架组装。组装完毕后，采用整体提升工艺，从上往下施工钢框架。钢框架施工完毕后，从下往上进行楼承板钢筋绑扎及混凝土浇筑。

3.4 超限支模架深化

针对本项目地下室结构中存在诸多超限梁的情况，对其支模架进行深化建模，提前了解在支模过程中可能遇到的问题，对支模架进行深化优化，指导现场的施工（图 8）。

图 8 超限支模架三维效果图

3.5 钢结构深化

本项目通过制定完善的工作流程、出具精细化深化图纸、加工厂应力试验等机制，确保后续钢构施工的有序开展。

通过 Tekla 对钢结构进行深化设计，出具详细加工图纸，工厂数字化加工，利用 BIM 平台生成构件二维码，实现构件生成、运输、进场、吊装、验收等数据信息一体化流转。

3.6 精细化钢筋管理

在土建施工阶段，通过对比钢筋成本 BIM 模型的工程量与现场钢筋班组的下料单，查漏补缺、优化钢筋下料，并由驻场 BIM 工程师在混凝土浇筑前，对现场钢筋加工、绑扎情况进行实时检查（图 9）。

图 9 地下室 A 区块土建钢筋模型

审计阶段，通过钢筋成本 BIM 模型与预算工程量进行对比分析，检查类似配筋错误、弯锚弯钩缺失、图纸绘制错误等导致钢筋工程量漏算的情况。通过高精度 BIM 成本模型，提升项目部成本管理能力。

3.7 机电管线深化

本项目通过三维模型实时漫游，对整个项目各功能空间进行有效净高分析，提前发现不满足净高要求的区域，减少因设计失误在施工中带来的变更所引起的工期延误等问题，同时也减少了因返工造成的经济损失。

地下室的生活水泵房、消防水泵房、制冷机房管线复杂，属于施工阶段重难点部位，利用 BIM 技术，建立机房模型，进行管线深化，预留土建洞口，出具深化图纸，提前解决图纸问题，指导施工（图 10）。

图 10 泵房深化

A001 BIM 技术助力杭政储出【2015】31 号地块商务金融项目数字建造

团队精英介绍

陈万里
中天建设集团有限公司第二建设公司总工程师

教授级高工
一级建造师

主持参与了大量高、大、难项目的施工，如宁波鄞州曼哈顿超高层项目、杭州人寿大厦、杭州奥体博览中心主体育场等项目。

徐 晗
浙江中天恒筑钢构有限公司总工

高级工程师
一级结构工程师

参与住房和城乡建设部技术开发项目 1 项，承担浙江省建设科研项目 1 项，获省部级科技成果 5 项、省部级科学技术奖 6 项，发表论文 40 余篇。

顾 鑫
中天建设集团有限公司第二建设公司技术处副经理

工程师
一级建造师

负责公司的 BIM 深化设计以及落地实施，参与了合肥第一人民医院、杭州奥体博览中心主体育馆等多个项目的 BIM 实施应用。

段坤朋
浙江中天恒筑钢构有限公司研究所副所长

工程师
一级建造师

承担浙江省建设科研项目 1 项，获省部级科学技术奖 6 项、全国 BIM 竞赛奖 3 项，获省级工法 2 项，申请专利 28 项，获中国建筑金属结构协会行业工匠称号。

彭明磊
中天建设集团有限公司第二建设公司 BIM（土建）工程师

工程师
一级建造师

主要负责钢筋深化设计工作，参与了华东医药、萤石智能家居产业园等项目的钢筋深化以及落地。

王佩君
浙江中天恒筑钢构钢构有限公司技术员

工程师
二级建造师

进入钢结构行业十余年，主要从事钢结构深化设计工作，负责的包商银行商务大厦项目获得中国钢结构金奖。

谢子健
中天建设集团有限公司第二建设公司 BIM（机电）工程师

助理工程师

参与了多个项目的机电 BIM 管综建模以及深化应用，如合肥第一人民医院、合肥妇女儿童活动中心、富阳人才公寓等项目。

袁利伟
浙江恒筑钢构有限公司深化设计师

工程师

长期从事钢结构深化工作，参与了上海佳兆业金融中心、杭州龙湖紫金港项目等。

叶思雨
浙江中天恒筑钢构有限公司技术员

工学学士
助理工程师

主要从事钢结构施工技术以及钢结构研发工作，参与多个项目中国钢结构金奖申报工作，获实用新型专利 6 项，发表论文 2 篇。

埃及 Iconic Tower 项目钢结构工程 BIM 应用

中国建筑第八工程局有限公司钢结构工程公司

罗立峰　韩秀博　梁广都　周克　付洋杨　杨文林　龚琳嘉　黄靓　阮蒙　王宏峰

1 工程概况

1.1 项目简介

项目地点：新开罗以东 45km；建筑面积：24 万 m²；用钢量：20000t；建筑高度：385.8m，地下 2 层，地上 78 层。

本工程位于开罗以东 45km，是埃及新行政首都 CBD 的核心，是整个新行政首都的标志性建筑（图 1）。建成后将成为非洲第一高楼，被誉为"新时代的金字塔"，是"一带一路"倡议在非洲地区的重要里程碑。

图 1　项目效果图

本项目是钢筋混凝土核心筒＋钢结构外框的结构形式。从 51 层起核心筒分为左右两片，通过大型钢支撑连接。钢结构主要材质为 Q355B 及 Q420GJC，最大板厚 120mm，总用钢量达到 2 万 t。

1.2 公司简介

中建八局钢结构工程公司是中国建筑第八工程局的直营专业公司，企业拥有轻型钢结构工程甲级设计资质、钢结构工程专业承包壹级资质和加工制作特级资质，是一家集设计、科研、咨询、制造、施工于一体的国有大型钢结构公司。

公司致力于打造"科技钢构""优质钢构""安全钢构"，多次获得"中国建设工程鲁班奖""中国安装协会科学进步奖""华夏建设科学技术奖""建设工程金属结构金钢奖""国家优质工程中国钢结构金奖"等各类荣誉。

1.3 工程重难点

海外运输掌控难：海外项目在材料采购、报关清关、国际航运、运载车辆方面有多种约束和不确定性。思路：基于 BIM 模型，通过 BIM 协同管理平台构建物料跟踪体系，以实时掌控物资状态。

项目质量安全要求高：作为"一带一路"倡议的标志项目，在非洲地区备受瞩目，因此对质量和安全的要求近乎严苛。思路：BIM 技术在方案编制和图纸阶段介入，搭建各类技措和安措模型，以保证质量及安全。

多专业交叉施工：本项目多专业交叉工作，各自专业的设计图纸进度不一，造成各专业内容极易产生碰撞。思路：通过 BIM 技术碰撞校核，对不同国家不同专业的模型导入汇总，以校核各专业碰撞问题。

钢构件现场管理难：本项目钢构件单体重量轻，总数量多，构件相似度高但不能混用，管理难。思路：通过 BIM 技术生成钢构件专属二维码，现场通过扫码查询钢构件信息，进行构件现场管理。

沙漠地区温差大，钢结构变形控制难：埃及地处沙漠，昼夜温差大，受阳光直射时钢构变形，难以控制精度。思路：通过 BIM 技术模拟日光照射，优化吊装顺序，保证在阴面吊装校正焊接。

2 BIM 团队建设及软硬件配置

2.1 制度保障措施

通过 BIM 设计问题销项制、BIM 全专业例会制、BIM 否决制度、BIM 奖罚制度等制度，保证

BIM技术全方位指导反馈实际工作。

2.2 团队组织架构

本项目根据现场实际情况，确定钢结构专业的BIM组织架构和工作内容。针对公司属于专业分包的实际情况，采用扁平化管理的三级工作机制，具体分为公司级、项目BIM管理级和项目BIM落实级（图2）。

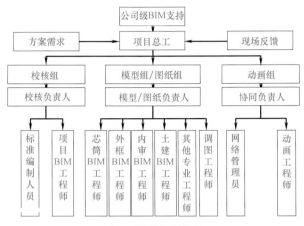

图2 团队组织架构

2.3 软件环境（表1）

软件环境　　　　　　　表1

序号	名称	项目需求		功能分配
1	Solidworks	异构建模	结构	建模
2	ANSYS	受力验算	结构	验算
3	Midas	受力验算	结构	验算
4	Revit	土建深化	建筑	建模/动画
5	Tekla	钢结构深化	结构	建模
6	Auto CAD	制图	结构	制图
7	3d Max	三维建模	建筑	建模/动画
8	Navisworks	模型综合	建筑	碰撞校核
9	Sinocam	全自动套料	结构	套料

2.4 硬件环境（表2）

硬件环境　　　　　　　表2

序号	名称	功能分配
1	Dell Power Edge R520	BIM数据协同管理
2	大疆无人机	遥测三维虚拟结构
3	360全景相机	虚拟漫游
4	VR设备	虚拟现实
5	激光三维扫描仪	获取高精度三维模型

3 BIM技术重难点应用

3.1 设计阶段BIM应用

（1）通过各专业模型汇总合模检查碰撞冲突情况。通过机电模型导入钢构模型，核实是否需要梁腹板开孔（图3）。

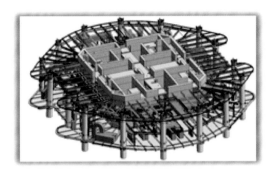

图3 机电模型碰撞校核

（2）外框梁埋件设计优化。经过BIM建模后发现和核心筒剪力墙钢筋碰撞较多，进行受力计算后优化为锚筋末端焊钢板的形式（图4）。使得施工更加方便，提高施工速度。

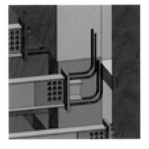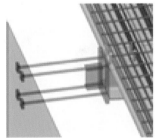

图4 外框梁埋件形式优化

3.2 加工阶段BIM应用

（1）钢结构深化出图及清单。BIM技术通过搭建模型，将二维的设计图纸转化为三维的模型后，再通过三维模型转化成二维的加工图纸和清单，经过BIM技术分解细化后用于构件加工。

（2）三维坐标点协助预拼装。通过BIM技术，提取相应的三维空间坐标。在加工厂通过预拼装的形式保证制作精度。

3.3 施工阶段BIM应用

（1）施工进度BIM 4D模拟。将项目进度计划导入 BIM 协同管理平台后，可以直观看到本项目的施工进度动态模拟和进度数据分析。

（2）技措三维模拟。BIM 建模将技措搭建成实体模型后直接体现在三维模型中，防止出现安全措施死角（图5）。

图5 外框结构技措三维模型

（3）二维码技术应用。构件分配专属二维码，

可以查看其构件编号、重量、材质等信息。

（4）BIM 光照模拟分析。埃及地处沙漠，阳光直射和阴影区域温差大，影响安装精度和施工质量，通过 BIM 技术模拟日光，提前施工安排。

（5）塔式起重机智能监控系统，根据汇总既定时间内的吊次、吊重等数据，合理安排塔式起重机计划，为塔式起重机使用提供数字依据。

（6）三维激光扫描。桁架层作为本项目的重难点，通过三维扫描得出空间点位，拟合 BIM 模型对比误差，精度可达到毫米级。

3.4 商务阶段 BIM 应用

通过 BIM 技术，将不同结构部位以三维可视化的形式明确。国内加工厂和属地加工厂，以不同的颜色区分控制（表3）。

分包工程量统计（t）　　　　　　　　　　　　　　表3

示意图	国内加工厂		属地加工厂	
	柱脚节	180.58	埋件	304.56
	外框柱	8355.35	楼梯	31.81
	外框梁	7409.99	层间立柱	26.05
	塔式起重机支撑	132.56	雨棚	45.82
	立面支撑	186.84	格构柱	21.81
	桁架	452.68	幕墙	330.08
			劲性钢骨	374.39
	合计	16718.00	合计	1134.52

A016 埃及 Iconic Tower 项目钢结构工程 BIM 应用

团队精英介绍

罗立峰
中建八局钢结构工程公司海外分公司业务经理

工程师

公司 **BIM** 岗位能手

从事技术管理工作 12 年，授权发明专利 7 项，BIM 奖 6 项，其中国际级 BIM 奖 1 项，发表论文 4 篇，省部级 QC 成果 1 项。荣获 2021 年度公司级优秀员工。

韩秀博
中建八局钢结构工程公司海外分公司总经理

高级工程师

从事管理工作 16 年，身为韩秀博海外钢结构工程管理工作室领衔人，以一作完成课题 2 项，工法 3 篇，授权专利 11 项，获得 BIM 奖 4 项，发表论文 9 篇，QC 成果 4 项。

梁广都
埃及新首都 Iconic Tower 项目钢结构项目总工

高级工程师

从事技术管理工作 11 年，先后担任惠生研发楼项目、阿尔及利亚巴哈及体育场项目、埃及标志塔项目钢结构技术负责人，授权发明专利 1 项，BIM 奖 3 项，发表论文 8 篇，省部级 QC 成果 1 项。荣获 2020 年度公司级优秀员工。

周 克
中建八局钢结构工程公司海外分公司总工

高级工程师

从事技术管理工作 12 年，完成课题 3 项，工法 4 篇，授权专利 17 项，获得 BIM 奖 5 项，发表论文 14 篇，QC 成果 3 项。荣获 2013 年度公司级先进工作者、2016 年度公司级优秀员工。

付洋杨
中建八局钢结构工程公司科技部业务经理

注册安全工程师
工程师
BIM 建模师

从事 BIM 管理 9 年，先后主持或参与上海国家会展中心、桂林两江国际机场、重庆来福士广场、天津周大福金融中心等项目的 BIM 工作。荣获省部级及以上 BIM 奖 34 项，专利授权 17 项，发表论文 4 篇。

杨文林
中建八局钢结构工程公司科技部业务经理

助理工程师

主要从事公司 BIM 管理工作，搭建公司三维模型库、主导项目 BIM 大赛的申报，创优动画制作及 BIM 技术培训与推广。

龚琳嘉
中建八局钢结构工程公司海外分公司业务经理

助理工程师

从事技术管理工作 10 年，先后担任日本北九州体育馆、悉尼 88 Walker Street 酒店项目技术负责人完成课题 5 项，发表论文 2 篇，QC 成果 1 项。荣获 2018 年度公司级先进个人奖项。

黄 靓
埃及新首都 Iconic Tower 项目钢结构项目经理

工程师

从事钢结构施工管理工作 22 年，先后主持上海环球金融中心、上海迪士尼、马来西亚吉隆坡标志塔、埃及新首都 Iconic Tower 项目。获国际、国家、省部级工程奖 22 项，发表论文 5 篇，实用新型专利 1 项，省级科技成果多项。

阮 蒙
埃及新首都 Iconic Tower 项目钢结构项目质量主管

国际焊接检验工程师
助理工程师

从事技术质量管理工作 10 年，先后担任阿尔及利亚巴哈及体育场项目、新西兰海关大楼项目以及埃及新首都 Iconic Tower 项目技术质量负责人。完成课题 1 项，省部级 QC 成果 1 项。

王宏峰
埃及新首都 Iconic Tower 项目钢结构项目测量主管

助理工程师

从事钢结构技术工作 10 年，曾参与天津响螺湾、北京通州新光大中心、埃及标志塔等多个超高层钢结构项目，其中天津响螺湾项目获得天津市钢结构金奖。发表论文 2 篇，省部级 QC 成果 1 项。

武汉市蔡甸城市综合服务中心 BIM 技术应用

中建科工集团武汉有限公司

张耀林　朱小兵　潘洪伟　张伟　古承城　胡均亚　翟伟杰　徐新教　张靓　罗光增

1 工程概况

1.1 项目简介

武汉市蔡甸城市综合服务中心项目位于湖北省武汉市蔡甸区，总投资 15.98 亿元，由中建科工集团有限公司承建。本项目为大型公共建筑，分为 A、D 两个地块，目前施工的是 A 地块，总建筑面积 97000m²。A 地块地下 1 层，地上 4～6 层，其中 1 号楼综合服务中心为装配式钢结构、2 号楼档案馆和 3 号楼创业孵化中心为混凝土框架结构。项目建成后将成为蔡甸区集行政服务、文化体育、市民广场、新型商业等功能于一体的城市综合服务新地标。

1 号楼综合服务中心大楼属于钢结构装配式建筑，地下 1 层，地上 5 层，建筑高度 25.15m，地上单体建筑面积约 34790m²（图 1）。采用钢框架结构体系，钢构件主要包括钢柱、钢梁、悬挑桁架等，楼板采用不可拆卸式钢筋桁架楼承板、现浇混凝土板相结合。

图 1　项目 1 号楼外立面效果图

1.2 公司介绍

中建科工集团有限公司是中国最大的钢结构产业集团、国家高新技术企业，隶属于世界 500 强中国建筑股份有限公司。公司聚焦以钢结构为主体结构的工程、装备业务，为客户提供"投资、研发、设计、建造、运营"一体化或核心环节

服务。

公司实行研发、设计、制造、安装、检测业务五位一体发展，拥有建筑工程施工总承包特级、中国钢结构制造企业特级、钢结构工程设计专项甲级资质、钢结构工程专业承包壹级等核心资质体系，通过了 ISO 9001、ISO 14001、ISO 45001、ISO 3834、EN 1090、AISC、JIS 等国际认证。

公司获得国家技术发明奖 1 项，国家科技进步奖 8 项（国家科技进步一等奖 1 项），詹天佑大奖 15 项，国家专利 1080 项（其中发明专利 148 项），国外专利授权 32 项（其中美国发明专利 3 项、德国专利 14 项），国家级工法 15 项，125 项施工技术经权威机构鉴定达到国际领先或国际先进水平。主编、参编《钢结构工程施工规范》《装配式钢结构建筑技术标准》《钢结构加固设计标准》等 30 余项国家和行业标准。共获建筑工程鲁班奖 49 项，国家优质工程奖 37 项，中国钢结构金奖 176 项（其中杰出大奖 4 项）。

1.3 工程重难点

（1）大型公共建筑钢结构装配式智能化设计（EPC 工程）与加工技术

结合工程 EPC 特点，从设计开始阶段联合各方启动信息化、智能化建造的相关工作，推动装配式建筑的发展，提高装配式建筑设计效率和设计质量，保证工程较高的装配率。结合 BIM 设计软件的智能化设计及深化功能，辅助设计师完成设计思维的转换，提高设计水平，实现真正的装配式建筑设计。

（2）大跨度、大悬挑钢结构桁架施工技术

针对 1 号楼东北角 17.6m 大悬挑外造型需求（平面尺寸 17.6m×31.2m，14.15m 高），16.8m 大跨度千平大中庭围合结构的四合院设计以及设计跨度达到 25.2m 全区调度指挥中心大开间进深要求等特殊部位功能设计，均通过大跨度钢结构设计、安装实现这一系列功能需求，同时结合

BIM 三维可视化施工模拟，提前解决钢结构安装施工过程中结构碰撞问题，实现大跨度钢结构全过程制作及现场安装。

（3）新型变截面囊压式扩体锚杆施工技术

囊压式扩体锚杆是一种新型扩体锚杆，根据黏土、粉土、砂土、卵石等多种土层在高压扩孔配合囊袋膨胀的作用下易产生挤压变形的特点设计而成。扩体锚杆采用预制橡胶囊袋套在端头顶部，其杆体采用 psb1080 螺纹钢筋，锚杆端部橡胶囊袋在压力注浆下膨胀形成圆柱形锚固体，通过前期高压旋喷扩孔工艺结合施工中囊袋内压力注浆形成高强度扩体锚固段。

扩体锚固技术作为一种新型的岩土锚固措施，由于其经济性高、锚固效果好而在岩土工程中得到大量应用。但由于实际工程中岩土特性复杂、锚固方式众多，扩体锚固技术仍在不断地探索和研究，并没有形成统一的理论。

（4）基于 BIM 技术的钢结构装配式建筑信息化管理技术

建立钢结构装配式建筑全专业优化 BIM 模型，创建基于 BIM 技术的预制构件数据库，结合物联网应用技术，实现了装配式建筑的智能化、标准化、产业化。结合 BIM 技术实现钢结构虚拟预拼装、碰撞分析、净高分析及管综优化等。对钢结构建筑进行全生命周期数据信息记录，实现现场施工及后期运营的信息化管理。

2 BIM 团队建设及软硬件配置

2.1 制度保障措施

在项目开工前根据集团公司 BIM 管理手册编制 BIM 建模交付标准和 BIM 实施专项方案，包含 BIM 应用目标、BIM 团队架构、BIM 管理流程、BIM 实施责任、软硬件配置、BIM 模型交付标准及信息等相关内容，确保 BIM 实施过程中有据可依。

2.2 团队组织架构（图2）

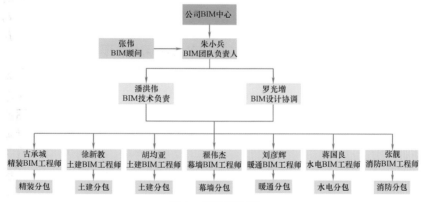

图 2 组织架构图

2.3 软件环境（表1）

软件环境　　　　　　　　　　　　　　　　　　　　　　　　表 1

序号	名称	项目需求	功能分配	
1	Revit 2017	三维模型建立、各专业模型的碰撞监测、机电深化出图	结构、建筑	建模、深化出图、动画
2	Tekla	钢结构三维建模、深化设计及清单报表生成	钢结构	钢结构深化加工及安装
3	Navisworks Manage 2017	模型整合、碰撞检测、施工模拟	碰撞检测	模型优化
4	3ds Max	三维效果制作	施工工艺动画模拟	效果图制作
5	项目驾驶舱云平台	工程管理、智慧工地	智慧工地管理	文档资料、协同办公
6	云建造	质量管理	施工质量监控	
7	CS 安全	安全管理	安全措施监控	

2.4 硬件环境

硬件的配置对 BIM 工作组来说尤为重要，在 BIM 团队成立之际，即配备 2 台高配置笔记本、3 台台式机，确保工作效率。

3 BIM 技术重难点应用

3.1 深化设计

充分利用 BIM＋Tekla 对钢结构、钢筋桁架楼承板、ALC 墙板、砌体、预留预埋等进行深化及排版；对 ALC 提前进行预排版及优化，导出平立面图形（图 3、图 4）。

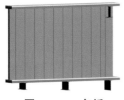 

图 3　ALC 条板　　图 4　ALC 条板
深化模型　　　　现场施工照片

通过 BIM 建模导出的砌体排版图，充分考虑各位置间的填充灰缝厚度，明确砌体整体排砖；根据各专业图纸结合模型对预留预埋位置进行优化，指导现场施工。通过 BIM 建模可控制节约损耗，将其损耗控制在 3％以内。

1 号楼地下室顶板钢混节点位置钢筋密集，施工复杂，存在大量开孔且孔位密集对削弱钢柱受力。经与设计沟通，取消部分钢柱开孔，改为焊接搭筋板。在保证结构安全的前提下，降低施工难度、减少钢柱开孔（图 5、图 6）。

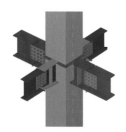 

图 5　钢结构节点深化　　图 6　钢混结构节点

3.2 机电管综优化

机电管综优化从模型整合及碰撞检查→图纸碰撞提疑→设计回复、优化模型→机电各专业综合考虑→到各方统一定稿，目前总计发现大型机电碰撞 3000 余处，且均已优化。

通过碰撞检查报告，将深化设计图中所存在的"错、漏、碰、缺"问题提交设计方进行修改，绘制新版施工图。

管综实施方案：其中 3 号楼一单元二层管廊层高 4.1m，原设计风管、空调水管、桥架、喷淋管分三层安装，联合支吊架底净高 2.15m，无法满足净高要求，通过调整管道与桥架排布将其合并为两层，满足净高控制要求。

（1）净高控制

根据 BIM 深化模型对不同功能区域进行净高分析，对不满足净高区域进行优化。原设计方案管线与结构碰撞，且翻弯较多，施工复杂，效率低下；根据模型优化，避开碰撞，减少翻弯，确保现场施工一次成型。

（2）支吊架深化

在机电管综模型基础上，针对管线密集区域设置综合支吊架，通过支吊架设计计算程序开发，快速设置并自动生成支吊架模型，实现自动分析计算，并出具计算书，导出支吊架深化图纸，指导现场施工（图 7）。

（3）机房深化

通过初步创建冷冻站各专业 BIM 模型，发现管线交叉碰撞严重且管道阀门附件无足够安装空间。

图 7　大型冷冻站落地式支架模型

通过合理排布、不断优化方案，最终实现了冷冻站内各设备布置合理、管线排布美观的效果，通过将 BIM 三维模型转变成二维图纸的形式指导现场落地安装，确保现场无返工和无法安装等问题（图 8、图 9）。

图 8　机房管综深化三维模型　　图 9　机房深化效果图

（4）钢结构全生命周期管理

利用中建科工自主研发的物联网系统，将钢结构从材料采购、工厂下料、加工到现场安装进行全生命周期数据信息记录，有力保障各环节的精细化管理。

A018 武汉市蔡甸城市综合服务中心 BIM 技术应用

团队精英介绍

张耀林
中建科工华中大区总工程师

高级工程师
一级建造师

湖北省建筑业协会钢结构分会常务副会长，湖北省土木建筑学会建筑产业现代化专业委员会委员，武汉市建筑业协会装配式建筑分会副会长，中国施工企业管理协会科技专家、中国建筑金属结构协会钢结构专家、湖北省建筑业协会工程技术专家。

朱小兵
蔡甸城市综合服务中心
项目经理

高级工程师
一级建造师

在项目施工技术管理创新的过程中，获得了"第六届全国钢结构工程技术交流会'创新杯'优秀论文一等奖"，个人论文"大跨度空间钢结构施工技术及质量控制措施探究"被《工程建设》期刊收录发表；在项目管理过程中，获得了"全国建设工程优秀项目管理成果一等奖"，个人被湖北省建筑业协会评为"优秀钢结构项目经理"。

潘洪伟
高级工程师

一级注册建筑师
一级造价工程师

现担任蔡甸城市综合服务中心项目执行经理，从事建筑行业十余载，发表论文 1 篇，获得专利 6 篇。

张 伟
中建科工武汉公司总工程师

高级工程师
一级建造师
工学硕士

古承城
中建科工武汉公司技术管理部部门经理

工程师
工学学士

胡均亚

工学硕士

从事 BIM 技术研究及应用 6 年，在项目负责 BIM 技术相关工作。先后获得国家级 BIM 奖项 3 项，省市级奖项 4 项。发表专利 4 篇。

翟伟杰

先后参与中法武汉生态示范城、武汉绿地中心、驻马店国际会展中心、蔡甸城市综合服务中心等重大工程建设，获得国家级、省部级工程奖 7 项（含 3 项中国钢结构金奖），多次获得全国各类 BIM 大赛奖项，拥有 3 项专利，发表论文 1 篇。

徐新教

从事建筑工程十余载，先后胜任项目技术总工、项目经理，管理实施的工程获得"椰岛杯""市结构优质""省结构优质"荣誉。

张 靓
蔡甸城市综合服务中心

工程师
工学学士

罗光增

高级工程师
一级注册结构工程师

从事设计工作十余年，先后在设计院、多个大型项目工作，目前担任项目设计总监。

BIM 在首都博物馆东馆项目钢结构工程中的应用

上海宝冶集团有限公司，上海宝冶钢结构工程公司

王雄　秦海江　白文化　韩凯凯　李红山　闫宇晓　张斌　岳文娟　卢利利　蒋雨志

1　工程概况

1.1　项目简介

首都博物馆东馆位于通州"市民文化休闲组团"的南侧，六环路与大运河交叉点东南侧。博物馆由主楼和市民共享大厅两栋建筑组成，总建筑面积 9.7 万 m^2，地上建筑面积 6.2 万 m^2，地下建筑面积 3.5 万 m^2。其中主楼部分地上 5.4 万 m^2，地下 2.8 万 m^2，共享大厅地上 0.8 万 m^2，地下 0.7 万 m^2。

主楼地上 3 层局部设夹层，地下 2 层（局部 1 层），建筑高度 34.9m；共享大厅地上 1 层，地下 1 层，建筑高度 19.5m。两栋建筑通过架空连廊和地下展陈通廊连接，为特大型博物馆。效果图如图 1 所示。

图 1　首都博物馆东馆效果图

主楼屋盖由 5 块单体组成，投影尺寸：北侧总长 185.2m、南侧总长 228m，南北向长度 78m。整体东高西低、北高南低，东北角 49m、西北角 37m、东南角 29m、西南角 24m。北侧起伏造型，南侧取平。

共享大厅由钢柱、管桁架及支撑构成，桁架最大跨度 43m，最大长度 54m。桁架一共 21 榀，样式为倒三角桁架。

连廊：有室内和室外之分，室内连廊结构形式为桁架，室外连廊由"Y"形钢柱支撑。

1.2　企业简介

上海宝冶集团有限公司始建于 1954 年，是世界 500 强企业中国五矿和中国中冶旗下的核心骨干子企业，拥有中国第一批房屋建筑、冶炼工程施工总承包特级资质以及国内多项施工总承包和专业承包最高资质，业务覆盖研发、设计、生产、施工全产业链，服务涵盖投资、融资、建设、运营全生命周期，是国家级高新技术企业、国家知识产权示范企业、国家企业技术中心、国家技术标准创新基地。

上海宝冶钢结构工程公司是上海宝冶的核心二级单位，是上海宝冶的王牌专业公司之一，郑州宝冶钢结构有限公司是由上海宝冶联手安钢集团在郑州经开区投资建设的合资公司，致力于打造装配式钢结构建筑生产基地。

1.3　工程重难点

钢结构深化设计是本工程钢结构的关键和重点。

本工程主楼和序厅屋面杆件以双曲面为主，详图深化设计难度大、构件尺寸标示繁琐。主楼和序厅杆件数有 4000 多件；序厅下部钢结构为劲性结构，与土建结构钢筋连接是难点，每根杆件、每个节点、每个连接板都牵涉到详图的深化设计，钢结构深化设计工作量非常大，如图 2 所示。

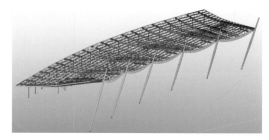

图 2　主楼三维模型

2 BIM 实施策划

2.1 组织架构

公司建立以团队负责人为 BIM 应用第一责任人的管理机制，集团公司 BIM 中心为项目 BIM 实施提供咨询和技术支持，促进 BIM 实施应用。

项目具体由项目组长负责推进，BIM 团队共分为仿真模拟、深化建模、深化调图 3 个小组，

负责 BIM 模型的创建、维护和深化工作，确保 BIM 应用在项目落地应用实施（图3）。

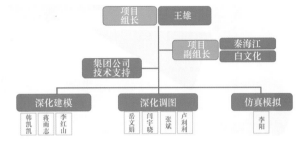

图 3　BIM 团队介绍

2.2 数据标准化（图 4）

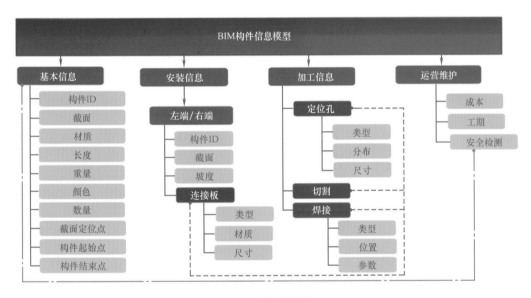

图 4　数据标准化

2.3 集成平台（图 5）

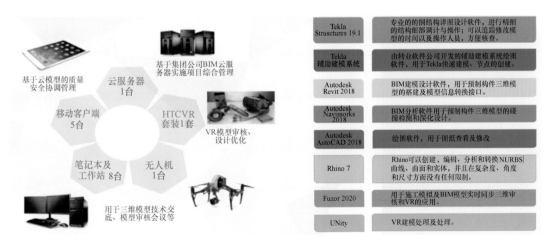

图 5　集成平台

3 BIM 技术应用

3.1 三维深化设计

主楼的屋面双曲结构钢梁共计 594 根,给建模和加工带来难度。通过从犀牛模型提取线模定位,可以准确地定位杆件的位置及保证模型的准确度(图 6、图 7)。

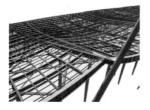 

图 6　BIM 模型　　　　图 7　施工现场

3.2 复杂节点设计

共享大厅工程劲性结构内钢结构节点复杂多变,钢柱周围多达 4~6 处混凝土梁,面对如此多的混凝土梁,传统的穿孔、套筒接驳器、钢筋搭接焊板已经没办法满足施工要求,我们结合总包与设计院的建议,采用一种钢筋快速连接的节点,此节点共应用 119 处(图 8)。

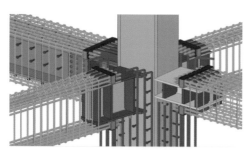

图 8　钢筋快速连接节点

主楼为双曲钢结构屋面,主次梁节点为刚接节点,要求所有钢梁垂直于大地,造成主次梁翼缘板形成错口,无法保证焊接质量,经过与项目

部及设计院的沟通,建议采用折板节点,保证翼缘板对接平齐,进而保证梁柱节点与主次梁节点的焊接质量(图 9)。

图 9　主楼复杂节点

3.3 5G＋智慧工厂

解决了平台与下料中心交互问题,实现生产数据全流程贯通;打通了 H 型钢成型中心组立、焊接、矫正数据交互,实现一体化协同运行;通过对 H 型钢成型中心加装传感器模组,实现关键配件全生命周期闭环监测,自动预警,减少设备故障,提升运转效率(图 10)。

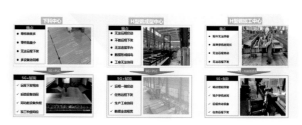

图 10　智慧工厂

3.4 BIM 模型可视化及模型共享

随时随地用手机或 Pad 就能查看 dwg、dwf、dxf、pdf、ifc 等格式图纸及三维模型(图 11),可以看二维、三维线框,实现三维实体看图,全方位多角度展示图纸,有助于项目施工人员更好地理解图纸,便于构件的安装。

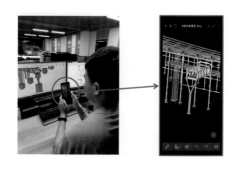

图 11　BIM 模型可视化

A040 BIM 在首都博物馆东馆项目钢结构工程中的应用

团队精英介绍

王　雄
上海宝冶钢结构工程公司，郑州宝冶钢结构有限公司总工程师

正高级工程师
一级建造师

曾获鲁班奖、钢结构金奖、金钢奖、市优质结构奖等，在钢结构方面有扎实的基础理论知识和丰富的实践经验。先后参与10余项企业级重大研发项目，获得国家级工法1项，省部级科技进步奖5项，专利10余项。

秦海江
上海宝冶钢结构工程公司设计研究院院长

高级工程师

长期从事结构专业设计工作，主持设计了大型工业厂房、超高层写字楼、大型商场、高层住宅、高耸结构、学校建筑等各类建筑多项，具有丰富的设计经验。

白文化
上海宝冶钢结构工程公司项目管理部兼质量环保管理部经理

工程师
一级建造师

参与公司多个重大工程，尤其在装配式钢结构、大跨度钢结构等工程技术方面成绩显著。先后获得国家级、省部级科技奖项9项，申请专利20余项，获得省部级QC成果2项，省部级工法2项，发表了8篇技术论文。

韩凯凯
上海宝冶钢结构工程公司深化设计主管

工程师

长期从事钢结构深化设计、BIM管理工作。先后参与公司多个重大深化设计项目的组织与策划工作。荣获国家级BIM奖2项，发表论文1篇。

李红山
上海宝冶钢结构工程公司深化设计师

工程师

长期从事钢结构深化设计，参与完成首都博物馆东馆、深圳第二儿童医院、苏州科技馆巨型桁架等深化设计。荣获国家级BIM奖1项，发表论文2篇。

闫宇晓
上海宝冶钢结构工程公司

工程师

长期从事钢结构深化设计、BIM管理工作。先后参与首都博物馆东馆、合肥蔚来汽车、国家信息大厦钢结构深化管理工作。荣获国家级BIM奖2项，发表论文1篇。

张　斌
上海宝冶钢结构工程公司深化设计工程师

工学学士
助理工程师

主要从事钢结构深化设计工作，参与了首都博物馆东馆、商丘三馆一中心、武汉新建商业服务业设施和绿地等项目。

岳文娟
上海宝冶钢结构工程公司深化设计师

工程师

长期从事钢结构深化设计工作，先后参与完成了首都博物馆东馆、苏州科技馆、潇河国际会展中心、重庆江北国际机场、上海虹桥国际机场、绍兴二环西路桥、绍兴鉴湖大桥等项目。

卢利利
上海宝冶钢结构工程公司设计研究院BIM工程师

工学学士
助理工程师
BIM工程师

主要从事深化设计，参与了国家雪车雪橇中心、首都博物馆东馆、上海虹桥国际机场、重庆江北国际机场等项目，曾获上海施工协会BIM大赛一等奖、广联达BIM大赛一等奖。

蒋雨志
上海宝冶钢结构工程公司设计研究院院长助理

高级工程师
二级建造师

长期从事钢结构深化设计工作，先后参与公司多个重大深化设计项目的组织与策划工作。

张掖 750kV 变电站 BIM 应用

西安建筑科技大学土木工程学院，西安建筑科技大学建筑设计研究院，
中国能源建设集团甘肃省电力设计院有限公司

杨俊芬 孙水林 张广平 董昶宏 周森 任鹏飞 何世洋 奚增红 何琛 郭凯源

1 工程概况

1.1 项目简介

张掖 750kV 变电站站址位于张掖市甘州区以东约 23.5km 处。海拔高程为 1604.0～1679.0m，站址 3.0km 范围内均为戈壁地。地形北高南低，自然坡度大，场地高差大约 32m。该变电站承担张掖地区规划风电和光伏新能源上网任务、实现大古山抽水蓄能电站及火电电源的接入和送出、满足西北电网用电负荷增长需要、提高西北电网负荷供电可靠性。场地内布设有 750kV 配电装置区、主变、66kV 配电装置区和 330kV 配电装置区，地形地质条件复杂，地质数据源多样。项目效果图如图 1 所示。

图 1 项目效果图

张掖 750kV 变电站构架部分采用纯钢管人字形构架柱与三角形格构式梁组成。人字形变电构架结构分为人字形钢管构架柱与三角形断面格构式梁两部分，其中人字形构架柱由两根近似刚性的杆件组成，两根刚性的受力杆件呈一定的角度在顶部相连形成类似人字的构架，因为类似 A 形也被称为 A 形钢管构架柱。钢管构架柱多在构架端部设置支撑或在中间设置支撑以达到抗侧向受力的目的，组合形成抗侧向受力体系以提高平面外稳定性。人字柱构架设计图与排架结构简图类似，人字形钢构架示意图如图 2 所示。

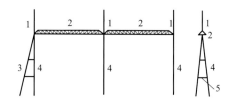

图 2 人字形钢构架示意图

1—地线柱；2—桁架梁；3—端撑；4—人字柱；5—横撑

1.2 公司简介

西安建筑科技大学由中华人民共和国住房和城乡建设部、教育部和陕西省人民政府共建。为"建筑老八校"之一，原冶金工业部直属重点大学。学校以土木建筑、环境市政、材料冶金等相关学科为特色，以工程技术学科为主体，多学科协调发展。

西安建大装配式钢结构研究院专注于装配式钢结构建筑工程的设计及咨询、装配式建筑相关产品的研发以及科技企业孵化。以郝际平教授为学术带头人，85％的员工具有博士学位，包括一级注册建筑师 3 人，一级注册结构工程师 6 人，高级工程师 6 人、教授 5 人、副教授 12 人。

中国能源建设集团甘肃省电力设计院有限公司为中国能源建设集团规划设计集团全资子公司，是甘肃省内一家甲级电力设计院，持有国家部委颁发的工程咨询甲级、电力工程设计甲级、工程勘察综合类甲级、新能源设计乙级、电力工程监理、设备监理甲级等资质证书和甘肃省建设工程二级代建资格证书。现有各类专业技术人员 380 余人，硕士研究生及以上学历（学位）比例为 35％，中高级及以上职称比例为 70％，各类执业注册人员占全员 35％。

1.3 工程重难点

（1）变电站场地高差大约 32m，地形地质条

件复杂、地质数据类型多样,地质三维建模的精度很大程度上依赖于地质勘探、地质测绘及地质报告成果,如何高效地转换为三维地形模型是一个难点。

(2)第二个难点是在建立的三维地形模型上进行总图布置,精细化布设各类电气设备及建(构)筑物、提出其场地设计标高、校验相互带电间距。

(3)变电站内构架、建筑物结构受力计算往往采用 PKPM、3d3s、Midas Gen 等力学计算软件进行受力分析,如何能保证计算软件模型高速、有效、不丢失属性参数地导入三维设计软件中是第三个难点。

2 BIM 团队建设和软硬件配置

2.1 团队组织架构

西安建筑科技大学负责 BIM 建筑模型、场地,通过 BIM 技术对变电站土建和电气设备进行 3D 仿真建模,使其以三维立体图形的形式展示出来;对各专业 BIM 模型、重点部位 BIM 模型进行优化,利用 BIM 协同平台进行分析与研究,进行各种数据的共享与传递;在设计阶段优化工程排布方案等施工模拟,减少设计变更和施工返工的可能性。

中国能建甘肃院全面负责选题,项目可行性研究论证、申报,总体技术方案制定等前期工作;负责项目期间人员设备的组织调配,项目后期组织方案中间评审、验收、协调、鉴定会议的召开,承担项目总负责和总协调工作。

2.2 软件环境(表1)

软件环境　　　　　　　　　　　表1

序号	名称	功能分配
1	Revit 2021	建筑、场地、机电建模
2	博超 STD-R	电气一、二次深化
3	CiSGTCAD	构架建模
4	Lumion	渲染、三维漫游
5	Fuzor	动画、施工模拟
6	Advance Steel	钢结构深化出图
7	SAP2000	杆件受力计算
8	IDEA StatiCa	节点受力校核

3 BIM 技术重难点应用

3.1 钢结构建模

Revit 平台相比其他平台,软件开放性和平台模型整合能力强大,支持多种常用文件格式的读取和导出,可以与绝大多数的结构设计软件进行数据交换,并且 Revit 在新版的钢结构节点方面做了很大的更新,最早在 2017 版本中支持添加钢结构设计的外部插件;在 2019 版本中首次添加了钢结构模块,但节点类型很少,且不能识别同一类型进行传播连接;在 2020 版本中,更新了 90 余种节点;在 2021 版本中,Autodesk 将钢结构连接节点加入到 Dynamo 中,实现了通过编程语言修改节点的能力,并且通过与软件 Advance Steel 建立平台对接,能够实现良好的钢结构深化出图。通过 SAP2000 官方提供的转换插件 CSi X Revit 将 Revit 模型转换为 SAP2000 模型,进行结构计算。钢梁模型如图 3 所示,局部节点效果如图 4 所示。

图 3　钢梁模型

图 4　局部节点效果

在有限元计算方面采用了 IDEA StatiCa 软件,该软件实现了与 Revit 的良好对接,可以将

Revit 的模型实时导入软件之中进行力学分析，根据 SAP2000 出的节点受力报告设计节点。初步判断该节点能否满足受力要求，判断薄弱位置在哪里，有限元分析法兰节点如图 5 所示。在精细程度上做到了单个螺栓的受力校核，并可以出具报告螺栓校核报告，如图 6 所示。

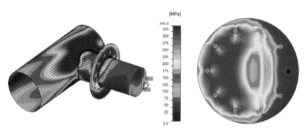

图 5　有限元分析

图 6　螺栓校核报告

3.2　钢结构出图

通过 Revit 快速建模与 Advance Steel 深化建模结合，在精细化程度上比 Tekla 略低，在建模效率与构件自由度方面比 Tekla 高很多，对于初设模型来讲可以提高不少效率，导入后的 Advance Steel 模型如图 7 所示。之后，可以选择使用

图 7　导入后的 Advance Steel 模型

Tekla 还是 Advance Steel 进行各类预制构件精细化设计，在施工图设计完成的同时提供各类构件加工图纸。可以协同考虑不同专业的要求，提高加工质量，节约工期、控制成本，出具的钢梁深化图纸如图 8 所示。

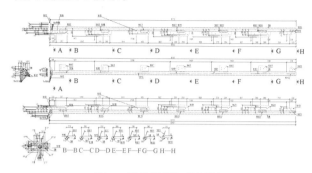

图 8　出具钢梁深化图纸

3.3　碰撞检测

变电工程的设计涉及电气设计、总图设计、结构设计、建筑设计、暖通设计、水工设计等多个专业的交互设计，各专业由于设计不能同步更新经常会遇到各种碰撞问题。包括建筑中的通风空调、消防、建筑电气、建筑给水排水管道的碰撞问题，还涵盖场区中地上电气设备之间的带电距离校验及地下电缆沟、基础、给水排水管道等之间的碰撞。运用三维设计技术可以解决工程中存在的碰撞问题，而且可以使施工变得有条理性。利用三维空间设计电气安全间距校验，能够及时发现设计中存在的隐患并提前解决，对于指导现场建设，确保工程质量有很大的帮助。三维模拟与实际建成效果对比如图 9 所示。

(a) 三维模型　　(b) 现场实景

图 9　三维模拟与实际建成效果对比

B068 张掖 750kV 变电站 BIM 应用

团队精英介绍

杨俊芬
西安建筑科技大学

副教授

主持完成省部级科研项目 4 项，厅局级项目和横向科研项目 30 余项。发表论文 60 余篇，主编教材 1 部，参编著作 2 部，获 2020 年度陕西高等学校科学技术一等奖。

孙水林
西安建筑科技大学土木工程研究生

工学硕士

研究生在读，参与张掖变电工程 BIM 设计、兰州中心变电工程 BIM 设计，获得实用新型专利 1 项，发表国内核心期刊论文 1 篇，通过中国图学会 BIM 高级建模师考试。

张广平
中国能源建设集团甘肃省电力设计院有限公司

正高级工程师
一级注册结构工程师

主持完成大型送变电工程，获鲁班奖 1 项、中国电力工程优质奖 10 余项；带领团队取得省部级科研成果 3 项，获得发明专利 2 项、实用新型专利 6 项，发表核心期刊论文 10 篇。

董昶宏
中国能源建设集团甘肃省电力设计院有限公司

高级工程师
工学硕士

从事变电土建设计及数字化三维设计工作，参与完成的工程获鲁班奖 1 项、中电建协科技进步一等奖 1 项，主持完成的工程获省部级优秀设计及工程咨询奖 8 项；发表国内核心期刊论文 4 篇，获得实用新型专利 9 项。

周　森
西安建筑科技大学建筑设计研究院 BIM 工程师

工程师
工学学士

主要负责 BIM 技术应用、质量管理、创新管理、BIM 正向设计等相关工作。先后参与负责西宁国际会展中心、新西兰皇后镇酒店等项目 BIM 数字化设计。

任鹏飞
中国能源建设集团甘肃省电力设计院有限公司

工程师
工学学士

长期从事变电电气设计及数字化三维设计工作，负责的"GS 变电站三维数字化设计平台"项目获中国电力建设企业协会电力建设科学技术进步三等奖。发表论文 2 篇，获得实用新型专利 1 项。

何世洋
中国能源建设集团甘肃省电力设计院有限公司

高级工程师
注册监理工程师
注册咨询（投资）工程师

现任甘肃省土木建筑学会建设工程消防技术专业学术委员会副主任委员。长期从事变电土建设计工作，主持完成的工程获鲁班奖 1 项、省部级优秀设计及工程咨询奖 9 项；发表国内核心期刊论文 8 篇，获得实用新型专利 6 项。

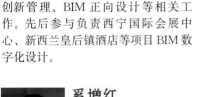

奚增红
中国能源建设集团甘肃省电力设计院有限公司

正高级工程师

长期从事变电土建设计工作，主持完成的桥湾 750kV 变电站工程获 2018 年度"中国电力优质工程"、获甘肃省优秀勘察设计一等奖；获得实用新型专利 6 项；在国内核心期刊发表学术价值较高的论文 10 余篇。

何　琛
西安建筑科技大学土木工程研究生

工学硕士

主要从事钢结构方向的研究工作，参与陕西省自然科学基础研究计划 1 项，发表核心期刊论文 1 篇。

郭凯源
西安建筑科技大学土木工程研究生

工学硕士

主要从事钢结构方向的研究工作，参与陕西省自然科学基础研究计划 1 项，参与青岛海天中心加强层设置方案研究项目，曾获国家励志奖学金 2 次，河南省优秀毕业。

安阳游客集散中心装配式钢结构项目
BIM 技术的应用与实践

北京建工建筑产业化投资建设发展有限公司

刘恒　王巍　李雪进　贾智习　朵丽娜　雷飞洋　桂子豪　陈宇轩　李飞

1　工程概况

1.1　项目简介

项目位于河南省安阳市，西侧为安阳市高铁东站，东侧为贯辰通用工业园。游客集散中心主要由地上两栋对称布置的塔楼、裙房及地下车库等组成，其建筑面积为 72533.37m^2（图 1）。

本工程的地上结构为钢结构，形式为钢框架结构＋中心支撑体系，地下 1 层为钢骨柱，柱脚是从地下 2 层顶预埋螺栓连接生根（图 2）。

图 1　项目效果图

图 2　钢结构模型截图

1.2　公司简介

为对接装配式建筑市场，顺应国家推进产业化的政策导向，北京建工集团整合了装配式建筑全产业链的优势资源，于 2016 年 12 月 25 日成立了全资子公司——北京建工建筑产业化投资建设发展有限公司，注册资金 1 亿元。

产业化公司与建工集团下属公司协同打造成集投资、科研、设计、制造、产品供应、施工、增值服务于一体的集团化绿色建筑全产业链集成解决方案运营商。产业化公司将以脚踏实地的工匠精神，在技术体系上取得新成果，在创新管理模式上取得新跨越，在企业能力建设上取得新发展，奋力开创北京建工集团装配式建筑的新局面。

1.3　工程重难点

空中连廊钢结构安装难点大：跨度 32.8m 多层结构形成空间结构受力体系；连廊处于悬空状态，无任何支撑结构；空中连廊整体质量 584.988t，装配难度大。利用 BIM 技术进行钢结构深化设计；对多种钢结构施工方案进行受力分析及模拟比较，得出最佳方案，实现降本增效，辅助方案选型。

钢结构施工与管理难：钢结构深化生产加工工作量大、周期紧；钢构件规格型号多，过程信息管控难度大；钢结构节点构造复杂多变；构件重量大，安装后易变形，存在安全隐患。利用 BIM 模型深化设计出图，指导工厂排版下料，实现数字化加工，提高工作效率；利用 BIM 管理平台，记录全过程管控信息，实现有效管控；优化施工节点形成定向的可视化方案，提高安装精度；安全防护漫游，加强现场人员安全意识。

构件名称	上层钢柱	下层钢柱	钢柱对接	钢梁与钢柱牛腿节点	钢梁节点	平面支撑节点
构件组成	钢柱柱身采用焊接箱型截面,钢柱牛腿与钢梁支撑连接	连接钢梁及支撑体系	钢柱对接采用临时连接板进行临时固定,调整完毕后焊接	钢梁与钢柱牛腿腹板采用高强度螺栓连接,翼缘与牛腿翼缘对接焊接连接	次梁腹板与主梁连接板采用高强度螺栓连接	每层连廊支撑处连接节点
BIM模型						

图4 连廊节点形式

2 BIM 团队建设及软硬件配置

2.1 制度保障措施

为确保应用持续有效跟进,我们通过集团公司标准制定项目方案,并通过例会和考核制度进度反馈调整,做好全面保障。

2.2 团队组织架构(图3)

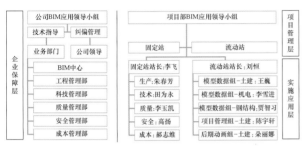

图3 团队组织架构

2.3 软件环境(表1)

软件环境　　　　表1

序号	名称	项目需求	功能分配	
1	Revit 2018	三维建模、土建深化	结构、建筑、机电	建模
2	BIMFLIM	施工模拟动画	动画	
3	Tekla	钢结构建模深化	钢结构	建模
4	BIM5D	项目平台管理	BIM+智慧工地项目平台管理	

2.4 硬件环境

项目配有专业 BIM 台式电脑 4 台,大疆无人机 1 台及 iPad1 台以满足现场 BIM 应用需求。

3 BIM 技术重难点应用

3.1 空中连廊安装方案比选优化

连廊安装作为本工程施工重点难点,项目在基于 BIM 的基础上辅助进行专项方案论证。

(1)连廊节点分析拆解:主要包含焊接箱形柱、H 型钢梁、箱形支撑、圆管支撑(图4)。

(2)吊装思路梳理:初步确定以下四种吊装方式,M 型支撑吊装、底部临时支撑吊装、分单

元整体吊装、原位散装吊装(图5)。

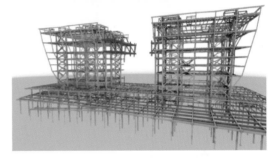

图5 吊装方案模拟

(3)受力分析:施工前,采用 Midas 等计算软件对钢结构多种施工方法进行施工模拟,选择最优施工方法和施工次序,以保证结构施工过程中及结构使用期安全(图6)。

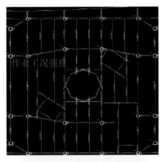

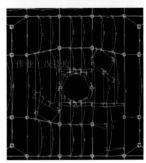

图6 受力分析

(4)M 型吊装方案施工工序:即数字轴从中心向两侧,字母轴从塔楼向中心的安装顺序。为了确保结构安全,须在东西塔楼安装完成且探伤

检测合格后开始安装连廊；首先安装悬挑梁和临时支撑，然后合拢钢结构杆件，最后拉结平面支撑杆件，卸载临时支撑，这样依次安装 7 到 10 层其余构件，最后将 6 层进行提拉安装（图7）。

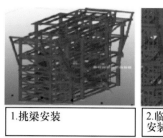 

| 1.挑梁安装 | 2.临时支撑及次梁水平支撑安装 | 3.F7次梁及水平支撑体系安装 | 4.依次安装F8层1,2节间钢结构杆件 |

| 5.吊装连体部件F8~屋面层间主支撑及F9局部支撑梁 | 6.吊装连体部件F7F8层三、四节间钢梁、支撑以及剩余构件 | 7.安装F6层悬吊通廊 | 8.吊装连体部件F9层剩余构件 |

图7　M型支撑吊装方案安装工艺流程

（5）最终通过综合比较确定 M 型吊装方案，这种方法不对地下顶板产生较大荷载，而且构件到场后随卸随吊，能有效降低成本。

3.2　钢结构数字化加工

项目钢结构异形构件多，导致出现深化加工量大、下料出图出错率高、钢材周转利用率较低等问题。利用 BIM 深化模型数据来操作设备进行钢结构的数字化加工，从而在钢结构设计加工中能够按照需求不断对 BIM 模型数据进行标准化、多元化、关联化，使得钢结构生产加工有了更多的控制环节（图8、图9）。

导出零件料表　指导车间下料焊接

Tekla软件导出零件图料表　排版下料出图　指导下料、拼装焊接

图8　数字化加工工作流程

(a) 钢结构节点优化　　(b) 钢结构现场施工

图9　钢结构数字化加工节点模型与现场实际对比

3.3　BIM 应用总结

通过基于 BIM 的图纸审核、方案比选、预制构件安装节点优化设计以及二次排砖、模架算量、混凝土算量的应用。基于 BIM 的进度模拟与工效分析技术的应用，改变了传统的工作模式，提高了工作效率。4D 工期使项目的进度管理更精细化、智能化，提高了计划管理的综合管控水平。

A073 安阳游客集散中心装配式钢结构项目BIM技术的应用与实践

团队精英介绍

刘 恒
北京建工产业化公司 BIM 中心主任、BIM 中心经理

工程师
二级建造师
一级智能建造师
BIM 高级建模师

负责公司 BIM 技术发展与推广应用，组织并参与公司内外 40 余个 BIM 项目的策划与实施。获得"龙图杯"、"创新杯"、中建协等 30 余项 BIM 奖项，参编行业标准 3 项，发表论文 3 篇。

王 巍
北京建工产业化公司 BIM 中心技术主管

助理工程师
BIM 高级建模师

负责公司内部项目 BIM 应用与推广，组织并参与公司内外 40 余个 BIM 项目的策划与实施。获得中建协、中施企协等 BIM 大赛奖项 30 余项，发表论文 3 篇。

李雪进
北京建工产业化公司 BIM 中心机电经理

硕士研究生
BIM 设备专业高级工程师
AUTODESK 认证 BIM 暖通设计师

曾作为项目经理负责广州地标性建筑无限极广场精装专业 BIM 技术的实施，作为机电经理负责 10 余个项目机电 BIM 技术的实施与组织协调工作。

贾智习
北京建工产业化公司 BIM 项目经理

助理工程师
BIM 高级建模师

主要从事 BIM 项目咨询、管理、实施以及 BIM 应用技术研究相关工作，管理实施国内项目 20 余个，国际援建项目 1 个。

朵丽娜
北京建工产业化公司 BIM 工程师

助理工程师
BIM 高级建模师

协调项目完成 BIM 深化及 BIM 全过程应用，制作重点可视化方案编制工作，优化现场施工。共计参与国内外大型项目 10 余个，参与编制多项标准。

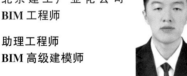

雷飞洋
北京建工产业化公司 项目组组长

初级制冷工程师
BIM 高级建模师

主要负责外部 BIM 项目的实施管理、技术质量管理，先后主持西安站改扩建工程、南海子郊野公园项目、珠三角水资源项目等 BIM 工程，获全国各类 BIM 大赛奖项 10 余项（包括第十届全国 BIM 大赛施工组一等奖）。

桂子豪
北京建工产业化公司 BIM 中心商务组组长

助理工程师
BIM 高级建模师

承接外部 BIM 项目 1500 万＋/年，20＋全周期 BIM 项目业绩，全过程精通，擅长大客户对治、项目回款及政策解读。

陈宇轩
北京建工产业化公司 项目部技术员

助理工程师
BIM 高级建模师

负责安阳游客集散中心项目 BIM 技术应用与落地总结，荣获产业化公司 2020 年优秀职工，荣获 2021 第四届"优路杯"全国 BIM 技术大赛金奖，发明 1 种实用新型专利技术。

李 飞
北京建工产业化公司

高级工程师

先后任职安阳市游客集散中心项目和洛阳国际会议展览中心项目总工，均为河南省重点大型公建，结构以装配式钢结构体系为主，质量创优为国家级奖项。负责 BIM 技术在项目的整体应用和把控。

城市副中心剧院项目钢结构全生命期
BIM＋智能建造应用

**北京建工集团有限责任公司，北京市建筑设计研究院有限公司，中冶建筑研究
总院有限公司，江苏沪宁钢机股份有限公司，北京优比智成建筑科技有限公司**

王益民　付雅娣　刘亚飞　吴良良　仝美娜　桑秀兴　傅彦青　谭旺　严擒龙　商凯光

1 工程概况

1.1 项目简介

城市副中心剧院（文化粮仓）（图1），坐落于大运河南岸，总用地面积约122398m²，总建筑面积125350m²，地上建筑面积82700m²，地下建筑面积42650m²，地上3座建筑单体，主要楼层数为地上5层，地下2层，最大建筑高度49.5m，地下为一整体地下室，建筑基底面积56273m²，位于歌剧院西南角点。工程场地呈现南高北低，中高东西低的趋势走向，场地±0.000＝23.000m，室内外高差0.15m，室外绝对标高在17.54～22.60之间。

图1 项目效果图

项目钢结构主要分布在歌剧院、戏剧院及音乐厅中，钢结构总量约14000t，其中戏剧院总用钢量约3631t，歌剧院总用钢量约6784t，音乐厅总用钢量约3585t。三个建筑结构中间均含有大空间，顶部楼面均采用大跨度钢梁及钢桁架结构，屋盖为双曲屋盖。钢结构主要构件由钢骨柱、钢骨梁及钢板墙等劲性结构，楼面钢梁及桁架（含夹层结构），钢屋盖（含下部V撑及外围钢柱），栅顶吊挂结构共计四个部分组成。

1.2 公司简介

项目BIM实施及牵头单位为北京建工集团有限责任公司（以下简称"北京建工"），牵头项目BIM与智能建造应用的整体管理工作，对各方BIM应用进行组织协调。北京建工从1953年成立至今，累计建造各类建筑超过3亿m²，各类道路超过1.8万km，各类桥梁超过1900座，轨道交通里程超过400km。拥有建筑工程施工总承包特级资质、市政公用工程施工总承包特级资质、公路工程施工总承包特级资质。

北京市建筑设计研究院有限公司（以下简称"北京市院"）为项目设计单位，负责设计阶段的BIM应用工作。北京市院业务范围包括城市规划、投资策划、大型公共建筑设计、民用建筑设计、室内装饰设计、园林景观设计、建筑智能化系统工程设计、工程概预算编制、工程监理、工程总承包等领域。

中冶建筑研究总院有限公司（以下简称"中冶建研院"）负责项目的监测与焊接研究实施工作，负责钢结构监测、焊接机器人等智能设备的应用。中冶建研院坚持聚焦科研，依托设立有13个国家级平台，3个国家一级协会，2个国家产业技术创新战略联盟。建院以来，共获国家级科技奖励100余项，省部级科技奖励470余项，编制国家、行业标准500余部，获授权专利1480余件。

江苏沪宁钢机股份有限公司（以下简称"沪宁钢机"）为本项目钢结构厂家，负责钢结构深化设计、预制加工及现场安装工作。沪宁钢机是我国著名的大型钢结构制造企业，主要从事超高层、大跨度房屋建筑钢结构、大跨度钢结构桥梁结构、高耸塔桅、海洋钢结构、船舶钢结构、压力容器、管道、重型机械设备及成套设备的制作与安装。

北京优比智成建筑科技有限公司（以下简称"优比智成"）为本项目BIM咨询单位，配合施工总承包的相关BIM管理与各方协调工作，协助总包接收钢结构模型并与其他专业模型进行整合，开展各项BIM应用。

1.3　工程重难点

在钢结构方面，本工程外框存在大量 30m 以上超高独立柱，主要截面为 □900×900，□1000×1000×50，最大长度达 33.5m，单根最重达 50t；由于超高独立柱在屋面安装前无任何连系构件，且需为网格屋盖结构预留角部连接节点，存在吊装重心偏心问题，如何做好超高独立柱的安装精度及焊接变形的精细化施工质量控制为本工程的重难点之一。

同时项目采用大跨度单脊双曲反拱钢网壳，每根杆件主方向弯弧曲率均不同，次方向杆件顶面为迎合主杆曲率倾斜布置，安装时存在转角，每根杆件安装均需测量定位，箱形接口精度要求非常高，且随网格屋盖安装持续加载及焊接收缩导致屋面杆件动态变化，如何保证屋盖安装、卸载后的最终状态达到设计要求，做到屋盖结构的精细化控制是本工程的重中之重。

本工程歌剧院、音乐厅楼盖均有高凌空大跨度钢桁架，最大凌空高度49m，最大跨度约33.7m，最重桁架约32.9t；现场塔式起重机无法满足吊装需求，安装方案选择难度大。栅顶吊挂结构主要分布在 12 个区域，结构形式、种类及分布标高繁多，所有吊挂结构施工均在主体结构竣工完成后方可进行施工，同时栅顶吊挂结构施工边界条件相对复杂，材料场内就位及施工难度相对较大。

2　BIM 团队建设及软硬件配置

2.1　制度保障措施

本项目由业主方推动全过程 BIM 应用，施工总包单位在设计院移交的 BIM 模型基础上进行深化设计和施工 BIM 应用，并对各专业分包单位的成果进行整合和管理，在竣工阶段向业主交付满足运维需求的竣工 BIM 模型。

项目由建工集团提供资源与研发支持，项目班子成员牵头 BIM 应用，项目经理为项目总协调人员，项目总工为 BIM 总负责人。

2.2　团队组织架构

项目成立 BIM 工作小组，进行 BIM 工作实施，各部门、分包单位均参与到 BIM 深化和应用过程中（图2）。各专业技术人员与 BIM 人员深度融合。

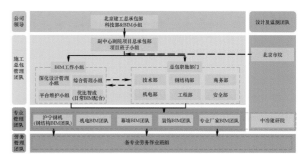

图 2　项目 BIM 应用组织架构

项目钢结构 BIM 实施具体分工如表 1 所示。

BIM 应用分工　表 1

专业	人数	人员组成	工作内容
BIM 统筹	3	技术部/BIM 小组	土建复杂节点、施工方案、二次结构深化
钢结构设计模型	3	北京市院	设计阶段钢结构模型搭建、模拟、应用
钢结构深化	8	钢结构部沪宁钢机	钢结构深化、劲性深化、钢结构施工措施深化、深化方案计算验证
深化设计协调	2	技术部/BIM 小组	多专业模型综合协调、深化设计协调
平台维护	1	技术部	智慧工地、BIM 协同平台的协调维护
工艺模拟	2	BIM 小组	工序模拟、施工方案辅助
钢结构监测	5	技术部/钢结构部中冶建研院	钢结构监测、监测云平台开发

2.3　软件环境

针对 BIM 应用内容选型，项目 BIM 应用软件如表 2 所示。

软件环境　表 2

序号	名称	项目需求	功能分配	
1	Autodesk Revit	施工图 BIM 模型创建、场地部署、施工方案模型创建	建筑、结构、机电	建模
2	Autodesk Navisworks	模型综合、碰撞检查、4D 模拟、施工动画制作	综合协调	碰撞检查
3	Trimble Tekla	钢结构深化设计	钢结构深化	深化
4	Fuzor VDC	模型漫游、4D 模拟、工艺模拟、VR	技术方案	动画
5	Sofistik	初步设计、结构受力分析	钢结构设计	设计
6	Midas Gen	钢结构设计、结构有限元分析	钢结构分析	分析
7	Dassault Abaqus	非线性整体稳定性分析	钢结构分析	分析
8	广联达数字项目平台	智慧工地平台、5D 综合平台	项目管理	管理
9	Trimble Realworks	激光扫描成果处理及分析	激光扫描	分析

2.4 硬件环境

项目硬件配置有 2 台戴尔 Precision3630 塔式服务器，6 台戴尔 G7 笔记本，1 台大疆悟 Inspire2＋禅思 X55 镜头，4 台平板电脑，1 台天宝 X7 三维激光扫描仪等。

除此之外，项目还配置了相关的智慧工地设备。

3 BIM 技术重难点应用

3.1 设计阶段 BIM 技术综合应用

设计阶段，结构模型采用整体的三维有限元模型，综合考虑建筑、结构、声学等诸多因素的影响，通过有限元软件（Sofistik）进行复杂建筑结构分析，对比分析歌剧厅外围钢结构柱与内部混凝土结构间的关系，选择两者结合方案，将部分钢结构柱设置在内部混凝土结构之上。考虑扭转不规则、偏心布置、楼板不连续、穿层柱等影响，剧院属于不规则性超限的高层建筑，通过 BIM 软件确定空间定位，结合多种计算软件（Midas 和 PACO）进行弹性和弹塑性计算，满足抗震性能目标要求，设计合理，安全可行。

同时，设计团队建立各专业设计模型并开展设计协调工作，解决跨专业设计问题，提升施工图质量，设计模型最终交付给施工单位，用于施工单位深化设计开展的参考（图 3）。

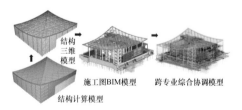

图 3 模型协调过程

3.2 先试后造、样板引路，辅助精细化施工部署

施工阶段，项目基于 Tekla 对钢结构开展深化设计和出图，深化设计内容包括：钢骨柱、钢梁、钢板墙、钢网架、胎架、顶推系统等。

项目严格执行"样板引路"的思路，在主要施工作业前，基于 BIM 模型、模拟等成果，以

BIM 方式表达、推敲、验证进度计划的合理性，确保项目施工进度满足业主要求，形成指导正式施工的实体质量样板。通过"先试后造"、三维可视化方案交底等，切实提升工程建造质量。

3.3 基于智能建造的工业化生产和管理

基于与现场实物一致的钢结构 LOD 500 精细化模型，项目采用 Sinocam 自动套料系统进行预制加工，加工覆盖本工程的所有零部件，做到 100％的数控切割率。基于 LOD 500 模型自动生成的套料版面，使钢结构加工材料利用率达到 87.7％。与相比传统切割方式相比，材料利用率提升 2％，效率提升 90％，综合预估节约材料费用约 50 万元。

在钢构件加工完成后，项目通过激光扫描还原加工构件，并通过不同构件的扫描成果进行虚拟预拼装。与传统的钢结构实体预拼装相比，基于 BIM＋激光扫描的预拼装技术，不仅避免了场地、设备的占用，还节省了设置胎架、构件吊装等耗费的人力物力，综合节省约 30 万元的预拼装费用。

基于分段分节的深化设计模型和预制加工构件，项目对每个构件赋予 ID。利用 RFID 技术（无线射频识别、电子标签）对构件的下料、运输、安装进行全过程追踪管理。通过无线射频识别，项目实时更新材料精确位置，优化排版取料顺序，减少材料浪费，现场基于条形码快速获取安装位置，加快施工进度。

3.4 BIM＋智慧管理平台集成应用

项目建立了 BIM 协同管理平台与智慧工地平台。通过 BIM 协同平台将项目各部门连接起来，并使用协同平台作为信息数据库，将项目施工管理的信息储存在平台上，如施工图纸、施工模型、三维模拟、技术交底等内容，形成项目专用的信息传递工作，项目实施过程中及竣工后皆可通过此平台完成各类信息的查询和追溯。

项目利用智慧工地平台集成项目信息、数字工地、劳务管理、塔式起重机监控、环境监控、质量管理、安全管理等模块，通过集成现场各个终端的数据，在平台进行显示，更好地对现场人员安全、设备安全、生活安全进行控制，提高生产管理及协同效率。

A086 城市副中心剧院项目钢结构全生命期 BIM＋智能建造应用

团队精英介绍

王益民
北京建工集团有限责任公司钢结构部经理

高级工程师
一级建造师

中国建筑金属结构协会专家长期主持钢结构大型重点项目施工，获中国建筑金属结构协会科学技术特等奖、中国钢结构协会科学技术特等奖，参编行业和团体标准 4 本，获评中国钢结构金奖年度杰出大奖项目经理、建筑钢结构行业科技创新杰出技术人才。

付雅娣
北京建工集团有限责任公司城市副中心剧院工程项目总工

高级工程师
一级建造师

主持奥林匹克公园瞭望塔、北京学校、城市副中心剧院等重点工程项目，承担多个北京市科学技术委员会、住房和城乡建设部与企业级科研课题，获得多项专利与著作成果，带领团队获得中建协 BIM 大赛一等奖。

刘亚飞
北京优比建筑科技有限公司 BIM 工程师

助理工程师

参与北京人保大厦改造、上海华电大厦、环球主题公园 H1A 酒店、成都地铁 11 号线、城市副中心剧院等国家重点工程项目。

吴良良
北京建工集团有限责任公司城市副中心剧院工程项目经理

工学硕士
高级工程师
一级建造师

荣获宜兴市文化中心建设先进个人称号、中国建设工程鲁班奖项目经理称号，获省部级以上科技奖 2 项、省部级以上工程质量奖 4 项、省部级以上工法 2 项、发明专利及实用新型专利 5 项，完成国家科技计划项目 1 项。

仝美娜
北京建工集团有限责任公司总承包部技术部 BIM 专员

助理工程师

参与了南航机库、冬奥村、城市副中心剧院等重点工程项目的 BIM 工作，与团队一起获得北京市 BIM 示范工程、北京市 BIM 大赛一类成果、中建协 BIM 大赛一类成果。

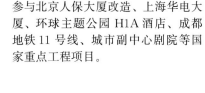

桑秀兴
北京建工集团有限责任公司总承包部钢结构部总工

工学学士
工程师

主持或参与了奥林匹克公园瞭望塔、北京大兴国际机场、国家会议中心二期等国家重点项目钢结构建设，获得工程奖 15 项、国家专利 7 项、发表核心期刊论文 13 篇，参编行业和团体标准 3 项。

傅彦青
国家钢结构质量检验检测中心金属结构焊接检测部主任

高级工程师

长期从事建筑、桥梁钢结构焊接应用和无损检测技术服务、科研及标准化工作，主持、参与编写工程建设国标、行标及团体标准 30 余部，获授权专利 25 项，发表论文 30 余篇，荣获中国专利优秀奖 1 项、省部级科学技术奖 6 项、省部级优秀论文奖 2 项。

谭 旺
北京优比建筑科技有限公司 BIM 工程师

助理工程师

长期从事 BIM 工作，参与了临空发展服务中心项目、城市副中心剧院项目等重点工程，曾与团队荣获"龙图杯"一类成果、中建协 BIM 大赛一类成果等奖项。

严擒龙
江苏沪宁钢机股份有限公司北京设计所所长

高级工程师
一级建造师

多年来长期从事钢结构技术工作，曾参与北京大兴国际机场、北京南航机库、国家速滑馆、城市副中心剧院等项目，曾荣获华夏建设科学技术奖，第二届中国工程建设 BIM 应用大赛一等奖。

商凯光
北京建工集团有限责任公司钢结构部技术主管

工程师
二级建造师

长期从事钢结构技术工作，主持或参与天津西站、奥林匹克瞭望塔、北京大兴国际机场航站楼、亚投行、城市副中心剧院等项目，获得中国钢结构金奖 3 项，发表多篇国内外论文，获得国家发明专利 2 项、实用新型专利多项。

BIM 技术在大型钢结构冷却塔——国电双维电厂新建工程项目的应用

河南二建集团钢结构有限公司

段常智　高磊　王勇　韩登元　张艳意　刘杰文　卢旭增　朱立国　王超

1 工程概况

1.1 项目简介

国电双维电厂新建工程项目由国电电力发展股份有限公司和中国双维投资有限公司按51:49共同投资建设,项目规划建设4×1000MW工程,本期建设2×1000MW超超临界间接空冷燃煤机组。

间冷塔塔体为全钢结构,钢结构塔主要采用Q355B钢材,两座钢塔结构形式相同,单塔重量约6500t,结构形式由"锥体＋展宽平台＋圆柱体＋加强环"四部分组成。锥体共6层,高度为65m,底部直径为148.7m。展宽平台1层,采用桁架结构。上部圆柱塔体共12层,高度为125.2m,圆柱塔体直径92.5m(外蒙皮内直径),塔体总高度为190.2m。加强环共4层。分别位于6层、10层、14层、17层横梁位置,加强环内置于塔体内部。每层结构均由32个钢三角合拢组成,钢三角单根格构件在加工厂内加工制作,加工好的构件拉至现场进行拼装焊接成钢三角整体,然后进行整体吊装。其效果图如图1所示。

图1　项目效果图

1.2 公司简介

河南二建集团钢结构有限公司位于河南省延津县产业集聚区北区。拥有港口与航道工程施工总承包贰级、建筑工程施工总承包三级、钢结构工程专业承包壹级、建筑机电安装工程专业承包贰级、建筑装修装饰工程专业承包贰级、防水防腐保温工程专业承包贰级、钢结构制造业特级资质。目前已经通过美国AISC、欧洲EN 1090质量体系认证、加拿大CWB焊接体系认证以及ISO 9001质量管理体系、ISO 14001环境管理及OHSM28001职业安全健康管理体系"三位一体"认证,是集研发、设计、制造、安装、检测业务、对外进出口贸易一体化发展的大型全产业链钢结构企业。

1.3 工程重难点

(1)扭曲构件的定位

钢结构间接空冷塔主体形式是下锥上圆筒式建筑。钢三角通过扭曲其下端的两根格构柱肢腿,使两肢腿存在一个向内的角度,从而达到使36个相同三角形构件形成一个闭合稳定的结构。因此,精确控制每个钢三角制作、拼装和安装的扭曲度误差,才能保证每层钢塔顺利地合拢。

(2)高空焊接量大

钢结构塔主体的连接方式为全焊接,高空作业量大。钢塔由于其特殊的结构形式,塔体内、外壁均无法搭建常规的施工平台及走道。如何保证作业人员在高空作业时的生命安全、保证高空焊接的质量是本工程的一个难点。

(3)结构复杂,场地有限,机械布置困难

塔式起重机附着于钢塔,在不同风荷载工况下,钢塔的位移(最大位移达到300mm)对塔式起重机产生影响,塔式起重机作用于钢塔的最大反力又影响塔身的原设计受力。而且钢塔高度达到181m,合理的塔式起重机选型、布置、附着点的计算及安拆均需验算及校核。

2 BIM 团队建设及软硬件配置

2.1 团队组织架构

团队组织架构如图 2 所示。

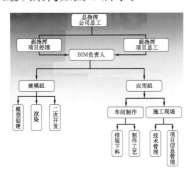

图 2 团队组织架构

2.2 软件环境

软件环境详见表 1。

软件环境　　　　　　　　表 1

序号	名称	项目需求		功能分配
1	Office 办公软件	辅助现场办公,主要进行表格的整理与数据的集中汇总	建筑、结构	数据分析整理
2	AutoCAD	主要用于图纸处理查看	建筑、结构	图纸处理
3	SinoCAM	主要用于钢结构下料排版	结构	下料排版
4	Revit	模型创建软件,主要应用在建筑、结构、机电、场部、土方算平衡中,同时进行模型的二次处理	结构	模型二次处理
5	Tekla	主要用于钢结构模型创建、深化,清单的导出,设计碰撞检查,导出的IFC格式模型可以结合其他软件进行施工模拟	结构	钢结构模型创建
6	Lumion	模型渲染及漫游动画	建筑	模型渲染

2.3 硬件环境

硬件配置如表 2 所示。

硬件配置　　　　　　　　表 2

台式电脑配置	笔记本电脑配置
CPU:Intel I7 6700 3.4GHz 显卡:NVIDIA GTX1060(6G) 内存:32GB 硬盘:256 固态硬盘+1T 机械硬盘 显示器:1920×1080 分辨率2个 配置数量:4台	CPU:Intel I7-7700HQ 2.8GHz 显卡型号:NVIDIA GTX 1060M 6G 内存:16GB 硬盘:256 固态硬盘+1TB 机械硬盘 配置数量:2台

3 BIM 应用情况

钢结构塔项目质量目标为中国电力优质工程及中国钢结构金奖。钢塔主体为全钢结构,采用 BIM 技术辅助施工。BIM 技术主要应用在以下几个方面。

3.1 结构优化设计

问题:钢结构塔上塔爬梯高度为 65m,原设计为全焊接,梯柱为 2.34m×2.34m 的格构柱。高空焊接量大,运输成本高。

措施:将楼梯焊接改为栓接,进行节点优化。

结果:节省运输费用的同时减少高空焊接量,加快了施工进度。

3.2 工程量统计及材料清单

问题:工程设计型钢长度、种类较多,统计工作量大。

措施:根据需要编制构件清单、零件清单、材料计划清单、备料汇总清单等清单模板,可以快速导出各个部位的对应清单。

结果:大大减少了材料的统计工作以及避免了统计过程中出现的错误。

3.3 套料排版

问题:工程异形板较多,排版复杂,手动排版工作量较大,且无法控制损耗。

措施:深化后的 BIM 模型直接转换成 NC 数据,通过 SinoCAM 自动套料软件,对零件进行自动排版,最后将套料后的版图导入数控机床。

结果:材料损耗得到有效的控制,同时方便了车间下料。

3.4 异形结构的空间定位

问题:格构件的四个面存在不同程度的扭曲,制作定位困难,精度要求较高。

措施:通过对 Tekla 软件的二次开发,可以建立任意坐标系,直接输出各个位置的相对坐标和绝对坐标,通过空间坐标,结合平面图纸进行构件的加工制作。

结果:很好地控制了格构件的制作精度,同时更直观地显现了构件的结构形式。

3.5 吊装卡具制作

问题：构件在吊装过程中，无法避免因摆动致使吊绳对三角形钢架上表面蒙皮的磨损。

措施：结合模型设计专用于钢三角的吊装卡具，将吊点外延，避免碰撞（图3）。

结果：卡具相对原始吊装方案更安全，同时避免了对构件的损害。

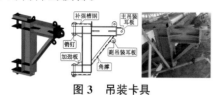

图3 吊装卡具

3.6 高空焊笼的制作

问题：锥体部分与水平线呈 64°，无法搭建焊接平台，焊缝质量二级，要求较高。常规的高空焊笼均由钢筋焊接而成，结构形式过于简单，稳定性差，操作空间比较小，无法放置过多的焊接工具。

措施：通过模型结合实际需要，设计专用于钢塔高空焊接的焊笼（图4）。

结果：保证了焊缝质量，确保了操作人员的安全。

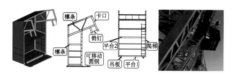

图4 高空焊笼

3.7 凸楞安装托架的制作

问题：塔体外壁光滑，无附着点，蒙皮凸楞是在塔体外侧进行安装，工人操作难度比较大，相对应的安装质量、安全等都存在很大的问题。

措施：结合模型设计专用于蒙皮凸楞安装托架，如图5所示。

结果：保证了操作人员的施工安全，同时确保了凸楞的安装质量。

3.8 智慧工程

问题：施工人员多，施工场地面积大，人员安全检测困难。

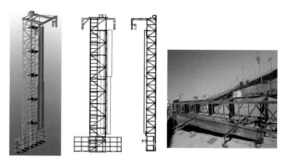

图5 蒙皮凸楞安装托架

措施：采用先进的计算机网络通信技术、视频数字压缩处理技术和视频监控技术，加强建筑项目施工现场的安全防护管理，通过智慧安全帽、监测栏杆、电子警戒区、电子眼等措施，加强现场安全管理。

结果：有效地实现了全厂区的安全检测管理。

3.9 塔式起重机检测

问题：厂区施工机械较多，安全难以保证。

措施：平台利用了日臻成熟的物联传感技术、无线通信技术、大数据云储存技术，组合塔式起重机安全监控管理系统（俗称"塔式起重机黑匣子"）实时采集当前塔式起重机运行的载重、角度、高度、风速等安全指标数据，传输至平台并存储在云数据库。

结果：保证施工机械的安全运行。

3.10 智慧钢塔

智慧钢塔主要包括冷温度场监控系统、钢结构塔健康监测系统2个独立的系统。具体包括以下内容。

（1）风压监测。外表面风压沿塔周每30°布置1个测压点，每个截面布置测点12个。沿高度方向分3个监测截面层布置，测点共36个。

（2）小型气象站。1个超声波风速风向传感器安装于塔顶；温度、风速和风向传感器各1个安装于地面10m高处。

（3）结构应力（温度）监测。监测位置包括各层加强环，相邻两道加强环正中的一圈弦杆作为监测对象；共52个位置，每个位置设置4个传感器，共208个传感器。

（4）结构变形监测。塔体顶层布置6个测点，每个测点监测 x，y，z 三个方向位移。地面建筑物设置1个基准点，总计7个测点。

B092 BIM 技术在大型钢结构冷却塔——国电双维电厂新建工程项目的应用

团队精英介绍

段常智
河南二建集团钢结构有限公司常务副总

正高级工程师
注册监理工程师

新乡市建设工程质量专家库员，2014 年度新乡市学术技术带头人，中国施工企业管理协会建设工程全过程质量控制管理咨询专家。

高 磊
河南二建集团钢结构有限公司技术部副部长

工程师

长期从事钢结构深化设计、钢结构制作和安装技术指导工作。先后完成漯河立达双创孵化园项目、新乡金谷项目等，荣获国家级 QC 成果 1 项、省级 QC 成果 2 项目、专利 5 项。

王 勇
河南二建集团钢结构有限公司总经理助理

工程师

长期负责钢结构现场施工管理，先后主持濮阳龙丰电厂、蒙能钢结构塔项目、国电双维电厂等大型钢结构的吊装。获得中国钢结构金奖 2 项。

韩登元
河南二建集团钢结构有限公司执行经理

工程师

长期从事钢结构现场施工管理工作，参与建设的河南建设大厦、濮阳龙丰电厂、重庆万州电厂、华能福州电厂等多项工程获得河南省结构"中州杯"、中国钢结构金奖、国家电力优质工程奖等。

张艳意
河南二建集团钢结构有限公司总工

一级建造师
工程师

长期从事钢结构深化、项目管理工作，担任钢结构公司技术总工，负责车间制作及现场安装的技术管理工作。

刘杰文
河南二建集团钢结构有限公司技术员

工程师

长期从事钢结构深化设计、钢结构制作和安装工作。负责建筑产业园钢结构的深化，负责相关工程的施工模拟及动画展示制作。获得 QC 成果 3 项、专利 3 项。

卢旭增

长期从事钢结构现场施工管理，参与建设长葛生活广场、国电双维电厂等项目，荣获 QC 成果 2 项、专利 2 项。

朱立国
河南二建集团钢结构有限公司技术部主管

工程师

从事钢结构深化设计、钢结构加工安装工作多年，多次参建国家级重点工程。先后获得国家级 BIM 奖 1 项、省级 BIM 奖 1 项、专利 1 项。

王 超
河南二建集团钢结构有限公司项目执行经理

工程师

长期从事钢结构现场管理以及钢结构现场安装等工作，参与建设河南建设大厦、河师大阳光生活汇等项目，荣获全国钢结构 BIM 奖 1 项、省级工法 1 项、河南省建筑业新技术应用示范工程奖 1 项等。

BIM 技术在重庆云阳体育公园钢结构工程中的应用

中冶建工集团有限公司

敬承钱　徐国友　刘观奇　易晔　谭孝平　程进　龙恒义　林刚　王萃宏　张望

1 工程概况

1.1 项目简介

项目位于重庆市云阳县北部新区迎宾大道（图 1），2021 年 6 月竣工，建筑面积 51181.53m²，其中主场馆 28545m²。

图 1 项目效果图

体育公园主场馆结构形式为钢结构＋钢筋混凝土框架结构。主要钢结构包括 V 形空间支撑柱、屋面倾斜三向交叉管桁架、观众席、电视墙、连廊等，钢结构制安总量约 5400t。其结构最大高度 36m，倾斜三向交叉管桁架最大长度 82m，桁架最大悬挑长度 37m（图 2）。

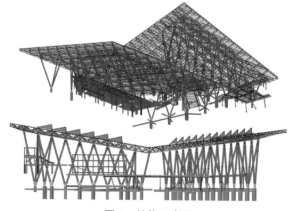

图 2 结构示意图

1.2 公司简介

中冶建工集团有限公司是世界 500 强企业中国冶金科工集团有限公司属下的大型骨干施工企业，涵盖城市规划、建筑勘察及设计、冶金建设、高端房建、市政路桥、商品混凝土制造、钢结构及非标设备制安、机电设备安装、大型土石方施工、超高层建筑、高速公路、城市综合体、轨道交通、大型吊装、房地产开发、新型周材及物流管理、工程检测、园林绿化、装饰装修、物业管理等施工领域，形成对建筑施工全专业、全流程的全覆盖，构成完整的建筑产业链和服务价值链。

作为重庆地区唯一"四特六甲"建筑企业，中冶建工集团下设钢构专业公司，拥有钢结构工程专业承包一级、钢结构制造特级资质，主营大型和特大型工业厂房钢结构、超高层钢结构、空间钢结构、桥梁钢结构、住宅钢结构、电力钢结构、彩钢板围护结构、轨道交通钢结构、医药化工钢结构、压力容器及非标设备的制造安装，年制安钢结构能力达 20 万 t。

1.3 工程重难点

本工程空间结构异形，体系复杂，钢结构在制作、安装精度等方面要求高，通过应用 BIM 技术解决相关施工难题，包括复杂形体工程项目设计，复杂节点设计与施工技术交底，施工安全、成本、质量监测与管控等。

（1）复杂形体工程项目设计需要。要实现从二维到三维协同设计方法和流程的转变，保证空间 Y 形三叉柱的施工精度，解决各种预埋件的准确定位问题。

（2）复杂节点设计与施工技术交底。要确保不规则异形结构的深化放样并精确加工；对于施焊空间小的构件，确保钢结构深化设计对制作工艺的管控，探索消除厚板焊接应力，消除焊接变形等优化措施；主、次桁架连接节点优化以确保施工安全和质量。

（3）施工安全、成本、质量监测与管控。高效解决钢结构的各施工阶段安全验算问题。项目用钢量大，材料类型繁多，管理周期长、跨度大，准确计算复杂异形结构工程量，便于材料采购。

2　工作策划及软件配置

2.1　工作策划

根据项目特点以及公司多年BIM技术应用经验，以钢构公司设计与BIM技术中心为团队核心成立项目BIM小组，建立钢结构专业BIM模型，进行钢结构深化、节点设计与计算、施工措施计算与模拟、可视化的项目协同管理等工作内容，实现从设计阶段到施工阶段的信息传递，最终构建可视化数字信息模型（图3）。

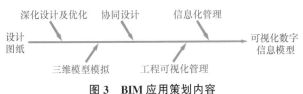

图3　BIM应用策划内容

2.2　软件环境（表1）

软件环境　　　　　　　表1

序号	名称	项目需求	功能分配	
1	Tekla Structures	钢结构建模与深化	钢结构	建模、深化设计
2	Revit	土建建模	土建	建模
3	Navisworks	模型整合与碰撞检查	结构	整合、转换
4	AutoCAD	深化出图	深化	图纸处理
5	PIPE3000	管件相贯线数字化加工	施工	数字化加工
6	3d Max	施工模拟与渲染	视觉处理	建模、动画
7	EveryBIM	远程管理	工程管理	材料追踪、控制质量、安全、进度

3　BIM技术重难点应用

3.1　钢结构深化设计与优化设计

（1）空间Y形铸钢件及空间三叉铸钢件的深化

空间Y形铸钢件及空间三叉铸钢件由二维平面图纸向三维信息模型转化，为加工厂提供精确的尺寸参数，准确定位相邻构件空间位置关系，深化混凝土框架钢筋与钢柱的锚固搭筋板（图4）。

图4　空间Y形铸钢件及空间三叉铸钢件节点

（2）非正交面空间倒V形支撑柱顶节点的深化

非正交面空间倒V形柱顶节点容许变形量小，空间定位精度及加工制作精度要求高，应用BIM模型进行深化放样及组装要点分析，模拟节点制作全过程，确保各段斜柱相贯口精准合拢（图5）。

图5　非正交面空间倒V形柱顶节点

（3）小夹角三向桁架相贯节点的优化

对于屋面三向桁架，其小夹角桁架管趾根区域狭长，焊缝难以熔透，无法保证节点刚度。因此将次桁架连接端局部微调，保证次桁架与主桁架能形成可靠连接，满足焊接质量并保证节点刚度（图6）。

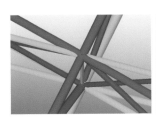

图6　小夹角三向桁架相贯节点优化

（4）斜支撑柱节点深化

连廊区域采用独特的斜柱作为钢结构平台的竖向支撑柱，柱端弯矩大，多方向梁柱连接不规则。通过模型放样，完成了椭圆底板连接、多层环向加劲梁柱连接节点的设计与深化（图7）。

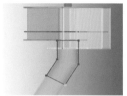

图7　斜支撑柱节点

3.2　碰撞检查

通过三维可视化更容易发现倾斜V形柱与钢结构连廊构件的碰撞，针对碰撞问题及时提出优化方案与设计沟通，有效避免现场返工（图8）。

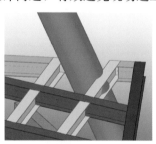
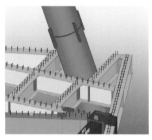

图8　钢结构碰撞检查与优化

3.3　施工技术方案模拟

针对大V形柱分段与整体拼装、倒V形柱高处作业平台、桁架吊装施工，以及施工现场总平面图布置等施工方案的模拟，有助于向现场施工人员进行可视化交底，增强人员对技术方案的理解力（图9～图11）。

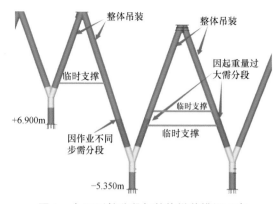

图9　大V形柱分段与整体拼装模拟示意

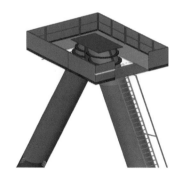

图10　倒V形柱高处作业平台模拟

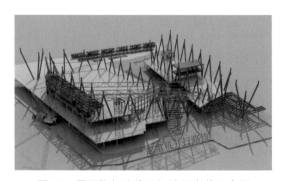

图11　屋面桁架跨外双机抬吊安装示意图

3.4　施工仿真分析

采用有限元程序对桁架吊装关键施工过程进行仿真分析，确保施工安全。

3.5　BIM项目协同管理

BIM项目协同平台是基于BIM模型的项目综合信息管理平台，根据模型构件生成二维码与实体构件相对应，扫码采集构件加工、运输、安装等各阶段关于质量、进度、安全的信息，同时将工期计划与BIM模型关联模拟工程进度，使各参与方都能实时、直观地掌握工程施工情况，协同参与项目管理。

A102 BIM技术在重庆云阳体育公园钢结构工程中的应用

团队精英介绍

敬承钱
中冶建工集团钢构公司副总经理

高级工程师

负责公司的设计、钢结构技术研发和BIM技术应用与管理等工作，致力于技术创新与研发工作，着力应用BIM技术解决钢结构工程关键技术难题。获省部级设计奖2项，省部级科技成果奖2项，拥有专利15项，多项省部级与国家级BIM奖项。

徐国友
中冶建工集团钢构公司
公司总工程师

高级工程师

负责公司安全、质量、科技创新与研发管理工作，获中国施工企业管理协会科学技术奖"科技创新先进个人"、"全国工程建设质量管理先进工作者"、中国钢结构协会"钢结构杰出人才奖"、"中冶集团劳动模范"等荣誉称号。

刘观奇
中冶建工集团钢构公司
设计室主任

工程师

从事钢结构设计、深化设计工作，有丰富的钢结构施工经验，为本工程BIM技术应用主要负责人、校审人，参与的多个项目在各类BIM大赛中获奖。

易　晔
中冶建工集团钢构公司
设计室科员

工程师

从事钢结构设计、深化设计工作，负责本工程模型建立及相关BIM技术应用与实施，参与的多个项目在各类BIM大赛中获奖。

谭孝平
中冶建工集团钢构公司
设计室科员

工程师

从事钢结构深化设计的图纸校审工作，具备钢结构施工经验，有效保证本工程钢结构图纸质量。

程　进
中冶建工集团钢构公司
设计室科员

工程师

从事钢结构设计、深化设计工作，负责本工程模型建立、深化出图。

龙恒义
中冶建工集团钢构公司
云阳体育公园钢结构工程项目经理

工程师

负责项目现场施工组织管理和安装工作。

林　刚
中冶建工集团钢构公司
云阳体育公园钢结构工程项目总工程师

工程师

负责项目现场施工技术指导和协调。

王萃宏
中冶建工集团钢构公司
设计室科员

工程师

从事钢结构深化设计，参与多个项目的BIM技术应用并获奖。

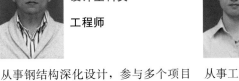

张　望
中冶建工集团钢构公司
总工办科员

工程师

从事工程施工技术模拟，参与多个项目的动画视频制作，并在各类BIM大赛中获奖。

海峡文化艺术中心设计施工 BIM 综合应用

中建海峡建设发展有限公司

王耀　吴志鸿　赵永华　官灿　陈仕源　李傲　曹平贵　李肇娟　蓝彬峰　李巧

1　工程概况

1.1　项目简介

项目位置：福建省福州市仓山区城门镇梁厝村。

项目规模：工程总建筑面积 144820.98m²，其中地上建筑面积约 91061.72m²，地下建筑面积约 53753.86m²，总造价约 27 亿元。

项目类型：大型公共建筑。

项目结构：框架剪力墙结构＋钢网格结构。

海峡文化艺术中心由芬兰设计大师佩卡·萨米宁设计，以"五片帆一朵花"为设计理念，由多功能戏剧厅、歌剧院、音乐厅、艺术博物馆、影视中心、茉莉花广场以及一层中央文化大厅连接组成，形似一朵福州市市花——茉莉花（图 1）。建成后将成为福州版的"悉尼歌剧院"，是福建省内第一个落地的 PPP 项目。

图 1　海峡文化艺术中心效果图

1.2　公司简介

中建海峡建设发展有限公司（简称"中建海峡"）是全球最大的投资建设综合企业集团——中国建筑股份有限公司在福建设立的首家区域总部实体运营公司（区域投资公司）。扎根福建近 40 年来，位居福建省建筑行业前列，福建百强企业第 30 位，是国家级高新技术企业、全国文明单位、全国优秀施工企业、全国工程建设诚信典型企业。

1.3　工程重难点

本工程施工质量安全目标高，直指行业最高荣誉"中国建筑工程鲁班奖""国家级 AAA 安全文明标准化工地""全国绿色施工示范工程"等。

工程存在大量的劲性梁柱节点，钢筋密集复杂；工程结构标高多变（图 2），施工技术交底难度大；此外，机电管线穿插密集，设备机房体量大，大面积返工风险大。

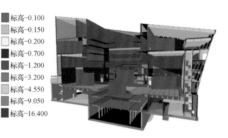

图 2　歌剧院剖切视图

外立面为钢结构幕墙体系，幕墙系统安装可调偏差仅 20mm，吊装定位精度要求高。钢结构立柱长细比极大，卸载后的钢结构弹性变形将超过幕墙连接件可调范围，吊装施工方案安全性要求高。

工程外立面为无规则异形曲面幕墙（图 3），

图 3　幕墙完成效果

150万"茉莉花"陶瓷片、4万多根幕墙陶棍、7万片幕墙玻璃嵌板，都要从曲面中拆分，加工难度大，生产周期长。

工程专业多：本项目设计图纸专业达48种之多，变更频繁，施工工序穿插交叉，分包协调管理难度大。

2 BIM团队建设及软硬件配置

2.1 制度保障措施

在项目伊始召开BIM启动会，交底BIM实施策划方案，明确应用过程中统一的实施标准和深度，组建专业的BIM团队，并纳入项目管理组织构架，支撑项目BIM服务。

2.2 团队组织架构（图4）

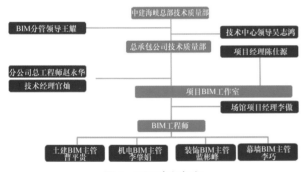

图4 项目责任框架

3 BIM技术重难点应用

3.1 土建、钢构BIM应用

（1）台仓区施工方案模拟

制作歌剧院台仓区12m深基坑施工工艺模拟，交底现场班组，减少了重难点施工工艺的工期延误风险（图5）。

图5 台仓区基坑施工方案模拟

（2）双斜柱柱头定位优化

项目有109根双向斜柱，每根柱子倾斜的角度和方向都不相同，最大倾角为62°。钢筋的安装角度和模板的定位难以准确保证，钢筋保护层厚度难以保证，并且在浇捣混凝土时，双向斜柱自重大使支撑体系发生位移，造成偏位。经BIM技术模拟优化，实现双斜柱柱头的准确定位（图6）。

图6 混凝土双斜柱定位优化

（3）圆柱与斜柱钢筋碰撞优化

对斜柱与圆柱在交叉位置的钢筋进行深化设计，确定了两个柱的绑扎顺序，现场施工场馆主体结构外围均为型钢梁柱体系，梁柱截面尺寸大、配筋率高。

（4）屋面网架施工方案模拟

钢结构单立柱最大长度达71m，直径仅450mm，长细比达380，经BIM三维优化，屋面钢构施工方案确定为以格构胎架为主要支撑的方案，避免了钢斜柱因长细比过大，无法形成稳固支撑的隐患，确保了施工质量（图7）。

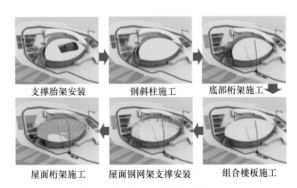

支撑胎架安装	钢斜柱施工	底部桁架施工
屋面桁架施工	屋面钢网架支撑安装	组合楼板施工

图7 屋面桁架吊装方案优化

（5）BIM＋放样机器人

应用BIM与智能放样机器人，实现复杂施工环境下异形空间坐标精确放样，测量效率提高了3～5倍（图8）。

图 8　BIM＋放样机器人精确施工应用

（6）钢结构物流管理

从 BIM 模型中导出构件识别码，对整个项目约 2.5 万个加工构件进行标记，提升了构件发货的合理性，将构件的平均堆放时间控制在了 5h，确保钢结构吊装施工如期完成。

3.2　机电 BIM 应用

屋面作为空调设备房，由于上部为不规则曲面钢构网架，且空间十分狭小，设备管线的安装空间无法实际测量，常规设备无法确保正常安装。对屋面钢网架进行逆向建模，形成与实际条件相符的空间条件，并通过漫游和管线调整，反复论证设备布置方案的可行性，确保屋面设备顺利施工。

应用 MEP-Fabrication 对管线进行构件级拆分设计，导出预制加工数据用于生产。

3.3　幕墙 BIM 应用

（1）BIM＋三维扫描技术

应用三维扫描仪对钢结构进行扫描，生成点

云模型与理论模型进行比对分析，形成偏差色谱图，以确认钢结构实际施工偏差值。

（2）逆向建模

将三维扫描形成的点云模型导入 Rhino，并以此为参照逆向再创建钢网架模型，通过在修正偏差值较大的部位的幕墙驳接件的连接长度，来确保幕墙的整体效果。通过此方法，将误差控制在±4mm 以内（图 9）。

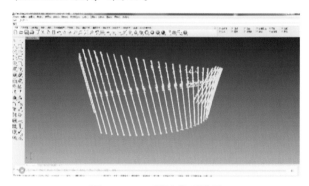

图 9　Rhino 幕墙体系模型

（3）幕墙铝板、玻璃优化

应用 Rhino 参数化功能优化双曲面玻璃，模拟分析得到过渡铝板线条的方案，将标准化程度提高至 95％，8～12mm 拟合阶差控制在 81％以内（图 10）。

过渡铝板线条

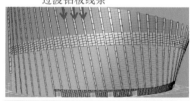

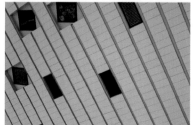

图 10　双曲面玻璃标准率优化

A105 海峡文化艺术中心设计施工 BIM 综合应用

团队精英介绍

王 耀

中建海峡建设发展有限公司副总经理、总工程师、首席信息官

教授级高级工程师

主持了大量重点工程的施工技术研究，近 5 年先后申报国家发明专利 5 项、国家实用新型专利 23 项。发表科技论文 5 篇，3 项工法获省级工法，1 项工法获国家级工法，参与编制 5 部福建省地方标准，3 项科技成果荣获福建省级科学技术奖。荣获"全国工程建设质量管理活动优秀推进者""中国施工企业管理协会科学技术创新先进个人""全国工程建设质量管理小组活动卓越领导者"等荣誉称号。

吴志鸿

中建海峡建设发展有限公司企业技术中心主任

高级工程师

个人拥有国家发明专利 8 项，国家实用新型专利 25 项，主编或参编省级地方标准 12 部，省级工法 5 部，主编高等院校新编教材《建筑应用电工》，发表 SCI 收录论文 3 篇、其他核心论文 3 篇。获得省部级科技奖 19 项。

赵永华

中建海峡建设发展有限公司总承包公司总工程师

高级工程师
一级建造师

先后主持多个重大工程的施工技术研究，获多项国际级 BIM 奖项，获国家级、省部级等科技质量奖项数十项（含中国钢结构金奖 3 项），作为主要起草人先后编写多部国家、地方规程。

官 灿

中建海峡建设发展有限公司科技质量部执行经理

高级工程师
一级建造师

先后参与多个重大工程的施工技术研究，获多项 BIM 奖项，获国家级、省部级等科技质量奖项多项，先后编写多部国家、地方规程。

陈仕源

中建海峡建设发展有限公司招标采购部总经理

高级工程师

海峡文化艺术中心项目经理，获得省部级科学技术进步奖 4 项、拥有专利 6 项，发表论文 5 篇。

李 傲

中建海峡建设发展有限公司总承包公司项目经理

高级工程师

主持参建海峡文化艺术中心等重大工程，获发明专利 1 篇，QC 成果 2 项，河南省工程建设科学技术成果 1 项。荣获中建七局"项目管理标兵"。

曹平贵

中建海峡建设发展有限公司总承包公司中级专业师

工程师

参与多个省重点项目 BIM 应用实施。获得国际 BIM 奖项 2 项、国家级 BIM 奖项 8 项、省级科技奖 7 项，发表论文 2 篇。

李肇娟

中建海峡建设发展有限公司总承包公司中级专业师

工程师
一级建造师

长期从事项目施工 BIM 技术应用工作，获多项 BIM 奖项。获得省部级科技奖 1 项，发表论文 3 篇。

蓝彬峰

中建海峡建设发展有限公司总承包公司初级专业师

工程师
一级建造师

长期从事项目施工 BIM 技术应用工作，获多项 BIM 奖项。个人荣获省部级奖项 6 项，发表论文 1 篇。

李 巧

中建海峡建设发展有限公司总承包公司中级专业师

工程师

长期从事项目施工 BIM 技术应用工作，个人拥有国家实用新型专利 2 项，主编或参编省级地方标准 1 部，发表核心论文 8 篇。获得省部级科技奖 9 项。

广州广商中心无核心筒超高层钢结构
安装 BIM 技术综合应用

中建八局钢结构工程公司

左炫　熊自强　范宇秋　杨文林　付洋杨　周拓　李涛　袁飞虎　李家帅　刘志伟

1　工程概况

1.1　项目简介

广商中心项目位于广州市海珠区琶洲，总建筑面积 20.70 万 m²，建筑设计高度 375.5m，其中地上 61 层，地下 5 层，总投资 50 亿元。广商中心未来将作为广州民营经济总部，构筑民营经济国际交流中心、产品展示中心、商会培训中心、国际商会集聚中心、国际经济服务中心五大服务功能，是广州琶洲地区的第一高楼、琶洲会展经济区的新地标（图 1）。

本工程主体为纯钢结构，结构设计新颖，采用为巨型框架（钢管混凝土柱)-钢支撑＋偏心支撑结构体系，地上采用无核心筒设计，为全国首例采用该结构体系的超高层建筑，钢结构总用钢量超过 5 万 t（图 2）。

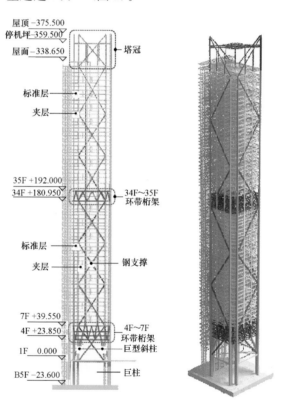

图 2　项目整体结构形式

图 1　项目效果图

1.2　公司简介

中建八局钢结构工程有限公司是隶属于中国建筑第八工程局有限公司的直营公司。公司紧紧围绕可持续、高质量发展目标，遵循"创新、协调、绿色、开放、共享"的发展理念，充分发挥人才、技术、管理、资源整合、品牌影响力等综合优势，不断延伸业务领域，向建筑产业化、智能化、绿色化迈进，致力于打造集设计、科研、咨询、制造、施工于一体的创新型现代化钢结构企业。

中建八局钢结构工程有限公司立足"支撑主业、做强专业、引领行业"的发展定位，坚持创新引领、积极开展科技研发，多项研究成果经评价达到国际领先水平并先后获得华夏建设科学技术奖、中国安装协会科学进步奖、中施企协科技进步一等奖等，所承接的项目获鲁班奖、中国钢结构金奖杰出工程大奖、上海建设工程金属结构金钢奖特等奖等。公司先后获得上海市文明单位、上海市职工职业道德建设先进单位、上海市建交委文明单位、上海市建设工程安全生产先进集体、上海市五一劳动奖、上海市金属结构行业诚信企业、工程项目建筑信息模型服务认证评价证书白金级等荣誉称号。

中建八局钢结构工程有限公司秉承"令行禁止、使命必达"的铁军文化，致力于成为"国内知名、行业著名、员工满意、各方认同"的现代化全产业链钢结构承包商。

1.3 工程重难点

本项目钢结构体量大、结构跨度大、构件截面大、厚板用量大，项目总用钢量 50000t，40mm 以上厚板约占比 65%，最大板厚 100mm；4F～7F 环带桁架最大跨度 30m；巨柱最大截面为□4000×2000×70×70。

无钢筋混凝土核心筒的纯钢结构建筑，刚度相对较弱，结构在自重、风荷载、日照及温度等因素的影响下变形值是一个动态值，且多杆件交汇节点较多，测量精度控制及竖向变形补偿难度相对较大。

随着结构层向上施工，在结构自重及后期其他荷载作用下，钢材会发生弹性变形，为保证工程精度，需对该变形进行补偿。

4F～7F 桁架、楼层框架梁跨度较大，此类构件需进行挠度的控制与补偿。

2 BIM 团队建设

建设由设计、施工总包、各专业 BIM 团队共同参与的组织架构（图 3）以及由决策层、管理层、实施层各自工作职能明确的工作流程。通过各单位单独专业建模进行分析、深化，组织各单位协调再深化进行多专业协同施工模拟，编辑整理得到最终竣工模型。项目软硬件配备合理，满足现场 BIM 技术应用的需求。

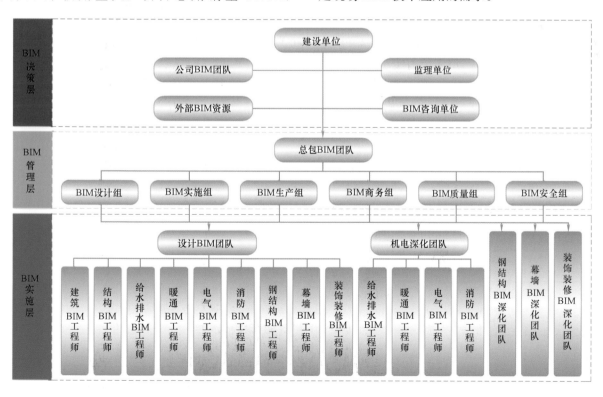

图 3　BIM 团队组织架构

3 钢结构 BIM 应用成果

3.1 基于 BIM 技术钢结构深化设计

（1）针对本工程结构构件种类多、节点构造复杂的特点决定使用 Tekla Structures 进行精细化建模，同时采用 Revit、AutoCAD 辅助，完成整体钢结构的深化设计。

（2）本工程钢结构总用钢量 47463t，钢构件约 20000 件，深化设计工作量大，部分节点如巨柱与巨型斜柱节点，巨型斜柱转换节点等构造复杂，深化时兼顾制作工艺及现场安装工艺，运输超限构件分段，按运输段制作运输，现场组焊成安装段（图 4）。

（3）巨柱汇交节点优化，由于巨柱与斜柱交汇节点尺寸及重量大，为 4m×6m×7.6m，质量达 131.4t，通过 BIM 模型将巨柱与斜柱交汇节点分成 3 大块，最大限度地满足运输条件和方便现场安装（图 5）。

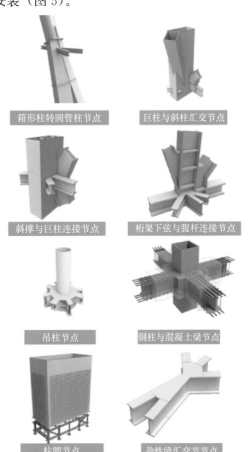

图 4 特殊钢结构节点 BIM 深化设计

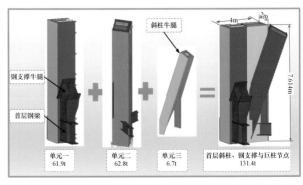

图 5 巨柱节点分块模型

3.2 基于 BIM 技术钢结构构件全过程管理

本工程利用物联网预设运输路线，推算到达的时间，优化企业资源配置，系统实现了对车辆的监控调度，实时了解钢构件的在途情况，解决了物流调度与管理的瓶颈问题。

利用 BIM 模型输出每个施工阶段所需的构件清单、螺栓清单等，根据清单进行采购，实现采购数据的准确性，实现资金利用和现场场地利用的最大化。

项目钢结构焊接量大，引入自动焊接机器人，通过数控设备与焊接机器人连接，按照焊接工艺评定输入工艺参数，实现施工现场自动焊接技术，提高了焊接效率及焊接质量（图 6）。

图 6 焊接机器人焊接作业

3.3 "BIM＋智慧建造"创新应用

项目利用智慧工地平台进行质量及安全管理，配合手机端、PC 端进行安全、质量管控，手机端负责闭合流程，PC 端负责落实安全、质量责任人及整改情况，并对安全、质量问题类型、安全、质量问题分区情况等进行分析，找出主要原因，采取措施进行安全、质量管控。将 BIM 技术在方案编制和图纸阶段介入，搭建各类技措和安措模型，以保证项目质量及安全。

A107 广州广商中心无核心筒超高层钢结构安装 BIM 技术综合应用

团队精英介绍

左 炫
中建八局钢结构工程公司工程师

广东省钢结构协会金奖优秀技术人员，主要从事工程管理工作，拥有发明专利 2 项，发表论文 5 篇，省部级工法 2 项。

熊自强
中建八局钢结构工程公司广商中心项目总工程师

二级建造师

长期从事钢结构技术工作，授权发明专利 1 项、实用新型专利 3 项，发表论文 4 篇，省部级工法 1 项。

范宇秋

长期从事于钢结构施工行业，参与了广东潭州国际会展、广商中心大厦、白云机场三期扩建等项目建设，多次获得国家级 BIM 奖项。

杨文林

主要从事钢结构专业 BIM 管理工作，搭建钢结构专业三维模型库，主导项目 BIM 大赛的申报，创优动画制作及 BIM 技术培训与推广，多次获得国家级 BIM 奖项。

付洋杨

从事 BIM 管理 9 年，先后主持或参与上海国家会展中心、桂林两江国际机场、重庆来福士广场、天津周大福金融中心等项目的 BIM 工作。荣获省部级及以上 BIM 奖 34 项，专利授权 17 项，发表论文 4 篇。

周 拓
中建八局钢结构工程公司助理工程师

先后参与前海国际会议中心、清远市奥林匹克中心等项目建设，多次获得全国各类 BIM 大赛奖项。

李 涛
中建八局钢结构工程公司助理工程师

先后参与穗港澳出入境大楼项目和广商中心项目建设，主要负责项目 BIM 平台管理，多次获得国家级 BIM 奖项。

袁飞虎
中建八局钢结构工程公司助理工程师

担任广商中心项目商务助理工程师，多次获得国家级 BIM 奖项。

李家帅
中建八局钢结构工程公司助理工程师

主要负责项目 BIM 平台管理，多次获得全国各类 BIM 大赛奖项。

刘志伟
中建八局钢结构工程公司助理工程师

发表论文 1 篇，多次获得国家级 BIM 奖项。

新乡某项目技术 BIM 综合应用

北京城建集团有限责任公司，浙江中南建设集团钢结构有限公司，
北京城建勘察设计研究院

杨雪生　李峰　燕民强　高江松　尹谨学　曹鸿善　何海　田军　杨大鹏　张桂云

1　工程概况

1.1　项目简介

本项目地点为河南省新乡市，项目分为内场区、外场区、训练预留区、公寓楼及相关配套设施，含单体 115 栋，总面积 30 余万 m²（图 1）；涉及总图、场道、灯光、弱电、消防、供油等专业；附属配套设施有供电工程、供暖工程、给水排水消防工程、数字化场站工程、总图工程（绿化、管沟）及篮球场等。

图 1　项目效果图

1.2　公司简介

北京城建集团是以城建工程、城建地产、城建设计、城建园林、城建置业、城建资本为六大产业的大型综合性建筑企业集团，中国企业 500 强之一，ENR 全球及国际工程大承包商之一，荣获中国最具影响力企业、北京最具影响力十大企业、全国优秀施工企业、全国思想政治工作先进单位、全国建设系统企业文化建设先进企业等荣誉称号。

北京城建集团优质高效地完成了国家体育场、国家大剧院、国家博物馆、国家体育馆、中国国学中心、奥运村、首都国际机场 3 号航站楼等国家和北京市重点工程，以及国内外多个城市的地铁和高速公路等重大工程，114 次荣获鲁班奖、国家优质工程奖和詹天佑奖。

1.3　工程重难点

本工程质量标准高，目标为争创鲁班奖；工程体量大、占地面积大、单体数量多、专业多、作业单位多，交叉作业多，危大工程多、施工范围面积广且部分工程在场区外，工程质量安全管理难度大。

2 BIM团队建设及软硬件配置

2.1 制度保障措施

根据项目特点，编制了制度文件及BIM应用策划文件，召开多种形式策划会、研讨会等，北京城建集团有限责任公司负责整体管理策划，在成果模型基础上增加施工阶段BIM各项应用，由北京城建智慧工程院负责设计阶段BIM应用并提交成果模型，钢结构单位进行配合，与建设单位、运营单位共同进行BIM运维管理平台建设。

2.2 团队组织架构（图2）

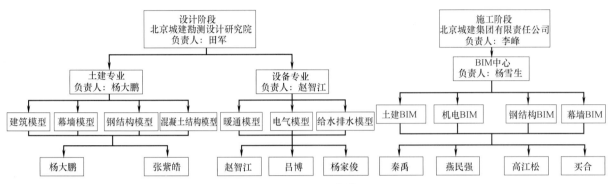

图2 团队组织架构

2.3 软件环境（表1）

软件环境　表1

序号	名称	项目需求	功能分配	
1	Revit 2018	三维建模、土建、水电等	结构、建筑、给水排水、电气等	建模、动画
2	Tekla	三维建模、钢结构深化	钢结构专业	建模、动画
3	Navisworks	可视化和仿真	总图、建筑等	仿真模拟
4	BIM 5D	平台管理	技术质量、进度安全、合同等管理	项目管理

2.4 硬件环境（表2）

硬件环境　表2

项目	内容
硬件配置	联想台式机（Y900）（2台）；英特尔酷睿i7-6700K处理器；四核4GHz主频
	联想台式机（M8600t）（4台）；英特尔酷睿i5-6500处理器；四核3.2GHz主频

3 BIM技术重难点应用

3.1 设计-施工协同工作流程

本项目合同管理模式为EPC，真正做到了设计与施工的协同工作，设计单位建模并对模型进行深化，施工单位在此模型基础上进行施工BIM应用，过程保持沟通，预先进行数字化建造，提高了设计精度的同时，也提高了施工质量（图3）。

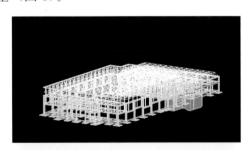
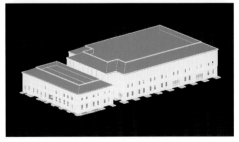

图3 设计建模及深化设计

3.2 结构机电综合布线 BIM 技术

本工程属于异形结构，机电专业与其他各个专业的碰撞情况复杂，且综合支吊架要考虑与钢结构专业的交叉，特应用 BIM 技术，优化机电管线排布方案，避免管线的多次绕弯、交叉穿管带来的管线混乱、成本提高和排布效果不美观等现场问题。

3.3 建筑结构模型综合碰撞检测

本工程属于异形结构，结构专业与建筑专业难免出现一些不契合，这会给施工阶段中的建筑施工包括机电管线预埋套管带来很严重的问题，通过使用 BIM 技术提前预知，并报设计院进行修改，为施工带来很大的方便，同时结构与建筑专业的实施是占资金比最大的，BIM 的使用能更好地带来成本的节约（图 4）。

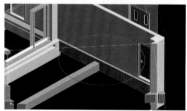

图 4　综合碰撞检测

3.4 基于 BIM 运维管理平台建设

基于 BIM 运维管理平台是以 BIM 模型为核心，承载从规划设计施工到工程竣工阶段的整体 BIM 数据，为项目后期运维提供数据、技术及管理支撑（图 5）。基于 BIM 运维管理平台主要面向项目交付后的运维使用，面向营区的智慧化建设及管理，从 BIM 的整体应用，到基于 BIM 的维护检修，再到日常运行中的视频监控、人员管理、车辆管理等。基于 BIM 运维管理平台是体现工程日常的管理需求及业务的关键，是实现智慧营区不可或缺的平台基础。

图 5　BIM 管理平台建设

A113 新乡某项目技术 BIM 综合应用

团队精英介绍

杨雪生
北京城建集团某项目
总工程师

一级建造师

长期从事技术质量管理工作，参与建设保障房及大型公建项目，荣获北京市"长城杯"4项，河南省"中州杯"1项，中国钢结构金奖2项，已授权专利6项，入选河南省工法2项。

李　峰
北京城建集团某项目
项目负责人

在职研究生

长期从事项目管理工作，全面参与管理建设保障房、地铁及大型公建工程，荣获北京市"长城杯"4项，河南省"中州杯"1项，中国钢结构金奖2项，科技成果奖1项，已授权专利6项，入选河南省工法2项。

燕民强
北京城建集团某项目
技术部长

工程师

长期从事技术管理工作，参与建设保障房及清丰县文体中心建设项目，荣获北京市"长城杯"2项，河南省"中州杯"1项，中国钢结构金奖2项，已授权实用新型专利6项，入选河南省工法1项。

高江松
北京城建集团某项目
副经理

中级经济师

长期从事机电管理工作，参与建设保障房、酒店及大型公建工程，荣获北京市"长城杯"4项，河南省"中州杯"1项，中国钢结构金奖2项，已授权实用新型专利6项。

尹谨学
北京城建集团某项目

副总工程师
一级建造师
高级工程师

长期从事设计、技术管理工作，曾负责上海浦东、南京禄口、重庆江北、成都天府、深圳宝安等国内机场的场道设计工作，荣获国家级或省级奖项4项，发表论文3篇，已授权实用新型专利1项。

曹鸿善
北京城建集团某项目
技术部副部长

工程师

长期从事群体工程项目的施工技术管理工作，曾负责山东庆云一中项目、郭庄子武警项目、管廊三期春明西路二标段工作，荣获北京市结构"长城杯"2项，已授权实用新型专利1项。

何　海
浙江中南建设集团钢结构有限公司技术负责人

一级建造师
高级工程师

曾负责泰山会展中心、吉安体育中心、新建长沙至昆明客运专线贵安站站房、清丰文体中心、首都医科大学附属友谊医院通州院区工作。

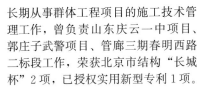

田　军
北京城建勘察设计研究院智慧建造负责人

北京市 BIM 技术应用专家
北京市智慧工地建设专家

长期从事智慧建造及 BIM 等技术研究与应用，参与了北京大兴机场、国家速滑馆、冬奥会高山滑雪、香山革命纪念馆、中国共产党党史展览馆等众多重大工程的智慧工地及 BIM 应用，多次获得中国测绘学会科技进步一、二等奖。

杨大鹏
北京城建勘察设计研究院 BIM 负责人

建筑设计专业 BIM 专家
高级建模技术工程师

长期参与负责智慧建造及 BIM 等项目现场实施与建设工作，参与了香山革命纪念馆、广州地铁 10 号线、北京28 号线、冬奥会高山滑雪等项目的智慧工地及 BIM 应用。

张桂云
华北水利水电大学水利水电建筑工程专业
参加 BIM 项目活动

BIM 模型师

厦门新会展中心-展览中心Ⅱ标段大跨度＋大悬挑钢结构基于 BIM 的智能建造

上海宝冶集团有限公司，上海宝冶钢结构工程公司，上海宝冶集团有限公司厦门分公司

陈玉根　陈辉　邓江锋　宋俞辉　吴祥华　申夏磊　郭冠军　周春雷　马文礼　方四宝

1　工程概况

1.1　项目简介

厦门新会展中心-展览中心Ⅱ标段位于厦门市翔安区。Ⅱ标段项目地上建筑面积 33 万 m²，地下建筑面积 20.82 万 m²。其中展览中心Ⅱ标段由东、西两个登录厅，中央通廊，能源中心，滨海配套服务区以及四个结构形式、构件及场地布置等内容相同的展厅（8～11 号）组成。整体建筑形体汲取闽南大厝之精髓，传承燕尾、曲脊、浪花之神韵，呈现为"蓝海大厝，九天白鹭"的整体意向。厦门新会展中心展览规模位居全国第六，建成后将成为世界海产品大会、九八厦洽会、工业博览会等国际大型展会主场地，同步配套滨海酒店、商务商业、餐饮娱乐等功能，打造多功能一体化的大型会展综合体（图 1）。

图 1　厦门新会展中心-展览中心鸟瞰图

钢结构概况：标准展馆长约 254m，宽约 110m，局部 2 层，为建筑高度大于 24.0m 的单层公共建筑，每个标准场馆用钢量大约 1 万 t，上部主体结构采用钢结构；东、西登录大厅及中央廊道长约 1km，宽81m，地上 2 层，地下 2 层，建筑最大高度 46.5m，整体用钢量 1.2 万 t，下部结构钢骨柱＋钢框架，上部结构为管桁架（图 2）。

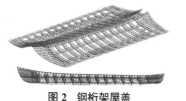

图 2　钢桁架屋盖

1.2　公司简介

上海宝冶集团有限公司（以下简称"上海宝冶"）始建于 1954 年，是世界 500 强企业中国五矿集团有限公司和中国冶金科工旗下的核心骨干子企业，拥有中国第一批房屋建筑、冶炼工程施工总承包特级资质以及国内多项施工总承包和专业承包最高资质，业务覆盖研发、设计、生产、施工全产业链，服务涵盖投资、融资、建设、运营全生命周期，是国家级高新技术企业、国家知识产权示范企业、国家企业技术中心、国家技术标准创新基地。2018 年顺利通过"上海品牌"认证，成为上海"四大品牌"战略中"上海服务"的优秀代表。

宝冶钢构作为中国中冶上海宝冶旗下的专业品牌，已发展成行业的知名品牌。宝冶钢构凭借独有的特色整合了研发、设计、制作、安装、围护、检测六大核心业务，发展成钢结构系统集成服务商。

上海宝冶在 1998 年进入厦门市场，成立厦门分公司，开展区域化经营，深耕区域 23 年，立足福建，辐射江西、湖南，以工程（施工）总承包为主业，经营范围以工程服务总承包和高科技电子厂房建设为主，通过不断地积累，形成了电子厂房、超高层等优势品牌，成为中南区域一流的工程总承包公司。

1.3　工程重难点

大跨度空间管桁架：展厅屋面单榀主桁架跨度为 96m，单榀主桁架重量 150～255t，安装时桁架支撑是重点，需要严格控制胎架顶部支撑点的定位尺寸。

桁架尺寸大，拼装要求高：本工程屋盖构件以管桁架为主，桁架整体尺寸大，构件拼装精度要求高，需 BIM 团队尽早地介入深化设计环节。

曲面大出挑造型屋面：在屋面施工过程中，曲面造型的位置很难施工并控制，如何保证屋面的外观大面及局部曲面的平滑度、装饰面板分缝的线条流畅性,是本工程深化设计及施工管理的重点。

工程项目单体多、工期紧、面积大、专业复杂、施工场地条件交叉多、平面总体规划、专业交叉多,因此需要在施工前利用 BIM 技术对各单位成果进行预施工。

2 BIM 团队建设及软硬件配置

2.1 制度保障措施

为保障 BIM 实施应用,切实地为项目增值,建立事前保障措施、事中控制管理、事后管控的保障体系。

事前通过调研确定项目各部门的应用需求,解决重难点、痛点,进行 BIM 实施方案的编制,建立整体工作流程及运行检查机制,编制系统运行工作计划。

事中通过建立实施 BIM 实施管理流程及单专业深化建模、审核流程,建立各专业 BIM 协同工作流程,对 BIM 实施过程中存在的风险进行预判,根据风险内容制定管控的相应措施,在实施过程中对风险进行有效控制。

为了保证项目 BIM 工作顺利实施,结合项目实际情况制定三审一校核制度。

初审:模型轴线及主材搭建完毕后,对轴网、主材截面、定位进行初审。

中审:每一个分区分部建模完毕后,建模人员进行互审,深化负责人进行校审。

终审:每一个分区分部深化图出图完毕后,对图纸的标注、剖面进行审核,确保深化图纸无错标、漏标,剖面无遗漏,图纸版面符合内部要求。

校审:审核人员在每一个分区分部进行调图时参与该分区分部模型的审核。

2.2 软件环境(表1)

软件环境　　　　表1

序号	应用类型	软件名称
1	模型创建	Autodesk Revit
		Rhino
		Tekla Structures21.1
2	施工工序动画制作	Synchro Programme
		Lumion
3	深化出图	AutoCAD
4	分析计算	Midas Gen
		Ansys
5	协同管理平台	项目云平台

2.3 硬件环境(表2)

硬件环境　　　　表2

	工作站	移动工作站
CPU	主频:3.5GHz	主频:3.0GHz
	CPU:64 位处理器	CPU:64 位处理器
内存	内核:4 核心 8 线程或 8 核心及以上;支持最大内存:32GB	内核:4 核心 8 线程或 8 核心及以上;支持最大内存:16GB
显卡	显存容量:4G	显存容量:2G
	显存位宽:256bit 以上	显存位宽:256bit 以上
	显存类型:GDDR5	显存类型:GDDR5

3 BIM 技术重难点应用

3.1 钢结构模型深化

根据施工图提供的构件布置、构件截面、主要节点构造及各种有关数据和技术要求,严格遵守钢结构相关设计规范和图纸的规定,对构件的构造予以完善(图3)。

图3　东登录厅钢结构效果图

3.2 模型碰撞校核

模型建模完成后进行模型校核,通过校核,将建模过程中出现的碰撞、重复的零件单元查找出来,直接在深化图纸出图之前给解决掉,避免并减小现场修改的概率。

3.3 复杂节点设计

以设计图为依据,Tekla 软件与 Rhino 软件相结合,确定连接体节点位置,通过 Midas Gen 进行受力核算,Tekla 模型多次放样,设计悬挑桁架与连接体屋盖的可滑动式铰接支座节点。

焊接死角:汇集节点贯口密集,组装过程中焊接夹角过小,焊接死角多,采用 BIM 模型分析,制定零件组立及焊接顺序,有效保证该节点成型质量。

错口错边:多构件对接容易产生对接错口,BIM 建模过程中增加定位板等连接措施,深化出图时对接口处标注位置坐标,安装过程精准定位。

3.4 曲面大挑造型金属屋面

曲面大挑造型金属屋面施工，采用BIM技术建立深化模型，建立三维坐标控制点，作为各专业尺寸控制的依据，并与测量部配合确保各项控制点准确。使用犀牛和Grasshopper进行初步建模、表皮分割、曲率分析，从犀牛模型中提取数据，搭建Revit模型，进行铝板节点方案验证、深化、成型效果模拟（图4）。

最终，搭建加工下料模型，出具型材加工图，指导铝板的加工下料。

图4 曲面金属屋面模型

3.5 曲面造型定位

钢结构模型校对复核：屋面表皮模型必须与钢结构模型吻合，防止由于钢结构模型误差改变外装饰面造型尺寸。及时调整钢结构尺寸和外皮模型。

施工测量控制：根据表皮三维控制点，建立从外向内标高控制的方法，通过全站仪在钢结构上确定控制点，进行檩条、屋面板、装饰板的施工。避免以钢结构为尺寸基准平行向上施工屋面的方法，防止钢构安装误差对表面形状产生影响。

3.6 深化图纸输出

通过Tekla软件将构件的整体形式、构件中各零件的尺寸和要求以及零件间的连接方法等，详细地标示在图纸上，以便制造和安装人员通过查看图纸，能够清楚地了解构造要求和设计意图，完成构件在工厂的加工制作和现场的组拼安装。

3.7 5G＋智慧工厂应用

采用"1＋2＋N"整体解决方案，即"1"套5G专网；"2"个平台：钢结构行业工业互联网平台＋5G钢构实验室；5G＋数据采集、5G＋UWB高精定位、5G＋机器人巡检、5G＋机器视觉、5G＋高清视频、5G＋AR远程诊断、5G＋智慧工地等"N"项应用，使得生产流程更通畅、设备运转更高效、减人增效更显著。实现传统行业生产、维护、进度、安全管理全流程智慧化、可视

化，打造智慧工厂、智慧工地。

3.8 仿真分析模拟＋4D进度模拟

使用Tekla模型精确划分现场施工吊装分段，采用Midas Gen软件对施工过程进行模拟分析计算，为方案编制、现场施工提供理论依据。使用Tekla模型建立安装辅助用支撑胎架、拼装胎架，保证其位置不影响桁架杆件安装，且受力变形量在控制范围之内，使用Midas Gen软件对构件吊装过程进行受力分析，合理布置吊点位置，确保吊装安全进行；使用Tekla模型建立滑移措施模型，使用SAP2000进行滑移全过程验算，使用Ansys进行节点验算（图5）。

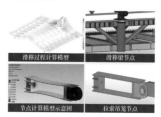

图5 滑移过程节点验算

利用BIM施工模拟技术，变得直观、可视、易懂。4D虚拟建造形象直观、动态模拟施工阶段过程和重要环节施工工艺，将多种施工及工艺方案的可实施性进行比较，为最终方案优选决策提供支持。与计划进行对比、分析及纠偏，实现施工进度控制管理。4D施工进度可实现精确计划、跟踪和控制，动态地分配各种施工资源和场地，实时跟踪工程项目的实际进度，并通过计划进度与实际进度进行比较，及时分析偏差对工期的影响程度以及产生的原因，采取有效措施，实现对项目进度的控制。

3.9 BIM＋AR

通过AR整合技术，把BIM模型与现实结合，通过手机扫描二维码将BIM模型与实体结构相对应，查漏补缺，一目了然（图6）。

图6 BIM＋AR复核

A119 厦门新会展中心-展览中心Ⅱ标段大跨度＋大悬挑钢结构基于BIM的智能建造

团队精英介绍

陈玉根
上海宝冶厦门分公司项目技术负责人

高级工程师

长期从事项目施工技术管理工作，其中厦门国际会展四期项目（B8B9馆）获得鲁班奖。

陈 辉
上海宝冶钢结构工程公司钢结构专业技术负责人

高级工程师

先后主持或参与三门峡国际会展中心、太原煤炭交易中心、深圳大运会主体育馆、郑州机场二期交通换乘中心、珠海十字门中央商务区、南京江北图书馆、厦门新会展中心等项目钢结构工程施工技术管理工作。

邓江锋
上海宝冶集团有限公司建筑研究设计院BIM项目经理

工程师

长期从事BIM数字化建造技术研究与实施，参建了上海迪士尼、西安奥体中心、衢州市体育中心等项目。曾获"龙图杯"全国BIM大赛一等奖、多项国内其他BIM大赛奖项等，参与中冶集团BIM标准编制、BIM课题研究等。

宋俞辉
上海宝冶集团有限公司建筑研究设计院BIM项目技术负责人

助理工程师

从事建筑信息化管理与实施工作，参建了贵黄高速项目、西安泾河湾大桥项目、雄安新区预制管廊项目，参与雄安新区BIM应用管理，担任厦门新会展中心-展览中心Ⅱ标段BIM技术负责人。

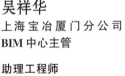

吴祥华
上海宝冶厦门分公司BIM中心主管

助理工程师

从事建筑信息化创新工作，参与了福州兰园、厦门天马主厂房、厦门新会展中心-展览中心Ⅱ标段等项目，曾获国家级BIM大赛一等奖，发表论文5篇，获专利6项。

申夏磊
上海宝冶钢结构工程公司项目BIM钢结构专业技术负责人

助理工程师

先后参与厦门天马显示科技有限公司第6代柔性AMOLED生产线项目、厦门新会展中心-展览中心Ⅱ标段项目钢结构BIM技术深化工作。

郭冠军
上海宝冶钢结构工程公司BIM深化设计主管

工程师

先后主持或参与北京环球影视城、北京2022年冬奥会雪车雪橇赛道遮阳棚、商丘三馆一中心、武汉新建商业服务业设施和绿地项目、顺德德胜体育中心工程二期、厦门新会展中心-展览中心Ⅱ标段等深化工作。

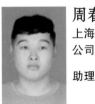

周春雷
上海宝冶钢结构工程公司BIM技术工程师

助理工程师

参与厦门新会展中心-展览中心Ⅱ标段项目钢结构BIM技术工作。

马文礼
上海宝冶安装工程公司项目BIM机电专业技术负责人

工程师

主持或参与了深圳莲塘口岸同维电子厂房、厦门新会展中心B8/B9馆等项目的深化设计及装配式制冷机房的深化设计工作。

方四宝
上海宝冶厦门分公司总工程师

教授级高工

先后参与了宝钢1580热轧工程、上海香港广场、深圳前海市政工程等项目，现任福建省建筑业协会专家委委员、总工委副主任。

BIM 技术在会展钢结构建筑中的应用

山西潇河建筑产业有限公司

郑礼刚　郭毅敏　晋浩　孟灵娜　邓婕　秦冰琪　闫宏伟　刘博　杨兵申　杨乐

1　工程概况

1.1　项目简介

本工程为潇河国际会展中心中间组团项目，项目建设地位于山西转型综合改革示范区潇河产业园区内，南侧为潇河北路，北侧为姚村规划路，东临真武路，西侧为潇河北路。建筑屋面形式为造型复杂曲面，结构屋盖顶标高大于24m，室内外高差为 0.000m，结构属于高层建筑（图 1）。

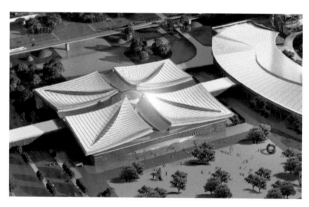

图 1　项目效果图

本工程钢结构屋盖结构分三部分，即四个角顶、十字交通走廊玻璃顶、中心圆顶，钢构件材质均为 Q355B，每个角顶质量 650t 左右，中心圆顶约 150t，四个角顶为非对称多坡度下凹斜向桁架，钢桁架投影面积为 81.091m×81.091m，跨度为 63m，角顶斜向桁架最大跨度达 88.7m；十字交通走廊为跨度 28m 的弧形箱形梁，截面尺寸为 650mm×400mm×32mm。

1.2　公司简介

山西潇河建筑产业有限公司成立于 2017 年 5 月，属于山西建投集团专业从事装配式钢结构建筑的核心子公司。拥有中国钢结构制造特级、建筑施工总承包壹级、钢结构工程专业承包壹级资质。

1.3　工程重难点

本工程钢结构涵盖桁架、钢骨柱、框架梁等多种形式，节点形式较为复杂，且桁架形式为非对称多坡度下凹斜向桁架，施工过程中与土建专业、围护结构施工交叉作业较为频繁，确保施工正常有序地开展是本项目的重点。

工程量大，施工面积大，高空作业量较大、桁架拼装施工阶段工期紧张、施工周期短，合理选择施工技术及优化施工组织是保证现场进度的重点。

本工程钢屋盖为非对称多坡度下凹斜向桁架，每一根杆件定位均为一个三维坐标位置，檩托、主次檩条等的定位全部要依靠三维坐标测量定位，高空嵌补杆件安装焊接工作量大，在进行安装时容易造成结构的变形或局部受力不均匀的情况。因此如何保证拼装、安装及卸载质量来控制结构的变形是本工程的重点和难点。

2　BIM 团队建设及软硬件配置

2.1　制度保障措施

项目成立之初公司就组建了强有力的团队对项目组织深化设计及技术交底，团队协作克服工作困难，明确的任务分工让团队有条不紊地运行，为了项目的顺利进行配备了软件开发工程师、BIM 工程师、工艺设计工程师等专业研发人员 10 人，根据实际工作情况与设计单位积极沟通，保证了设计理念的完美体现。

公司制定了研发项目管理制度、产学研合作管理制度、员工创新提案和激励制度等管理制度，充分发挥了研发人员的积极性和创造性。

2.2 团队组织架构（图2）

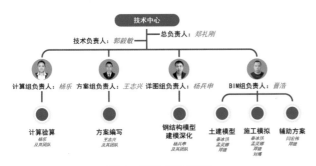

图 2 团队组织架构

2.3 软件环境（表1）

软件环境 表 1

序号	名称	项目需求	功能分配
1	Revit 2018	三维建模	结构、建筑
2	Tekla 21.0	三维建模	钢结构
3	Navisworks 2018	施工方案展示	方案步骤分区展示
4	BIM-FILM	施工模拟	施工模拟动画制作
5	PS	施工方案展示素材	根据需求制作施工方案步骤图
6	Ae	视频制作	宣传视频制作
7	SAP2000	结构变形等计算	提升卸载结构计算，吊点反力计算
8	ANSYS	下吊点分析	下吊点有限元分析
9	PKPM	配筋、结构面验算	提升胎架处配筋，楼面结构验算
10	midas Gen	安全措施验算	工具箱验算，胎架钢梁强度

2.4 硬件环境

公司 BIM 团队配备一台服务器以及多台双显示器显卡 3080 的工作台式机，以及一台配置为 i7 的便携机。除此之外，还配备了无人机与 iPad，方便我们在施工现场进行 BIM 工作。

3 BIM 技术重难点应用

3.1 三维软件核验安全性

通过验算混凝土梁柱板配筋来验算汽车式起重机所在楼面安全性以及提升胎架所在处楼板的安全性。通过 SAP2000、ANSYS 等软件对钢屋盖提升整个过程进行安全性校核，不仅对支撑提升体系，还对钢屋盖提升过程中的变形进行分析，以确保误差最小值，安全系数最大值（图3、图4）。

3.2 钢屋盖提升过程模拟

通过钢屋盖吊装提升全过程的模拟（图5），使技术人员熟悉整个提升过程，对方案进行不断地优化改进，以达到最优。

钢屋盖采用整体液压同步提升方式进行安装，提升吊点较多。提升同步控制难度大。在设计计算时，考虑了 ±20mm 不同步位移，若实际不同步位移超出该范围，则可能出现局部杆件应力过大，甚至破坏而出现安全事故的严重后果。对此我们进行提升过程中的应力应变监测，提升智能机器人见图6。

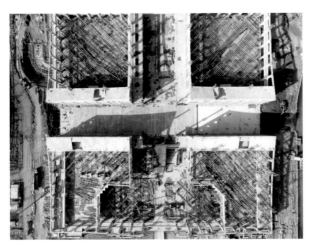

图 3 提升过程现场情况

图 4　现场高空作业

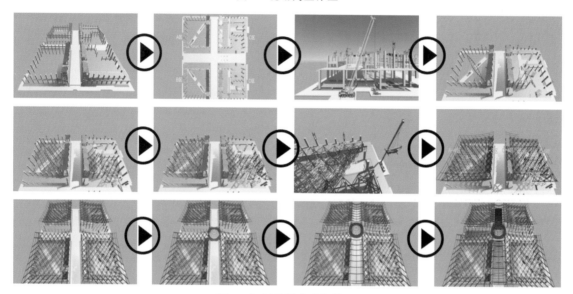

图 5　钢屋盖提升过程模拟

图 6　提升智能机器人

本项目钢结构施工过程中包含胎架组装、构件高空拼装、高空吊装、高空焊接及液压提升等工艺，施工工艺复杂。

3.3　汽车式起重机提升过程模拟

在钢屋盖施工过程中，需要在 -0.1m 处平面与 8.3m 处平面同时进行施工，所以需要使用 300t 汽车式起重机将 25t 汽车式起重机吊至 8.3m 处工作平面。

我们预先通过计算验算、施工模拟进行专项施工方案编制，并使用施工模拟视频与项目工作人员进行三维可视化交底，确保此项目中间环节万无一失（图7）。

图 7　施工模拟指导汽车式起重机吊装

A120 BIM 技术在会展钢结构建筑中的应用

团队精英介绍

郑礼刚
山西潇河建筑产业有限公司

总工程师
高级工程师

主持了大量钢结构工程如山西建投装备制造有限公司、山西建投商务中心、潇河国际会议中心等项目的技术工作，现任中国钢结构协会专家委员会专家委员、中国钢结构协会理事会理事、中国建筑金属结构协会钢结构专家委员会专家。

郭毅敏
山安潇河建筑产业有限公司常务副总经理

高级工程师

长期从事钢结构数字化研究精通钢结构全流程制作工艺。先后主持了晋建迎曦园1号楼装配式高层住宅、潇河国际会议中心、潇河国际会展中心等项目的技术工作。在国家级核心期刊发表论文7篇，主持和参与申报发明专利2项、实用新型专利17项、软件著作权8项，参与编制地标、行标5项。

晋 浩
山西潇河建筑产业有限公司技术中心 BIM 组主管

助理工程师

主要负责 BIM 组制度及流程、技术质量、课题研究、创新管理等相关工作以及负责组织人员对工程投标、研发设计、钢结构生产加工工艺、施工等环节提供 BIM 技术支持。先后参与山西建投商务中心、山西潇河建筑产业有限公司、广州凯达尔国际枢纽广场等项目。

孟灵娜
山西潇河建筑产业有限公司

BIM 技术员

主要负责结构专业 BIM 模型搭建与维护，组织结构专业 BIM 技术实施与应用，负责建筑专业平台模块管理。先后参与完成了山西装备制造有限公司、潇河国际会议中心、山西综合改革监控中心等项目的施工方案编制。

邓 婕
山西潇河建筑产业有限公司

BIM 技术员

主要从事项目的建筑及装饰建模以及辅助项目施工方案的编制及模拟。先后参与完成了山西装备制造有限公司、潇河国际会议中心等项目的施工方案编制。多次获得全国各类 BIM 大赛奖项等。

秦冰琪
山西潇河建筑产业有限公司

BIM 技术员

主要从事项目的建筑及装饰专业 BIM 模型的搭建以及辅助项目施工方案的编制及模拟。先后参与完成了山西建投装备制造有限公司、山西建投商务中心、潇河国际会议中心、山西综合改革监控中心等项目。参与编写《装配式建筑钢结构 BIM 模型分类与编码规范》等标准。

闫宏伟
山西潇河建筑产业有限公司

BIM 技术员

主要负责机电专业 BIM 模型搭建与维护，组织机电专业 BIM 技术实施与应用，负责机电专业平台模块管理。多次获得全国各类 BIM 大赛奖项等。

刘 博
山西潇河建筑产业有限公司

BIM 技术员

主要负责宣传片、动画交底等视频内容的后期剪辑与美化，先后参与了国际会展中心工艺模拟、冬季焊接、超声波探伤等项目的动画剪辑及制作。

杨兵申
山西潇河建筑产业有限公司

技术中心详图组主管

主要负责钢结构项目的深化设计、图纸设计变更。熟悉门式钢结构、框架钢结构、钢混结构等多种类型的钢结构的深化、加工、制作、安装流程。

杨 乐
山西潇河建筑产业有限公司

技术中心负责人

主要负责钢结构建筑体系研发、结构设计、施工方案计算以及科技项目与奖项申报等事宜。先后承担公司晋建迎曦园1号装配式钢结构住宅（国内最高装配式钢结构住宅）、山西建投商务中心、潇河国际会展中心中间组团屋盖提升等重大工程的施工方案验算、编写。

亚洲金融大厦暨亚洲基础设施投资银行总部

清华大学建筑设计研究院有限公司

祁斌　陈宇军　刘培祥　刘潮　刘加根

1　工程概况

亚洲金融大厦暨亚洲基础设施投资银行总部是一个高标准的国际金融机构总部办公场所，建筑以营造高品质办公场所和交流空间为目标，通过在室内空间引入系列化开放的共享交流空间，营造融合绿色、交往、共享的内外空间环境。建筑在室内环境、空气品质、生态智能及绿色节能等方面创新集成运用先进的设计、建造、运维技术，在建筑品质控制、先进建造、智能运维等多层面进行了创新性、探索性的实践。该项目是第一座获得中国绿建三星、美国 LEED 铂金和德国 DGNB 铂金（认证中）3 项认证的大型公共建筑项目，开创了我国绿色建筑的新标杆。

项目规划用地面积约 6.12hm²，总建筑面积 39 万 m²，建筑高度 83m。建筑设计全程采用建筑信息模型 BIM 技术，从设计到施工配合，同步对接后期运维管理，建构针对建筑全寿命周期的完整数字化三维信息系统，结合数字无线网络平台，以严格的技术标准实现本项目高集成、高难度、高速度条件下的精细化建造。

2　研究策划阶段

（1）建筑中庭消防措施研究

方案前期，根据 BIM 初步模型数据，采用 PyroSim 进行消防烟气模拟，结合空间制定基本的消防应对原则。

（2）建筑室外环境研究

方案前期，根据 BIM 初步模型体量，采用 Phoenics 污染物排放模拟分析，对前期功能策划进行合理性判定。

（3）建筑室内环境研究

方案前期，根据 BIM 初步模型数据，采用 Fluent 对前期方案整体进行热环境模拟分析，验证建筑形体的合理性。

（4）空间功能量化研究

本项目设计前期，设计利用 BIM 技术数据实时可视化功能，针对任务书提出的多类型功能空间进行逐一布局，并通过结果快速判定各功能空间是否满足任务书要求，其中包括办公室工位数量、餐厅容纳人数、地下停车数等，为之后深化设计的稳定性打下基础。

3　深化设计阶段

（1）全专业协同设计平台

本项目构建 BIM 全专业协同设计平台，组织专业协同流程。采用专业间设计协同和专业内工作集协同两种方式，合理分配工作内容，提高单位技术人员对接效率。BIM 机电专业整合设计模型，快速反馈设计问题，更新设备条件。

设计过程中，各专业内采用模型拆分的工作模式，建立中心文件，合理分配工作集，对工作进行系统分解。工作划分与工作集一一对应，方便工作管理。

（2）全专业协同提升空间品质

亚洲金融大厦地上办公区标准层设计层高 4.5m，设计净高 3.0m。在大尺度的结构构件的影响下，除去架空地板和吊顶空间厚度，需要全专业协同完成机电设备管网综合问题，标准层办公空间机电 BIM 模型见图 1。

图 1　标准层办公空间机电 BIM 模型

（3）结构体系数字化设计

大尺度空间带来了大跨度多样化结构形式的需求，为设计带来了巨大挑战。设计采用 BIM 技术，对新型的"巨型柱排架结构及大跨空间结构复合体系"进行了全三维化仿真分析及设计。采用盈建科、SAP2000 以及 Abaqus 等结构分析和设计软件，引入参数化技术，通过自主编写的建模、传导、自动优化代码，对结构体系进行精确计算，保障了体系的安全性和合理性（图2）。

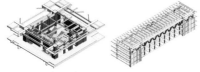

图2 设计阶段BIM模型结构体系

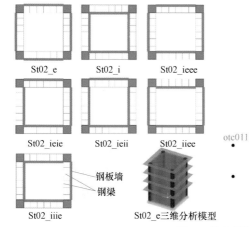

图3 核心筒钢板墙布置方案研究

方案优化阶段，采用参数化技术对不同的布置形态进行了巨柱核心筒和弱框架协同作用分析，快速评价16个核心筒为主的结构整体协调性，为结构方案的定性和优化提供了依据。

借助参数化形成各种核心筒钢板墙及边框柱布置关系方案，快速考查其适用性及对主体结构的影响，使结构可以最大限度地适应竖向管线穿行布局，从而快速完成结构和机电专业的空间协调（图3）。

通过编写的BIM数据导入导出程序，快速完成结构的非线性动力分析，完成大震、抗连续倒塌等情况下结构性能的评价，并将分析结果反馈于设计过程。

同时，对幕墙与主体的关系进行了深入探讨，通过精准的BIM定位，研究出了跨多塔楼大幅面幕墙和采光顶与主体结构间的支承和连接方案。

（4）机电管线综合

建筑复杂的形体空间，以及大尺度的结构构件，采用常规方式布置设备管线，为建筑室内空间高效利用带来巨大挑战。设计采用BIM精细化建模，分片区、分难点进行精细化管线综合，以达到优质的空间设计要求。

本项目通过管线初步综合-碰撞检验-管线调整的流程进行管线综合工作。Navisworks一键统计碰撞信息，并进行信息分阶段记录。

亚洲金融大厦地下设备管线极其密集，大体量的地下室面积对各专业机电管网的空间设计要求极其严苛。通过BIM技术对设备管线综合排布，精准解决管综难点。

地下一层布置了大量设备机房及配套服务设施，机电管线数量庞大，设计建筑层高6.6m。BIM管综对建筑空间进行集约化整合设计，利用

梁下3m的空间完成机电各专业的管线布置，保证2.5m建筑净高（图4）。

图4 地下一层机电BIM模型局部净高控制

（5）市政管网综合

本项目外线设计采用BIM虚拟敷设，数字化检验管线碰撞。在空间紧凑的外围场地中，构建精准立体的综合管网系统。

（6）工程量计算

BIM设计通过构建信息标准化实现钢结构及设备管线的工程量计算，为工程概预算提供数据参考，形成直观的设计量化成果。施工准备阶段，BIM工程量计算节省大量传统工程量计算时间。准确的工程量数据信息辅助物料运输、物料堆积等施工总体布局，为施工阶段提供有效的风险管控依据。

（7）空间功能深化设计

通过 BIM 三维立体化空间设计，对多功能厅分格方式及功能需求进行多方式研究，直观显示功能用房不同状态下空间形式，节省设计调整时间，提高工作效率。

（8）幕墙节点深化设计

建筑幕墙是集合围护、观景、遮阳、节能、智能生态的综合性表皮系统。设计使用 CFD 的 Fluent 室内空气品质分析软件，对内呼吸双层皮幕墙的空气间层进行热环境分析（图5）。

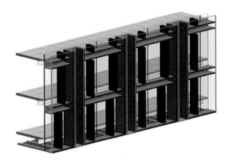

图 5 单元幕墙 BIM 深化设计模型

（9）构造节点深化设计

BIM 设计团队配合分项顾问团队，对构造节点进行精细化设计。设计模型可精确计算空间容量，做到模型与专项深化设计一致。

（10）设备机房深化设计

BIM 设计团队配合机电专业，对机房节点进行精细化设计。通过 BIM 模型确定机房设备安装及检修空间，提前规避运维阶段风险。

4 工程建造阶段

（1）幕墙智能化安装模拟

幕墙深化设计及安装过程中，采用 BIM 体系将相关系统整合到装配式建筑系统中，对接工厂化加工制作体系，采用集成化成品制造方式。通过 BIM 施工预演（图6），指导现场安装，施工效率高，保障高品质。

图 6 幕墙施工预演

（2）结构构件数字化生产、建造

结构设计阶段 BIM 模型直接对接钢结构生产厂家的 BIM 加工体系，将设计图纸对应工厂化加工，加工过程全数字化控制，施工现场干作业装配式安装（图7、图8）。

图 7 钢结构深化设计及生产

图 8 钢结构梁架安装模拟与现场安装比对

5 智慧运维阶段

（1）智慧运维管理系统

运维阶段，面对复杂建筑的管理，运维团队应用 BIM 信息系统，在设备调控、空间界面管控、运行体系协调等方面，基于数字化的平台同步推演，与运营形成对接、映射关系，实现对大楼智慧、高效率的管理。

（2）设备故障报警处理

BIM 智能化运维平台对楼宇设备进行智能化监控，通过平台及时发出警报。设备故障及解决状态在监控端实时更新。

（3）设备机组运维监控

BIM 智能化运维平台承接设计及施工阶段 BIM 模型，运维阶段导入设备非几何信息，对楼宇各设备机组进行实时监控及信息更新。

6 结语

本项目设计前期组建 BIM 规程管理团队，由项目负责人和 BIM 技术负责人共同组建，通过制定合理的 BIM 设计实施导则和 BIM 技术标准，保障 BIM 设计的合规性及各专业技术协调的连贯性。

BIM 规程管理团队前期针对本项目设计时间紧迫、多方团队同时介入等特点，制定 BIM 设计流程，以应对设计条件变更、方案多次修改等风险。

最终在整套严谨高效的实施流程下，成功完成了从设计前期到运维阶段的建筑全生命周期 BIM 设计工作。

B134 亚洲金融大厦暨亚洲基础设施投资银行总部

团队精英介绍

祁　斌
BIM 总负责人
清华大学建筑设计研究院

副总建筑师
建筑专业一所所长
教授级高级建筑师
一级注册建筑师
APEC 注册建筑师
2009～2010 年美国麻省理工学院（MIT）
访问学者

中国建筑学会"当代中国百名建筑师"、第二届"全球华人青年建筑师奖"、第五届中国建筑学会青年建筑师奖获得者。兼任中国建筑学会理事、中国体育建筑学会委员、中国建筑学会体育建筑委员会委员。在大型公共建筑、文化建筑、体育建筑等领域有较多实践和优秀作品；建筑作品获亚洲建筑师协会设计金奖、国家设计银奖、省部级建筑设计奖等 30 余项。完成学术专著 3 部，在国内外学术专刊发表学术论文 30 余篇。兼任清华大学、中国矿业大学等多所院校设计导师、研究生导师、客座教授。

陈宇军
BIM 技术总顾问
清华大学建筑设计研究院

结构专业一所所长
高级工程师
一级注册结构工程师

2019 年度全国优秀工程勘察设计行业奖结构一等奖；2019 年度全国优秀工程勘察设计行业奖一等奖；2019 年度教育部优秀设计奖结构一等奖；2019 年度教育部优秀设计奖一等奖。主要研究方向为复杂结构设计、非线性分析、参数化设计、BIM 技术及应用等。

刘培祥
结构 BIM 性能化设计
清华大学建筑设计研究院

结构专业一所副所长
教授级高级工程师
一级注册结构工程师

中国钢结构协会专家委员会委员，中国建筑金属结构协会钢结构专家委员会委员，中国钢结构协会空间结构分会专家委员会委员，中国建筑节能协会工程改造与加固分会专家委员会委员，北京钢结构行业协会专家委员会委员，北京市勘察注册协会继续教育培训教师等。

刘　潮
BIM 执行负责人
清华大学建筑设计研究院

建筑专业一所建筑师
高级工程师

建筑设计及其理论专业硕士。2015 年赴日本株式会社佐藤综合计划进行学者访问；2018 年赴美国贝氏建筑事务所进行项目交流。获 2011 年全国人居经典建筑规划设计方案"规划、环境双金奖"。主要设计作品有：亚洲金融大厦 BIM 专项设计、徐州恒盛广场、徐州汉文化景区汉画像石长廊。

刘加根
机电 BIM 性能化设计
清华大学建筑设计研究院

副总工程师（暖通）
建筑环境与节能设计研究分院副院长
高级工程师
注册公用设备工程师（暖通）

中国绿色建筑与节能专业委员会青年委员会委员，北京市超低能耗示范项目及绿色建筑评审专家，雄安建研智库专家组成员。目前清华大学创新领军工程博士（二期），博士在读。

三维数字模型助力 EPC 项目施工

河南天丰钢结构建设有限公司

许志民　田磊　杨天雷　李会　关振威　杨亚坤　曹玲玲　马凌云　朱世磊　杨得喜

1　工程概况

1.1　项目简介

项目地点：河南省新乡市。

建筑面积：地上总建筑面积 56896.05m²，基底面积为：4185.66m²，楼高 88m。

本工程为装配式钢结构高层建筑，装配率达75％。结构主体形式采用钢框架-钢支撑结构体系，钢柱为变截面箱形钢构件，钢梁为焊接 H 型钢，楼面采用钢筋桁架楼承板组合楼板；总用钢量高达 5600t（图 1、图 2）。

图 1　项目效果图

图 2　项目俯瞰图

1.2　公司简介

河南天丰钢结构建设有限公司成立于 1997年，是河南天丰集团旗下的支柱企业，集钢结构节能建筑设计、研发、制造、施工为一体，是全国首批 15 家开展建筑工程施工总承包壹级资质的钢构企业，拥有钢结构设计甲级资质，建筑金属屋（墙）面设计与施工特级资质，钢结构工程壹级资质，钢结构制造特级资质，住房和城乡建设部钢结构住宅产业化课题承担单位，国家钢结构绿色住宅产业化示范基地。

1.3　工程重难点

（1）本工程钢结构从地下室一层开始，钢柱均为变截面箱形柱，变截面节点部分钢结构制作工艺相对比较复杂，难度系数较大。质量目标为中国钢结构金

图 3　钢结构安装图

奖，变截面箱形钢柱一次焊接合格率要达到 98％以上，才能满足要求（图 3）。

（2）涉及建筑、结构、装饰装修、幕墙、机电安装等多个专业，各系统管线错综复杂，施工蓝图并未考虑各专业之间的空间关系，如果不进行管线综合会导致在施工过程中出现大量墙体、管线、设施拆除改造，造成返工、材料浪费等现象。

（3）正方形塔楼每层每个角部的钢结构构件体系，外悬结构构件由悬挑梁以及次梁组成（图 4），其四个大角的钢构件吊装数量多、空中拼装对接汇口难度较大。

图 4　钢构件安装图

2 BIM团队建设及软硬件配置

2.1 制度保证措施

公司自 2016 年 10 月成立 BIM 中心以来，着重于企业族库及企业标准的制定。在 2017 年 5 月企业族库基本建立并完善，在 2017 年 8 月印发了关于公司应用 BIM 标准化的文件，并于 2017 年 9 月 1 日正式按照企业建模标准施行。

为了更好地在项目中实施 BIM 管理，公司成立了由 BIM 领导小组与 BIM 信息化小组组成的 BIM 管理团队。

2.2 软硬件设施（表1、表2）

硬件设施　　　　　　　　　　　　　　表1

服务器	建模用台式机	笔记本	移动终端	无人机
处理器：至强 E7-4830V4 内存：32G 储存：3T	处理器：i7-7700 显卡：GTX 1060 内存：16G 硬盘：250G+1T	处理器：i7-8750H 显卡：GTX 1060 内存：16G 硬盘：1T	iPad air iPad mini	大疆精灵
1 台	4 台	6 台	12 台	1 台

软件设施　　　　　　　　　　　　　　表2

软件名称	版本	最有效的功能	应用环节	需改进的功能
Autodesk Revit	2016	钢结构 BIM 建模；钢结构深化设计；构件参数化输出、加工；工程量统计；图纸深化；清单报表生成	深化设计	软件运用占有资源，影响工作效率；模型拆分不够便捷，难以符合施工流水段；工程量统计不符合国内规则
Tekla Structure	19.0	3D 实体模型建立、3D 钢结构细部设计、钢结构深化设计、详图设计	深化设计	与 Revit 兼容性有待提高，模型互导不完整；模型传递过程中信息丢失严重
Autodesk Revit	2016	钢结构 BIM 建模；钢结构深化设计；构件参数化输出、加工；工程量统计；图纸深化；清单报表生成	深化设计	软件运用占有资源，影响工作效率；模型拆分不够便捷，难以符合施工流水段；工程量统计不符合国内规则
Navisworks	2016	各专业模型整合；碰撞检测；施工方案模拟；工艺展示	深化设计	模型渲染效果有待提高；施工模拟动画效果有待提高；进度计划中的关键路径不易查找
AutoCAD	2014	二维图纸查看；图纸分割	现场协调	——
Project	2010	进度计划的编制	现场协调	
Fuzor	2017	室内精装修渲染；材质贴图；动画输出	现场协调	对电脑配置要求高；动画输出需要时间太长，效率低
3D Studio Max	2016	建筑效果图、建筑动画制作输出	现场协调	参数配合需要花费大量的时间去调试

3 BIM技术重难点应用

应用一：在钢结构节点深化方面的应用。由于本工程钢结构节点复杂，钢筋分布较密，且直径较粗，原有设计未考虑到钢筋排布与钢结构节点的配合布置，导致部分节点设计无法施工，项目团队进行 BIM 建模，对变截面箱形柱进行施工模拟，利用 BIM 的可视化、协调性、模拟性、优化性和可出图性五大特点，对节点模型做碰撞检查，提出深化设计建议，模拟施工方法，极大程度减少了施工难度，提升了施工效率（图5）。

应用二：施工模拟。在施工之前，完全按照实际施工情况，多次反复地在电脑上模拟整个施工流程，让数据模型记录下建筑工程项目每一个节点的数据，全面详细地模拟建设工程项目中的

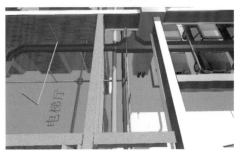

图5　项目深化后管线综合图

各个环节，进行场地布置、4D施工模拟。结构难点位置吊装，运用BIM技术对工程的外悬构件施工进行预演，降低高空拼装对接难度、提高安装质量、缩短主体结构施工工期、尽力规避高空作业的危险环境，提高工程效益。

应用三：钢结构吊装、运输过程中的BIM技术应用。分析相关构配件已实现的参数化程度，对其进行相应的修整，以形成标准化的零件库。另外利用BIM技术中的三维可视化功能对构配件进行运输及吊装模拟，制定合理的吊装、运输计划。将BIM模型信息引入建筑产品的流通供配体系中，制作二维码。可实时查看构件的运输信息，根据已做的运输计划，合理地计划构配件生产、运输过程，实现"零库存"，显著提高工作效率及工作精度，降低工作成本，大幅度提高生产效率。

应用四：三维可视化技术交底。在施工重点、难点、工艺复杂的施工区域运用BIM软件的演练功能对各工艺进行反复虚拟、演练，从而找出最佳的施工方法，可节约大量的试验时间、人力、物力和财力，通过多角度全方位对模型的查看使交底过程效率更高，便于现场施工人员的理解。通过BIM可视化技术的应用最大限度地减少设计变更次数，降低建造成本，符合绿色施工理念（图6）。

图6 工程项目BIM三维交底

应用五：机电管线综合深化设计。对机电安装进行动画模拟，可以更加直观地展现管道的排布情况。通过土建钢结构和机电安装多专业模型合成，进行管线综合优化排布，根据调整好的综合模型自动筛选出净高不符合设计规范的空间位置，并利用BIM剖面图辅助优化管线复杂区域，有效地避免后期施工完成后再遇到净高不足的问

题（图7）。可有效地减少各专业之间冲突、工艺顺序之间变化、业主要求变化等因素引起的设计变更。

图7 项目深化后管线综合图

应用六：BIM技术辅助现场施工。利用BIM技术对施工现场进行布置、对塔式起重机进行选型和选位、模拟塔式起重机的拆除，辅助钢结构的二次结构工程量提取，建立模架体系。

4 人才培养

公司积极响应国家政策，致力于BIM技术的推广。自2016年至今，公司先后投入300余万元用于BIM的建设，公司以BIM中心为内部师资，先后召集各个项目部人员进行BIM培训，参加培训人员230人次，在培养了一批专业BIM技术人才的同时，也推动了BIM技术落地应用，并鼓励员工参加全国BIM等级考试，公司现有全国BIM等级一级建模师46人，二级建模师8人。

5 应用效果

应用BIM技术申报专利和工法，打破传统二维图纸难于表达清晰的局面，使得本项目荣获新乡市工程建设QC成果一等奖，河南省工程建设QC成果一等奖，全国工程建设QC Ⅰ类成果。制作高层钢结构建筑外悬构件安装工法，为申报金钢奖、文明工地做好准备工作。通过BIM技术应用解决了工程中的多项难题，提高了沟通效率与管理水平，树立了公司良好的品牌形象。

A140 三维数字模型助力 EPC 项目施工

团队精英介绍

许志民
河南天丰钢结构建设有限公司副总经理

高级工程师
一级建造师

主持完成多项钢结构工程，获得国家级 QC 成果 1 项，专利 4 项，BIM 成果 2 项，中国钢结构金奖 2 项，河南省建设科技进步奖一等奖 2 项，参编国家行业标准 1 本。

田 磊
河南天丰钢结构建设有限公司总工程师

高级工程师

全面负责公司的设计、研发任务，主持过多项大型工业厂房的项目设计，主持和参与公司多项新产品及体系技术的研发，编写企业图集 4 册、企业标准 5 项。发表学术论文 8 篇，获中国钢结构金奖（国家优质工程）。

杨天雷
河南天丰钢结构建设有限公司副总经理

高级工程师
一级建造师

河南省土木建筑学会 BIM 专业委员会委员，主要从事建筑工程施工管理工作。从业 20 余年来，参与、主持多个大中型混凝土框架、框剪结构及钢结构项目，获得结构"中州杯" 2 项，钢结构金奖 1 项，参与省级课题 4 项，获实用新型专利 3 项。

李 会
河南天丰钢结构建设有限公司

BIM 高级建模师

国家级 BIM 大赛获奖 8 项、省级 BIM 大赛获奖 3 项。从事 BIM 工作 5 年，参与新乡市商务中心项目、华为大数据产业园研发中心项目、火炬园研发中心项目、忆通壹世界项目 BIM 工作。

关振威
河南天丰钢结构建设有限公司

BIM 高级建模师

国家级 BIM 大赛获奖 8 项、省级 BIM 大赛获奖 4 项。从事 BIM 工作 5 年，参与多个项目的建模。获得省级 QC 成果 1 项，申报国家发明和实用新型专利 1 项，参编省级工法 1 项。

杨亚坤
河南天丰钢结构建设有限公司

BIM 高级建模师

国家级 BIM 大赛获奖 6 项、省级 BIM 大赛获奖 3 项。从事 BIM 工作 6 年，参与厦门 ABB 低压厂房、新乡市商务中心、华为大数据产业园研发中心、火炬园研发中心、忆通壹世界等项目 BIM 工作。

曹玲玲
河南天丰钢结构建设有限公司

高级工程师
一级建造师

全国工程建设质量管理小组活动诊断师（中级）。参与公司 6 项中国钢结构金奖项目的质量管理，获得国家级 QC 成果 6 项、专利 5 项、BIM 成果 3 项、省级工法 2 项。

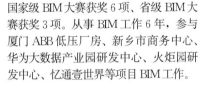

马凌云
河南天丰钢结构建设有限公司

高级工程师
一级建造师

先后荣获国家级 BIM 奖 1 项、省级 BIM 奖 1 项，发表论文 5 篇，参与 2 项优质工程建设，参与的项目有 3 项获得中国钢结构金奖。

朱世磊
河南天丰钢结构建设有限公司

注册结构工程师
硕士研究生

长期从事钢结构设计工作，先后完成多个装配式钢结构工程的设计。积极参与 BIM 的学习和应用。取得河南省建设科学进步一等奖，BIM 应用奖，专利 2 项。

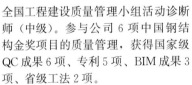

杨得喜
河南天丰钢结构建设有限公司

高级工程师
一级建造师

主持和参与完成多项钢结构工程，获得国家级 QC 成果 1 项，省级 QC 成果 3 项，专利 3 项，河南省建设科技进步奖一等奖 1 项，参编国家行业标准 1 本，2014 年河南省建筑业企业优秀项目经理。

金水区市民公共文化服务活动中心 BIM 应用

中国建筑第八工程局有限公司，郑州大学综合设计研究院有限公司

耿王磊　薛涛　李永明　孙金超　赵举　李永召　刘雪峰　李伟伟　梁龙龙　杨景迪

1　工程概况

1.1　项目简介

郑州市民活动中心位于郑州市民公共文化服务区东部，西邻雪松路，南接文博大道，北靠传媒南路，东临临湖路。总建筑面积为 213496m²，分为 A、B 两个区，其中 A 区总建筑面积为 134983m²，B 区总建筑面积为 78513m²。A 区包括杂技馆、群众艺术馆剧场、妇儿中心、青少年发展中心、群艺馆工作室、健康中心，B 区包括科技馆，地下室为设备用房、机动车停车库、非机动车停车库、商业用房及部分库房。本项目是一个综合性的市民文化及服务类建筑，属于郑州市四个中心建设项目之一（图1、图2）。

图 1　项目外部效果图

图 2　项目内部实景

1.2　公司简介

中国建筑第八工程局有限公司是世界 500 强企业——中国建筑股份有限公司的全资子公司，是住房和城乡建设部颁发的新房屋建筑工程施工总承包特级资质企业，总部现位于上海市。主要经营业务包括房建总承包、基础设施、工业安装、投资开发和工程设计等，下设 20 多个分支机构，国内经营区域遍及长三角、珠三角、京津环渤海湾、中部、西北、西南等区域，海外经营区域主要在非洲、中东、中亚、东南亚等地。近年来主要经济指标实现快速增长，综合实力位居国内同级次建筑企业前列，是国内最具竞争力和成长性的建筑企业之一。

1.3　工程重难点（表1）

工程特点介绍	表1
工程体量大	总建筑面积达到 18.2 万 m²，地下室面积达 85616m²
结构复杂、奇特	本项目含体育馆、图书馆、文化馆，均为圆弧形结构，钢结构含网架、桁架、钢骨柱、劲钢梁、钢结构叠合楼层板结构
专业穿插多	本项目涉及专业众多，且各场馆使用功能不同，专业性较强
空间定位难度大	结构为圆弧形结构，轴线为放射性，定位难度较大，造型复杂

2　BIM 团队建设及软硬件配置

2.1　制度保障措施

（1）建立 BIM 运行保证体系：成立 BIM 管理领导小组，定期沟通，保证能够及时解决问题。建立包括工作岗位责任制度、考核制度、BIM 维护变更制度等 BIM 管理制度。

（2）建立 BIM 运行例会制度：每周召开一次碰头会，针对本周工作情况和遇到的问题，制定下周工作计划。

2.2　团队组织架构

在项目全生命期 BIM 应用与实施阶段，建立

如图3所示的团队组织架构，做到统一管理、指令唯一，职责明确。

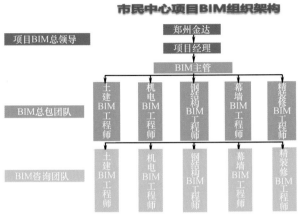

图3 团队组织架构

2.3 软件环境（表2）

软件环境　　　　　　　表2

序号	软件名称	功能
1	Autodesk Revit	土建、安装建模
2	Autodesk Navisworks	碰撞检测、施工进度模拟展示等
3	Tekla16.0	钢结构设计建模软件
4	Rhino	异形曲面的建模、定位及处理
5	Autodesk 3ds Max	三维效果图、施工工艺及方案模拟
6	Lumion	效果渲染、景观效果表现，效果图及视频动画制作
7	Twinmotion	效果渲染、装修效果表现，效果图及视频动画制作

2.4 硬件环境

BIM工作室配备专业图形设计笔记本30余台以及100M独立光纤等硬件设施，保证了BIM技术在项目中的顺利进行。

3 BIM技术重难点应用

3.1 辅助图纸会审

图纸会审前，通过建立各专业三维模型，共发现图纸问题96处，借助模型直接对问题部位取图，减少了传统模式中设计单位查找复核的时间，提高图纸会审沟通效率，加强了各方的协作能力（图4）。

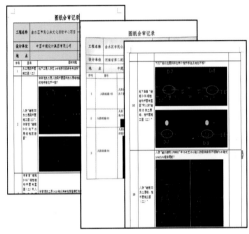

图4 图纸会审会议及图审记录示意图

3.2 场地平面布置

利用BIM三维场布软件，对施工现场作业厂区进行合理化布置，做好现场加工区、周转材料区、材料区的规划，方便材料的运输、使用，减少二次搬运费用，从而实现"四节一环保"的绿色施工目标。

3.3 可视化交底

借助BIM软件制作交底视频，能够直观地展示复杂节点，所见即所得，大大地提高了交底效率，同时导出手机端文件，方便工长实时查看。

3.4 复杂节点排布优化

对复杂节点利用BIM技术提前进行建模、排布、优化，以保证施工过程中各复杂节点的施工质量，防止后期安装时发生碰撞，减少返工。

3.5 虚拟样板

项目现场施工前借助BIM技术建立虚拟样

板，在丰富交底内容和形式的同时，也实现了节材、节地的绿色施工要求，节省硬件设施费用15万元。

3.6 碰撞检查

借助 Navisworks 软件对模型进行专业内以及各专业间的碰撞检查，发现原设计蓝图机电管线碰撞问题 749 处，并将其中 15 处重大设计错误反馈给设计院修正，避免因后期返工造成的材料浪费及工期延误。

3.7 BIM 三维放样技术辅助大跨度钢结构梁施工

本项目便民服务中心有 4 根高度 1.8m、跨度 28.4m 的大跨度型钢梁，单根梁的质量约为 27t。为确保定位的精度，在 BIM 模型建立的同时，将

BIM 平面布置与构筑物模型进行整合。施工前，导入相关软件进行施工工艺模拟，确定最佳施工方案。施工时将模型点位信息导出到表格，然后导入全站仪进行现场放样（图 5）。

3.8 BIM 施工吊装模拟

对于大型构件的安装，制作安装流程示意图（图 6），直观展示安装过程。

3.9 BIM＋放样机器人

（1）将 BIM 模型导入 iPad 平板电脑后，可以直接在三维的 BIM 模型上点取放样点，进行放样。

（2）不仅可以做 BIM 放样，还可以完成特征点的点位测量。

（3）对无法到达的点位提供辅助点放样。

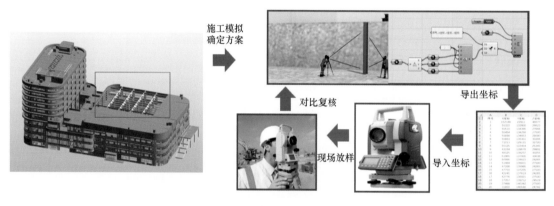

图 5　放样流程示意图

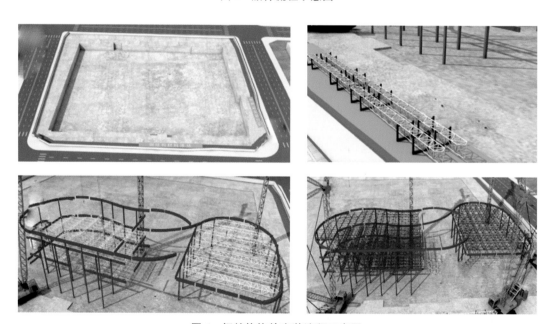

图 6　钢结构构件安装流程示意图

A168 金水区市民公共文化服务活动中心 BIM 应用

团队精英介绍

耿王磊
中建八局第二建设有限公司河南公司 BIM 工作站站长

工程师

从事 3 年 BIM 管理工作，负责公司 BIM 技术的应用与推广，先后获得多项国家级 BIM 成果，发表论文 2 篇，工法 1 项，省级 QC 成果 2 项。

薛 涛
中建八局第二建设有限公司河南公司 BIM 工作站业务主管

BIM 建模工程师
一级建造师
中国矿业大学（北京）硕士研究生

从事 BIM 管理工作 4 年，曾担任多个项目 BIM 负责人，目前负责公司 BIM 技术推广、培训、BIM 大赛成果申报。先后获得国家级 BIM 奖 7 项，省级 BIM 奖项 11 项，公司 BIM 技能大赛二等奖，中西部六省 BIM 大赛优秀选手。

李永明
中建八局第二建设有限公司河南公司总工程师

一级建造师
高级工程师

负责河南公司技术质量管理、科技推广、新技术应用、工程创优、BIM 中心等工作。先后主持完成并获得多项国优金奖、鲁班奖；获国际 BIM 大赛（AEC）第三名，国家级 BIM 特等奖 1 项，省级以上 BIM 奖项 10 余项。

孙金超
中建八局第二建设有限公司河南公司 BIM 工作站工程师

工程师
中国矿业大学（北京）研究生

从事 BIM 管理工作 5 年，曾担任多个项目 BIM 技术负责人，目前负责公司 BIM 技术培训、推广、应用及管理工作。先后获得省级 BIM 成果 3 项，公司级 BIM 成果 1 项。

赵 举
中建八局第二建设有限公司金水区市民公共文化服务活动中心项目经理一级建造师

工程师

负责项目 BIM 技术推广、应用及管理工作。历经工地获得河南省优质结构奖、河南公司年度先进个人奖，获得国家级 BIM 奖 3 项、省级 BIM 奖 2 项、省级 QC 成果 5 项、河南省省级工法 2 项，完成河南省科研课题 1 项。

李永召
中建八局第二建设有限公司金水区市民公共文化服务活动中心项目技术负责人

工程师

负责项目 BIM 技术推广、应用及管理工作。获得国家级 BIM 奖 3 项、省级 BIM 奖 2 项、省级 QC 成果 5 项、河南省级工法 2 项，完成河南省科研课题 1 项。

刘雪峰
郑州大学综合设计研究院有限公司建设工程咨询管理与建造研究所副所长

郑州大学博士
高级工程师

从事 BIM 管理工作 8 年，曾担任多个项目的 BIM 技术负责人，目前负责建造所所有工作、协调管理相关工作事宜及 BIM 技术培训、推广、应用、管理工作。先后获得国家级 BIM 成果 3 项、省级 BIM 成果 5 项。

李伟伟
郑州大学综合设计研究院有限公司建设工程咨询管理与建造研究所 BIM 工程师

郑州大学研究生
工程师

从事 BIM 管理工作 5 年，曾担任多个项目的 BIM 技术负责人，目前负责公司 BIM 技术培训、推广、应用及管理工作。先后获得国家级 BIM 成果 3 项、省级 BIM 成果 4 项、河南省技术能手称号。

梁龙龙
中建八局第二建设有限公司金水区市民公共文化服务活动中心责任工程师

工程师

负责项目 BIM 技术推广、应用及管理工作。获得国家级 BIM 奖 2 项、省级 BIM 奖 1 项、省级 QC 成果 3 项、河南省级工法 1 项，完成河南省科研课题 1 项。

杨景迪
中建八局第二建设有限公司金水区市民公共文化服务活动中心专业工程师

助理工程师

负责项目 BIM 技术推广、应用及管理工作。获得国家级 BIM 奖 1 项、省级 BIM 奖 1 项、省级 QC 成果 2 项。

倾斜摄影图像建模及 BIM 数据融合技术的应用研究

郑州麦席森数字科技有限公司，华北水利水电大学，河南奥斯派克科技有限公司

魏鲁双　秦海　巴争坤　张献才　黄虎　杨瑞祥　李峰　杨雪生　袁莹　柴增森

1　工程概况

1.1　项目概况

本项目是华北水利水电大学校领导委托本团队对华北水利水电大学（龙子湖校区）进行无人机航摄，并建立三维模型，为宣传华北水利水电大学而立。项目主题为华北水利水电大学无人机航摄三维建模，本项目需要根据郑州市无人机航摄相关条例实施，其最高建筑物为图书馆，约 100m 高。

项目地址：位于郑州市金水区郑东新区金水东路 136 号（图 1）。

占地面积：1780 亩，校内建筑物包含教学楼群、实验楼群、图书馆、学院楼群、学生公寓、体育场、家属区、学生生活广场、学校办公楼以及学生餐厅等建筑物。

图 1　华北水利水电大学校园

项目特点：根据倾斜摄影设备取得该区域的空域影像，将相邻 jpg 影像的 pos 数据空间融合，形成一个真正的三维空间结构，该空间结构蕴含显示空间物体的所有空间坐标信息。对所获空间结构进行 BIM 信息化处理，把项目所包含建筑物的介绍、功能信息填写至其地标信息中，做到多层节点的 BIM 信息体现。

1.2　公司简介

郑州麦席森数字科技有限公司是一家专业从事大型水利水电工程、土木工程与建筑工程的数字化管理系统软件设计、开发及成套外围硬件产品的高新技术企业。所研发的基于 BIM 技术的成套应用平台，综合应用了数字孪生技术、自动化监测技术、北斗定位技术、无线传输技术、网络与数据库技术、信息挖掘技术、数值仿真技术、自动控制等技术的"工程数字化管理软件"系统，包含各类智能化成品软件系统 20 余套，配套研发使用硬件设备 40 余类。

1.3　工程重难点

（1）保证航摄图的质量。
（2）航摄图像繁多，数据处理的复杂性。
（3）各种软件之间配合的系统复杂性。
（4）对计算机设备硬件设施要求较高。

2　软硬件配置

2.1　软件环境

软件：主要用于内业处理的软件有 Auto CAD 2017、Context Capture Master（Smart 3D）、大疆无人机定位工具、图新地球等软件（表 1）。

软件环境　　　　　　　　表 1

序号	名称	项目需求	功能分配
1	AutoCAD 2010	设计	部分图纸绘制
2	Context Capture Master	建模	倾斜摄影建模
3	大疆无人机定位工具	数据处理	照片信息提取
4	DJI GO/DJI GS PRO	航测	地面站
5	图新地球	可视化	可视化、单体属性化
6	自主创新软件 ViaBIM	可视化	可视化

2.2　硬件环境

硬件：台式计算机若干台、大疆经纬 M600 pro 无人机一台、大疆精灵 4 无人机 2 台、FDM 3D 打印机等（表 2）。

硬件配置　　　　　表2

序号	名称	配置	项目需求
1	台式计算机	Intel(R)Core(TM)i5-4460 CPU @ 3.20GHz　RAM:16.0GB	后期数据处理、模型建立
2	iPad	Mini 4	地面站
3	大疆经纬 M600 pro	Lightbridge 2 高清数字图传　专业级 A3 Pro 飞控　三组 GNSS 单元	倾斜相机的载体
4	大疆精灵 4	影像传感器:1/2.3英寸 CMOS；有效像素 1240 万　照片最大分辨率:4000×3000	补拍低空倾斜影像
5	红鹏 AP2600	内置相机总像素:约 2.1 亿　最高景象分辨率:2cm　像元物理尺寸:4.51μm　传感器尺寸:35.9×24.0mm	拍摄倾斜影像

3 BIM 技术重难点

3.1 现场勘察、航线规划及优化

首先需要获取华北水利水电大学（龙子湖校区）影像资料。然后对图像的位姿数据进行处理，将倾斜摄影和地面摄影的数据进行融合分析，从而得到高精度的实景三维模型流程图，如图 2 所示。

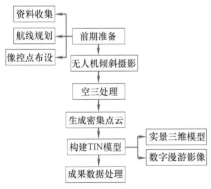

图 2　流程图

大疆经纬 M600 pro 所提供的是 DJI GO 手机航摄软件。大疆精灵 4 所提供的 DJI GO 4 手机航摄软件，不具有航线规划功能，但可以采用第三方免费航线规划软件 Pix4dcapture、航飞精灵、Good Station 等，操作流程和设置大同小异。

而本次飞行任务由于测区面积较大，测区内建筑物高度较低，所以将测区分为 9 个区组进行航摄。飞行则采用的是规划航线拍摄，从第一测区开始进行飞行。

当无人机挂载同一款相机，不同的飞行高度获得的影像地面分辨率不同；当无人机在同一高度飞行，如果挂载的相机不同，那么地面分辨率也会不同。决定地面分辨率的主要因素是飞行高度、相机焦距、像元大小。

本测区高差在 50m 左右，为了确保飞行安全及满足精度要求，将飞行高度设置为 150m。

无人机的航向、旁向重叠率与航线间距、飞行高度、相机的像元大小以及焦距等因素有关，可以采取固定的公式来求得，但通常会参考其经验值。本次测区我们将航线重叠率设为 80%，旁向重叠率设为 80%。

在无人机倾斜摄影时，由于建筑物周围有树木遮拦，视野相对较差，难免会出现建筑物细节未拍到的情况，比如屋檐下、阳台下等在无人机视野范围以外的地方，因此在拍摄过程中需要对这些地方进行拍摄，本项目采用大疆精灵 4 进行低空补拍。

3.2 图像信息

项目采用分区进行，一共 9 个架次，每个分区的图片汇总至相应的文件夹中，共计 5400 张，全部为 JPG 格式。根据无人机拍摄的照片，对其 POS 数据进行处理，本方案采用大疆无人机定位工具，将无人机拍摄的照片上传至软件中，即可得到图片中所包含的位姿信息，其中包括照片名称、经度、纬度、高度、仰俯角、翻滚角以及航向角等信息，首先将其分区汇总至单独的文件夹，之后做一个所有数据汇总，进而将其汇总为 txt 格式文件以备使用。

3.3 模型建立

本次模型建立采用的是 Context Capture Master，是 Bentley 旗下的一款三维实景建模软件。

首先在该软件中新建项目，将倾斜影像导入该软件中，对整个区块影像进行检查，确保影像文件的完整性和尺寸。然后提交空中三角测量计算，得到其空三处理结果。

加密完成之后进行生产项目获取生产模型。新建重建项目后，进行模型格式设定，选择生成的模型可以为三维网格、三维点云模型、正射影像/dsm、用于进行修饰的三维网格、仅供参考三维模型，此过程用于不同的途径，此项目需要生成三维网格。定义生产项目的格式，常用的格式有 3mx、fbx、obj 等，然后将图片纹理压缩选择 JPEG 质量 100%。生产过程对第一计算机硬件设置要求较高，计算机配置越高，相应生产的时间越短。生成产品之后打开 Context Capture Viewer，在其生产过程中设定的文件夹下就能看到生成的三维模型（图3）。

图3　生产模型

模型生产完成之后需要进行模型精度分析，本项目模型达到厘米级精度水平。将三维模型导入图新地球中将建筑物按照功能、专业等方向进行分类，添加每栋建筑物的信息，点击模型中的标注信息即可得到建筑物的详细信息，即建筑物多层节点的信息。不仅有建筑物的介绍，还包含建筑物的空间位置信息。将建筑物进行点、线、面的标绘，通过设置不同图标以及赋予不同的功能属性来体现建筑物的具体信息。

在点标绘文件夹下会展现各个建筑物的具体位置，可以将建筑物进行划分，通过树状分支的形式展现出来每个建筑物每层的具体信息，包含面积、归属、功能、作用等详细信息。

4　自主创新软件 ViaBIM

ViaBIM 是"华水智控"团队，以计算机图形学为基础结合国内外各建模软件使用特性研发的一套用于三维可视化 BIM 模型的轻量化无缝融合应用引擎，满足各种规模、工程类型的 BIM 应用需求。

ViaBIM 的功能特点：

（1）便捷展示。基于 Web 浏览器展示，支持 Windows、Linux、MacOS 等系统浏览器，基于云存储，有网即可访问。

（2）轻量化。无需任何插件，只需 Webkit 内核浏览器即可使用。

（3）可定制。为自主研发，非集成第三方平台，可根据客户需求定制功能，支持"私有云"部署。

（4）二次开发。完善的二次开发接口，轻松实现 BIM 数据的价值利用和第三方应用系统集成。

软件功能：

（1）模型显示。可以直观地观察到不同角度模型的几何形状、颜色、纹理特征，也可以对模型所处的场景进行设置。

（2）模型树查看。可以针对性地将模型按照不同功能特性进行分区，从而使模型具有不同层级的 BIM 信息，可以独自地显示某一分区或某一单体模型的 BIM 信息。

（3）模型测量。对模型的长宽高进行测量，也可进行角度测量。

（4）模型剖切。可以实现不同角度的剖切，包括旋转剖切，以显示模型的内部结构特征，从而获得模型的剖面图。

（5）模型拖拽。将单体部件从模型中拖拽下来进行模型展示以及 BIM 模型信息查看。

（6）模型注释。可以对模型进行具体功能介绍以及细部的特写，便于更直接地了解模型的信息。

（7）模型拖拽。模型各组件的自由拆分，对拖拽的组件进行几何属性的获取。

如果想将倾斜摄影模型导入该引擎中，只需生成满足引擎格式的文件即可导入引擎中。目前，引擎已应用多个工程中，包括水利工程、桥梁工程、城市建筑等。

5　总结

目前我们开发的引擎更适合用于 Revit、Cad、Sketch up、Tekla 等模型，在引擎中可以实现多种功能，并且能够通过网页端直接观察模型的各种信息，为 BIM 信息可视化创造更加便捷的平台。

而无人机建模软件生产项目是一个整体模型，目前还未增加单体化的功能，只能依靠第三方软件进行切分才能实现模型的单独显示，这也为系统更新提供了一个方向。

倾斜摄影测量技术以大范围、高精度、高清晰的方式全面感知复杂场景，通过高效的数据采集设备及专业的数据处理流程生成的数据成果直观反映地物的外观、位置、高度等属性，为真实效果和测绘级精度提供保证。同时有效提升模型的生产效率，过去采用人工建模方式一两年才能完成一个中小城市的建模工作，现在通过倾斜摄影建模方式只需要几个月时间即可完成，大大降低了三维模型数据采集的经济和时间代价。目前，中国内外已广泛开展倾斜摄影测量技术的应用，倾斜摄影建模数据也逐渐成为城市空间数据框架的重要内容。

B173 倾斜摄影图像建模及 BIM 数据融合技术的应用研究

团队精英介绍

魏鲁双

河南省钢结构协会秘书长、河南省钢结构可视化仿真中心主任

中国科学院大学计算机应用技术专业研究生毕业博士学位

主要从事三维可视化仿真与虚拟现实技术的研发应用、钢结构工程详图制作及软件系统研发、图形计算力学方法等领域的研究。近几年获省部级进步奖 11 项、市厅级科技进步奖 6 项；参与国家级多个科研项目研究，获取发明专利 25 项。

秦　海

北京城建集团某工程指挥长

工程师

主要负责百亿集群项目立项、规划、设计、建造、运营等全过程的管理工作，具备丰富的项目建设经验。

巴争坤

郑州麦席森数字科技有限公司副总工程师

主要从事 BIM 引擎与工程数字化软件系统开发工作，先后参加完成了引汉济渭工程三河口水利枢纽施工期监控管理智能化项目、黄藏寺智能温控项目、数字黄登、丰满水电站信息化平台、笋溪河大桥 BIM 监控平台等多个国家重点工程。近年来获取发明专利 2 项、实用新型 5 项、软著 5 项。

张献才

华北水利水电大学讲师

工学博士

主要从事水利行业教学及相关领域的科研工作，主要研究方向为筑坝新材料理论及筑坝技术。近年来，发表论文 10 多篇，其中 SCI、EI 收录 6 篇，主持及参与各种纵、横向研究课题数项。

黄　虎

华北水利水电大学副教授

工学博士

长期从事水利工程教学与科研工作，主要研究方向为新型筑坝材料及坝型研究、水工结构静动力数值仿真分析。近年来，发表论文 15 篇以上，其中 SCI、EI 收录 12 篇，授权发明专利 6 项，主持及参与各种省部级及以上研究课题 5 项。

杨瑞祥

华北水利水电大学水利工程专业硕士

BIM 建模师

华北水利水电大学水利工程土木水利专业硕士。已考取全国 BIM 技能等级考试一级、土木与建筑类三维数字建模师、土木与建筑类计算机绘图师证书，掌握 BIM 建模技术。多次荣获国家奖学金、校级奖学金及学业奖学金。

李　峰

北京城建集团南部片区指挥

杨雪生

北京城建集团南部片区副经理、总工程师

袁　莹

华北水利水电大学讲师

硕士
一级建造师
注册监理工程师

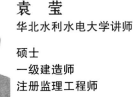

主要从事水利水电工程施工技术的研究。

柴增森

华北水利水电大学乌拉尔学院建筑系 2019 级学生

BIM 建模师

三、二等奖项目精选

华邦国际中心大跨度钢连廊施工 BIM 技术应用

中国建筑第二工程局有限公司，中建二局阳光智造有限公司

汪飞　苏铠

1　工程概况

1.1　项目简介

华邦国际中心项目位于广州市海珠区琶洲 A 区，北侧紧邻珠江边阅江西路，西侧毗邻猎德大道，东侧为海洲路，南侧紧邻西二号路，与珠江新城隔江相望，空中 135m 处设置有空中钢连廊观景平台，项目建成后为华邦总部企业大楼，打造集商务办公休闲于一体的创新时代智慧型商务综合体，建筑面积为 17.85 万 m^2，用地面积 1.02 万 m^2。其中地下室 4 层，基础形式为筏板基础，A 塔楼高 172.5m（31 层），B 塔楼高 149.5m（33 层），结构类型为钢筋混凝土框架＋核心筒结构，在 A 塔楼 26～27 层和 B 塔楼 29～30 层之间设置单层钢结构连廊，总用钢量约 3400t（图 1）。

图 1　项目鸟瞰图

钢结构连廊为单层结构，总高度为 8.5m。南北最大跨度约 22.8m，位于 1-B 轴～2-H 轴之间，东西最大跨度约 46.28m，位于 10 轴～16 轴之间，钢连廊由 2 个桁架 HJ3、2 个桁架 HJ4、1 个桁架 HJ1、1 个桁架 HJ2、钢柱、钢梁和钢筋桁架板等组成，结构类型为大跨度桁架结构，钢连廊重量为 1000t，其标高范围：125.95～134.5m，最大安装标高 134.5m，顶部为空中花园。钢连廊施工采用地面拼装后液压整体同步提升技术安装就位（图 2）。

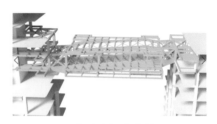

图 2　大跨度钢连廊效果图

1.2　公司简介

中国建筑第二工程局有限公司华南分公司是世界 500 强中国建筑股份有限公司旗下中国建筑第二工程局有限公司的直属区域公司。中建二局阳光智造有限公司是中建二局全资子公司，公司定位为 EPC 智能建造工业一体化承包商，是一家集钢结构研发、设计、制作、施工、检测于一体的大型智能建造工程公司。公司始终以"诚信、创新、超越、共赢"为核心价值观，致力于新工艺、新技术、新材料的推广和应用，大力推进 BIM 技术落地实施。

1.3　项目 BIM 应用重难点分析

（1）连廊拼装区域覆土 3.72m，需要在首层地下室进行回顶，回顶施工难度大，回顶面积广。

（2）钢连廊地面拼装吨位大，跨度大，支撑体系搭设难度大，为保证钢连廊施工安全性，减少安装误差，地面拼装精度要求高。

（3）塔楼悬挑钢梁悬挑跨度大（最大跨度 10.7m）、悬挑高度高（最大安装高度 4.7m），为保证施工安全性，需要设置临时安全保证措施。

（4）塔楼钢骨柱牛腿和钢连廊对接焊接需要在悬空进行，如何组织焊接施工，控制焊接变形、消除残余应力、防止层状撕裂，保证全部焊接施工质量达到规范及设计要求，是现场焊接质量控

制的重点。

（5）钢连廊液压提升高度高、施工难度大，提升支撑平台受力分析是重点。

（6）钢连廊地面拼装完成提升距离地面1m的位置，需要增加临时支撑措施并穿插连廊底部幕墙龙骨施工，在保证安全的前提条件下才能进行连廊底部幕墙龙骨的施工，过程组织管理难度大。

1.4 项目BIM管理目标

（1）BIM应用质量目标：利用BIM模型工厂预拼装减少现场施工误差，快速统计钢结构工程量，提高方案编制质量，提高交底质量，提高过程管控能力。

（2）BIM应用安全目标：利用BIM模型对劳务进行可视化交底作业，同时对重大安全风险部位进行施工模拟，及时发现安全问题。

（3）BIM应用管理目标：缩短项目工期，降低工程造价，提升项目质量。

2 BIM团队的建立及BIM软件系统

2.1 项目BIM团队介绍

钢结构模型建立，结构图纸问题梳理，施工方案讨论模拟→钢结构深化设计、4D施工模拟管理、各专业协同作业指导→模型工程量出量、项目对内对外成本动态管控、材料采购计划精细管控、5D施工模拟管理→BIM竣工模型交付、项目后期数据运营管理。

根据公司关于推进项目BIM落地实施的相关文件和要求，项目成立BIM工作室，组建项目BIM团队，将各个部门纳入项目BIM管理体系，保证整个项目的BIM管理体系完整全面，保证相关BIM工作的落实，大力推动BIM工作的实施和推进（图3）。

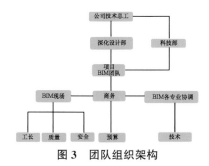

图3 团队组织架构

2.2 BIM应用软件配置（图4）

图4 BIM应用软件配置

2.3 项目BIM工作标准

根据公司关于推进项目BIM落地实施的相关文件和要求，项目编写和制定了BIM工作实施计划、BIM建模标准和BIM实施方案等文件，确保BIM工作顺利进行。

3 BIM技术应用情况

3.1 BIM技术在钢结构精确建模中的应用

钢连廊结构为异形对称桁架空间结构，造型多变，结构复杂，按照传统方式很难完成三维模型的搭建，深化设计人员将关键点的三维坐标输入BIM软件并精准定位，根据关键点按照不同截面、不同结构类型依次搭建三维模型，大大提高了建模精确度和效率。

3.2 BIM技术在钢结构节点深化过程的应用

（1）地面拼装临时支撑胎架深化设计：钢连廊拼装区域在地下室顶板首层，回填土深度为3.72m，使用BIM软件进行钢连廊地面拼装支撑胎架的深化设计，借助BIM模型碰撞及模块化检测功能，能对地面临时拼装支撑胎架细部节点进行精确核对，避免现场连廊地面拼装过程出现塌陷（图5、图6）。

（2）同步液压提升平台设计深化：使用BIM软件进行液压提升平台节点的深化设计，对提升平台模拟液压提升施工，提前考虑提升过程出现的问题，同时通过两种软件转化，借助BIM模型碰撞及模块化检测功能，能对提升平台承载进行精确核对（图7、图8）。

（3）液压一次提升幕墙龙骨安装深化设计：使用BIM软件进行临时支撑措施节点的深化设计，通过模拟受力工况分析，可以确定临时支撑措施构件截面及材质，从而保证钢连廊提升1.7m后可以

图 5　地面拼装支撑胎架三维示意图

图 6　钢连廊地面拼装图

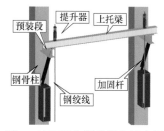

图 7　液压同步提升平台示意图

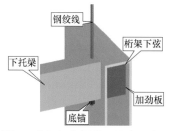

图 8　液压同步提升下吊点示意图

安全穿插幕墙龙骨施工。

3.3　BIM 技术在现场施工应用

（1）钢连廊地面拼装—底部架空式分配梁技术：在混凝土柱顶布置 30mm 平面埋件，埋件上布置分配梁，支撑胎架布置在分配梁上，连廊拼装荷载通过底部架空式分配梁传递至混凝土柱，分配梁与楼层面完全脱离，从而避免楼板被破坏。

（2）钢连廊安装技术—液压提升原理："液压同步提升技术"采用液压提升器作为提升机具，柔性钢绞线作为承重索具。液压提升器为穿芯式结构，以钢绞线作为提升索具，有着安全、可靠、承重件自身重量轻、运输安装方便、中间不必镶接等一系列独特优点。液压提升器两端的楔形锚具具有单向自锁作用。当锚具工作（紧）时，会自动锁紧钢绞线；锚具不工作（松）时，放开钢绞线，钢绞

线可上下活动。液压提升过程如图 9 所示，一个流程为液压提升器一个行程。当液压提升器周期重复动作时，被提升重物则一步步向上移动。

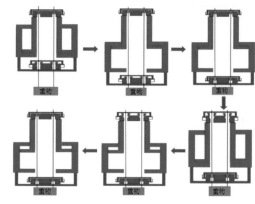

图 9　液压提升原理图

（3）施工过程模拟受力分析：钢连廊施工过程采用有限元分析软件 Midas Gen 进行计算，对连廊安装各过程中各阶段结构的内力、稳定性、位移量做全过程动态仿真计算，为了确保钢连廊液压提升过程安全进行，通过增加临时加固措施来降低连廊结构应力比。

提升过程中，被提升结构最大应力比为 0.46＜1（中间箱形桁架大梁）；提升平台最大应力比为 0.75＜1，加固措施最大应力比为 0.86＜1；杆件应力比均小于 1，满足规范要求；结构最大综合变形为 57mm，出现在连廊中部悬挑端；结构最大变形为 57mm，其提升点间距约为 41300mm，变形为跨度的 1/725，满足规范 1/400 的要求；主桁架杆件最大抗剪比 0.59＜1，提升平台最大抗剪比 0.64＜1，满足要求。

4　BIM 应用成果总结

（1）经济效益：BIM 技术在该深化设计、加工厂预制、现场安装的应用极大地提高工作效率、缩短项目建设周期，通过 BIM 技术共计节约成本 170 万元，工期节约 30 天。

（2）社会效益：项目施工过程中共获得专利 18 项，BIM 相关论文 4 篇，荣获科技奖 1 项，荣获广东省粤钢奖。

（3）管理增效：协同平台，高效管理项目，扩展了 BIM 软件系统组成以及应用深度，引进更先进软件管理平台，加强软件间的对接整合，保存项目全过程资料，为项目实施的追溯提供依据。

A008 华邦国际中心大跨度钢连廊施工 BIM 技术应用

团队精英介绍

汪 飞
中建二局华邦项目 BIM 负责人

工学学士
工程师

主要从事钢结构现场施工技术及大跨度钢连廊施工技术有限元模拟分析，参与广州万博数码城项目、华邦国际中心项目等，曾获广东省土木建筑学会科学技术奖 1 项、广东省建筑业协会科技奖 1 项、广东省钢结构协会科技奖 1 项、发明专利 1 项、广东省工法 1 项，发表论文多篇。

苏 铠
中建二局阳光智造有限公司总工

工学学士
工程师

主要从事装配式钢结构施工、空间大跨度钢结构施工和钢结构有限元分析工作，主持了光启科学中心、南宁万达茂、腾讯滨海大厦等项目施工，现任广东省钢结构协会副秘书长，广东省装配式建筑与绿色建材专家委员会专家。

扬州颐和医疗健康中心 BIM 技术施工落地应用

江苏邗建集团有限公司

李景华　杨歆　张科　徐方舟　胡磊　牛海涛　巫峡　童伟　裴昊晨　耿国庆

1 工程概况

1.1 项目简介

扬州颐和医疗健康中心项目（图 1）位于扬州市广陵区，总建筑面积为 199654m²，其中地上建筑面积 122361m²，地下建筑面积 77292m²，建筑高度 57.25m。扬州颐和医疗健康中心高层病房 13 层，门急诊综合楼 4 层，地下 2 层，是集医疗、教学、科研、康复为一体的三级专科妇女儿童医院。

图 1　扬州颐和医疗健康中心项目效果图

1.2 公司简介

江苏邗建集团有限公司的前身为江苏省邗江县建筑服务公司，创立于 1972 年，已走过了 40 年的发展历程。1997 年，按照江苏省人民政府（1997）年 144 号文件精神，规范组建了全省第一家省级建筑企业集团，成为建设部试点企业集团、建设银行总行确定的重点扶持企业。2003 年，江苏邗建集团有限公司在全市同行业中率先完成产权制度改革，成为一家自然人控股的股份制企业，母子公司注册资本达 6.1 亿元，母公司江苏邗建集团有限公司注册资本 3.08 亿元，拥有各类专业技术人员 2300 多人，其中中高级职称人才 800 余人，项目经理 200 人。

江苏邗建集团有限公司是集设计、科研、施工、安装、房地产开发于一体，跨行业、跨地区、跨国境经营的大型多元化建筑企业集团，具有房屋建筑工程施工总承包特级、市政安装、机电安装、水利水电工程等多项总承包及专业承包一级施工资质。集团公司高度重视质安管理和科技创新，始终坚持"用我们的汗水和智慧向社会奉献精品"的质量方针，"坚持人文、营造绿色、追求和谐"的环境方针，先后创鲁班奖、国优奖、中国安装之星、全国建筑工程装饰奖工程、中国钢结构金奖 25 项，省优工程 100 余项，被授予"国优工程三十周年突出贡献单位""全国工程建设质量管理优秀企业"等荣誉称号；江苏邗建集团现下辖分公司 21 个，拥有 10 个参股公司，足迹遍布全国 30 多个省市自治区以及中东、非洲、东南亚等海外市场。

1.3 工程重难点

工期紧、任务重：受疫情影响，项目工期滞后，为保证项目按时按质完成，必须在土建主体结构施工前完成整体项目建筑结构及机电管线系统的建模，碰撞检查并优化管线综合设计，提供模型并漫游。

钢结构专业复杂：本项目钢结构与安装及精装修专业交叉多，BIM 深化工作量大，对钢结构部门与各专业的协同要求高。

安装专业复杂，协调工作难度大：机电安装工程专业众多，涉及建筑、结构、给水排水、消防、电气、通风空调与智能化等全专业，空间控制高，需要协同作业。

工程质量要求高：本工程的质量目标要求高，为确保工程鲁班奖目标顺利实现，确定在项目建设中采用 BIM 技术进行管理，以期在建筑节点优化、管线综合平衡布置、预留预埋等方面，模拟施工，确保现场的正常有序施工。

2 BIM团队建设及软硬件配置

2.1 制度保障措施

项目BIM团队由集团BIM中心及项目各专业管理人员组成。在总承包管理体系下，设置建筑、结构、给水排水、暖通、电气、装饰、钢构等相关专业工程师，作为BIM技术开展过程中的具体执行者，负责将BIM成果应用到具体的工作过程中。

2.2 团队组织架构（图2）

图2 组织结构图

2.3 软件环境

项目BIM团队使用了多种专业软件，具体详见表1。

软件环境 表1

序号	软件名称	软件功能
1	Autodesk Revit 2019	各专业三维模型搭建
2	Autodesk Navisworks 2019	动画漫游、碰撞检测等
3	Autodesk CAD 2019	电子图纸查看，编辑，交底,归档等
4	Autodesk 3Dmax 2019	工艺动画制作、效果图渲染等
5	Fuzor	净空分析,模型浏览漫游等
6	Lumion	动画漫游渲染
7	Tekla	钢结构三维模型,搭建钢结构详图,各种报表等
8	Visual Studio 2017	Revit插件二次开发
9	广联达—BIM5D	项目的综合管理应用
10	广联达—数字项目平台	实现文档共享、任务流程、BIM协作与团队沟通

2.4 硬件环境

项目BIM团队配备台式电脑8台，笔记本1台（图3），使用BIM5D管理平台的各管理人员及施工团队，要求配备可以应用BIM5D平台手机端的智能手机，现场配有无人机、VR安全体验设备。

图3 硬件设备

3 BIM技术重难点应用

临时设施及场布方案优化：进场后及时配合项目总包，提交场地需求，进行机电总包办公、生活区域的策划与建设，现场材料场地及加工场地的规划，编制项目现场布置三维效果图（图4）。

图4 现场布置三维效果图

安全措施施工模拟：对现场高支模区域进行模板和脚手架的建模，进行高支模区域的梁、板、柱模板和脚手施工措施的三维交底（图5），让施工班组更加清晰地掌握施工的内容和技术要求。

图纸问题审查：总包单位协调各专业，召开图纸审核会议，应用模型直观展示图纸问题，进行设计成果冲突检测。各方提出图纸修改意见，提前解决设计存在的问题48处，加快问题沟通效率（图6）。

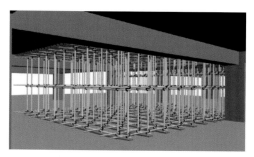

图5 高支模区域模板和脚手架三维交底图

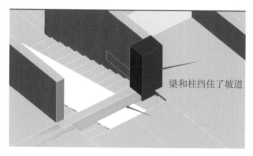

图6 梁柱冲突示意图

土建二次墙图留洞及交底：根据深化后的机电模型创建和调整好后，管道穿墙洞口的位置、与原图纸发生了很大变化，通过二次墙体模型留洞告知现场施工人员哪些位置为管道新的穿墙洞口。根据洞口的不同筛选条件，将墙体留洞模型分成对应的图层导出为CAD图，来指导现场施工。将图纸打印出来后，在项目部醒目位置放置，并跟踪现场的实际留洞情况，发现问题及时指正和纠偏，现场及时跟踪砌墙时的留洞情况，并对留洞尺寸和位置进行测量和校核，现场洞口成功使用率达到95%。

机电模型碰撞检查：模型深化设计过程中，BIM工程师发现并统计模型中各专业碰撞点并形成优化前后的碰撞报告，人工排查模型发现重要部位碰撞问题约350个。

机电模型问题审查及方案论证：总包单位协调各专业，召开方案论证会议，结合模型问题报告，进行方案比选，各方提出图纸修改意见，选取最优方案，发现并统计设计模型中平面布置不合理处约40处，并逐一进行优化。

机电专业综合深化图纸出图：为了满足施工需求，进行管线深化设计，并根据深化设计模型进行二维图纸生成，做好版本跟踪，先后交付综合平面图、专业平面图纸、剖面图、大样图共计约350张，对安装团队进行技术交底。

机房深化设计：机房管道较多，空间较小，对管线综合排布及空间利用率要求高，为了满足安装及检修人员操作空间，通过对机房管线设备优化，加快设备生产进场，提高施工效率，保证工期进度（图7）。

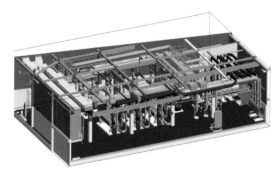

图7 管线综合排布

机电复杂节点优化及支吊架设计：机电复杂区域管线较多，平面无法表达清楚，通过三维模型可视化进行模拟及方案优化，提高沟通效率。对水管密集区域进行综合排布，考虑综合支吊架，对其方案进行优化。

钢结构吊装及焊接方案模拟（图8）：优化博物馆主体钢结构吊装方案，将吊装区域划分调整为集中安装，减少起重机租赁费用，并加快施工进度，模拟焊接位置，确保安全操作空间。

图8 钢结构吊装及焊接方案模拟

数字化5D平台应用：疫情期间为了减少人员接触，保证项目进度按时完成，BIM中心将三维模型上传云平台，可以用手机、网页进行查看，将图纸交底转移至5D平台，提高了人员读图识图效率，大幅度提高了项目图纸的沟通效率。同时将图纸、变更、各种资料上传云文档，项目纸质资料与电子版资料同步更新，根据施工方案制作工艺库，所有人员随时可以通过手机查看，方便现场施工管理。

A012 扬州颐和医疗健康中心 BIM 技术施工落地应用

团队精英介绍

李景华
江苏邗建集团有限公司副总经理、高级工程师

一级建造师
高级工程师

江苏省劳动模范，多次被评为江苏省技术创新先进个人，江苏省优秀总工程师，中国施工企业管理协会科技专家。获国家级 BIM 大赛一等奖 2 项、二等奖 1 项，省级 BIM 大赛一等奖 1 项。江苏省扬州市有突出贡献的中青年专家，江苏省建筑行业协会绿色施工分会专家，江苏省建筑行业协会工程质量管理专家。

杨 歆
江苏邗建集团有限公司
BIM 中心小组组长

BIM 建模工程师

从事 BIM 工作 10 年，担任中国大运河博物馆 BIM 项目组长，负责协调各专业完成 BIM 技术的落地应用。项目成果同时荣获多项国家及省级大奖。2021 年被评为公司"劳动模范"。获国家级 BIM 大赛一等奖 2 项、二等奖 1 项，省级 BIM 大赛一等奖 1 项。江苏省五一创新能手，省技能能手，江苏省住房城乡建设系统技能标兵。

张 科
江苏邗建集团有限公司
BIM 中心小组组长

一级建造师

从事 BIM 管理和技术工作，具有 25 年施工现场工作经验，先后参与多个国家、省市级获奖项目的现场技术和 BIM 管理工作，发表各类技术论文 6 篇，获奖 QC 论文 1 项，获得国家和省部级 BIM 奖项 4 项。

徐方舟
江苏邗建集团有限公司
BIM 中心 BIM 工程师

一级建造师
BIM 高级建模师（结构专业）
一级造价师

从事近 6 年 BIM 管理工作，负责公司 BIM 技术推广与培训，参与 1 项鲁班奖工程创建，2 项国优工程创建，获得多项国家级 BIM 成果、QC 成果与科学技术奖。

胡 磊
江苏邗建集团有限公司
BIM 中心 BIM 工程师

一级建造师
BIM 高级建模师（设备专业）

从事 BIM 机电安装工作 4 年，先后获得国家级 BIM 成果 2 项，省级 BIM 成果 1 项，省级 BIM 技能竞赛优秀选手。

牛海涛
江苏邗建集团有限公司
BIM 中心小组组长

一级建造师
BIM 建模工程师
广联达特聘金牌讲师

从事 BIM 工作 6 年，参与中国大运河博物馆、扬州颐和医疗中心等 BIM 工作，先后荣获国家级 BIM 大赛一等奖 2 项、二等奖 1 项，省 BIM 大赛一等奖 1 项，参加广联达数字建筑大奖赛获数字项目巅峰优胜奖。

巫 峡
江苏邗建集团有限公司
BIM 中心 BIM 工程师

BIM 建模师（设备专业）

从事近 10 年机电施工管理工作。参与扬州华懋购物中心电气深化施工、中国大运河博物馆机电安装深化施工等。先后荣获国家级 BIM 奖 2 项、省级 BIM 奖 1 项、QC 成果 2 项，发表论文 2 篇。

童 伟
江苏邗建集团有限公司
BIM 中心 BIM 工程师

一级建造师
BIM 建模工程师
一级造价师

从事 BIM 建模工作 6 年，参与中国大运河博物馆、扬州颐和医疗中心项目等工作，先后荣获国家级 BIM 大赛一等奖 1 项、二等奖 2 项、优秀奖 1 项。

裴昊晨
江苏邗建集团有限公司
BIM 中心 BIM 工程师

BIM 建模师（设备专业）

从事 BIM 土建建模工作 3 年，参与中国大运河博物馆、扬州颐和医疗中心项目等工作，先后荣获国家级 BIM 大赛一等奖 1 项、二等奖 1 项、优秀奖 1 项。

耿国庆
江苏邗建集团有限公司
BIM 中心 BIM 工程师

BIM 建模师（设备专业）

从事 BIM 工作 2 年，先后参与中国大运河博物馆、扬州颐和医疗中心等项目 BIM 工作，荣获国家级 BIM 成果 1 项。

BIM 技术在南京禄口国际机场 T1 航站楼改扩建项目中全过程施工综合应用

中建安装集团有限公司

夏凡　高增孝　任坤赟　嵇雷　陈思聪　崔琳杰　刘彬　樊星奇　吴钟鹏　王张伟

1　工程概况

1.1　项目简介

禄口机场 T1 航站楼建成于 1997 年，开创了中建机场建设的先河，至 2017 年，年旅客吞吐量突破 2500 万人次，客流量持续大幅增长。经鉴定，原 T1 航站楼安全性等级、综合抗震能力等已无法满足使用要求。为提升航站区使用效能，优化旅客出行体验，本工程对禄口国际机场 T1 航站楼、连廊及北指廊进行改扩建，同时配套进行陆侧和站坪系列改造，总建筑面积 161244m² （新建 40178m²，加固改造 121066m²），如图 1 所示。

图 1　项目鸟瞰图

本工程地下结构体系为钢筋混凝土框架结构，外围为剪力墙结构；地上结构体系为钢筋混凝土框架结构，屋面采用大跨钢屋盖，耐火等级为一级，地下室防水等级为一级。将现有建筑和结构进行拆、改、扩建。

1.2　公司简介

中建安装集团有限公司位于江苏南京，注册资本 13.52 亿元，市场经营范围遍及全国，并涉足非洲、中东、美洲、东南亚等国际市场。具备石化工程、大型公建和超高层建筑机电安装、轨道交通电气化、电子科技智能化、隧道装备制造、水务环保、医药厂房、异形钢结构制作安装、化工设备制作安装、化工石化医药工程设计、建筑技术开发、

机械设备租赁等专业施工和多元化经营能力。综合实力稳居国内安装行业领先地位，素有“铁军”的美誉。共参编国家和行业标准规范 7 项，有效国家专利 380 项、发明专利 50 项、软件著作权 14 项。公司先后被授予全国优秀施工企业、全国建筑业 AAA 级信用企业、全国守合同重信用企业、全国创先争优先进基层党组织、全国五一劳动奖状等 160 余项省部级以上荣誉称号，是中国建筑股份有限公司旗下集设计、科研、咨询、采购、施工、设备租赁、融投资于一体，最具有核心竞争力的独资大型专业建筑安装施工企业。

1.3　工程重难点

禄口机场 T1 航站楼为大型场馆改扩建工程，原结构图纸存在不全或偏差较大；改扩建设计难度大、涉及专业广、深化设计多；机场涉及专业广，各专业界面交叉繁杂。本工程正立面檐口蜂窝板为双曲蜂窝板，施工难度大、精度要求高。原钢屋盖在使用 20 年后，由于钢结构设计标准变化以及屋盖荷载增加，原钢桁架屋盖部分杆件平面外稳定性不足，极少杆件轴力不满足要求，需要对原钢屋盖进行加固。由于设计团队并未给出具体的加固方案，加固方案难度高。

2　BIM 团队建设及软硬件配置

2.1　保障措施实施流程（图 2）

图 2　BIM 实施流程

2.2 团队组织架构（图3）

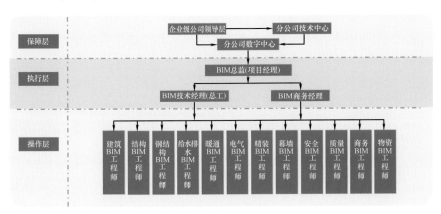

图3 团队组织架构

2.3 软件环境（图4）

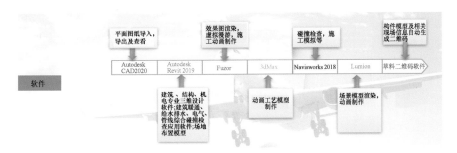

图4 软件环境

2.4 硬件环境

硬件设备包括BIM建模工作站、VR体验设备、无人机、三维激光扫描仪。

3 BIM技术重难点应用

3.1 3D扫描技术（逆向出图）

采用三维扫描＋BIM技术获得原结构的点云数据，通过扫描的结果与点位，逆向生成图纸，优化模型，为钢屋盖加固方案提供依据（图5）。

图5 3D扫描技术

3.2 可视化应用

通过三维可视化的呈现，不再受限于传统 2D 图面，形象直观，可减少双方想象的落差、缩短沟通的时间。通过漫游等一系列功能，不再受限于传统"上帝视角"，以漫游视角身临其境，提供多角度、动态化的感受（图6）。

图 6 行李架可视化、钢网架可视化、精装样板可视化

3.3 BIM＋工况分析及优化

（1）钢屋盖加固

钢屋盖模型见图 7、现场施工见图 8。

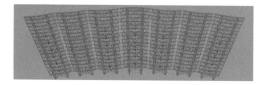

图 7 钢屋盖模型

图 8 钢屋盖现场施工

（2）一柱一桩半逆作

运用 BIM 进行航站楼东侧半逆作法一柱一桩施工工况模拟，将方案优化为半逆作法提前闭水以代替原顺作施工方案，使得航站楼内精装作业可提前施工。通过工况分析，提前发现施工难点，并结合 BIM 辅以方案交底、重要节点工序优化等，指导现场施工（图9）。

图 9 一柱一桩半逆作施工模拟图

（3）钢结构拆除、安装

对北指廊原钢屋盖拆除工况进行模拟，并进行新建钢屋胎架应力、变形工况分析（图10）。

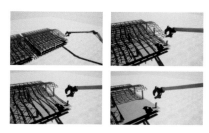

图 10 拆除工况模拟

（4）双曲蜂窝板深化设计

本工程正立面檐口蜂窝板为双曲蜂窝板，施工难度大、精度要求高。蜂窝板是复合板材，只能采用模具一次冲压成型后，再进行蜂窝板的复合制作。双曲板制作采用犀牛建模，数字化放样，确保制作精度；龙骨安装使用点位数据重新建模，与设计图纸和模型比对，确保安装精度（图11）。

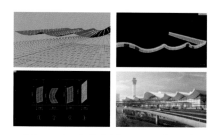

图 11 双曲蜂窝板 BIM 深化设计

3.4 BIM 应用总结

通过禄口国际机场 T1 航站楼改扩建项目的全过程数字化建造技术的应用，证明了数字化建造技术的普及度对项目进度影响巨大，本项应用受到了业主、监理及分包单位的一致好评。此外，现阶段模型精度已达到 LOD400～500，可满足运维需求，并且已经录入了相关运维信息。在项目竣工之后交付业主，业主即可直接作为运维模型使用（图12）。

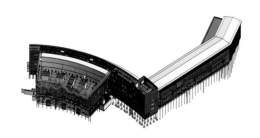

图 12 BIM 模型

A013 BIM 技术在南京禄口国际机场 T1 航站楼改扩建项目中全过程施工综合应用

团队精英介绍

夏 凡
中建安装集团有限公司南京公司总工程师

硕士研究生
高级工程师
一级建造师
注册安全工程师

先后主持南京城北水厂扩建及深度处理工程、长江引水工程及句容市第一水厂 EPC 工程等重点工程，现任中国安装协会专家，多次获得全国各类 BIM 大赛奖项，获得专利 8 项，主编著作《水务环保工程关键技术》。

高增孝
中建安装集团有限公司南京公司副总工程师、技术中心主任

高级工程师

先后指导参建了青岛国际会议中心项目、江苏大剧院项目、南京青奥会议中心项目、南京南站等多项重点工程项目。荣获鲁班奖 7 项，国家优质工程奖 2 项。参编《民用建筑安装工程绿色施工技术研究》等多项系列丛书。

任坤赟
中建安装集团有限公司禄口机场机电项目经理

工程师

先后担任一批国家或省市级重点工程项目经理，获鲁班奖 2 项、国家优质工程奖 1 项、国家级 BIM 奖项 2 项、国际级 BIM 奖项 1 项、省部级 BIM 奖项 4 项、实用新型专利 2 项，在省部级期刊发表论文 4 篇。

嵇 雷
中建安装集团有限公司禄口机场机电项目经理

工程师

长期从事机电安装施工技术研究，先后参与了南京禄口国际机场 T2、T1 航站楼等大型公建项目。获国家优质工程奖 2 项、智建 BIM 大赛二等奖、中施协 BIM 技术综合应用三等奖、实用新型专利 1 项。

陈思聪
中建安装集团有限公司南京公司数字中心主任

工程师
BIM 创新工作室主任
江苏省建筑行业协会
BIM 评审专家
中国施工企业管理协会
BIM 技术专家

从事 BIM 工作 8 年，负责南京公司数字建造领域的工作。参与多项国家级、省级重点项目建设工作，参编《医院建设 BIM 应用与项目管理——江苏省妇幼保健院工程实践》，荣获 BIM 奖项 75 项，所在工作室于 2021 年获得"南京市创新工作室"称号。

崔琳杰
中建安装集团有限公司南京公司 BIM 负责人

工程师
图学会 BIM 高级建模师
中国安装协会 BIM 技术人才库成员
BIM 应用国家职业资格三级

从事 BIM 工作六年，主持或参与市政、建筑（含大型场馆）等各类型项目的 BIM 技术应用工作，先后荣获国际级、国家级各类 BIM 奖项 80 余项，参编《机电工程数字化建造关键技术》《医疗卫生工程关键技术》系列丛书。获实用新型专利 1 项。

刘 彬
中建安装有限公司科技与质量部 BIM 技术经理

高级工程师

中国安装协会、中国施工企业协会 BIM 技术专家库成员，获得国家级协会 BIM 大赛奖十余项，参与股份公司 BIM 技术应用汇编，先后组织编制公司 BIM 实施标准及管理办法，牵头举办三届公司 BIM 应用大赛等。

樊星奇
中建安装集团南京公司技术中心 BIM 工程师

从事 BIM 深化设计、管理工作，参与过南京禄口国际机场、南京河西金融城、南京地铁 S8 号线、南通大剧院等十余个大型项目的 BIM 工作，成果获得省部级及以上 BIM 奖项 20 余项。

吴钟鹏
中建安装有限公司技术中心数字中心可视化负责人

图学会 BIM 二级（设备）

长期从事建筑工程三维动画模拟、三维建筑效果图制作，并对建筑数据可视化多项技术进行研究。获国家、省部级协会 BIM 大赛奖 11 项；获得专利 3 项；参与编写《医院建设 BIM 应用与项目管理》。

王张伟
中建安装集团有限公司 **BIM 工程师**

助理工程师

获得 2020 年中国安装协会"行业先进（Ⅲ类）"水平奖、第二届工程建设行业 BIM 大赛三等奖、第二届"市政杯" BIM 应用技能大赛一等奖（单项组）、2021 "SMART BIM" 智建 BIM 大赛二等奖、中国首届"新基建杯"优秀奖。

基于 BIM 技术的智慧建造在成都自然博物馆中的应用

中铁建工集团有限公司

张涛　田仲翔　严心军　张超甫　朱立刚　王磊　占游云

1　工程概况

1.1　项目简介

新建成都自然博物馆项目位于四川省成都市成华区成华大道十里店路以东，二仙桥东三路以北，成都理工大学西侧，紧邻成都地铁八号线，左临成华大道，右临东风渠滨河景观带（图 1）。

成都自然博物馆建筑形体取自蜀山、蜀水、蜀路，六块人工山体巧妙穿插设计为地球奥秘厅、岩石矿物厅、恐龙世界厅、现代生物厅、防灾减灾厅、学术报告厅、放映/科普互动厅。建成后，将成为西南地区唯一的综合自然类博物馆（图 2）。

本工程地下结构为型钢-钢筋混凝土，地上为钢框架＋支撑，屋面结构为焊接球网架结构；外幕墙主要由石材幕墙和竖明横隐玻璃幕墙系统构成，屋顶主要为采光顶系统和石材装饰屋面。成都自然博物馆项目地上钢结构共分为 6 个单体，分别为单体 A～单体 F，均为下部钢框架桁架＋屋盖网架结构体系。6 个单体之间通过连廊桁架及连廊梁连接。部分钢柱为折柱，与垂直面最大夹角为 33°（图 3）。

图 1　项目位置

图 2　项目效果图

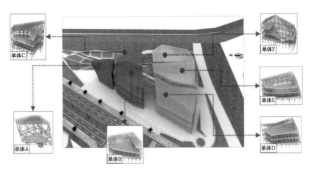

图3 钢结构概况

1.2 公司简介

中铁建工集团有限公司是世界500强企业——中国中铁股份有限公司的全资子公司，始建于1965年，拥有国家房屋建筑工程施工总承包、铁路工程施工总承包和公路工程总承包"三特级"资质。多年来，中铁建工立足于房建工程、基础设施工程、房地产、设计四大业务板块，统筹协调路内、路外、海外三大市场，形成了投资、设计、施工、安装装饰、物业管理一体化的全产业链发展优势。

1.3 项目重难点

（1）大跨度复杂结构安装变形及精度控制。

本工程结构造型复杂、跨度大、不同部位刚度差异大。吊装施工过程结构受力状态与设计状态存在较大差异，易造成结构变形或局部受力不均匀，精度控制难度大。

（2）空间和结构形式复杂，机电管线综合难度大。

本项目对空间品质要求高，内部系统繁多，机电管线复杂密集，管线穿行及优化调整工作量大；建筑内外整体异形，空间不规则，末端设备和点位安装定位难度大。

（3）多面不规则屋面组织排水和防水难度大。

屋面造型复杂，排水方向和坡度多；排水系统复杂，防水构造措施及施工要求严苛。

2 BIM团队建设及软硬件配置

2.1 制度保障措施

为了实现 BIM 应用过程的统一性、规范性、可持续性，提升项目 BIM 整体应用的水平和协同工作质量，推动 BIM 技术应用落地，编制了《成都自然博物馆施工阶段 BIM 实施导则》《成都自然博物馆施工阶段 BIM 实施标准》等一套完整的管理标准和实施方案来规范 BIM 的实施全过程。确立了例会制度、阶段性成果汇报制度、BIM 数据安全管理制度、内部考核及人员培训制度等一系列保障措施。

2.2 软件环境（表1）

软件环境　　表1

序号	名称	项目需求	功能分配	
1	Revit 2020	三维建模	土建机电	建模/动画
2	Tekla 2018	钢结构深化	钢结构	—
3	Navisworks 2020	碰撞检查、漫游	模型整合	轻量化
4	Lumion 10 Pro	动画、漫游	动画制作	三维漫游

2.3 硬件环境

台式工作站 5 台、移动工作站 2 台、3D 打印机 1 台、手持移动终端（iPad）3 台、VR 设备 1 套、航测无人机（带 RTK 基站）1 套，以及其他硬件配置。

3 BIM 技术重难点应用

难点1：本工程结构造型复杂、跨度大、不同部位刚度差异大。屋面采用重屋面，网架最大跨度 37m。下部框架楼层桁架最大跨度 36m。楼层大跨度桁架采用整榀吊装，屋盖钢网架采用分块吊装的方式进行安装。施工过程结构受力状态与设计状态存在较大的差异，容易造成结构变形或局部受力不均匀的情况，安装过程的精度控制难度大。

解决方案：通过 BIM 计算分析，制定合理方案，指导现场施工；跨度超过 30m 的桁架按

$L/1000$ 进行现场起拱；大跨度屋面网架通过 Midas 计算分析，将竖向挠度变形值反馈给深化，在图纸中体现起拱值；加强实时测量监控，对结构关键部位点利用全站仪进行全程的跟踪测量；根据屋面坡度确定球冠顶面方向，通过测量球冠面的 3 个坐标点控制屋面的坡度。

难点 2：本工程结构外立面框钢柱为折线斜柱，斜柱从地面起向结构外倾斜，而到了二层楼面位置时则向内倾斜，斜率大，与垂直面最大夹角达到 34°。钢柱分段数量多、偏移量大。且钢柱倾斜方向和角度各不相同，单根超长、超重斜钢柱在安装过程中受弯矩作用产生位移变形，为保证建筑外观效果，斜柱施工精度控制要求高（图 4）。

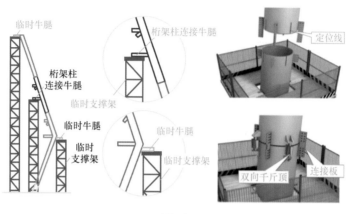

图 4 斜钢柱安装

解决方案：通过 BIM 技术进行施工方案模拟，确定最优方案。因使用缆风绳进行构件稳固存在一定困难和安全隐患，故设置支撑架临时支撑；柱底通过四条定位线与下节钢柱对齐；柱顶管口中心和关键牛腿角部设测量控制点，深化设计时给出安装空间坐标；采用液压千斤顶组合操作装置来实现倾斜钢柱构件的校正；及时安装相邻钢管柱之间的钢梁和桁架，尽早形成稳定体系。

难点 3：场地狭窄现场临时场地有限，施工工期短。施工区面积 36000m²，其中地下室区域面积 15300m²，达到 43%。地下室阶段地下连续墙四周基坑放坡更是影响现场场地，西侧最近处距离围墙 6m，南侧距离既有结构最窄处仅 3m，其他四周的规划施工道路宽度为 6m。因此现场可用场地少，道路狭窄。在结构西侧，有地铁口正在修建，临时道路被打断。

解决方案：对各钢结构施工阶段施组平面进行三维建模，充分利用 BIM 可视化和可优化性的特点，优化施工方案以及水平方向和垂直方向的交通组织，立体规划材料加工区、材料堆场、施工道路、大型机械设备布置，使施工总体部署更加科学合理，最大限度地提高生产效率（图 5）。

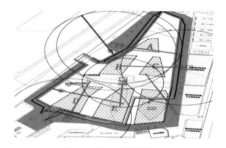

图 5 施工平面优化

4 智慧工地平台应用

中铁建工集团智慧工地管控云平台由集团公司自主研发，对接了人员实名制管理、视频监控、塔式起重机运行监测、能耗检测、大体积混凝土测温、智能安全帽、安全检测等总计 12 大类、49 项应用，涵盖了工程项目管理的人员、机械、物料、生产、技术、质量、安全、绿色施工等各方面。集人员、机械、材料、监控监测、电子信息及绿色施工等子系统于一体的智慧工地管理平台，借助云计算、移动互联网、GIS 和 BIM 等技术，打通 WEB 端、移动端 App、二维码、物联网设备及施工专业设备等应用载体，实现"人、机料、法、环"等要素的智能分析、操控和集成显示，为项目增效创优提供平台支撑。

A032 基于 BIM 技术的智慧建造在成都自然博物馆中的应用

团队精英介绍

张 涛
中铁建工集团建筑工程研究院 BIM 技术应用研发中心副主任

工程师

获得实用新型专利授权 6 项，发明专利授权 1 项；获得集团级科技进步奖特等奖 1 项、一等奖 1 项、省部级工法 1 项、集团级工法 2 项、北京市企业管理现代化创新成果一等奖 1 项。

田仲翔
中铁建工集团建筑工程研究院
BIM 技术应用研发中心主办

助理工程师

先后参与北京丰台站、成都自然博物馆、杭州西站、成都铁路科技创新中心等项目 BIM 技术应用。获得实用新型专利授权 8 项，发明专利授权 1 项，发表论文 5 篇。

严心军
中铁建工集团有限公司建筑工程研究院 BIM 技术应用研发中心主任

正高级工程师

获得省部级科技进步奖二等奖 3 项，中铁建工集团科技进步奖 11 项，其中一等级 3 项、二等级 5 项、三等奖 3 项。中国安装协会专家，陕西铁路工程职业技术学院客座教授；入选工程建设科技创新人才万人计划青年拔尖人才。

张超甫
中铁建工集团建筑工程研究院 BIM 技术应用研发中心主办

高级工程师

先后参与成都自然博物馆、自贡东站、成都铁路科技创新中心等项目 BIM 技术应用，获得实用新型专利授权 5 项，发明专利授权 1 项，发表论文 7 篇。

朱立刚
中铁建工集团建筑工程研究院 BIM 技术应用研发中心主办

助理工程师

先后参与金沙博物馆、中丹科研教育中心、杭州西站、合肥西站等项目 BIM 技术应用。

王 磊
中铁建工集团建筑工程研究院 BIM 技术应用研发中心主办

高级工程师

先后参与金沙博物馆、中丹科研教育中心、杭州西站、自贡东站等项目 BIM 技术应用。

占游云
中铁建工集团建筑工程研究院 BIM 技术应用研发中心主办

工程师

先后参与尼雷尔基金会广场、杭州西站、益阳南站等项目 BIM 技术应用。获得实用新型专利授权 6 项。

武夷新区体育中心综合 BIM 技术应用

中建海峡建设发展有限公司

付绪峰　赵永华　黄志鹏　施榕声　罗德坤　王雷春　潘智武　王泰柠　官灿　杨昆

1 工程概况

1.1 项目简介

项目地点：福建省南平市建阳城区北侧、武夷新区城市核心区南端建平大道与双龙路交汇处。

项目规模：用地面积277230.4m²，其中场馆建筑占地面积为94181m²，总建筑面积为165912.91m²。

项目定位：承办第十七届省运会、全国单项比赛、市运会等重大赛事的主会场，依托老城建阳区，撬动新城武夷新区，带动周边土地开发（图1）。

图1　项目地址

功能布局：体育中心由一场一馆及配套设施、服务用房组成，其中：体育场由400m标准跑道、足球场组成，可举办足球和田径项目的比赛，看台座位25000座；体育馆由综合馆和游泳馆组成（图2）。

图2　武夷新区体育中心项目效果图

1.2 公司简介

中建海峡建设发展有限公司具有房屋建筑工程施工总承包特级、市政公用工程施工总承包壹级、建筑幕墙工程专业承包壹级、钢结构工程专业承包壹级等专业承包资质。

扎根福州30年来，连年稳居福建省市场行业第一名，福建省省级房屋建筑工程施工总承包预选承包商名录第一名，福建省建筑业企业综合排名第一名，福建省优先扶持的15家企业之一。

1.3 工程重难点

武夷新区体育中心项目工程量大、工期紧，总建筑面积为165912.91m²，体育场25000座，体育馆7600座，上部钢构用钢总量9828t，需合理规划施工，满足工期要求。

主体结构复杂多变，多为弧形斜板，最高看台斜板及水平段高达13.15m，上部桁架最大悬挑跨度16m，需根据设计图纸进行深化，以提升成型效果和整体观感（图3）。

图3　武夷新区体育中心项目实景图

20间机房设备基础需提前精确浇筑，避免多次返工提高人工成本，土建管线预留孔洞一次放样到位，避免后期多次打洞、堵漏。

机房各专业管线错综复杂，3～5版更新图

纸，100 余份各专业深化图纸，需合理排布管线，避免碰撞，节约空间，减少用材用量和现场返工。

2 BIM 团队建设及软硬件配置

2.1 制度保障措施

本项目工期紧、任务重，为确保进度，采取公司领导挂职的方式，在项目部组建专业 BIM 团队。并采用强大的硬件配置来保证 BIM 工作的顺利进行，同时采用不同的软件满足工作要求，主体结构建模采用 Revit，钢结构建模采用 Tekla，幕墙建模采用 Rhino，辅助搭配 Twinmotion 进行渲染动画制作，采用 Fuzor 进行施工漫游模拟，采用建模大师简化建模，协同平台用于辅助管理 BIM 工作。

2.2 团队组织架构（图 4）

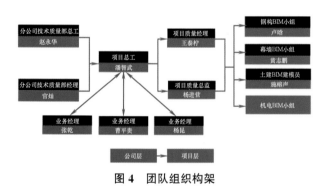

图 4 团队组织构架

2.3 软件环境（表 1）

软件环境　　表 1

序号	名称	用途
1	Autodesk Revit 2018	建立基础土建、机电模型
2	Fuzor 2018	漫游/动画制作/辅助建模/成果展示
3	Twinmotion 2019	漫游/动画制作
4	Rhino 6.0	钢构幕墙曲面建模
5	建模大师 2019	简化操作,提高建模效率
6	中建海峡 BIM 协同平台	图纸变更记录/模型阶段性存储/轻量化浏览
7	Tekla Structures 2018	钢结构建模

2.4 硬件环境（表 2）

硬件环境　　表 2

序号	项目	名称	配置要求
1	BIM 建模电脑	CPU	Intel 17-7700 3.6Hz 四核
2		内存	金士顿 DDR 2400MHz 16GB
3		主板	华硕 STRIX B250H GAMING
4		硬盘	TIGO SSD 120GB(固态硬盘)
5		显卡	Nvidia GeForce GTX 1660
6		键盘	罗技 Logitech K120
7		鼠标	罗技 M-U0026
8	无人机	大疆御 MAVIC pro	DJI带屏遥控器＋全能配件包

3 BIM 技术重难点应用

3.1 土建 BIM 应用

在项目初期对场地进行优化布置，根据项目部组织分工与岗位职能合理划分办公区和生活区，规划永临结合区域（图 5）。

图 5 项目部模型与实景对比

使用参数化 BIM 技术，实现桩基入岩施工精细化管理。不仅减少施工过程中因桩基入岩不足，导致桩基承载力未达到设计要求，或出现桩基入岩深度过多，导致资源浪费和损失的问题；而且在工程量结算过程中，与建设单位、专业分包交流和核对也更加简洁顺畅，在桩基、锚杆工程量统计及工程量结算时极大提高了多方沟通交流的效率。

建立预制看台板模型，以直代弧简化看台板结构，降低施工难度，合并 120 种看台板种类，确定 3 种可伸缩模具制作看台板，节约时间成本，通过三维建模自制折叠式支座复核器，代替人工抄平，提高二次调平效率和精度。

利用 BIM 技术模拟施工方案制作漫游演示，合理规划现场材料堆场位置和班主进出场顺序，由原先的 13 台优化为 11 台，2 台周转使用，在不影响工期的情况下节约施工成本 53.1 万元。

以 Fuzor＋720 云二维码的形式，模拟施工重难点工艺流程，进行可视化技术交底。结合 PC 端＋手机端，实现会议室、施工现场的无缝交底情景，共完成 42 次交底，现场施工不合格率下降 24%（图 6）。

图 6　可视化交底

利用大疆御 MAVIC pro 拍摄各个时间段项目施工现场鸟瞰图，发现质量问题和安全隐患及时整改，直观记录实际施工进度的变化，对比实际进度和计划进度的区别，提前调整后续施工计划（图 7）。

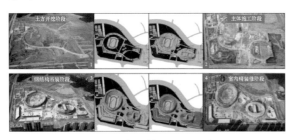

图 7　无人机管理现场进度

通过 Fuzor 的 4D 施工模拟功能，对比实际进度与计划进度的差距，尤其是在疫情影响下，更新横道图调整施工计划来满足工期要求，缩短工期约 34 天，降低成本 15.6 万元。

3.2　钢构 BIM 应用

钢结构跨度大、高度高、零部件多而杂，需要使用支撑胎架进行支撑，对所需的胎架进行合理计算。使用 Tekla 建模后进行合理拼装，并计算出构件重心及吊装点，导出零件加工图，现场再将零件拼合成整榀，按预定吊装点进行整体吊装，提高安装精度和安装效率（图 8）。

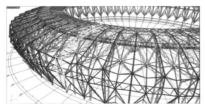

图 8　钢构模型与吊装

3.3　幕墙 BIM 应用

为消除钢结构误差对幕墙施工造成的影响，选用三维激光扫描仪技术，进行多点交互式 3D 扫描，并以此为基础逆向创建 Rhino 幕墙体系模型（图 9）。

扫描站点预拼接

拼接成果

图 9　三维扫描

基于三维扫描的参数化编程建模，实现了幕墙骨架现场安装与面板工厂制作的同步进行（图 10），无须像传统方式那样等待骨架做完再去测量，然后再出图，之后再加工面板。提高效率、节省工期，总共避免工期延误 20 天，节约成本 42 万余元。

图 10　现场龙骨安装与加工厂面板制作

3.4　机电 BIM 应用

优化支吊架和排水沟布置，分专业导出平剖面图纸指导现场施工，使 20 间机房管道排布经济美观，设备布置合理整齐，节约施工成本 52.8 万元。

A039 武夷新区体育中心综合 BIM 技术应用

团队精英介绍

付绪峰
中建海峡建筑装饰工程公司总工程师

高级工程师
一级建造师

长期从事 BIM 技术应用与研究工作，创新地采用 BIM 技术圆满解决了多个复杂异形空间建筑难题，获得多项国内、国际 BIM 大奖，参与工程获鲁班奖 2 项、詹天佑奖 1 项。个人拥有国家实用新型专利 12 项，参与编著著作 1 部，发表核心论文 2 篇，获得省部级科技奖 5 项。

赵永华
中建海峡建设发展有限公司总承包公司总工程师

高级工程师
一级建造师

先后主持海峡文化艺术中心、数字中国会展中心等多个重大工程的施工技术研究，获多项国际级 BIM 奖项，获国家级、省部级等科技质量奖项数十项（含中国钢结构金奖 3 项），作为主要起草人先后编写多部国家专利、地方规程、省级工法、论文等。

黄志鹏
中建海峡建筑装饰工程公司 BIM 中心副经理

工程师

Grasshopper 参数化编程建模专家，创新地将计算机编程技术应用于复杂异形幕墙的设计、施工中，先后参与多个重大工程的幕墙施工技术研究，获多项 BIM 奖项，获多项中建总公司级、省级等科技质量奖项。

施榕声
中建海峡建设发展有限公司总承包公司 BIM 工程师

工程师

长期从事项目施工 BIM 技术应用工作，荣获多项 BIM 奖项，多次参与各项目中基于 BIM 创新的研究工作。

罗德坤
中建海峡建筑装饰工程公司南平片区负责人、项目经理

工程师

钢结构、幕墙专家，先后担任多个鲁班奖、国家优质工程奖等重大工程项目的项目经理，获多项 BIM 奖项，获多项中建总公司级、省级等科技质量奖项。

王雷春
中建海峡建设发展有限公司

工程师
一级建造师

中建海峡总承包公司助理总经理、南平（三明）事业部总经理兼武夷新区体育中心项目经理，先后获得公司优秀项目经理、2020 年度南平市"安康杯"竞赛组织工作优秀个人。

潘智武
中建海峡建设发展有限公司总承包公司

工程师

武夷新区体育中心场馆经理，先后参与多个重大工程的施工 BIM 技术应用工作，获多项 BIM 奖项，获多项国家级、省部级等科技质量奖项。

王泰柠
中建海峡建设发展有限公司总承包公司

工程师
一级建造师

武夷新区体育中心质量总监，长期从事项目施工 BIM 技术应用工作，获多项 BIM 奖项。获得多项国家专利，个人荣获省部级奖项 5 项，获得省级工法 1 篇，2020 年获福建省金牌工人称号。

官灿
中建海峡建设发展有限公司

高级工程师
一级建造师

先后参与多个重大工程的施工技术研究，获多项 BIM 奖项，获多项国家级、省部级等科技质量奖项，先后编写多部国家专利、地方规程、省级工法、论文等。

杨昆
中建海峡建设发展有限公司总承包公司 BIM 中心负责人

工程师

先后参与多个重大工程的 BIM 研究，获国家级、省部级等 BIM 奖项 26 项，2019 年获福建省建设行业 BIM 十大技术标兵称号，2020 年获福建省金牌工人称号。2021 年获全国五一劳动奖章。

安阳市文体中心建设工程PPP项目BIM技术应用

上海宝冶集团有限公司，郑州宝冶钢结构有限公司

王雄　秦海江　蒋雨志　王杜恒　曹利芳　刘俊杰　胡靖　凌晓婕　佟琳　孙路菡

1　工程概况

1.1　项目简介

项目地点：位于河南省安阳市文峰区，文昌大道以南，中华路以东，弦歌大道以北，永明路以西区域。

项目概况见图1。

钢结构概况：

（1）体育场。结构体系为框架结构＋管桁架。体育场屋盖由主承重结构、环向结构和支撑体系三部分组层，其中主承重结构包括76榀空间悬挑桁架结构；环向联系采用环向桁架＋环向梁并设置屋面立面支撑体系。

（2）文化中心。结构体系为框架结构＋管桁架＋网架结构，南北主入口屋顶采用悬挑管桁架，歌剧院、音乐厅、多功能厅屋顶采用正交正放网架结构。

（3）体育馆。结构体系为框架结构＋管桁架。体育馆屋盖采用单向传力的平面及三角形空间管桁架结构、次桁架保证屋盖系统稳定，桁架杆件连接采用相贯焊接节点。

（4）全民健身及游泳馆。结构体系为框架结构＋管桁架＋屋面混凝土结构。屋盖采用单向传力的平面及三角形空间管桁架结构、次桁架保证屋盖系统稳定，桁架杆件连接采用相贯焊接节点。

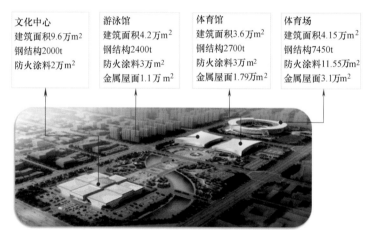

文化中心
建筑面积9.6万m²
钢结构2000t
防火涂料2万m²

游泳馆
建筑面积4.2万m²
钢结构2400t
防火涂料3万m²
金属屋面1.1万m²

体育馆
建筑面积3.6万m²
钢结构2700t
防火涂料3万m²
金属屋面1.79万m²

体育场
建筑面积4.15万m²
钢结构7450t
防火涂料11.55万m²
金属屋面3.1万m²

图1　项目概况

1.2　公司简介

上海宝冶集团有限公司隶属国资委下属的五矿集团，为中国中冶王牌军，始建于20世纪50年代，是拥有建筑工程、冶金工程施工总承包特级，以及多项施工总承包和专业承包资质的大型国有企业，为中国建筑企业500强、中国建筑业竞争力200强企业，荣获钢结构金奖80项，鲁班奖43项，詹天佑奖7项，省部级质量奖117项，国家有效专利1303例。

上海宝冶自2005年率先引入BIM技术以来，先后经历了试点项目应用（2010）、示范工程引领（2012）和企业全面推广（2015）三个阶段，在200多个工程建设项目实践应用的基础上积累了丰富的推广经验。2017年底，上海宝冶发布了《2018—2020年企业BIM发展中长期规划》，明确了"领跑中冶、领先行业、打造一流"的BIM发展目标。

1.3　工程重难点

安阳市文体中心建设工程项目是一座集运动、

观演、展示、健身、购物于一体的公共服务设施新地标。工程体量大，安装难度大，钢结构14550t，整体结构杆件数量多，如体育场钢结构杆件数量达到15953根，节点数量约1600个，拼装量大、精度要求高，结构悬挑跨度大，吊装难度大，利用BIM模型进行仿真分析，可减少安装难度，提高工作效率。

2 BIM团队建设及软硬件配置

2.1 制度保障措施

公司建立以团队负责人为BIM应用第一责任人的管理机制，集团公司BIM中心为项目BIM实施提供咨询和技术支持，促进BIM实施应用。

项目具体由项目组长负责推进，依据上海宝冶集团有限公司企业标准，编制BIM策划实施方案、钢结构深化方案等，制定严格的BIM工作流程，为支撑项目BIM应用提供有力保障。BIM团队共分为仿真模拟、深化建模、深化调图3个小组，负责BIM模型的创建、维护和深化工作，确保BIM应用在项目落地应用实施（图2）。

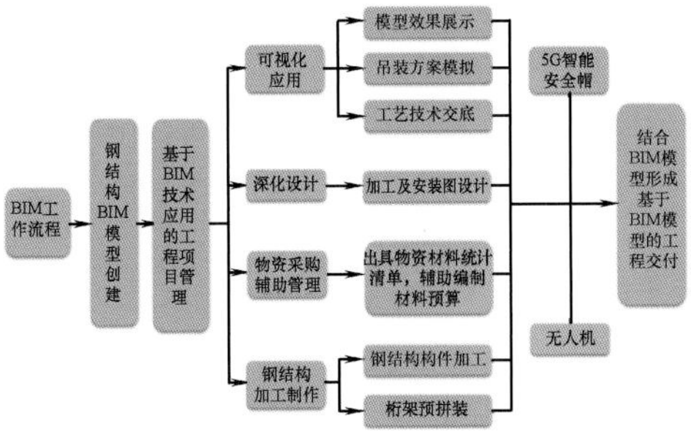

图2 BIM工作流程

2.2 团队组织架构（图3）

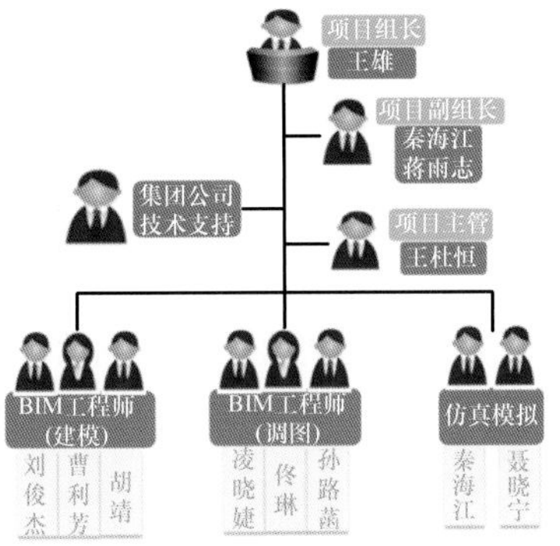

图3 团队组织架构

2.3 软件环境（表1）

软件环境　　表1

序号	名称	项目需求	功能分配
1	AutoCAD	绘图	制图
2	Tekla	建模	模型创建及深化
3	插件	建模	辅助建模
4	Revit 2018	建模	模型创建
5	剪映专业版	动画	视频编辑

2.4 硬件环境（图4）

Lenovo ThinkStation P328 图像处理、模型搭建

DJ1大疆御 Mavic Air 2 施工进度航拍

VR模型审核 设计优化

图4 硬件环境

3 BIM技术重难点应用

本工程重难点分析如下：

（1）工程体量大。

（2）安装难度大，见图5。

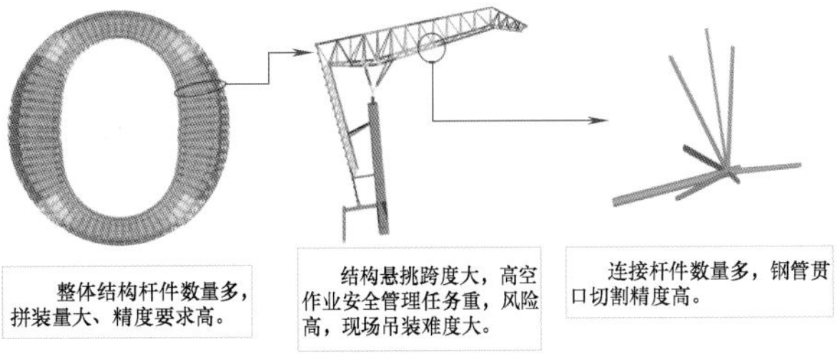

图5 安装示意

（3）焊接难度高，见图6。

运用BIM技术可有效地减少施工过程中不必要的麻烦，从而提高工作效率，缩短工期。

（1）BIM应用——Tekla钢结构深化（型钢柱）

该项目存在钢混组合节点700余处，钢筋与钢结构碰撞较多；通过BIM技术进行节点模拟，实现优化600余处，同时利用BIM技术进行三维可视化交底，确保现场施工质量（图7）。

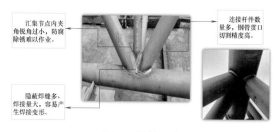

图 6　焊接示意

图 7　节点优化

（2）BIM 应用——Tekla 钢结构深化（管桁架）

体育场钢结构杆件数量达到 15953 根，节点数量约 1600 个。利用 Tekla 软件进行钢结构主体及屋面桁架模型搭建（图 8）。

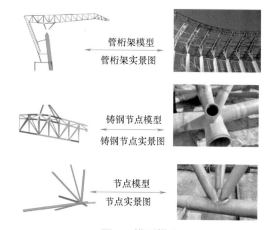

图 8　模型搭建

（3）BIM 应用——铸钢件（图 9）

①可有效保证该节点整体性，解决汇集节点贯口密集，减少了组装过程中焊接夹角过小、焊接死角多的问题。

②可有效避免接口错边现象，汇集节点焊接填充量大，有效解决了焊接容易产生变形及各对接端口发生错口错边等现象。

③采用铸钢节点浇筑时 R 形过渡内夹角，可解决防腐除锈操作空间汇集节点内夹角锐角过小，防腐除锈作业难的问题。

图 9　铸钢件模型

（4）BIM 应用——碰撞校核

通过钢结构 Tekla 三维模型创建，结合 Revit 创建的土建结构模型；通过 Import from Tekla to Revit 插件实现相互导入，进行碰撞校核，生成碰撞检测报告，以联系函的形式对问题进行梳理总结，并及时反馈设计，确保问题提前解决（图 10）。

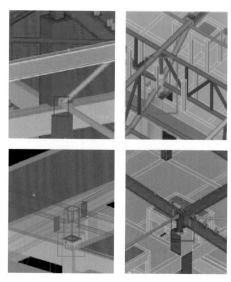

图 10　碰撞解决示意图

（5）BIM 应用——技术指导

充分发挥 Tekla 三维可视化的优势，在施工前通过三维模型讲解施工中的重难点，避免传统二维图纸理解错误所造成的施工困难（图 11）。

远程指导　　　　　现场指导

图 11　重难点讲解

（6）BIM 应用——施工模拟

吊装卸载验算：采用 Midas Gen 2019 进行吊装分析，结果表明，结构承载力满足吊装计算要求，应力比最大值为 0.167，在施工荷载作用下屋盖结构端部最大竖向位移 28.29mm，在设计控制范围内。结构承载力满足卸载后计算要求，应力比最大值为 0.273，在荷载作用下屋盖结构端部最大竖向位移 104.38mm，在设计控制范围内。

A043 安阳市文体中心建设工程 PPP 项目 BIM 技术应用

团队精英介绍

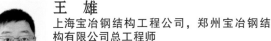

王　雄
上海宝冶钢结构工程公司，郑州宝冶钢结构有限公司总工程师

正高级工程师
一级建造师

长期从事钢结构技术管理和研发工作，先后主持了宝钢二高炉大修、中国太原煤炭交易中心、厦门会展四期、深圳柔宇类 6 代柔性显示屏生产线等多个重大工程项目，多次获得鲁班奖、钢结构金奖、金钢奖、市优质结构奖等，在钢结构方面有扎实的基础理论知识和丰富的实践经验。先后参与 10 余项企业级重大研发项目，获得国家级工法 1 项、省部级科技进步奖 5 项、专利 10 余项，发表多篇学术论文；先后被聘为福建省综合性评标专家库专家、河南省钢结构协会专家委员会专家、中国建筑金属结构协会钢结构专家委员会专家、中国钢结构协会空间结构分会专家委员会专家，在钢结构行业具有较高的技术水平和行业影响力。

秦海江
上海宝冶钢结构工程公司设计研究院院长

高级工程师

长期从事结构专业设计工作，主持设计了大型工业厂房、超高层写字楼、大型商场、高层住宅、高耸结构、学校建筑等各类建筑多项，具有丰富的设计经验。

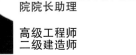

蒋雨志
上海宝冶钢结构工程公司，郑州宝冶钢结构有限公司钢结构设计研究院院长助理

高级工程师
二级建造师

长期从事钢结构深化设计工作，先后参与公司多个重大深化设计项目的组织与策划工作。

王杜恒
郑州宝冶钢结构有限公司深化设计主管

助理工程师
二级建造师

先后主持或参与宝钢矿石二标段、三标段大修，江阴兴澄钢铁高炉，安阳市文体中心体育馆、游泳馆，郑州中欧班列集结调度指挥中心，中兴通讯总部大厦项目等深化设计工作。

曹利芳
郑州宝冶钢结构有限公司深化设计工程师

助理工程师
二级建造师

主要从事钢结构深化设计，先后参与安阳市文体中心体育馆及游泳馆、郑州中欧班列集结指挥中心、苏州科技馆、萧河国际会展中心、重庆江北国际机场等项目。

刘俊杰
郑州宝冶钢结构有限公司深化设计主管

助理工程师
一级建造师

长期从事钢结构深化详图工作，主持或参与国家会议中心二期、兖州文化中心、金湖体育中心等项目深化工作。

胡靖
郑州宝冶钢结构有限公司深化设计主管

工学学士
助理工程师

长期从事钢结构详图深化设计，先后主持或参与完成上海迪士尼、安阳市文体中心建设工程 PPP 项目、襄阳华侨城文化旅游度假区二期文化科技园总承包工程项目、商丘三馆一中心等项目深化工作。

凌晓婕
上海宝冶钢结构工程公司钢结构设计研究院 BIM 工程师

工学学士

主要从事详图深化工作，参与了安阳市文体中心建设工程 PPP 项目、商丘三馆一中心等项目深化设计工作。

佟琳
郑州宝冶钢结构有限公司 BIM 工程师

工学学士
工程师

长期从事钢结构设计工作，先后参与完成了上海世博会芬兰馆、深圳市大运中心主体育馆钢结构工程、北京雁栖湖国际会展中心主体育馆、武汉光谷网球中心主体育馆、珠海十字门会展商务组团一期国际会展中心钢结构工程、上海迪士尼、国家雪车雪橇中心等重大项目深化工作。

孙路菡
郑州宝冶钢结构有限公司 BIM 工程师

管理学学士
工程师

长期从事钢结构深化设计工作，先后参加了方家山核电站钢结构工程、太原火车站屋盖钢结构工程、三明体育场主体及屋面钢结构工程、珠海十字门会展中心屋面主体钢结构工程、南京国博钢结构工程、郑州机场 GTC 钢结构工程、深圳宝能物流中心、厦门会展四期 B8B9 馆、南宁东盟塔（在建中）等钢结构详图设计工作。

北京环球影城主题公园项目装配式钢结构建筑 BIM 应用

中建二局安装工程有限公司

苗星光　陈峰　尚超宏　汪东卓　万永宽　刘振伟　申帅帅　毛松　秦宝厦　史江帅

1　工程概况

1.1　项目简介

北京环球主题公园及度假区项目位于北京市通州区（城市副中心）的文化旅游区内，规划面积 1200hm^2。北京环球主题公园位于度假区内，项目总建设用地面积约 100hm^2（图 1）。

钢结构总吨位约 1.4 万 t；主要由框架支撑结构、穹顶结构、假山结构组成；结构最高为假山处，约计 47m；其他单体高度为 10～25m。

图 1　项目效果图

1.2　公司简介

中建二局安装工程有限公司是中国建筑股份有限公司直属的一级资质大型综合性施工企业，公司具有机电安装工程施工总承包和专业承包壹级、钢结构工程专业承包壹级、建筑智能化工程专业承包壹级、房屋建筑工程施工总承包叁级资质、市政公用工程施工总承包叁级，还具有 A 级锅炉安装、压力管道安装工程专业资质。

1.3　工程重难点

（1）交叉施工协调工作量大。
（2）构件制作工艺复杂。
（3）生产组织协调。
（4）工期紧张。
（5）高空焊接。
（6）现场安装要求高。

2　BIM 团队建设及软硬件配置

2.1　制度保障措施

公司采用自主研发的多维度信息化管理平台（图 2）对各项目进行管理，主要是以数据管理为核心，利用 BIM 技术的三维显示和物联网技术，融合设计、制造、运输、安装进行多维度信息化管理。

图 2　多维度信息化管理平台

（1）工程管理：通过多维度信息化管理平台对不同工程的产品、物资、工艺、生产、质量、成本等多方面进行管理。

（2）项目管理：项目需求管理主要涵盖了各项目的履约节点计划。

（3）产品管理：利用 BIM 模型生成 IFC 文件，通过平台一键抓取 BOM 清单，形成基础数据库。产品管理的单据需要通过审核无误后才能流向下一道工序，并且产品管理具有 3D 模型显示功能。

（4）物资管理：主辅材经入库检尺后，还需进行复检环节，未质检的材料在系统中处于锁定状态不能申领出库，质检未合格材料进入系统退货流程（图3）。

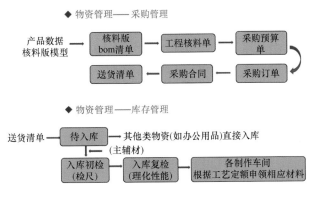

图 3　物资管理流程

（5）工艺管理：技术人员可以根据不同单据进行工艺方案的编制并上传至信息平台，不同的工序对应有不同的工艺方案，技术工人可实时查阅。

（6）生产管理：生产计划管理可以实时查阅各项目、各分部工程、各加工号的实际生产计划及履约情况，按照工程履约计划倒排生产工期，确保工程履约。

（7）质量管理：车间成品构件提交→无损检测员→构件检尺员→油漆完工→油漆质检员→成品库管员→成品构件入库。

（8）移动端信息管理：针对性地开发了移动终端 App，可以随时随地查看和完成单据审批，避免由于特殊情况等引起的单据耽搁。

2.2　团队组织架构（图4）

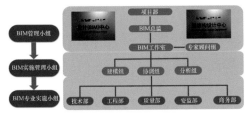

图 4　团队组织架构

2.3　软件环境

采用了 Tekla、Revit、Navisworks、AutoCAD、Midas Gen、SAP2000、Rhinoceros 等软件。

2.4　硬件环境

配置：英特尔至强 W-2133/32GB（2×16GB）/256 SSD＋2T SATA/RW 光驱/Nvidia Quadro P4000 含 8GB GDDR5/标准键鼠/Windows 10 专业版 64 位（中文）/U2412M×2。

3　BIM 技术重难点应用

3.1　深化设计

（1）可视化设计：将二维建筑信息模型转换为三维动态模型，使各单体、各构件之间形成可视的互动性和反馈性。

（2）参数化建模：进行后台二次开发，设计参数化节点，更好地实现智能化和批量化操作，节省时间成本（图5）。

（3）碰撞校核：在三维动态模型中进行碰撞检测，提出设计疑问并解决，实现与其他专业的协调配合（图6）。

（4）清单报表：生成不同类型材料清单，对材料使用进行精细化控制，节省采购、加工、制作等方面的成本。

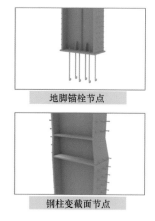

图5 参数化建模

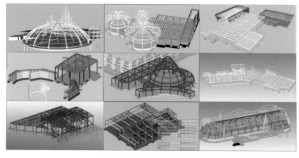

图6 在三维动态模型中进行碰撞检测

3.2 BIM模型

（1）可出图性：自动生成的图纸均有统一性和可编辑性，与模型紧密保持一致，直观、高效、在出图流畅。在后台进行二次开发，对简单构件自动编辑，节省大量人工成本、时间成本。

（2）施工仿真模拟：根据总施工工期和施工部署安排，预先在BIM模型中合理划分现场施工流水段，规划好施工组装场地和进出通道，有效减少运输费用和场内二次倒运（图7）。

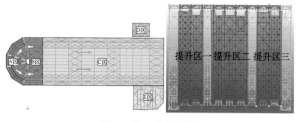

图7 施工仿真模拟

北京环球影城主题公园701萌乐园钢结构工程，整体思路为：遵循"先中间，后两边；先主框架，后次结构"的施工思路。首先完成B区的钢构件吊装，形成稳定的结构框架后，同时开始A、C区的结构施工。待单体主框架施工完成后，

再结合现场塔式起重机、汽车式起重机实际情况完成建筑食堂、设备房、假山造型（D、E区等结构）（图8）。

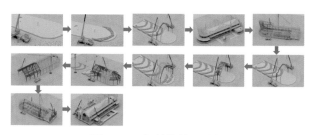

图8 701钢结构施工流程

201钢结构整体施工流程：测量放线→柱脚锚栓→山墙与组合立柱外框架构件吊装→屋顶结构地面拼装→提升设备进场与安装→整体提升→嵌补段安装→拆除提升设备及加固杆件→围护结构安装（图9）。

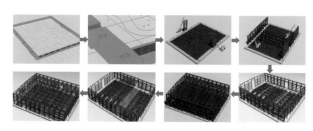

图9 201钢结构施工流程

4 总结与展望

通过BIM技术与工程精细化管理间的对接，加强了在施工过程中的有效管控，提高施工质量、保障项目工期、节约施工成本、降低风险，基于BIM的未来发展，是必然的趋势，我们应遵循客观规律，顺应潮流，提供更优质的服务。

A044 北京环球影城主题公园项目装配式钢结构建筑 BIM 应用

团队精英介绍

苗星光
中建二局安装工程有限公司廊坊钢结构分公司党总支书记、总经理

工学学士
工程师
局管后备干部

陈　峰
中建二局安装工程有限公司廊坊钢结构分公司总工程师

工学硕士
工程师

尚超宏
中建二局安装工程有限公司廊坊钢结构分公司质量总监

工程师
一级建造师（建筑工程专业）

汪东卓
中建二局安装工程有限公司廊坊钢结构分公司部门副经理

助理工程师

万永宽
中建二局安装工程有限公司廊坊钢结构分公司业务经理

工程师

刘振伟
中建二局安装工程有限公司廊坊钢结构分公司高级业务经理

助理工程师

申帅帅
中建二局安装工程有限公司廊坊钢结构分公司项目总工程师

工程师
一级建造师（建筑工程专业）

毛　松
中建二局安装工程有限公司廊坊钢结构分公司业务经理

秦宝厦
中建二局安装工程有限公司廊坊钢结构分公司业务经理

助理工程师

史江帅
中建二局安装工程有限公司廊坊钢结构分公司实习助理

BIM 技术在东安湖体育公园"一场三馆"项目中的综合应用

中建二局安装工程有限公司

苗星光　陈峰　尚超宏　汪东卓　万永宽　刘振伟　吴志辉　赵云辉　李向前　史江帅

1　工程概况

1.1　项目简介

东安湖体育公园项目，位于成都市龙泉驿区东安湖片区，场地位于东安湖北侧，夏蓉高速南侧，汽车城大道东侧，主要包含体育场、体育馆、小球馆及游泳跳水馆，简称为"一场三馆"。建筑面积 7.2 万 m^2，其中地上 4.8 万 m^2，地下 $2.7m^2$。结构组成：上园（钢框架），下园（混凝土框架）（图 1）。

图 1　项目效果图

东安湖体育公园是 2021 年第 31 届夏季世界大学生运动会主场馆之一，开闭幕式均在此举办，规划建设兼顾赛事要求和赛后利用，除承包国际国内大型体育赛事外，还将打造为国际一流的文化综合体，满足大型综艺、综合展会、群众健身、体育培训、旅游观光等多种功能要求。

1.2　公司简介

中建二局安装工程有限公司是中国建筑第二工程局全资子公司，创建于 1952 年，是集钢结构设计、制作、安装于一体的专业性公司。现有注册建造师 63 人，教授级高工 4 人，高级职称 125 人，中级职称 336 人，各类专业技术人员 623 人，工人技师 75 人，高级技师 12 人，在公司 70 年的发展历程中，承接了千余项钢结构工程，业务范围涉及大型厂房、核电站、超高层建筑、大型展馆、大型商业、游乐设施以及基础设施的建设。代表性工程有深圳赛格广场、深圳帝王大厦、空中华西村、上海交大体育馆、北京海淀展览馆改造、上海海丽大厦、上海迪士尼乐园宝藏湾和飞越地平线、波罗蒙环球游乐场、武汉秀场、西部国际展览城、郑州会展中心，北京 T3 航站楼、长春国际会展中心等一系列地标性建筑。

安装公司下设廊坊钢结构厂和西南钢结构厂，年综合产能 16 万 t。

1.3　工程重难点

1.3.1　项目难点（图 2）

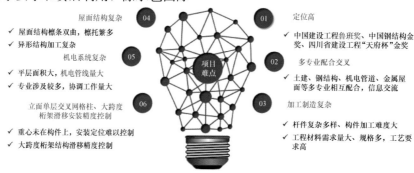

屋面结构复杂　04
✓ 屋面结构檩条双曲，檩托繁多
✓ 异形结构加工复杂

机电系统复杂　05
✓ 平层面积大，机电管线量大
✓ 专业涉及较多，协调工作量大

立面单层交叉网格柱、大跨度桁架滑移安装精度控制　06
✓ 重心未在构件上，安装定位难以控制
✓ 大跨度桁架结构滑移精度控制

定位高　01
✓ 中国建设工程鲁班奖、中国钢结构金奖、四川省建设工程"天府杯"金奖

多专业配合交叉　02
✓ 土建、钢结构、机电管道、金属屋面等多专业相互配合，信息交流

加工制造复杂　03
✓ 杆件复杂多样、构件加工难度大
✓ 工程材料需求量大、规格多，工艺要求高

项目难点

图 2　项目难点示意

1.3.2 结构冲突

机电专业原设计风管与钢结构桁架冲突,且距离马道较低,马道无法过人,不方便检修;调整之后风管与钢结构冲突避开,且马道能过人能检修(图3)。

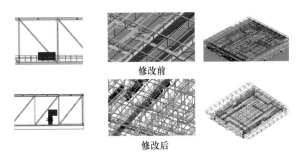

修改前

修改后

图3 碰撞检测及处理

1.3.3 施工重难点(表1)

施工重难点 表1

序号	重难点	应对措施
1	履带式起重机行走路线距基坑距离近	(1)根据履带式起重机性能合理分段,确保履带式起重机履带边距离基坑边4m以上。 (2)行走路线压实并铺设300mm厚砖渣,履带式起重机行走时铺设路基箱
2	网架滑移过程结构变形控制要求高	(1)施工前对工况进行详细的模拟分析,积极与设计院沟通,确定最终滑移方案。 (2)做好施工过程变形监测,随时与模拟计算分析对比,做出调整
3	工期紧张且跨春节施工	(1)积极动员劳务工人,并采用现金激励,确保春节施工正常。 (2)制定专项进度计划,安排专人对进度计划实施过程监控、考核、调整

2 BIM团队建设及软硬件配置

2.1 BIM技术应用流程(图4)

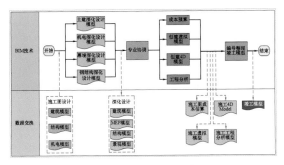

图4 BIM技术应用流程

2.2 标准化文件

根据公司制定的BIM技术应用总方针,结合东安湖体育公园"一场三馆"项目的工况,编写多专业的项目BIM技术方案、深化设计标准方案、预拼装工艺方案等。

2.3 软硬件环境

所应用的软件包括Tekla、Revit、SAP2000、Midas Gen、Rhinoceros等。

硬件配置:英特尔至强W-2133/32GB(2×16GB)/256 SSD+2T SATA/RW 光驱/Nvidia Quadro P4000 含 8GB GDDR5/标准键鼠/Windows 10 专业版64 位(中文)/U2412M×2。

2.4 团队组织框架(图5)

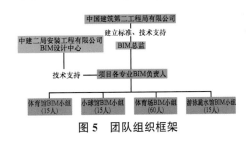

图5 团队组织框架

3 BIM技术应用难点

3.1 焊接球节点,球径过大,国内少有

难点:当下国内直径超过 1500mm 焊接球(国内仅加工 300 颗)无成品加工经验。

优化建议:综合考虑加工进度及产品质量,建议将大直径焊接球节点优化为铸钢节点(图6)。

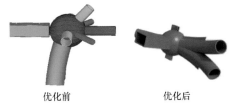

优化前 优化后

图6 焊接球节点的优化

铸钢节点特点:①外观质量优于焊接球节点;②节点受力无焊接应力集中区,整体受力性能较好;③下单后20天可开始供货,加工周期短,为本项目整体履约创造良好条件。

3.2 "米"形、"X"形节点加工难点

难点：①有限空间作业难度极大；②焊接质量无法保证；③加工周期过长。

方案优化见图7、表2。

优化前 优化后

图7 "米"形、"X"形节点的优化

方案优化对比 表2

序号	方案名称	方案优化结果	方案对比分析
1	方案一	节点区域圆管改为箱形	方便加工，可保证焊接质量，但外形改变，无法满足造型要求，不满足业主及设计要求
2	方案二	取消主传力圆管内部隔板，改为圆管外设置等效加劲板	具有足够操作空间，保证焊接质量，但外形改变无法满足造型要求，不满足业主及设计要求
3	方案三	"米"形、"X"形改为与原节点受力等效的铸钢节点	可保证铸钢件质量，加工周期短，造价低，满足业主及设计要求

3.3 结构碰撞

通过钢结构模型与屋面模型进行碰撞检查，明确此处节点做法（图8）。

檩条、檩托与钢构连接 上天沟与檩条连接 下天沟与檩条连接，与幕墙龙骨发生碰撞

图8 钢结构模型与屋面模型的碰撞检查

3.4 预拼装设计

利用BIM技术进行深化设计、预拼装，提高加工、安装的质量与效率（图9）。

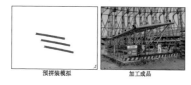

预拼装模拟 加工成品

图9 预拼装模拟与加工成品

3.5 二次开发

基于BIM软件，对三维模型进行分解，创建各专业加工图。对简单构件已实现自动出图，同时，进行后台二次开发，以最大限度实现软件的智能化和批量化操作。

3.6 场地布置

针对不同专业进行现场布置，对使用面积都进行了严格的规划（图10）。

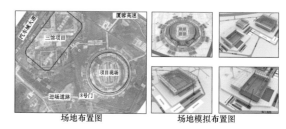

场地布置图 场地模拟布置图

图10 场地布置示意

利用BIM技术，模拟不同时间节点的施工组织情况对关键节点工序进行详细交底（图11）。

可视化交底会议 关键节点可视化模拟

图11 可视化交底

3.7 大跨度滑移精确控制

滑移阶段下结构下挠值为54.6mm，小于$L/400=135.0$mm，状态安全。

滑移阶段下结构应力比0.538，小于$1.0/1.2=0.833$，状态安全。

4 钢结构BIM应用总结

东安湖体育公园项目基于BIM技术的创新应用，取得了一定的成果，解决了本项目的6个难点，完成了应用目标；基于项目策划、设计、制造、安装、运营的全生命周期管理平台进行信息共享和传递，对提高生产效率、节约成本和缩短工期方面发挥重要作用，实现了智慧工地的技术应用与信息化管理，提高了项目管理效率与技术水平。

A046 BIM技术在东安湖体育公园"一场三馆"项目中的综合应用

团队精英介绍

苗星光
中建二局安装工程有限公司廊坊钢结构分公司党总支书记、总经理

工学学士
工程师
局管后备干部

陈 峰
中建二局安装工程有限公司廊坊钢结构分公司总工程师

工学硕士
工程师

尚超宏
中建二局安装工程有限公司廊坊钢结构分公司质量总监

工程师
一级建造师（建筑工程专业）

汪东卓
中建二局安装工程有限公司廊坊钢结构分公司部门副经理

助理工程师

万永宽
中建二局安装工程有限公司廊坊钢结构分公司业务经理

工程师

刘振伟
中建二局安装工程有限公司廊坊钢结构分公司高级业务经理

助理工程师

吴志辉
中建二局安装工程有限公司廊坊钢结构分公司业务经理

赵云辉
中建二局安装工程有限公司廊坊钢结构分公司业务经理

李向前
中建二局安装工程有限公司廊坊钢结构分公司业务经理

史江帅
中建二局安装工程有限公司廊坊钢结构分公司实习助理

数字亚运　电竞领衔——杭州亚运电竞馆钢结构项目 BIM 应用

浙江同济科技职业学院，潮峰钢构集团有限公司

李芬红　鲍丰　张卉　周昀　庞崇安　杨海平　严洋　黄子倩　许桓毅　凌梦宇

1　工程概况

1.1　项目简介

杭州亚运电竞馆项目位于浙江省杭州市下城区北部，西北侧隔东新路与上塘河世遗生态带相邻，东北侧为宣杭铁路及杭宁高铁，南侧隔石祥路与城市次中心"创新创业新天地"相邻，西侧隔东新东路为城市综合体"中大银泰城"。电竞馆项目设计理念来自星际涡旋，展示出梦幻、科技、动感、未来等视觉效果，建筑整体造型呈"星际盘旋"状的双曲面型。以星云概念为出发点，地面平台与建筑立面均采用曲线、旋转的外观设计（图 1）。整个生态公园区域边界近乎三角形，场馆外轮廓与之呼应，同时又使用圆润的弧线淡化尖锐的棱角。项目总建筑面积 80438m²（地上 19096m²，地下 61342m²）。电竞馆为地上 3 层、地下 1 层，建筑高度 23.9m。场馆内场直径约为 80m；整体结构由下部看台主体结构和上部屋盖结构、外围复杂立面结构三部分组成。

图 1　电竞馆建筑效果图

电竞馆建筑中部屋顶结构最大跨度约为 70m，采用索承网格结构，观众看台部分及下部功能用房等采用钢框架＋跨层桁架＋钢筋桁架楼承板结构，复杂立面结构采用变截面斜柱钢框架＋桁架结构。屋盖主体结构由屋盖网格结构和下部径向索、环向索索系组成。其中网格结构由 24 榀径向梁、内拉环、钢拉杆及嵌补杆件组成，内拉环直径 21m，下部索系结构结构由 24 榀径向索、一圈环向索及撑杆组成。

1.2　单位简介

浙江同济科技职业学院是一所由浙江省水利厅承办的全日制高等职业院校，是全国水利高等职业教育示范院校建设单位、浙江省高水平专业（群）建设单位。设立了 BIM 创新中心、VR 仿真模拟实训室等。

潮峰钢构集团有限公司是住房和城乡建设部认定的第一批国家装配式建筑产业基地、浙江省首批建筑工业化示范企业和杭州市第一批总承包试点单位，具有钢结构专项承包壹级资质、钢结构及相关附属工程甲级设计资质、制造特级资质的单位、全国行业五十强企业。公司拥有一支技术力量雄厚的 BIM 技术研发团队，是项目实施过程中 BIM 管理工作的坚实后盾。

1.3　工程重难点

本工程为预应力钢结构工程，预应力钢结构工程具有施工难度大、施工前期准备工作量大的特点，本工程主要重难点如下：

（1）预应力钢结构从结构的拼装，到支撑架拆除以及最后预应力张拉完成，其间经历很多受力状态，为了保证工程质量能够符合设计要求，必须进行大量的施工模拟计算，预应力钢结构工程施工前期准备工作量大。

（2）对制作和安装的精度要求比较高，钢索的下料长度必须根据节点及钢索的工作载荷进行精确计算，并在制作过程中严格控制，钢结构的安装精度也必须在施工过程中进行监控，只有制作和安装的精度满足要求，张拉完成后的工程质量才能达到设计要求的预应力状态。

（3）考虑到预应力对结构的影响，采用分级张拉的施工方案，拉索之间存在相互影响，必须对施工全过程进行施工模拟分析，以保证结构的应力、变形以及拉索的内力和设计吻合。

（4）本工程中将采取可靠的监测手段，对预应力钢索的张拉力和钢结构的变形进行监测，以确保结构施工期的安全，保证结构张拉完成后状态与原设计相符。

2　团队建设及软硬件配置

2.1　制度保障措施

本着"校企联动，教学相长"的原则，通过精心组织，建立了梯度合理的团队，团队成员在钢结构或BIM技术方面具有丰富的理论和实践经验，在此次参赛准备工作中可谓"八仙过海，各显神通"。

2.2　团队组织架构（图2）

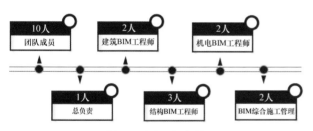

图2　团队组织架构

2.3　软件环境（表1）

软件环境　　　　表1

序号	名称	项目需求	功能分配
1	AutoCAD	建筑、结构	三维线模建立
2	Max 2014	建筑	效果图
3	Revit 2018	建筑、机电	建模、动画、检查管道碰撞
4	Tekla Structures 21.0	钢结构	建模、检查构件碰撞
5	Premiere CC 2015	建筑、结构、机电	视频、动画制作
6	Project	施工进度	4D进度管理
7	C++	结构	编程
8	Grasshopper	结构	读取数据、三维建模

2.4　硬件环境

无人机、高配置电脑、高配置服务器、BIM技术团队、BIM创新中心、BIM实训室。

3　BIM技术重难点应用

根据工程特点深入推行数字建造技术，项目实施全过程中均采用了BIM技术，如建筑幕墙和屋面设计、钢结构深化设计、机电设计、项目施工测量和监测、项目管理等都采用了各种BIM软件和平台，实行了信息化控制，较好地达到了协调和控制项目实施的目的。

3.1　项目机电应用

模型分为地下1层与地上3层，机电漫游中机房属于重难点位置，设备机箱和风管连接点，上部空间有限但需要排布喷淋管和桥架，对精度要求提高。机房内的设备众多而且设备体积大，管径大；管线种类多，交叉情况严重。

利用BIM技术对各专业模型整合，进行分层次的碰撞检查，导出碰撞报告，对碰撞进行分析和处理，消除碰撞，有效地解决各专业之间"打架"的问题，提高深化设计效率。

利用BIM技术对机电管线进行综合排布，并提前根据管线排布完成预留孔洞和支架预埋精确定位；对机房进行合理排布，使管线成排成行，减少管道在机房内的交叉、翻弯等现象。

在管道的排布中，走廊上方的空间特别狭小，为关键节点之一，我们将水管架好后，原本的管路便显得杂乱无章，因此我们把所有管路重新进行规划，不仅减少了材料的损耗还节省了空间，将原本杂乱的路线变得更加简洁（图3）。

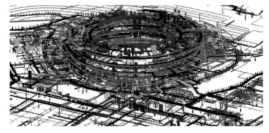

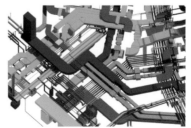

图3　Revit机电管道模型

3.2 C++语言在 Tekla Structure 软件中的应用

由于造型的需要，外围框架的柱、梁按照一定的数学规律倾斜并扭转，每一根柱、梁的倾、扭角度均不相同。如果按照常规做法建模，不仅连接慢，而且不精确。

为此我们使用 C++语言进行编程，按照数学规律自动生成每根柱梁的三维定位、倾斜和扭转角度等数据，由专业软件 Grasshopper 读入后生成构件信息，再导入 Tekla Structure 模型中进一步编辑，极其精确地完成了钢结构建模（图4）。

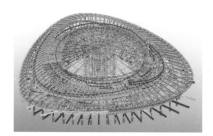

图4　钢结构 Tekla 模型

3.3 BIM 综合施工管理

由于工程体量大、交叉作业多，为了保证施工组织的有序进行，BIM 小组应用 Revit 根据项目的平面布置图对各阶段的施工现场进行三维场布，减少了临时设施的盲目周转，增强施工各阶段管控能力（图5）。

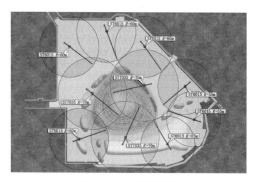

图5　Revit 三维场布

利用放线机器人的放线优势，把 BIM 模型中的数据导入设备，直接转化为施工现场的精准点位，并进行三维空间投测定位（图6）。放线机器人的放线优势如下：①在任意地点快速调试设备并执行测量任务；②进行单人放样作业；③大幅提高了测量精度；④提高了放线效率；⑤展示清晰，减少操作失误。

图6　放线机器人空间测量定位

借助无人机强大的视角和拍摄灵活性，实现场布的动态管理，有效解决各专业场地布置协调难度大的问题。项目部使用无人机对履带式起重机等大型机械、钢结构高空作业进行专项检查，并通过 EBIM 平台实时共享检查信息，增强了对重大危险源的风险管控（图7）。

图7　无人机现场拍摄动态管理

4　BIM 技术应用总结

BIM 绝对不只是一种独立软件和一台电脑的使用，而是一个服务系统和平台的搭建和协同。BIM 技术的运用，很大程度上解除了项目设计、造价、施工、运维带来的效益风险，打开了建筑管理效率的大门。

通过 BIM 技术的应用，让我们认识到 BIM 能更方便考察设计方案是否合理，提前发现施工质量、安全、可行性等方面的隐患，从而采取有效的预防与强化措施，大大减少现场错误，减少返工和浪费，对整个工程的优化建设起到不可估量的推进作用。本项目中 BIM 技术起到的作用如下：

（1）BIM 应用实现结构化数据集合；

（2）BIM 应用实现项目可视化展示；

（3）BIM 应用实现多专业协同工作；

（4）BIM 应用实现项目信息化管理。

根据目前 BIM 技术在钢结构工程应用中所发挥的作用及存在的不足，我们将继续加强 BIM 技术在新常态下的应用与总结，加强 BIM 技术的普及与推广应用，真正将 BIM 技术融入整个项目周期的各个阶段——设计阶段、造价阶段、施工阶段、运营阶段，实现项目全过程信息化管理。

A054 数字亚运 电竞领衔——杭州亚运电竞馆钢结构项目 BIM 应用

团队精英介绍

李芬红

高级工程师
一级注册结构工程师

对 BIM 技术研究颇深，荣获首届全国钢结构行业建筑数字及 BIM 数字应用大赛二等奖。

鲍 丰

高级工程师
一级注册结构工程师
一级建造师

浙江省建筑业行业协会专家，2019 年度全国优秀钢结构项目经理。对 BIM 技术研究颇深。

张 卉

硕士研究生
讲师/工程师
一级建造师
国家职业技能鉴定考评员

对 BIM 技术研究颇深，荣获首届全国钢结构行业建筑数字及 BIM 数字应用大赛二等奖。

周 昀

硕士
讲师
二级建造师

对 BIM 技术研究颇深，荣获首届全国钢结构行业建筑数字及 BIM 数字应用大赛二等奖。

庞崇安

硕士
副教授
二级建造师

对 BIM 技术研究颇深，荣获首届全国钢结构行业建筑数字及 BIM 数字应用大赛二等奖。

杨海平
浙江同济科技职业学院
建筑工程学院院长

教授
高级工程师
二级建造师

对 BIM 技术研究颇深，荣获首届全国钢结构行业建筑数字及 BIM 数字应用大赛二等奖。

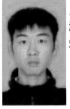

严 洋
浙江同济科技职业学院建筑工程技术专业学生

能熟练应用 AutoCAD、Tekla、Revit、VR 仿真等各类软件。

黄子倩
浙江同济科技职业学院
建筑工程技术专业学生

对建筑信息化管理课程颇感兴趣，能熟练应用 AutoCAD、Tekla、Revit、VR 仿真等各类软件。

许桓毅
浙江同济科技职业学院
建筑工程技术专业学生

对建筑信息化管理课程颇感兴趣，能熟练应用 AutoCAD、Tekla、Revit、VR 仿真等各类软件。

凌梦宇
浙江同济科技职业学院
建筑工程技术专业学生

对建筑信息化管理课程颇感兴趣，能熟练应用 AutoCAD、Tekla、Revit、VR 仿真等各类软件。

基于 BIM 技术在青岛科技创新园项目（B 区）钢结构的综合应用

青岛海川建设集团有限公司

滕超 吴攀 王修岐 袁得晓 李永健 董伟娜

1 工程概况

1.1 项目简介

项目地点：青岛市市北区南京路。

建筑面积：总建筑面积为 69976.2m²，其中地上部分建筑面积 52061.41m²，地下部分建筑面积 17914.79m²。

青岛科技创新园 B 区包括 3 个科技办公楼、1 个地下 3 层车库，结构形式为框架＋核心筒结构，为青岛市首个基于大数据物联网平台的科技智能化园区（图 1）。

图 1 项目效果图

青岛科技创新园 B 区 1 号楼结构形式为钢框架-混凝土核心筒结构。钢结构构件主要截面形式包括：焊接方钢箱形截面（用于钢骨混凝土柱）、焊接箱形截面、焊接 H 型钢、热轧 H 型钢、热轧圆钢管。

1.2 公司简介

青岛海川建设集团有限公司始建于 1952 年，拥有房屋建筑施工总承包特级，以及建筑幕墙、装修装饰、机电设备安装等多项专业承包一级资质，具有对外工程承包和劳务合作经营权，是一家集工程设计、土建施工、装饰装潢、房地产开发、钢结构制作安装、机械设备租赁、市政工程、机电设备安装、国际工程承包及劳务合作、生态农业、健康产业、金融投资和商贸于一体的集团化公司。

海川先后获得全国优秀施工企业、全国重合同守信用企业、全国建筑业 AAA 级信用企业、中国建筑业最具成长性百强企业、中国建筑业双 200 强企业、山东省建筑业外出施工先进单位、青岛市市长质量奖、青岛市最佳雇主企业等诸多荣誉，连续十余年入选"青岛企业 100 强"且排名逐年提高。

1.3 工程重难点

场地狭小：基坑外不具备布置加工场区的条件，基坑南侧临近南京路，车流量大，通行压力大，施工现场东侧毗邻在施工地，基坑深度大。

工期紧：本工程与业主签订合同工期为 826 日历天，受地质不良条件、扬尘治理管控、安装工程系统多、各专业交叉施工等影响工期比较紧张。

钢结构施工：由于建筑外形需要，钢结构构件需现场吊装，采取有效、可靠的安全防护措施，形成严密的高空安全防护体系，防止高空坠落和物体打击，创造焊接环境，是高空作业安全保证的关键技术手段。

安装装饰施工：机电安装工程系统多，管线复杂，斜幕墙为空间三维立体斜面，施工质量的控制比较重要。

2 BIM 团队建设及软硬件配置

2.1 制度保障措施

为实现 BIM 标准化管理，编制海川集团 BIM

体系制度，包括"海川模型精度等级""BIM项目级建模规则""BIM实施应用点应用标准——施工类""BIM实施策划样表""BIM计划实施进度样表"。

2.2 团队组织架构（图2）

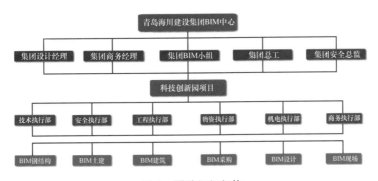

图2 团队组织架构

2.3 软件环境（表1）

软件环境 表1

序号	名称	项目需求	功能分配	
1	Revit 2016	三维建模机电深化	结构建筑机电	建模
2	Navisworks 2016	碰撞检查工序模拟	结构建筑机电	碰撞检查
3	广联达	商务算量	结构	算量
4	Fuzor mobile	移动端查看模型	结构建筑机电	轻量化模型

2.4 硬件环境

（1）专业台式图形工作站5台。
（2）移动BIM工作站3台。

3 BIM技术重难点应用

3.1 钢结构深化

钢结构深化第一阶段，BIM团队对钢结构节点进行参数与定制，根据施工图进行钢结构杆件实体模型搭建（图3、图4）。

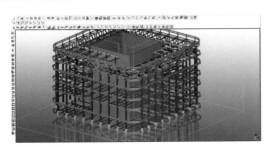

图3 1号塔楼钢结构深化模型示意图

图4 钢结构深化节点

钢结构深化第二阶段，对深化后的模型的杆件连接节点、构造、加工和安装工艺细节进行安装和处理，考虑现场拼装、安装方案进行优化（图5、图6）。

出图，以三维大样与二维图纸传递优化理念，管线关系简洁明了，减少了后期的返工与拆改（图8、图9）。

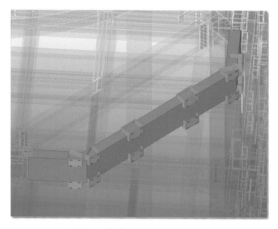

图5 幕墙预焊件深化设计

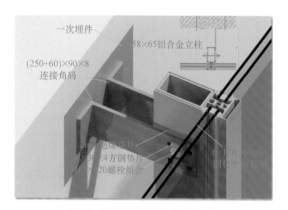

图6 幕墙节点深化设计大样

钢结构深化第三阶段，对搭建的模型进行碰撞校核，并由审核人员进行整体校核、审查，最终消除一切详图设计误差（图7）。

图7 钢结构碰撞校核报告示意图

钢结构深化第四阶段，对钢结构深化后的模型进行调整与出图，同时产生供加工和安装的辅助数据，材料清单、构件清单、油漆面积等。

3.2 管综深化出图

按照集团BIM标准对优化后的管综模型进行

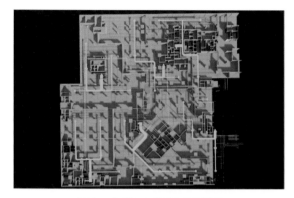

图8 车库B3管综平面模型

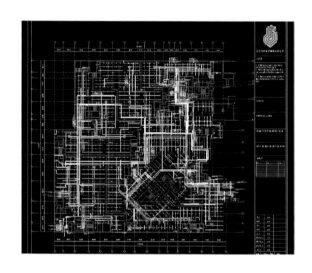

图9 车库B3管综平面布置示意图

3.3 泵房管线优化

BIM技术的落地成功解决泵房管线集成混乱、安装空间狭小的问题，使管线综合布局合理与美观，有效指导了现场的制作与安装（图10）。

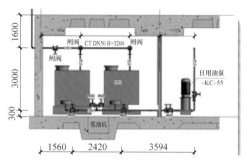

图10 泵房剖面大样

A055 基于 BIM 技术在青岛科技创新园项目（B 区）钢结构的综合应用

团队精英介绍

滕 超
青岛海川建设集团有限公司 BIM 中心主任

一级建造师
工程师

长期从事 BIM 领域创新技术研究，先后参与并负责了多项省级重点工程 BIM 落地应用。曾获得全国各类 BIM 大赛奖项 10 余项，发表论文 2 篇，实用新型专利 10 余项。

吴 攀
青岛海川建设集团有限公司副总工程师

一级建造师
高级工程师

长期从事工程建设领域施工技术研究，先后参与并负责完成了多项省市级重点工程施工，曾获得省级科学技术奖 2 次，发表论文 5 篇，发明专利 2 项，实用新型专利 10 余项，现任中国施工企业管理协会科技专家。

王修岐
青岛海川建设集团有限公司信息总监

一级建造师
高级工程师

长期从事建筑产业信息化领域研究，青岛市市北区人大代表，现任中国施工企业管理协会信息化专家委员会委员、中国施工企业管理协会 BIM 技术专家。

袁得晓
青岛海川建设集团有限公司 BIM 工程师

一级建造师
工程师

主要负责 BIM 现场技术管理、创新课题研究等相关工作。参与了多项重点工程 BIM 应用课题研究，多次获得省级以及全国各类 BIM 大赛奖项。

李永健
青岛海川建设集团有限公司副总工程师

一级建造师
高级工程师

长期从事安装施工技术研究工作，曾获得省级科学技术奖 1 次，发表论文 3 篇，拥有发明专利 2 项，实用新型专利 10 余项。

董伟娜
青岛海川建设集团有限公司质量部经理

一级建造师
高级工程师

长期从事工程建设领域施工质量控制研究，先后参与并负责了多项省市级重点工程现场施工质量管理，发表论文 2 篇，实用新型专利 8 项。

BIM 技术在国家会展中心工程二期项目钢结构中的应用

中建八局钢结构工程公司

康少杰　李晨　王俊伟　付洋杨　韩林时　张原　杨文林　周磊

1　工程概况

1.1　项目简介

国家会展中心（天津）工程二期项目位于天津市津南区咸水沽镇，工程建筑面积 562156m²，主要由展厅、交通连廊、中央大厅三部分组成（图1）。

本项目钢结构总用钢量为 12 万 t，材质 Q355B。展厅为大跨度桁架，两个展厅共用一个屋盖，屋盖尺寸为 186.36m × 159.7m，高度 23.28m，单跨跨度为 84m，由两侧 A 类铰接、B 类刚接的人字柱支撑；东西交通连廊同样采用四弦凹型桁架屋盖，内部采用钢框架结构。中央大厅区域采用复杂的树状分权结构，由 32 个顶面 30.3m × 30.3m 的树状结构构成，最大高度 32.8m（图2）。

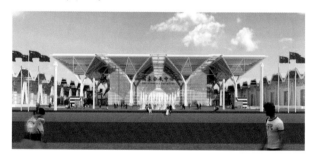

图1　项目效果图

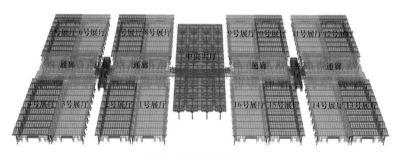

图2　钢结构分布图

1.2　公司简介

中建八局钢结构工程公司是中国建筑第八工程局有限公司的直营专业公司，企业拥有轻型钢结构工程甲级设计资质、钢结构工程专业承包壹级资质，是一家集设计、科研、咨询、制造、施工于一体的国有大型钢结构企业。

1.3　工程重难点

（1）钢结构工期紧，体量大，保证施工进度是难点；

（2）项目面积大，构件数量多，钢结构组织为重点；

（3）钢结构施工较为集中，各资源整合为难点；

（4）交通连廊基础高差大，内部分布主次管沟，钢结构施工工况复杂。

2　BIM 团队建设及软硬件配置

2.1　制度保障措施

（1）保障体系：成立 BIM 指导小组定期沟通，及时解决相关问题；成立 BIM 联合团队，保持工作的连续性。

（2）进度控制：根据总工期要求，编制 BIM 模型以及分阶段 BIM 成果提交计划、进度模型提交计划等。

（3）例会制度：每周内部召开一次碰头会，针对本周工作进展情况和遇到的问题，制定下周工作目标。

（4）检查机制：对各分包单位，每2周检查一次，了解BIM系统执行的情况，确保模型和工作同步进行。

2.2 团队组织架构（图3）

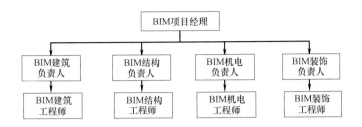

图3 组织架构图

2.3 软件环境（表1）

		软件环境		表1
序号	名称	项目需求	功能分配	
1	Tekla Structures 21.0	钢结构建模	可视化计划管理	钢结构深化
2	Revit 2018	三维建模	土建、机电建模	各专业模型组合
3	Navisworks	4D、5D进度模拟	多文件格式整合	制定进度表
4	3ds Max Design	工艺模拟动画制作	建模	渲染
5	C8BIM	BIM应用公司平台	多专业浏览	碰撞检测

2.4 硬件环境（表2）

		硬件环境			表2
电脑型号	处理器	内存	硬盘	显卡	显示器及数量
Mag Vampiric 010	INTEL CORE i9-9900K	32G LPDDR4 RAM	512G 固态硬盘＋2T 机械硬盘	NVIDIA GeForce GTX 765M	27″双显示器

3 BIM技术重难点应用

（1）本工程体量约12万t，钢构件约157686件，构件的深化、制作运输、现场堆放吊装管理难度大。

（2）钢构件现场拼装后重量最大为102t，对吊装机械选择及地面承载力要求比较高。

（3）与土建、机电、幕墙等专业交叉作业多，因模型体量大，碰撞检查工作量大，需分区域分块进行。

为切实有效地解决这些问题，项目部采用Tekla软件进行分区域钢结构模型的建立，通过工程量统计及计划安排、钢结构安装模拟及方案优化、三维扫描应用等BIM技术应用确保项目高质量高效率的施工。

（1）模型建立

依据甲方提供的CAD图纸，采用Tekla软件进行了分区域建模，通过深化各类构件的具体实际尺寸，进行零件图的深化出图，直接同导出的数控文件下发至加工厂进行构件的制作，同时将完成后的模型导出IFC格式，可用Navisworks或Revit与其他专业进行碰撞检查，增加各专业的协作。钢结构复杂节点如图4所示。

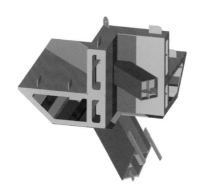

图4 树形分权结构复杂节点

（2）碰撞处理及钢结构深化优化

分区域建立钢结构模型后，采用 Tekla 软件中的碰撞检查功能检查零件与零件间、构件与构件间的碰撞问题，根据对结构影响的程度由低到高进行逐步调整，对于与土建、机电、幕墙等专业的碰撞检查，导出 IFC 文件导入 Navisworks 进行专业间的碰撞检查，根据结果进行管线的移动或楼层板开洞调整布置。

（3）工程量统计及计划安排

本工程因钢结构重量大，对钢材、构件图、零件图等管理提出特别高的要求，通过 Tekla 软件中的内置模板编辑器进行了提料清单、构件清单、零件清单的重点编制，通过过滤选择相关模型区域进行调料清单、构件清单、零件清单等相关信息的输出，实现了钢材、构件、螺栓等的快速精确统计及各类计划的安排。

（4）钢结构安装模拟及方案优化

应用 BIM 技术对展厅、交通连廊屋盖四弦凹型桁架及中央大厅区域树形分权结构进行了虚拟预拼装。通过有限元软件 Madis 对基础承载力、构件吊装、桁架卸载进行了受力变形分析，确定展厅、连廊及中央大厅的施工顺序，通过虚拟预拼装技术，确定具体的安装工序，并根据安装顺序进行制作厂构件材料、制作的安排（图5）。

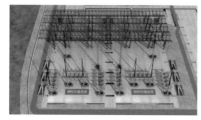
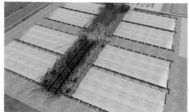
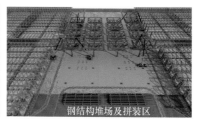

图5 钢结构安装模拟

（5）三维扫描应用

因项目机电、幕墙、屋面安装作业要求，对主体钢结构施工精度要求非常高，项目部引进高标准的三维激光扫描仪及数据处理软件，对钢结构制作的构件进行扫描，生成点云模型。通过点云模型与 Tekla 软件导出的构件模型进行对比分析，找出实体构件与模型构件差别大的位置，指导加工厂构件加工工艺的控制点（图6）。

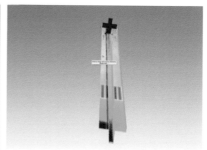

图6 构件安装三维扫描及复核

A057 BIM 技术在国家会展中心工程二期项目钢结构中的应用

团队精英介绍

康少杰
中建八局钢结构工程公司
华北分公司总工程师

高级工程师

先后主持了南京南站、天津周大福金融中心、国家会展中心项目等一大批"高、大、精"项目，获国家级、省部级工程奖 5 项（包括 2 项中国钢结构金奖杰出工程大奖），省部级科技成果 10 项，拥有 18 项专利。

李　晨
中建八局钢结构工程公司华北分公司质量总监

工程师

主要负责 BIM 的技术质量管理、课题研究、创新管理、BIM 总协调，获中国钢结构协会科技进步奖 1 项，发表论文 20 余篇，授权发明专利 3 项。

王俊伟
中建八局钢结构工程公司华北分公司 BIM 建模师

工程师
一级建造师

主要负责项目 BIM 各专业建模，课题研究、创新管理等，发表论文 10 余篇，省部级成果 1 项。授权发明专利 3 项，获某 BIM 大赛特等奖。

付洋杨
中建八局钢结构工程公司华北分公司 BIM 建模师

工程师
中级安全工程师

主要负责项目 BIM 各专业建模，课题研究、创新管理等，发表论文 10 余篇，省部级成果 1 项。授权发明专利 3 项，获某 BIM 大赛特等奖。

韩林时
中建八局钢结构工程公司华北分公司项目技术主管

二级 BIM 建模师

先后主持和参与雄安商服项目、雄县三中、国家会展项目 BIM 管理和开发工作，发表论文 11 余篇，省部级成果 4 项。

张　原
中建八局钢结构工程公司华北分公司项目总工程师

工程师
一级建造师

主要负责项目 BIM 各专业协调工作，课题研究、创新管理等，发表论文 15 余篇，省部级成果 4 项。授权发明专利 3 项。

杨文林
中建八局钢结构工程公司科技部业务经理

主要从事公司 BIM 管理工作，搭建公司三维模型库、主导项目 BIM 大赛的申报，创优动画制作及 BIM 技术培训与推广。

周　磊
中建八局钢结构工程公司华北分公司 BIM 工程师

助理工程师

主要负责项目 BIM 结构建模，创新管理等，发表论文 10 余篇，省部级成果 1 项。授权发明专利 1 项，获某 BIM 大赛特等奖。

国家合成生物核心研发基地 EPC 项目 BIM 综合应用

杭萧钢构股份有限公司，中国建筑第八工程局有限公司

姚有为　张磊　庞卫涛　杨宁　刘震　安昊　叶建国　陈杨　李庆川　杨宇

1 工程概况

1.1 项目简介

国家合成生物技术创新中心核心研发基地 EPC 总承包项目位于天津空港经济区（图1），工程造价 12.76 亿元，总建筑规模约 17.7 万 m^2。建设内容包括研发实验、创新孵化、综合管理和生活服务四大板块，是集科技研发、国际交流、科教融合、创新孵化和生活服务等功能于一体的现代化国际合成生物科技创新平台。

该项目是国内首座合成生物技术研发基地，对推动我国科技创新驱动发展，实现科技引领产业变革、科技强国建设具有重要战略意义。依托天津良好的技术、产业及政策优势，推动京津冀科技协同创新发展，为天津市乃至京津冀区域自主创新能力提升和产业转型提供新动能。项目作为国家合成生物技术创新中心布局中的"一区"，将为中心建设提供原始创新动力和市场化机遇，对推动国家合成生物技术创新中心建设具有重要意义。

图1　项目效果图

B 区 7 层及下部屋面，主要结构屋面高度 33.80m，C 区 5 层及突出屋面，主要结构屋面高度 27.25m，D 区 2 层及局部屋面，主要结构屋面高度 8m。采用钢框架结构体系，钢结构总用钢量约 7000t。

1.2 公司简介

杭萧钢构自 1985 年创立至今，不断推动和引领钢结构建筑在我国的发展。杭萧钢构主编、参编国家行业相关标准规范 70 多项，先后获得 400 余项国家专利成果，开创了若干钢结构行业"第一"：打造中国钢结构第一楼、建设全国最大钢结构住宅群、首开行业战略合作模式、在行业荣获首个工程施工总承包一级资质、首个钢结构国家

住宅产业化基地、首批装配式建筑产业基地……奠定了杭萧钢构在国内工业绿色建筑领域的领先地位。同时，杭萧钢构与清华大学、浙江大学、同济大学、天津大学、西安建筑科技大学等多所著名院校和研究所建立了密切的合作关系，拥有国家级博士后科研工作站、省级院士工作站。杭萧钢构专业设计、制造、施工（安装）厂房钢结构、多（超）高层钢结构、大跨度空间钢结构、钢结构住宅、绿色建材（包括 TD、钢筋桁架、钢筋桁架模板及连接件、CCA 墙体部件、防火包梁柱体系等产品）。数千个样板工程已覆盖 40 多个行业，遍布德国、冰岛、印度、伊朗、安哥拉、南非、巴西、俄罗斯、马来西亚等全球 60 多个国家或地区。400 多项工程获鲁班奖、詹天佑奖、

中国钢结构金奖等行业奖项。杭萧钢构发展至今已拥有十余家全资或控股子公司和百余家参股公司，形成了"设计研发＋生产制造＋项目总包＋绿色建材＋电商平台""五位一体"绿色建筑集成新模式。2018年，杭萧钢构投资10亿元在杭州市成立了万郡绿建科技有限公司，致力于打造顺应数字化、网络化、智能化发展要求的新平台。杭萧钢构始终以"成为世界一流的绿色建筑集成服务商"为愿景，以"让公司持续发展、为客户创造更大价值、为职员提供发展平台、为股东提供长期回报、为社会承担更多责任"为使命，不断推进企业高质量发展。

中国建筑第八工程局是隶属于世界500强中建总公司的国有大型建筑骨干企业，以承建"高、大、精、尖、新"工程著称于世，被誉为"南征北战的铁军，重点建设的先锋"，尤其在超高层、机场航站楼、会展博览、体育场馆、绿色施工及BIM应用等领域具有核心竞争力。

1.3 工程重难点

（1）研发实验楼共计9个洁净室，包含纯水工艺、氮气工艺、冷库工艺、压缩空气工艺污水处理工艺、实验室及洁净室工艺等。对空气洁净度、温度、湿度、压力、噪声等参数均有特别高的要求。

（2）项目要确保获得"海河杯"天津市优秀工程勘察设计奖，争创全国优秀工程勘察设计奖，确保鲁班奖，确保"全国建筑业绿色施工示范工程"，故质量标准极高。

2 BIM团队建设及软硬件配置

2.1 制度保障措施

为确保BIM在工程施工中的实际指导作用，项目部成立以项目经理为组长，技术负责人为副组长，涵盖项目部各相关部门人员的BIM应用领导小组，作为BIM固定工作站，在项目部内全面积极推进BIM应用技术。

结合本项目实际情况，公司BIM中心选派技术组一名BIM工程师作为流动工作站人员驻场项目部，并设置BIM负责人一名，以便更好地为项目施工管理服务。

2.2 团队组织架构（图2）

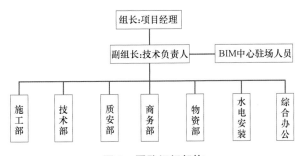

图2 团队组织架构

2.3 软件环境（表1）

软件环境 表1

序号	名称	项目需求	功能分配	
1	Revit 2018	三维建模、土建深化等	结构、建筑、机电	建模/动画
2	Lumion	漫游动画	整体模型	动画
3	Tekla	三维建模	钢结构	建模
4	Fuzor	4D工期	工序动画、工期模拟	动画
5	Enscape	漫游动画	整体模型	动画
6	Twinmotion	漫游动画	整体模型	动画
7	CAD	出图	结构、建筑、机电等	辅助建模

2.4 硬件环境（表2）

硬件环境 　　　　　　　　　　　　　　　　　　　　表2

类型	CPU	内存	显卡	硬盘	配置台数
服务器	英特尔至强 E5-2650V2	Dell 16G * 8DDR4	K5200 8G 独显	Del 1T SASA	1
组装台式建模电脑	Intel 酷睿 i7-9700k 3.6GHz	16G 内存	七彩虹 GTX1080	256GB SSD+1TB HDD	5
笔记本	Intel 酷睿 i7-9700k 3.6GHz	16G 内存	七彩虹 GTX2070	256GB SSD+1TB HDD	4

3 BIM 技术重难点应用

（1）基础应用

各阶段均采用 BIM 模型创建、审图、重要节点施工模拟、场地布置、生活区布置、4D 工期模拟、大体积温控等技术解决项目施工中的问题。

本工程 A、B、C 区地上建筑及 D 区裙房为装配式钢结构，D 区主楼为装配式混凝土结构，装配率达 66%（图3）。基于 BIM 技术对装配式结构进行深化设计，提高预制构件设计完成度与精确度。

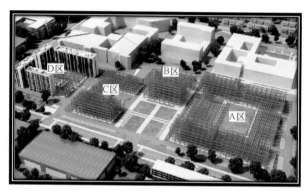

图3 项目概况

（2）拓展应用

通过 MR+BIM 技术，可以提前解决工艺设备问题，实现信息完整的互联互通，有效地指导现场施工，通过模拟分析对方案进行优化，完成现场模拟、演示和安全交底等工作，以提高工作效率。

利用 BIM 模型进行 3D 打印，将给水泵房主要设备及管线路由立体化地呈现在面前，将"可移动"的泵房更加直观地进行交底。

（3）平台管理

智慧工地 AI 识别与分析系统通过安全帽、反光衣、明火等识别功能变被动"监督"为主动"监控"，真正做到事前预警、事中常态检测、事后规范管理，将工地安全生产做到信息化管理。智慧工地 AI 识别与分析系统，通过安装在建筑施工作业现场的各类监控装置，构建智能监控和防范体系，能有效弥补传统方法和技术在监管中的缺陷，实现对人、机、物、料、法、环的全方位实时监控。借助 AI 及监控监测，预警次数由原来的平均 150 次/日下降到 45 次/日。疫情期间引入口罩 AI 算法，及时发现未佩戴口罩人员并发出预警，全方位保障工地安全。

4 BIM 技术在项目未来的发展以及潜在用途

本项目通过应用 BIM 技术，加快了设计单位出图进度，提高了设计图纸质量，解决了技术难题，提高了项目管理能力、各参建方的协同效率和施工质量，缩短了建造工期，节约了成本，提升了管理品质，截至目前项目工期提前 2 个月，实现经济效益约 527 万。全员参与 BIM 应用，培养了一批 BIM 复合型人才。

本项目 BIM+智慧工地的开展，受到社会广泛关注，截至目前项目分别在中央级、省级新媒体平台和地方电视台累计报道 69 次，承接上级政府领导视察观摩 10 余次，兄弟单位交流学习 40 余次，以项目部为窗口，持续提升企业品牌影响力。

A059 国家合成生物核心研发基地 EPC 项目 BIM 综合应用

团队精英介绍

姚有为
中国建筑第八工程局有限公司

项目总工
高级工程师

2015 年优秀科技管理人员；2020 年总工岗位能手；获国家级 BIM 奖项 15 项；中央企业 QC 小组成果发表赛二等奖；全国工程建设管理小组活动成果交流会 Ⅱ 类成果（中国建筑业协会）；授权专利 36 项；发表论文 34 篇。

张 磊
中国建筑第八工程局有限公司

项目经理
高级工程师

国家合成生物项目团体荣获国际安全大奖；项目部获 2021 年度天津市建设系统优质质量管理三类成果；项目部获 2021 年度天津市建设工程项目管理成果 Ⅰ 类成果；发表天津市建筑业优秀论文 1 篇；发表国家期刊论文 14 篇，国家专利授权 2 项。

庞卫涛
中国建筑第八工程局有限公司

高级工程师

先后荣获中国建筑"劳动模范"、八局工匠等荣誉称号 10 余项，所在项目获"中国钢结构金奖"、全国"AAA"安全文明标准化工地等荣誉称号 30 余项，参与编制发表专利 40 余项、论文 20 余篇、工法 20 余篇。

杨 宁
中国建筑第八工程局有限公司

BIM 总监
助理工程师

发明专利 5 项，实用新型专利 1 项；发表论文 6 篇；获 2021 年天津市建设系统 BIM 成果 3 项、"龙图杯" 3 项、中施企协 BIM 大赛三等奖 2 项、"创新杯" 3 项、"优路杯" 4 项、"智建杯" 4 项、"共创杯" 3 项、BuildingSMART 香港国际 BIM 大奖赛最佳企业普及奖。

刘 震
中国建筑第八工程局有限公司

BIM 工程师
助理工程师

获 2020 年首届工程建设行业 BIM 大赛三等成果；2021 年第十二届"创新杯"BIM 应用大赛智慧城市与可持续发展类一等奖和 BIM 应用大赛工程建设综合 BIM 应用组二等奖；2021 年第十届"龙图杯"全国 BIM 大赛综合组三等奖；发表论文 3 篇。

安 昊
中国建筑第八工程局有限公司

BIM 工程师

获第四届"优路杯"金奖/铜奖、第十二届"创新杯"一等成果/二等成果、天津市建设工程 BIM 技术应用 Ⅰ 类成果、第二届中施企协建设行业 BIM 大赛三等成果、第十届"龙图杯"三等成果、"智建杯"金奖、2020 滨海新区首届 BIM 建筑技术应用职业技能大赛一等奖。

叶建国
杭萧钢构股份有限公司项目经理

一级建造师
工程师

长期主管钢结构项目，参建和负责完成华晨宝马汽车有限公司车身车间厂房项目（钢结构金奖、鲁班奖）、吉林省安图长涛矿泉饮品有限公司工程建设项目一期主生产车间、欧珀公司第二运营基地和天津国家合成生物项目；曾荣获 2013 年第九届全国钢结构工程优秀建造师；发表论文 10 余篇。

陈 杨
杭萧钢构股份有限公司

助理工程师

杭萧钢构股份有限公司技术负责人，先后参建和负责首都师范大学附属中学通州校区建设项目（北京"长城杯"）、绿地国际金融中心（IFC）项目、天津国家合成生物项目。

李庆川
杭萧钢构股份有限公司

工程师

杭萧钢构股份有限公司技术负责人。长期从事钢结构施工技术工作，先后参建和负责完成华晨宝马汽车有限公司车身车间厂房项目（钢结构金奖、鲁班奖）、伊朗南方铝业项目（国优）、天津国家合成生物项目。

杨 宇
杭萧钢构股份有限公司

设计研发部设计助理工程师

主要从事钢结构深化设计、结构设计工作，授权实用新型专利多项，发表论文 1 篇。

BIM 技术在中国移动数据中心项目中的应用

中国移动集团有限公司，中建八局第一建设有限公司

王绪存　邢关猛　侯建平　陈锡华　刘钦玉　陈浩　赵晓鹏　于晓　刘祥　辛伟静

1 工程概况

1.1 项目简介

中国移动数据中心二期项目位于青岛市城阳区岙东路与新悦路交汇处，占地面积约 11 万 m^2，致力于打造中国移动集团北方沿海最大数据中心（图 1）。项目利用封闭冷通技术、余热回收设备、空调冗余 N＋1 等技术打造绿色节能数据中心，对青岛人工智能、5G 技术、新一代信息技术、工业互联网发展带来全新的动力。

图 1 项目效果图

1.2 公司简介

中建八局第一建设有限公司（以下简称公司）前身为中国建筑第八工程局第一建筑公司，始建于 1952 年，系世界 500 强企业、全球最大的投资建设集团——中国建筑集团有限公司下属三级独立法人单位。公司具有施工总承包、设计与施工、专业承包施工能力、拥有"双特三甲"等一系列资质，在装饰板块具备建筑装饰装修设计与施工、建筑幕墙工程设计与施工等完整的装饰设计施工资质体系，拥有"国家级企业技术中心"研发平台，是科技部认证的"国家高新技术企业"，被中建协授予"最佳 BIM 企业"奖，被中施企协评为"科技创新先进企业"。

1.3 工程重难点

（1）现场地下管道维护

项目位于已建厂区内，地下存在大量管线，部分管线埋深不超过 1m，严重影响现场施工。

（2）结构复杂，管路交错

项目存在高低差错台位置 20 余处，机房管线复杂交错，运用各种节能新技术，专业性较强。

（3）协调难度大

项目分包多，多专业、多工种进行交叉作业，协调管控要求高。

2 BIM 团队建设及软硬件配置

2.1 制度保障措施

本项目 BIM 技术总体体系由"BIM 管理体系"和"BIM 应用体系"组成。

"BIM 管理体系"涵盖以下功能模块：

（1）模型接收、传递与创建管理流程。

（2）模型更新及维护管理流程。

（3）临时模型管理流程。

（4）深化设计管理流程。

BIM 应用体系见图 2。

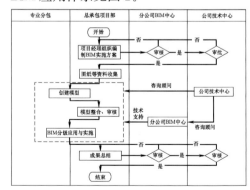

图 2 项目部 BIM 应用体系

本工程通过应用网络共享平台可以实现基于互联网的协同，通过 C8BIM 平台协同，各部门将相关数据资料加密上传 C8BIM 平台，可从移动端或 PC 端进行数据上传，由管理中心统一进行数据整理，实现 BIM 模型的实时更新与维护（图 3）。

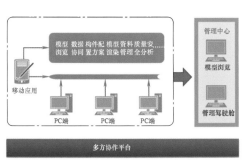

图3 BIM实施网络构架图

2.2 硬件环境

为充分保障 BIM 技术所需软件的正常运行，本项目拟使用 1 台台式计算机和若干笔记本计算机。

为实现在施工现场使用手持设备应用 BIM 的需要，所有参与 BIM 人员在手机端均安装 C8BIM 移动端 App。硬件配置见表1。

主要硬件配置 表1

用途	型号	配置				
		CPU	显卡	内存	硬盘	显示器
建模人员标准配置	台式机	Intel i7-10700k	RTX2070 spuer	16G	1TSSD+2THDD	31 寸 OLED 显示器

2.3 软件环境

本项目将根据项目实际情况购置软件，具体软件配置如表2所示。

BIM 小组软件配置一览表 表2

软件类型	软件名称	软件版本
三维建模软件	Revit	2018
	3d Max	2018
钢结构建模软件	Tekla Structures	19.0
机电设计软件	Revit	2018
幕墙设计软件		
高级装饰		
二维绘图软件	AutoCAD	2020
文档生成软件	Microsoft Office	2016
现场应用	C8BIM 平台	—
文档管理	C8BIM 平台	—
模型审查	C8BIM 平台	—
后期软件	Adobe Photoshop	CC2015
	Adobe After Effects	CC2015
	Adobe Premiere	CC2015

3 BIM 应用成果

3.1 3D 几何建模

工程开工前，BIM 小组依据施工图纸、招标投标文件、招标答疑等相关资料快速建立三维实体模型，初步做到直观推敲建筑体量，剖析建筑造型和功能布局，帮助项目施工、技术、预算人员加深对图纸的理解（图4）。

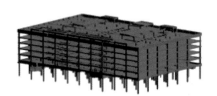

图4 3D 几何建模

3.2 临建布置 3D 协调

临时建筑及各类生活设施是项目的门脸，美观、协调、大气的场地布置可以反映出一个工程的精神面貌，在以往施工前期对临时建筑的位置策划中，一般只使用 CAD 软件画出一个个的矩形图块，表示各个临时建筑的平面信息，不能直观反映出各建筑的高度比，而使用 BIM 软件对各类建筑进行建模，真实反映出它们的颜色、外形，以此为蓝本进行场地规划，对于施工前期的工作无疑会提供很大的助力（图5）。

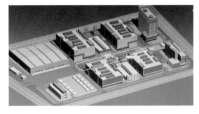

图5 临建布置

3.3 大型机械设备位置比选

在前期建立的 3D 模型的基础上，对塔式起重机、物料提升机等设备的位置进行合理的规划，必要时可直接在模型修改完善，并确定如塔式起重机扶墙等附属设施的准确位置（图6）。

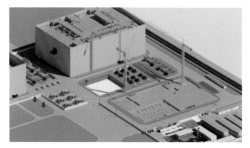

图6　大型机械设备位置比选

3.4　施工图检查及优化设计

传统的图纸只表示出二维平面结构，技术人员很难发现图纸中的"小"问题，土建方面，柱、梁、楼梯的错位，结构图与建筑图的某些节点不一致，安装方面，机电管线与建筑、结构、幕墙及装饰等相关专业间互相打架，机电各个系统管线之间的管件碰撞，会造成大量的返工及资源浪费，且影响工期。在搭建模型后，对项目的土建、管线、工艺设备进行综合及碰撞检查，基本清除了由于设计错漏而产生的隐患。而且，在搭建模型的过程中，也可以及时发现图纸中设计不明朗的部位，避免影响施工。

3.5　施工方案的可视化探讨

以动力中心为例，厂房部分区域楼层净高度差异较多，一层某跨有6个标高，高支模方案编制时架体排版困难。通过可视化模型，制定不同尺寸、不同高度下梁底、板底模板支架方案并计算承重情况，保证设计满足承载力要求，给方案编制提供有效助力（图7）。

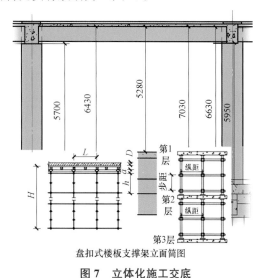

盘扣式楼板支撑架立面简图

图7　立体化施工交底

在每次施工工作进行前，需对工人进行技术交底。以往的施工中，技术指导主要以平面图纸、文字注释及口头交代的形式为主，若交代不清容易造成工人审图不清，稍不留神即会出现施工错误，返工严重，损耗巨大。而利用BIM技术搭建三维模型，对易错节点重点反映，使工人对所施工的内容有个直观的感受，对节点有更深刻的认识，有利于现场施工。对于设计方所出的工程变更，我方可直接在模型中对更改的构件或材质进行修改并加以说明，能有效地避免返工。

3.6　数据提供

通过BIM模型直接生成工程相关的明细表，进行设备统计、材料统计等工作，不仅可以提供施工图预算、施工材料计划等基础数据，而且也间接地起到了成本管控的作用，如当某次混凝土浇筑量与模型所提供的工程量差异较大时，便会起到警示作用，以免问题发现过迟，造成不必要的浪费。

3.7　4D施工模拟

给三维模型加载时间要素，进行包括混凝土施工、钢结构吊装、塔式起重机顶升、机械设备辅助装置安装、脚手架搭设、模板支设、钢筋绑扎、二次结构、装饰装修等工作的施工虚拟预演（图8），小则可以准确地反映施工工艺，大则模拟施工流程，发现关键工序及工序间的先后关系，帮助管理人员准确进行施工组织，安排合理恰当的施工进度计划，实现施工过程的可视化。IDC机房室外工程需完成电缆沟、通信管沟等管道的开挖工作，这些管线均紧邻建筑物，上下交错，而且，室外施工不能对楼内安放精密机柜、冷冻机组等设备造成影响，这一系列工作借助于4D施工模拟，可以顺畅地进行。

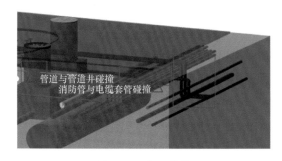

图8　4D施工模拟

A061 BIM 技术在中国移动数据中心项目中的应用

团队精英介绍

王绪存
中建八局第一建设有限公司
中国移动数据二期中心项目专业工程师

2021 年被推荐为山东省技术能手

邢关猛
中建八局第一建设有限
公司中国移动数据中心
二期中心项目总工程师

一级建造师
工程师

侯建平
中建八局第一建设有限
公司中国移动数据二期
项目经理

陈锡华
中建八局第一建设有限公司
中国移动数据二期中心
项目技术负责人

一级建造师

刘钦玉
中建八局第一建设有限
公司中国移动数据二期
中心项目专业工程师

助理工程师

陈　浩
中建八局第一建设有限
公司中国移动数据二期
中心项目质量总监

工程师

赵晓鹏
中建八局第一建设有限公
司中国移动数据二期中心
项目机电工程师

于　晓
中建八局第一建设有限
公司中国移动数据二期
中心项目机电工程师

一级建造师

刘　祥
中建八局第一建设有限
公司中国移动数据二期
中心项目机电工程师

工程师

辛伟静
中建八局第一建设有限
公司中国移动数据二期
中心项目机电工程师

助理工程师

BIM 技术在中原网球中心项目复杂曲面设计、施工中综合应用

中建八局第二建设有限公司，河南大建建筑设计限公司

耿王磊　薛涛　李永明　任余阳　盛万飞　王冲　杨佳昊　孙金超　王振宇　李升

1 工程概况

1.1 项目简介

中原网球中心项目位于郑州市郑东新区金水东路与后贾东街交汇处东南角；占地面积 10 万 m²，建筑面积 3.48 万 m²，总工期 300 天。建设内容包括一个 5000 座主场馆、一个 2000 座副场馆、4 片预赛场地及相关配套设施，其中主场馆为 5000 固定坐席，地上 4 层，上下 2 层混凝土看台＋钢结构罩棚（图 1、图 2）。

图 1　项目外部效果图

图 2　主场馆效果图

1.2 公司简介

中建八局第二建设有限公司是世界 500 强企业——中国建筑股份有限公司的三级子公司，是中国建筑第八工程局有限公司法人独资的国有大型骨干施工企业。公司具有年承接合同额 500 亿元以上，实现营业收入 200 亿元以上的综合能力，总部设于山东济南，经营区域覆盖京津、上海、河南、广东、广西等全国 14 省（直辖市）30 多个地市，并远涉海外。

1.3 工程重难点

（1）本项目体量大，专业繁多，系统复杂，各专业管线相互之间交叉严重。

（2）本工程钢结构外形为变弧度钢结构罩棚，金属屋面矮立面连续焊接，共 972 块扇形钢板，十余道工序，施工十分困难。

（3）顶面为不规则双曲面造型，顶面板块模数确定困难。檐口部位为空间扭曲造型，整体造型无规律可循，关键控制点位 2000 多处，空间定位难度巨大。

2 BIM 团队建设及软硬件配置

2.1 制度保障措施

（1）建立 BIM 运行保证体系：成立 BIM 管理领导小组，定期沟通，保证能够及时解决问题。建立包括工作岗位责任制度、考核制度、BIM 维护变更制度等 BIM 管理制度。

（2）建立 BIM 运行例会制度：每周召开一次碰头会，针对本周工作情况和遇到的问题，制定下周工作计划。

2.2 团队组织架构

在项目全生命期 BIM 应用与实施阶段，建立以 BIM 单位为 BIM 总体管理与协调中心的组织结构，做到统一管理、指令唯一、职责明确。团队组织架构如图 3 所示。

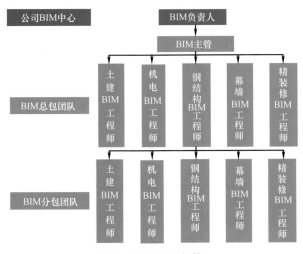

图3 团队组织架构

2.3 软件环境（表1）

软件环境 表1

序号	软件名称	功能
1	Autodesk Revit	土建、安装建模
2	Autodesk Navisworks	碰撞检测、施工进度模拟展示等
3	Tekla16.0	钢结构设计建模软件
4	Rhino	异形曲面的建模、定位及处理
5	Autodesk 3ds Max	三维效果图、施工工艺及方案模拟
6	Lumion	效果渲染、景观效果表现，效果图及视频动画制作
7	Twinmotion	效果渲染、装修效果表现，效果图及视频动画制作

2.4 硬件环境

BIM工作室配备专业图形设计笔记本30余

台以及100M独立光纤等硬件设施，保证了项目BIM技术的顺利进行。

3 BIM技术重难点应用

3.1 辅助图纸会审

图纸会审前，通过建立各专业三维模型，共发现图纸问题389处，借助模型直接对问题部位取图，减少了传统模式中设计单位查找复核的时间，提高了图纸会审沟通效率，加强了各方的协作能力。

3.2 场地平面布置

通过BIM技术，模拟施工现场平面布置，对施工场地如现场机械、材料堆场、加工场地等，进行优化配置，合理安排空间和资源，并能根据现场施工情况及时进行动态调整。

3.3 可视化交底

对关键施工技术及难以理解的施工过程，利用BIM技术辅助建模，三维模拟，编制基于BIM技术的施工专项方案，同时通过BIM软件进行可视化技术交底。

3.4 复杂节点排布优化

对复杂节点利用BIM技术提前进行建模、排布、优化，以保证施工过程中各复杂节点的施工质量，防止后期安装时发生碰撞，减少返工（图4）。

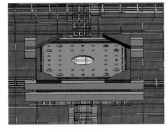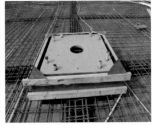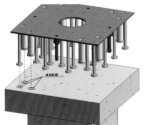

图4 复杂节点排布优化

3.5 工程量统计

利用参数化软件从 BIM 模型导出板材、型材、钢材等材料的工程量，为材料招标及商务预算提供依据（图 5）。

3.6 虚拟样板

现场样板展示区，通过 BIM 技术建立标准化做法模型。将标准化模型导出图片及二维码，在现场粘贴，减少了样板展示区占地空间，节约了做样板的时间。

3.7 安装管理

将工位管理延伸到项目现场，对验收、吊装、安装等过程进行管理。

3.8 BIM＋三维激光扫描

利用三维激光扫描仪采集现场模型数据，与设计模型进行对比分析，并对钢结构安装精度复核，同时作为幕墙施工的依据（图 6）。

3.9 BIM＋放样机器人

将 BIM 中采集的模型点位数据导入机器人手簿，通过架设好的放样机器人的自动追踪及手簿的导航功能，快速准确地找到放样位置并进行标注（图 7）。节省了时间和人力，大大提高了放样的准确性和工作效率。

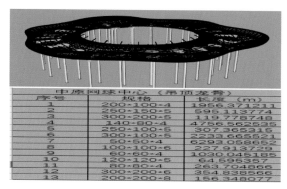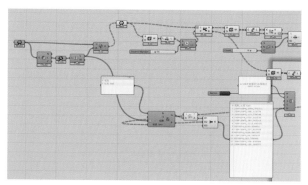

图 5　工程量统计示意图

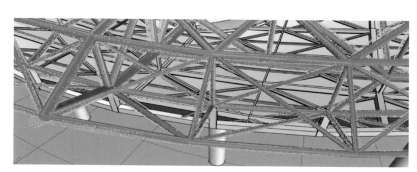

图 6　BIM＋三维激光扫描示意图

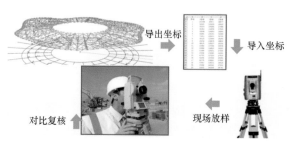

图 7　BIM＋放样机器人

A067 BIM 技术在中原网球中心项目复杂曲面设计、施工中综合应用

团队精英介绍

耿王磊
中建八局第二建设有限公司河南公司 BIM
工作站站长

工程师

从事 3 年 BIM 管理工作，负责公司 BIM 技术的应用与推广，先后获得多项国家级 BIM 成果，发表论文 2 篇，工法 1 项，省级 QC 成果 2 项。

薛　涛
中建八局第二建设有限公司河南公司 BIM 工作站业务经理

BIM 建模工程师
一级建造师
中国矿业大学（北京）
硕士研究生

从事 BIM 管理工作 4 年，曾担任多个项目 BIM 负责人，目前负责公司 BIM 技术推广、培训、BIM 大赛成果申报工作。先后获得国家级 BIM 奖 7 项，省级 BIM 奖 11 项，公司 BIM 技能大赛二等奖，中西部六省 BIM 大赛优秀选手。

李永明
中建八局第二建设有限公司河南公司总工程师

一级建造师
高级工程师

负责河南公司技术质量管理、科技推广、新技术应用、工程创优、BIM 中心等工作。获得多项国优金奖、鲁班奖，国际 BIM 大赛（AEC）第三名，国家级 BIM 大赛特等奖 1 项，省级以上 BIM 奖项 10 余项。

任余阳
中建八局第二建设有限公司河南公司网球中心总工

一级建造师

参与完成多项钢结构工程，获得省级工法 5 项，省级科技奖 3 项，省级 QC 成果 10 余项，专利 3 项。

盛万飞
中建八局第二建设有限公司河南公司网球中心项目经理

一级建造师
高级工程师

主持或参与完成多项钢结构工程，获中国钢结构金奖 1 项，国优 1 项，鲁班奖 1 项，华夏奖 1 项，省级工法 12 项，省级科技奖 8 项，省级 QC 成果 15 项，专利 5 项。

王　冲
中建八局第二建设有限公司河南公司网球中心项目副经理

工程师

参与完成多项国优金奖、鲁班奖、钢结构金奖申报工作，负责本项目 BIM 应用实施。

杨佳昊
中建八局第二建设有限公司 BIM 参数化设计师

负责本项目幕墙参数化建模工作，具有丰富的异形幕墙 BIM 建模经验。先后获得型建香港、"龙图杯"、"匠心杯"等赛事一等奖，取得 BIM 二级证书。

孙金超
中建八局第二建设有限公司河南公司 BIM 工作站工程师

工程师
中国矿业大学（北京）
研究生

从事 BIM 管理工作 5 年，曾担任多个项目 BIM 技术负责人，目前负责公司 BIM 技术培训、推广、应用及管理工作。先后获得省级 BIM 成果 3 项，公司级 BIM 成果 1 项。

王振宇
河南大建建筑设计限公司数字化中心主任

工程师
国家注册防护工程师

先后主持过洛阳奥林匹克体育中心、郑州市中心医院高新院区全过程数字化技术应用，多次荣获得省级一等奖，获得专利 2 项。

李　升
河南大建建筑设计限公司 BIM 机电工程师

助理工程师
电气设计师

从事 BIM 工作 5 年，参与河南省高级人民法院 EPC 项目、中原网球中心、洛阳奥体中心、中原科技城等项目工作，并制作相关工序模拟视频，获得省级评奖 3 次，专利 1 项。

基于 BIM 技术的大跨度钢桁架屋盖智能安全风险管控

湖南省第四工程有限公司

周星煜　岳建军　张明亮　彭冲　吴爱庄　杨枫　秦声赫　刘觅　张哲浩　宋禹铭

1　工程概况

1.1　项目简介

中南大学新校区体育馆含游泳馆工程位于湖南省长沙市岳麓区，为湖南省教育建设重点项目，由湖南省第四工程有限公司承建。建筑内容包括体育馆与游泳馆两部分；体育馆地上 4 层，建筑高度 29.15m；游泳馆地下 1 层，地上 2 层，建筑高度 23.65m，总建筑面积 27972.76m²，两馆主体为框架结构，顶部均为钢桁架结构。场馆内坐席共计 8636 个，同时配备相关专业设备及设施。建成后将集体育教学、群众体育、比赛、娱乐、师生和社会团体集会等功能于一体，成为中南大学新校区重要的体育活动中心，也将是长沙又一地标性建筑。建筑效果图见图 1。

图 1　建筑效果图

本工程体育馆及游泳馆屋顶钢桁架采用倒三角形空间管桁架结构体系，体育馆平面尺寸为 92.1m×126m，游泳馆平面尺寸为 48m×72m，其他标高层钢结构为热轧或焊接 H 型钢结构。体育馆及游泳馆屋顶钢桁架材质为 Q420B 钢材，其他标高层钢结构材质为 Q345B 钢材，采用钢管短柱＋抗拔球铰支座受力体系，大幅提升了屋盖结构的整体承载能力和抗变形能力。屋盖钢结构总重 2600t，最大跨度达 92.1m，为全国高校体育馆跨度之最。体育馆单榀桁架最大质量 72t，单榀桁架最长滑移距离为 75.6m。屋盖共 1372 根钢

管杆件，5363 个杆件节点，构件安装要求高，空间定位难度大，施工场地狭小，桁架滑移就位难度大。体育馆钢桁架见图 2。

图 2　体育馆钢桁架图

1.2　公司简介

湖南省第四工程有限公司成立于 1958 年，拥有建筑工程施工总承包特级资质，5 项施工总承包和 3 项专业承包资质，在建筑、市政、公路、桥梁、安装、地铁、航空、环保、消防、水利水电、钢结构、装饰装修、建筑幕墙、管道工程、防腐保温、地基与基础等的施工、房地产开发、工程检测、科研设计方面具备综合实力。公司拥有 7 项国家级工法、50 余项省级工法、80 余项企业级工法、50 余项专利和科技成果；创建 3 项国家级绿色施工示范工程、1 项全国绿色施工科技示范工程、10 项省级新技术科技示范工程、10 项省级绿色施工工程；获得 35 项国家级 QC 成果、8 项国家级项目管理成果；主编 1 项国家标准、1 项行业标准，参编 2 项省级地方标准；并独创"镜面混凝土"施工工艺，填补了湖南省此类工艺空白。公司大力推广 BIM 技术应用，已累计荣获 BIM 国家级奖项 32 个、省级奖项 16 个。

1.3　工程重难点

本工程体育馆桁架最大跨度达 92.1m，单榀桁架最大重量 72t，其跨度与重量在国内高校体育馆建设中均为罕见，且施工场地位于中南大学校园内部，施工场地面积狭小，吊装机具难以实

现灵活运转，故采用吊装与顶推滑移相结合的方式将桁架安装到位。采用传统监测手段，难以对施工过程中桁架的应力、挠度、位移等变形情况进行实时有效地把控，且桁架施工完成后，后续装饰装修等阶段的杆件变形情况缺乏有效监控手段，易形成施工安全隐患。

2 BIM团队建设及软硬件配置

2.1 制度保障措施

项目开工前由公司派驻BIM专业工程师参与项目部组建，建立BIM工作站。在钢结构施工前BIM工作站驻场人员按工作需求不定时召开BIM会议。钢结构施工阶段每周召开一次BIM例会，总结上周工作成果，并制定下一步工作计划。技术负责人定期对BIM工作站进行考核，考核内容包括BIM技术应用情况，模型与现场结合情况，阶段性成果检查，项目增效情况检查。

2.2 团队组织架构（图3）

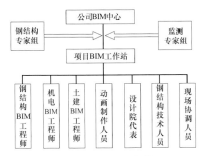

图3 团队组织架构

2.3 软件环境（表1）

软件环境　　　　　　　　　　　　　　表1

序号	名称	项目需求	功能分配	
1	Revit 2017	三维建模、土建深化、机电深化、钢结构节点建模	结构、建筑、机电、钢结构	建模/动画/协同
2	Navisworks 2017	施工模拟、碰撞检查	结构、建筑、机电、钢结构	施工模拟/动画
3	Tekla 20.0	钢结构建模及分析	钢结构	建模/分析
4	CAD 2014	二维图纸修改查看	全专业	建模
5	3d Max 2016	动画制作	建筑、结构、机电、钢结构	动画

2.4 硬件环境（表2）

硬件环境　　　　　　　　　　　　　　表2

硬件	硬件配置
笔记本	处理器：英特尔i5 9300；内存：16GB；硬盘：512G固态硬盘；显卡：GTX2050；笔记本共计配置2台
台式电脑	处理器：英特尔i7 10700；内存：32GB；硬盘：1TB机械硬盘；显卡：GTX2070；台式电脑共计配置3台，固定工作站每人1台
无人机	大疆精灵4无人机1台
相机	佳能EOS750D相机1台

3 BIM技术重难点应用

3.1 应用路线

本工程在钢结构施工全过程中深入应用BIM技术，从图纸深化设计到质量、安全、进度等多方面实现BIM技术与传统施工的有效结合（图4）。基于本工程体育馆钢桁架单榀跨度较大，重量大，滑移距离长，施工过程中传统监测手段难以满足安全管理需求。故本项目将BIM技术与在线监测技术相结合，研发"大跨度钢桁架屋盖智能风险管控BIM系统"（简称"智能在线监测系统"），如图5所示。

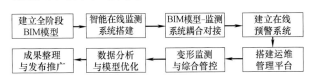

图4 应用路线

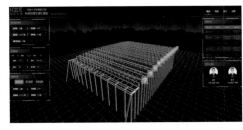

图5 智能在线监测系统示意图

3.2 应用内容

钢结构模型主要运用Tekla20.0，AutoCAD深化设计软件完成初步设计，再将成果输出为IFC格式，实现与BIM相关软件的互通。其中典型节点设计首先采用手工计算、ANSYS有限元计算分析，然后采用 CAD 进行设计节点，最后采用 Xsteel 进行详图设计及出图，同步对 Revit 进行修改，出具节点图和材料明细表等。同时对钢桁架各杆件进行受力分析，综合挠度变化、应力集中、温度影响等多方面因素，计算出关键杆件的最不利受力点，定位监测仪器安装位置，在模型上标注并出具三维图纸，如图 6 所示。

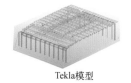

Revit模型　　　　　Tekla模型

图 6　钢结构模型图

钢结构施工过程中，根据输出的三维图纸定位安装参数收集器。同时建立在线监测系统云平台，将已建立的 Revit 模型轻量化后导入平台，与各参数收集器耦合连接，确保监测仪器数据、工作情况等均能在模型上得到反映。现场钢结构产生的各项变化，可通过传感器同步反映到平台模型上。在施工阶段对关键杆件的应力、速度、加速度、温度及挠度进行安全监测和风险预警，并将各传感器数据实时上传至平台，各个设备监测频率均为每三十秒一次，实时分析风速、温度等对结构的影响，如图 7 所示。

液压静力水准仪　　　　　参数收集器

太阳能信号收发器

图 7　参数收集器图

在平台上导入所建立的钢结构模型，并对应链接参数收集器，通过对平台的反复设计与实验，实现各节点数据变化在模型上的动态展示。在日常管理过程中即使非专业技术人员，也能够在平台中轻松查看桁架各位置的监测仪器工作情况。数值一旦超过安全限定，系统立即报警并发送预警信息至管理人员手机。管理人员通过模型能准确定位问题发生部位、构件形变情况等，及时掌握构件安全信息。同时平台定期将所收集的数据汇总，形成数据波动曲线，并输出生成安全监测报告，如图 8 所示。

图 8　数值变化情况及部位展示示意图

3.3　应用总结

在整个项目的应用过程中，难点一在于精准建立钢结构模型。无论是指导施工还是监测仪器的现场定位，以及后期对各参数传感器运行情况的实时反映，准确有效的模型都是基础。且因 Tekla、CAD 等软件在本项目应用时，暂未与 Revit 形成有效互通。大多数时间只能通过 IFC 文件进行软件应用的相互转化，在转化过程中会导致一定的构件缺失、偏移等情况，只能在 Revit 中进行手动修补，难以完成模型分析等任务。难点二在于将模型轻量化导入平台后，如何实现其在平台内的三维查看及数据动态展示。为此我们与相关软件公司合作，对监测平台进行了多次开发，逐步实现从数据与模型的二维展示，到三维展示，再到三维动态展示。期间形成了多个软件成果，并申报三项软件著作权，加深了我们对在线平台应用的理解。

通过采用"大跨度钢桁架屋盖智能风险管控 BIM 系统"我们实现了对钢结构各构件在施工及运维过程中的应力、挠度、倾斜等数值的实时监控，准确地把握构件在各施工阶段不同时间点的变化，有效地解决了大跨度管桁架钢结构在施工过程中，各构件形变情况难以掌握，传统观测手段误差大，时效性差，受气候影响大，且难以形成系统性数据记录等问题，提升了对钢结构各阶段安全性的把控。同时通过将数据在监测平台模型上的三维动态展示，有效降低了各阶段对钢结构维护人员的专业知识要求，为公司 BIM 技术发展提供了一个全新的方向，进一步推广了 BIM 技术的应用。

A072 基于 BIM 技术的大跨度钢桁架屋盖智能安全风险管控

团队精英介绍

周星煜
中南大学新校区体育馆含游泳馆项目 BIM
工作站站长

工程师
一级建模师

负责中南大学新校区体育馆含游泳馆项目 BIM 工作的组织及主持，具有丰富的 BIM 应用知识与成熟的 BIM 技术应用能力。荣获国家级 BIM 奖项 2 项，省级 BIM 奖项 3 项。

岳建军
中南大学新校区体育馆
含游泳馆项目项目经理

高级工程师

负责中南大学新校区体育馆含游泳馆项目整体工作的协调与指导，具有丰富的建筑工程从业经验。荣获国家级 BIM 奖项 2 项，省级 BIM 奖项 3 项，专利 3 项，工法 5 项。

张明亮
全国钢结构设计师联盟理事湖南大学土木工程博士

高级工程师

中南大学新校区体育馆含游泳馆项目钢结构专家顾问。主持或参与住房和城乡建设部、湖南省住房和城乡建设厅、湖南省科技厅科学技术计划项目、国家自然科学基金项目 7 项；公开发表土木工程核心期刊论文、会议论文 30 余篇；拥有实用新型专利、发明专利 11 项。

彭 冲
中南大学新校区体育馆含游泳馆项目总工程师

高级工程师

负责中南大学新校区体育馆项目技术工作的主持与落实，具有丰富的现场技术管理经验。

吴爱庄
湖南省第四工程有限公司 BIM 分中心主任

工程师
一级建模师

负责中南大学新校区体育馆项目 BIM 工作的指导，荣获国家级 BIM 奖项 4 项，省级 BIM 奖项 6 项。

杨 枫
湖南省第四工程有限公司 BIM 分中心副主任

工程师
二级建模师

毕业于广州大学，从事 BIM 工作时间 9 年，有着丰富的 BIM 实战经验。荣获国家级 BIM 奖项 4 项，省级 BIM 奖项 6 项。

秦声赫
湖南省第四工程有限公司总工程师

高级工程师

负责中南大学新校区体育馆含游泳馆项目技术工作的指导。荣获国家级 BIM 奖项 3 项，省级 BIM 奖项 5 项，专利 4 项，工法 5 项。

刘 觅
中南大学新校区体育馆含游泳馆项目技术员

工程师

负责中南大学新校区体育馆含游泳馆项目技术工作的落实与现场协调。具有 8 年建筑工程从业经验，2 年钢结构施工经验。

张哲浩
中南大学新校区体育馆含游泳馆项目钢结构施工员

工程师
一级建造师

负责中南大学新校区体育馆含游泳馆项目钢结构施工的组织与协调，具有 5 年建筑工程施工经验，2 年钢结构施工管理经验。

宋禹铭
中南大学新校区体育馆含游泳馆项目钢结构施工员

工程师
一级建造师

负责中南大学新校区体育馆含游泳馆项目钢结构施工的组织与协调，具有 6 年建筑工程施工经验，1 年钢结构施工管理经验。

南水北调纪念馆钢结构 BIM 创新应用

中建七局安装工程有限公司

卢春亭　沙庆杰　张祥伟　史泽波　范帅昌　王鹏飞　李鹏飞　曹菁华　王晓娟　齐建锋

1　工程概况

1.1　项目简介

南水北调纪念馆项目是焦作市的重点工程，肩负着"一渠清水永续北送"的国家战略。D 区纪念馆是南水北调焦作城区段绿化带工程的地标式建筑，是打造"一馆一园一廊一楼"开放式带状生态公园的点睛之作。地下 1 层，地上 3 层，建筑高度 23.9m，建筑面积 16264m²。

纪念馆设计造型取自中国传统文化水调华章造型，馆体东西长约 165m，南北宽约 86m。一区建筑高度从 ±0.000m 渐变为 13.780m，结构设计为双曲面造型（图 1），包括折线钢管柱、折线 H 型钢梁、直线 H 型钢梁、弧形边箱梁、钢筋桁架式楼承板。用钢量 3500 余吨，BIM 应用于钢结构深化建模、节点优化、出图、构件制作、安装、外墙装饰专业间协作的全过程（图 2）。

图 1　项目效果图

图 2　BIM 模型图

1.2　公司简介

中建七局安装工程有限公司于 2013 年成立 BIM 技术中心，主要负责 BIM 技术推广应用。2015 年在技术中心基础上成立设计研究院，下设 BIM 设计一所、BIM 设计二所、钢结构设计所、BIM 运维管理所，8 个分公司均设有 BIM 工作室，项目设有 BIM 工作小组，整体形成了"公司-分公司-项目"的三级管理体系。2020 年公司荣获河南省建筑企业 BIM 技术能力"一级认定"。公司先后获得 36 项国家级 BIM 奖项、40 余项省部级 BIM 奖项。

1.3 工程重难点

工程造型为异形、空间曲面框架结构，渐变标高。结构外围轮廓不规则造型要借助折线柱和弧形边箱梁辅助实现。其中折线钢管柱166根，弧形边箱梁122根，且折线钢管柱内伸外延，斜率各异，均非平直交叉连接，布置于结构外围。钢结构加工制作难度大，对构件加工质量及精度要求高。如何控制钢管柱的扭曲度对保证钢柱钢梁的安装准确性至关重要。采用Tekla深化出图，异形构件加工胎架采用BIM技术三维放样，指导工厂制作。对于典型节点出厂前要进行实体预拼装或虚拟预拼装。

折线钢管柱、折线H型钢梁、直线H型钢梁、弧形边箱梁多种形状截面交叉使用，连接节点复杂多样。建模工程量大，进度要求高。运用Tekla专业软件进行钢构件的模型搭建和节点深化优化设计，保证详图的可实施性。采用BIM技术对模型进行复核检查，达到优化设计指导施工的目标。

空间异形结构往往造型独特，形状不规则，金属幕墙对钢结构精度要求高、各专业协调配合

难度大。深化过程中将Tekla模型和Rhnio模型密切结合，BIM团队进行复核，发现问题及时调整。

2 BIM团队建设及软硬件配置

2.1 制度保障措施

建立系统运行保障体系，编制BIM系统运行工作计划，建立系统运行例会制度，建立系统运行检查机制。

2.2 团队组织架构（图3）

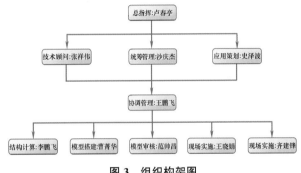

图3 组织构架图

2.3 软件环境（表1）

		软件环境		表1
序号	名称	项目需求	功能分配	
1	Revit	土建与安装模型创建	结构	建模
2	Rhino 6	幕墙模型创建	幕墙	建模
3	Tekla	钢结构模型创建	结构	建模
4	3d Max	动漫演示、三维可视化交底	结构	动画

2.4 硬件环境（表2）

		硬件环境		表2
硬件	硬件配置	硬件	硬件配置	
CPU	英特尔酷睿八核 I7-10700	视频	NVIDIA RTX 3070	
内存	32GB DDR4	网卡	集成 Realtek® RTL8151GD 以太网 LAN	
硬盘	1T SSD+2TB HDD	显示器	E2216HV(21.5 寸双显示器)	

3 BIM技术重难点应用

（1）通过三维动画模拟，优化场地布置、起

重机站位、构件安装工艺，依工艺合理布置构件卸车位置，减少倒运，合理进行钢柱分段，构件加工、运输、安装无缝衔接（图4）。

（2）建立三维施工模型，出具钢结构加工和

安装图纸。本钢结构工程造型复杂，杆件截面种类多，节点多样，为保证施工质量，按照原设计图纸建立三维模型，并出具每根构件及零件详细尺寸图及安装定位图，模型精度达 Lod400，经原设计单位确认后，直接指导车间制作和现场安装（图 5）。

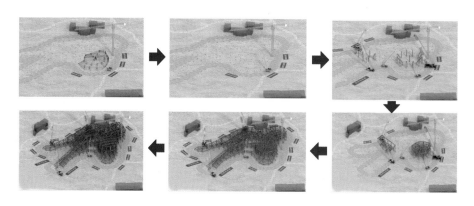

图 4　动画模拟

图 5　三维施工模型与车间制作

（3）将 Tekla 模型与金属幕墙 Rhino 犀牛合并模型上标注突出幕墙外皮的梁柱调整尺寸，可直观地与设计院进行沟通，方便设计院一次调整到位，并且避免遗漏，提高工作效率，尽量减少对工期的影响（图 6）。

（4）公司自主研发安赢数智项目管控平台，以生产、商务、财务等业务系统相关数据为基础，以 BIM 模型为"形"。通过多样的智慧管理工具做形象进度验证，促进施工生产与管理，实现对项目的安全管控；通过应用安赢数智项目管控全定制平台，涵盖履约管控的效率、效益、能力及能动性，实现项目业务一站式管理。

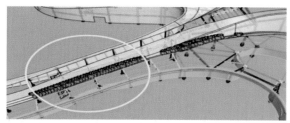 

图 6　可视化审图

A074 南水北调纪念馆钢结构 BIM 创新应用

团队精英介绍

卢春亭
中建七局安装工程有限公司副总经理兼
总工程师

教授级高级工程师
一级建造师
注册造价工程师
注册监理工程师

发表 SCI 论文 2 篇、中文核心期刊论文 5 篇，专著主编 1 部，参编国家标准 1 部，获河南省科技进步三等奖 2 项、中国安装协会科技进步奖一等奖 1 项，获发明专利 7 项、国家二级工法 1 项，省级工法 30 项，参与企业级科研课题 15 项。

沙庆杰
中建七局安装工程有限公司市政分公司总经理

高级工程师
一级建造师

主要从事工程管理相关工作，获得中国安装协会科技进步奖一等奖 1 项，专利 3 项，省部级工法 2 项，BIM 奖项 6 项，省部级 QC 成果 5 项，发表论文 4 篇。

张祥伟
中建七局安装工程有限公司设计研究院副院长、总工程师

高级工程师
一级建造师
河南省钢协 **BIM** 专家
中安协 **BIM** 专家

主要从事钢结构、混凝土设计、BIM 设计工作。先后获中国安装协会科技进步奖一等奖 1 项、省级科技进步二等奖 1 项；获国际 BIM 奖 2 项，国家级 BIM 奖 16 项（一等奖 4 项）；获发明专利 4 项，实用新型 20 项；获省级工法 6 项。

史泽波
中建七局安装工程有限公司钢结构分公司副总经理、总工程师

高级工程师
一级建造师
河南省钢协专家

长期从事技术管理及科技研发工作，先后主持创建钢结构金奖工程 4 项，获河南省科技进步二等奖 3 项，授权发明专利 4 项，实用新型专利 20 余项，国家级及省部级 BIM 奖 8 项。

范帅昌
焦作南水北调纪念馆项目总工程师

一级建造师

长期从事钢结构施工技术工作，负责完成焦作南水北调纪念馆项目技术质量工作，曾获得洛阳市建筑企业优秀项目经理称号，年度中建七局安装公司"十佳师徒"称号。发表论文 3 篇，专利 3 项，工法 2 项，国家级 BIM 奖项 3 项。

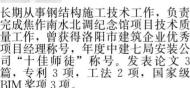

王鹏飞
焦作南水北调纪念馆项目经理

工程师

长期从事钢结构施工管理工作，全面负责项目工作。先后发表论文 4 篇，国家级 BIM 奖项 3 项，省部级 QC 成果 2 项，专利 2 项，省部级工法 1 项。

李鹏飞
中建七局安装工程有限公司钢结构设计所所长

高级工程师
一级注册结构工程师

长期从事结构设计和钢结构 BIM 工作；先后获得局级科技进步奖 2 项；发表 SCI 论文 1 篇；发明专利 2 项；国际 BIM 奖项 2 项，国家级 BIM 奖项 6 项。2021 年中西部 BIM 联赛综合组评委。

曹菁华
中建七局安装工程有限公司众邦金水湾工程部经理

工程师
一级建造师

长期从事结构设计和钢结构 BIM 工作；发表核心论文 2 篇，获得发明专利 1 项。获得国际 BIM 奖项 1 项，国家级 BIM 奖项 4 项，省部级 BIM 奖项 10 余项。

王晓娟
中建七局安装工程有限公司钢结构分公司项目管理部副经理

工程师

主要负责技术质量管理及科技相关工作，获得工法 2 项，专利 3 项，各类 BIM 大赛奖项 10 项，发表论文 2 篇。

齐建锋
焦作南水北调纪念馆项目副经理

高级工程师

长期从事钢结构施工工作，负责完成焦作南水北调纪念馆项目生产及商务工作，发表论文 3 篇，发明专利 3 项，国家级 BIM 奖项 3 项，省部级 QC 成果 2 项，省部级工法 1 项。

艾迪精密 1 号 BIM 技术精细化应用

烟台飞龙集团有限公司

崔军彬　王涛　张晓斌　王晓飞　林千翔　宋龙昌　张璐琳　鲍晓东　葛德鹏

1　工程概况

1.1　项目简介

项目地点：山东省烟台市上海大街以南，福州路以东，长江路以北。

总建筑面积：67700.48m²。

结构形式：钢结构。

建筑层数：地下局部 1 层，地上 2 层，建筑高度 19.5m。

烟台艾迪精密机械股份有限公司 1 号厂房采用门式刚架轻型房屋钢结构，独立基础，安全等级二级，墙体为现场复合压型钢板；楼板为压型钢承板钢筋混凝土组合楼板，屋面采用压型复合钢板，钢结构自防水，总用钢量 5100t，是集工业机器人研发与生产的智能工业化厂房（图 1、图 2）。

图 1　项目鸟瞰图

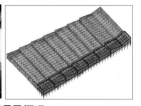

图 2　项目概况

1.2　公司简介

烟台飞龙集团有限公司，始建于 1984 年，是集地产开发、工程建设、科技研发、智能制造、国际贸易、物业服务等多种经营于一体的综合性企业集团。公司注册资金 1.2 亿元，年产值 30 多亿元，年纳税 2 亿多元，集团拥有南北两个工业园区、十六个子公司，现具有建筑工程施工总承包壹级、钢结构工程专业承包壹级、钢结构制造加工特级资质、建筑装修装饰工程专业承包壹级、建筑幕墙工程专业承包壹级、建筑装饰工程设计专项甲级、建筑幕墙工程设计专项甲级等多项资质，是"全国优秀施工企业""全国守合同重信用企业""全国文明单位"的获得企业。

公司拥有钢结构智能制造生产厂房 8 万多平方米，公司年施工面积 50 万 m²，钢结构年加工能力 6 万余吨，主要生产大跨度空间桁架结构，高层重钢及轻钢结构，空间网架、网壳结构，波腹板结构，金属屋面墙面系统、超轻钢集成住宅体系等系列产品。公司拥有数条国内外先进的钢结构加工生产线、重型钢结构加工生产线配套设备，与清华大学、烟台哈尔滨工程研究院、烟台大学、鲁东大学、山东工商学院等多所高等院校建立了技术合作关系，已成功研发出多套"FL"绿色建住宅体系，是烟台市首批钢结构装配式住宅示范基地，并打造了多项中国钢结构金奖、山东省优质工程"泰山杯"奖。

1.3　工程重难点

项目工期紧任务重：1 号厂房为配合艾迪精密设备智能机器人顺利投产，建设工期紧凑，响应烟台市环境治理的相关规定，重污染天气需停工，因此为本工程的关键所在。参建方多，劳务管理协调难度大，专业分项多，建模软件不同。

施工现场狭小，场地布置受限：项目为场内施工，四面紧邻各生产厂房，钢结构构件堆放、起重机场地及行车路线必须提前规划，且必须确保达到省级安全文明工地布置要求，做到不影响周边车间生产，安全文明施工。

机电管线复杂，架空安装：本工程钢结构立柱跨度大，各专业管线均为架空安装，且无行车梁作为支撑，机电系统多，综合管线复杂，如排布不当，将影响使用空间净高及整体装修效果，安装质量及稳固性需提前进行排布和验算分析。

全过程质量管理与协调：钢结构构件种类多，材料进场验收、切割、拼装、焊接、发货、运输、安装验收等流程需全程进行质量控制，各环节需责任落实，结合物料跟踪系统进行钢结构全过程质量管理控制。

2 BIM团队建设及软硬件配置

2.1 制度保障措施

集团公司制定了BIM相关标准规范及实施策划，在项目协同管理平台下进行项目的BIM技术综合应用（图3）。

图3 项目数据流转流程

2.2 团队组织架构

集团设BIM技术中心，本项目由BIM负责人、各专业BIM工程师共10人组成，其中2名高级工程师，5名中级建模师，负责BIM计划、现场、信集、档案管理，与业主、设计院、各专业分包等BIM团队之间的协同、沟通管理工作，团队多次参加国家级BIM大赛并获得优异成绩（图4）。

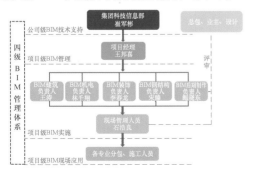

图4 团队组织架构

2.3 软件环境（表1）

软件环境　　　　　　　　　表1

序号	名称	项目需求	功能分配	
1	Revit 2021	三维建模	建筑、结构、机电	建模
2	Navisworks 2020	碰撞检查	建筑、结构、机电	碰撞检查、施工模拟
3	Tekla 19.0	三维建模	钢结构	深化设计
4	广联达系列软件	工程造价	建筑、结构、机电	工程量计算
5	Fuzor 2020	漫游	建筑、结构、机电、钢结构	漫游查看
6	Lumion 2019	渲染	装饰装修	效果图渲染
7	数字项目平台	管理平台	建筑、结构、机电、钢结构	项目管理、构件跟踪
8	品茗系列软件	场地布置	施工现场	场地模拟施工

2.4 硬件环境（表2）

硬件环境　　　　　　　　　表2

序号	名称	项目需求	硬件配置
1	联想台式机	三维建模	拯救者刃7000P-26AMR
2	外星人笔记本	模型展示	ALIENWARE X17 R1
3	DELL云服务器	信息储存	PowerEdgeR650
4	VR体验	模拟体验	HTC Vive VR
5	移动端	施工查看	iPad Air2
6	无人机摄影	施工巡查	大疆御Mavic2专业版
7	3D打印机	原型制作	威布WiiboxThree-M
8	放线机器人	安装施工	TrimbleS9
9	激光扫描仪	施工检查	TrimbleTX6

3 BIM技术重难点应用

3.1 钢结构工程施工全过程BIM技术协同管理应用

（1）建立全专业综合模型，实行一模到底模式，合理优化建筑空间，提供协同工作依据。

（2）基于Tekla软件进行深化设计，整体预埋19.5m高箱形柱，采用两段式焊接安装优化设计，在保证施工质量前提下，节省工期14天。

（3）针对钢结构主体吊装阶段大型车辆、起重机的行车路线，构件堆放，场地布置进行模拟施工，保证合理布置（图5）。

（4）采用放样机器人进行柱角锚栓定位施工，节省人力及时间，提高了工作效率。

（5）Tekla建模，导入SigmaNEST套料、数控排版、沿重合边线放样连续切割钢板，减少废料，降低材料损耗，提高制作进度。

图 5 三维场地布置图

（6）利用广联达物料跟踪系统按材料进场验收、切割、拼装、焊接、发货、运输、安装验收等流程设置，每道工序质量责任落实到具体人员。

（7）钢结构工程验收信息集成上传报验，施工安装完毕经监理单位签字验收后，将全过程安装验收相关资料上传平台，形成可追溯质量管理，确保安装质量受控。

（8）吊装前期进行详细的施工吊装模拟，对施工重难点进行分析，确定最佳方案，对操作人员进行三维技术交底，优化施工工艺，保证装配施工安全性、高效性。

3.2 基于 BIM 技术的机电工程应用

（1）针对综合管线排布检查发现错、碰、漏、缺等问题，形成 BIM 问题报告，提交设计单位，根据设计单位提出的解决方案调整模型并进行验证。

（2）消防机房空间小，设备多，管线复杂，对管线标高、路由、碰撞等进行优化，减少翻弯17 个，有效降低了水头损失。

（3）结合 BIM 技术针对架空安装管线综合支架进行优化设计，既保证了安装质量又达到了紧凑美观的效果（图 6）。

三维优化模型　　　　现场施工完成实景图

图 6 新型综合支架

（4）地下室走廊净宽 2.3m，包含各类管线共 20 条，综合优化后，将检修空间预留在中间，并设置综合支吊架，导出机电深化图，指导现场安装施工。

（5）利用 HiBIM 软件对风管装配模块进行自动分段、编号，生成材料清单，进行标准预制工厂化加工，提高了安装效率及质量。

3.3 基于 BIM 技术的项目管理应用

（1）采用 BIM 工艺仿真模拟技术，针对模板、钢筋、混凝土、装配式钢结构安装、机电安装、专项施工方案等进行可视化技术交底。

（2）基于 BIM 技术针对优化排砖、钢筋下料、混凝土用量、最佳拼模方案、脚手架周转、机电材料用量、钢结构材料用量等进行精准投料，减少材料损耗。

（3）采用 CCBIM 手机移动端通过二维码扫描及时查看模型，查看相关构件的属性，将模型与现场很好地结合，使得 BIM 模型轻量化，现场应用更便捷。

（4）将项目实际施工进度与 BIM 计划进度进行对比，为节约工期、合理安排人员提供保障。

（5）将施工过程中发现的质量、安全问题链接到 BIM 模型，使问题在各层级流转，通过"问题发起-整改反馈-验收闭合"形成可追溯过程管理。

（6）将工程竣工模型及资料打包上传至云端，制作三维可视化说明书，交付业主单位 Fuzor 文件，帮助业主实现可视化运维管理。利用 BIM 模型集成机组维护信息、定位信息及产品信息，为后期物业管理提供保障（图 7）。

图 7 运维管理

A080 艾迪精密 1 号 BIM 技术精细化应用

团队精英介绍

崔军彬
烟台飞龙集团有限公司副总工
BIM 技术中心主任

高级工程师
一级建造师
烟台市建设工程质量安全技术专家

长期从事钢结构数字化施工及创新技术研究，获国家级 BIM 技术成果 7 项；发表相关论文 5 篇；发明专利 2 项，获国家及省部级工程奖 12 项，省级科技成果、工法多项。

王　涛
烟台飞龙集团有限公司
BIM 技术中心副主任

工程师
BIM 二级建模师

主要从事建筑信息化管理、BIM 技术落地应用工作，荣获国家级 BIM 技术成果 5 项；发表论文 3 篇；省级工程奖 4 项，实用新型专利 1 项。

张晓斌
烟台飞龙集团有限公司
项目经理

工程师
一级建造师

主要从事钢结构工程施工管理工作，获国家及省部级工程奖 4 项；发表论文 3 篇；发明专利 1 项；省级科技成果 2 项。

王晓飞
烟台飞龙集团有限公司
深化设计工程师

工程师
一级建造师

一直从事钢结构工程深化设计工作，荣获国家级 BIM 技术成果 2 项；发表论文 3 篇；实用新型专利 2 项；省级科技成果 1 项。

林千翔
烟台飞龙集团有限公司
BIM 技术中心副主任

工程师
BIM 二级建模师

长期从事建筑信息化相关工作，荣获全国各类 BIM 大赛奖项 3 项，省部级 BIM 成果 8 项，发表论文 2 篇等。

宋龙昌
烟台飞龙集团有限公司
项目经理

工程师
一级建造师

主要从事钢结构工程施工管理工作，获国家及省部级工程奖 6 项；发表论文 5 篇；发明专利 3 项；省级科技成果 2 项。

张璐琳
烟台飞龙集团有限公司
技术员

工程师

主要从事钢结构工程施工技术工作，获省级工程奖 2 项；发表论文 2 篇；省级科技成果 1 项。

鲍晓东
烟台飞龙集团有限公司
BIM 技术中心机电工程师

工程师
BIM 二级建模师

主要负责 BIM 的技术质量管理、课题研究、组织、实施工作，多次获得国家、省部级工程奖，各类 BIM 大赛奖项。

葛德鹏
烟台飞龙集团有限公司
BIM 技术中心建筑工程师

工程师
BIM 二级建模师

主要负责企业 BIM 项目决策，BIM 技术质量管理，信息化管理等相关工作，多次获得国家、省部级工程奖，各类 BIM 大赛奖项。

BIM 技术在商业综合体单层钢结构穹顶中的应用

郑州大学，河南省第八建设集团有限公司

张俊峰　王欢　李小斌　孙昆鹏　张英豪　魏海坤　冯昭　靳路冰　冯萌萌　郭树伟

1　工程概况

1.1　项目简介

项目地点：河南省长垣市宏力大道纬九路交叉口西北角。

开工时间：2021 年 1 月。

竣工时间：2021 年 9 月。

建筑面积：40662.75m²，其中单层钢结构穹顶面积约为 2800m²。

建筑层数：地上 5 层。

该项目地上 1～2 层为展厅，1 层层高 6.0m，2 层层高 4.5m；3～5 层为办公及其配套等，3 层层高 4.5m，4～5 层层高 4.2m，室内外高差 0.3m，建筑总高度 23.95m。中庭为 58.8m 跨度的单层网壳结构，采光顶为玻璃幕墙，外侧围护结构为幕墙结构；1 层为明框玻璃幕墙、2 层为点支玻璃幕墙、3～5 层为半隐框玻璃幕墙，图 1 为

项目效果图，图 2 为项目现场施工照片。

图 2　项目现场施工照片

1.2　公司介绍

河南省第八建设集团有限公司（简称"河南八建"），位于郑州市，是为顺应建筑市场新的发展形势和需求于 2015 年改制重组，经河南省主管部门批准成立的大型综合股份制施工企业。

公司具有建筑工程施工、市政公用工程施工、公路工程施工等十五项专业承包资质，以及建筑装饰工程设计和施工劳务资质。企业通过了质量、环境、职业健康安全管理体系认证，是河南省及国家 AAA 级信用企业；具有承担各类型工程施

图 1　项目效果图

工、咨询管理及技术研发应用等综合能力。拥有各类高中级专业技术人员六百余人，在职博士及研究生十二人；各种大、中型施工机械设备近千余台（套）；拥有国家及省市级专利技术、工法三十余项。

郑州大学由河南省人民政府兴办，是国家"211工程"重点建设高校、一流大学建设高校和"部省合建"高校。

郑州大学土木工程学院现设有建筑工程、建筑环境工程、交通工程、地下建筑工程4个系和1个土木工程综合实验中心。学院有钢结构研究所、BIM研究中心等，先后为郑州雕塑公园艺术馆、郑州报业大厦、郑州大剧院等重大项目提供技术服务。

1.3 工程重难点

（1）该工程为一复杂的商业综合体，属于混合结构，混凝土结构断面尺寸大、钢结构单体跨度大、构件数量多，幕墙结构随楼层坡度较大，如图3所示。

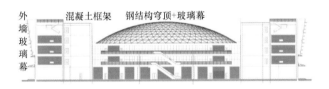

图3 工程剖面图

（2）结构形式新颖独特、跨度大。展厅采用八角形大空间框架结构，中庭结构采用大跨度钢结构单层网壳结构体系。

（3）工期紧、施工质量要求高。本工程招标工期，包括桩基、结构、安装、精装修等所有工程总工期为70天，工期紧张；工程质量目标为优质结构，施工标准要求高。

（4）材料体量大、批次多。由于该工程体量大，设备材料种类多，因此关于设备材料的采购、运输、保管，既要注意仓储量并妥善保管，保证经济效益，又要有效衔接施工节点，有利于施工，对管理提出很高要求。

（5）多工种同时交叉作业，现场施工及管理难度大。由于工期紧，主体、幕墙、雨棚、穹顶、廊架须同时施工，存在多工种交叉施工，施工管理难度大。

2 BIM团队建设及软硬件配置

2.1 制度保障措施

结合本项目的特点，由河南八建总部选择相关高级管理人员组成"国际医疗器械集采广场幕墙、穹顶、雨棚、廊架项目管理部"，组织现场施工；由管理经验丰富的工程技术管理人员，组成"国际医疗器械集采广场幕墙、穹顶、雨棚、廊架项目经理部"，由河南八建团队与郑州大学科研团队组成BIM团队，以总工期为依据，根据现场实际情况编制的分阶段实施计划，组织BIM相关建模和分析工作，保证项目分段进行，平行施工，以抓好各施工工序的交叉点，合理安排，重点突破，保证工程进度和工程质量。

2.2 团队组织架构

由河南八建与郑州大学科研团队组成BIM团队对下部混凝土结构、中庭钢结构，以及钢结构上部的玻璃幕墙结构进行BIM模型搭建和分析工作，河南八建负责整体组织和管理，郑州大学科研团队负责主要实施。

2.3 软件环境

项目从建筑到施工采用的软件及项目需求如表1所示。

项目使用软件及需求　　　表1

序号	名称	项目需求	功能分配	
1	SketchUp 2020	三维建模	建筑	建模/展示
2	YJK 2.0.3/Midas Gen 2020	结构分析	结构	建模/分析
3	Midas Gen 2020	施工阶段模拟分析	施工	建模/分析
4	Tekla 2019	构件下料、加工、工程管理	施工	建模/分析

整体项目先后采用了YJK和Midas Gen完成了结构分析和设计，采用Midas Gen完成了施工阶段模拟分析，基于Tekla模型协助完成了构件下料、加工、工程管理等工作。

3 BIM 技术难点应用

（1）该项目为一个复杂的商业综合体，主体结构为多层钢筋混凝土框架，中庭为较大跨度的单层网壳结构，结构形式为联方型与凯威特型混合网壳，结构跨度 58.8m，结构矢跨比为 1∶6.68，分别采用 YJK 和 Midas Gen 对结构进行了分析和设计（图 4），对单层网壳进行了整体几何非线性分析（图 5），验算了整体稳定性。

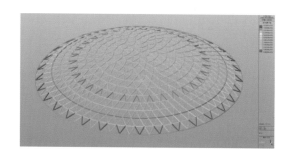

图 4　结构分析设计

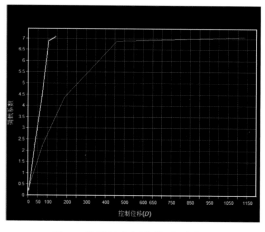

图 5　非线性分析荷载-位移曲线

（2）中庭的单层混合网壳，包括径向网肋、环向网肋和斜向网肋，主结构杆件数量有 1496 根，采用矩形管截面，节点 521 个，采用毂形节点，杆件数量多，节点多，由于需要最终固定在 3 层的混凝土圈梁上，对结构杆件空间定位要求高，施工安装难度大，基于 Tekla 建立了整体结构信息模型（图 6），很好地协助解决了构件加工、定位、拼装、吊装、合拢问题。

（3）上层玻璃龙骨通过竖向支托的连接，与

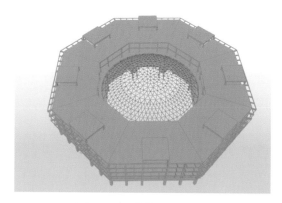

图 6　项目整体 Tekla 模型

下层主结构之间形成净距离为 286mm 的玻璃支承体系，由于为球面，龙骨的安装精度也影响到最终幕墙玻璃的安装，基于 Tekla 整体信息模型（图 7），整合了幕墙的构造和深化设计，保证了龙骨的加工和安装精度，通过与钢结构穹顶一体化施工（图 2），提高了效率，保证了精度。

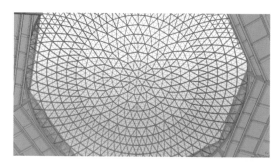

图 7　钢结构和幕墙整体 Tekla 模型

（4）通过软件之间的数据接口，将 YJK 和 Midas Gen，与 Tekla 进行数据交换，将 BIM 技术可视化、信息化和一模多用的特点应用于结构分析与设计、构件深化设计、构件拼装安装等多阶段工作，大幅提升了设计效率。

（5）基于 BIM 技术与施工的有机结合，使施工效率得以提升、减少返工。历时 70 天，得以使穹顶钢结构和穹顶幕墙顺利完工。

B095 BIM 技术在商业综合体单层钢结构穹顶中的应用

团队精英介绍

张俊峰
博士
郑州大学土木工程学院讲师

硕士生导师

主要从事钢结构、冷弯薄壁结构基本理论及设计与应用研究，获省级科技成果奖3项，主编国家规范1项，获专利、软件著作20余项，发表学术论文40余篇。

王 欢
郑州大学机械与动力工程学院讲师

主要从事计算机辅助设计、虚拟现实技术、数字媒体交互设计。获省级科技成果奖1项，省级设计竞赛奖10余项，获国家授权发明专利1项，实用新型10余项，软件著作2项。

李小斌
河南省第八建设集团有限公司项目经理

二级建造师

长期从事房屋建筑和钢结构工程施工管理工作，历任施工员、工长、生产经理，现任河南八建集团项目经理；负责项目施工管理、BIM应用、技术质量管理等相关工作；获得省级工法2项、实用新型专利3项。

孙昆鹏
河南省第八建设集团有限公司项目技术负责人

二级建造师
工程师

长期从事钢结构工程施工管理工作，历任施工员、工长、技术总工，编写2项工法、实用新型专利3项。

张英豪
郑州大学土木工程学院硕士研究生

主要从事钢结构健康监测研究。

魏海坤
河南省第八建设集团有限公司工程部经理

二级建造师
工程师

历任设计师、施工员、生产经理、项目经理，现任河南八建工程部经理；长期从事建设工程项目管理，负责工程管理、BIM实施课题研究、创新管理、信息化管理等相关工作；获得国家级专利技术及省级工法10余项。

冯 昭
郑州大学土木工程学院硕士研究生

主要从事多高层钢结构抗侧力体系力学性能研究。

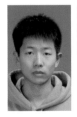

靳路冰
河南省第八建设集团有限公司工程部

从事房屋建筑和钢结构工程施工技术管理，获得省级工法2项，发明专利2项、实用新型专利4项。

冯萌萌
郑州大学土木工程学院硕士研究生

主要从事冷弯薄壁钢结构基本理论及设计方法研究。

郭树伟
河南省第八建设集团有限公司工程管理部副经理

二级建造师
优秀项目经理

长期从事钢结构工程施工技术管理，曾获河南省建筑业协会优秀项目经理，编写工法3项、实用新型专利5项。

安悦佳苑 10 号楼项目

西安建筑科技大学

王昊　张泽玉　王卢燕　方佳伟　闫鹏飞　冯谦帅　曹哲源

1　工程概况

1.1　项目简介

安悦佳苑小区保障性住房 10 号住宅楼项目，由河北建设集团股份有限公司负责建造，位于河北省保定市竞秀区康庄路南侧、规划工业大街西侧，目前处于项目施工阶段。该住宅楼建筑面积为 17152.65m²，建筑层数为 34 层，建筑高度为 99m。图 1 为临建场布模型。图 2 为项目效果图。结构选用钢框架支撑体系，柱为钢管柱，梁为 H 型钢梁，是一栋装配式钢结构高层住宅楼。

图 1　临建场布模型

图 2　项目效果图

1.2　公司简介

西安建筑科技大学由中华人民共和国住房和城乡建设部、教育部和陕西省人民政府共建，为"建筑老八校"之一，原冶金工业部直属重点大学，国家"中西部高校基础能力建设工程"与"特色重点学科项目"高校，陕西省省属高水平大学，全国首批博士、硕士和学士学位授权单位；

入选 111 计划、首批国家卓越工程师教育培养计划、国家国际科技合作基地、全国工程硕士研究生教育创新院校、国家建设高水平大学公派研究生项目。学校以土木建筑、环境市政、材料冶金等相关学科为特色，以工程技术学科为主体，多学科协调发展。

1.3　工程重难点

（1）工期紧张

工程量大、工期紧、现场管理人员不足等多因素制约项目工期节点，影响施工进度。需要利用 BIM 技术进行 4D 施工模拟，便于方案进行可行性分析；并且在华北地区政府监管力度高，施工运输条件差，特别是土方运输、大体量混凝土连续浇筑存在难题，施工监管制度落地困难，需要进行合理规划调配，而三维可视化便于专业间沟通，通过 4D、5D 模拟可以优化场地布置，对施工资源进行合理调配。

（2）管线布置比较复杂

该项目品质要求较高，施工中相关设施管线布置复杂，连接难度较大，管线支吊架安装定位精确程度控制难度大，空间构成要求精确，建筑内部空间净高度较高。通过 BIM 进行管线综合深化，解决专业间的碰撞，输出的净空分析可以为二次装修设计提供净空参考。

（3）地下工程面积大

该项目地下工程面积大，单体多，施工难度高，各工序环节交叉作业多，受地下水、管道以及交通的影响，现场施工场地比较狭小，难以合理地划分施工段，影响施工进度，给施工团队带来了许多困难，并且对施工的安全有着一定的影响。

（4）管理难度大

施工工地环境复杂，人工巡检难度大，管理效率低，工程参与方众多，故而信息沟通尤为重要，需要及时对施工现场情况进行反馈，对突发事件进行有效的控制和管理；且人员的管理难度较大，人员流动性大且类型复杂，包含大量的技术工种及普通人员，素质参差不齐，存在制度执行力较低问题，需要对项目经理、项目主要技术负责人进行考勤，严厉杜绝违规操作。故而建立统一平台协作各方的沟通尤为重要，便于出现问题时做到响应快，处理问题效率高。

（5）技术交底困难

华北地区新工艺使用较多，技术人员对新技术实践经验较少，因此，还需要对现场的技术人员进行新工艺的施工前模拟，采用三维交底的方式更便于施工。同时由于项目工期紧、任务重，不能有效做到全员参与，推广进度较慢，部分管理人员接受新事物较慢，而 BIM 技术改变了传统工作模式，需要工作人员熟悉相关操作，做到出现问题懂原因，遇到问题能解决。

BIM 应用策划见图 3。

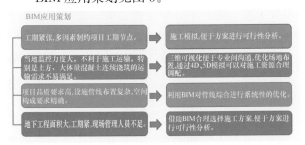

图 3　BIM 应用策划

2　BIM 团队建设及软硬件配置

2.1　制度保障措施

编制项目 BIM 技术统一实施方案及各专业模型创建标准等保证整个项目 BIM 模型的统一性。其中包含安悦佳苑小区保障住房项目二期 BIM 技术统一措施、BIM 实施方案等。

2.2　团队组织架构

本团队共 7 人，组长王昊，负责总体协调。组员张泽玉、方佳伟、冯谦帅等。其中张泽玉和曹哲源负责 BIM 模型中结构模型的搭建，方佳伟和闫鹏飞主要负责建筑模型的搭建，冯谦帅进行机电模型的搭建，王卢燕负责施工支持（图 4）。

图 4　团队组织架构

2.3　软件环境（表 1）

软件环境				表 1
序号	名称	项目需求	功能分配	
1	Revit	核心建模软件	建筑、结构、机电建模	建模
2	Lumion 10.0	模型整合软件	建筑、结构布置	建模、动画
3	广联达 BIM5D	辅助管理软件	施工、进度、成本控制	动画
4	3ds Max	效果表现软件	渲染模型	动画
5	Autodesk 360	移动办公软件	—	—

2.4　硬件环境

2 台 T5820 工作站：主板芯片组：IntelC422；CPU 型号：Xeon W-2133；CPU 主频：3.6GHz；内存容量：32GB；内存频率：2600MHz；显卡：NVIDIA QuadroP4000。

1 台联想 Y50 笔记本：主板芯片组：AMD；CPU 型号：AMD R8；CPU 主频：3.5GHz；最大内存容量：12GB；显卡芯片：NVIDIA GeForce GT 3070M。

3　BIM 技术重难点应用

本项目对于 BIM 技术的应用主要在四个方面。

3.1　BIM 标准化管理（实施策划、应用标准及流程）

（1）标准制订：CAD 制图标准包括图框、比例、字体、符号与填充、图线、标注、图例、图层等；BIM 标板建立、族标准、标准检查、出图标准；

（2）协同设计管理标准：设计流程、文件命名、目录结构、人员与权限、设计缺陷管理、过程协同规则等；

（3）部品部件：部品部件标准化、构造做法标准化、户型标准化。

3.2　设计阶段应用（错漏碰缺、管线综合、净高分析等）

（1）BIM 设计第一阶段

把控建筑外观造型尺寸，把控建筑内部空间与功能是否满足需求，为其他各专业扩初阶段提供精准依据（图 5）。

（2）BIM 设计第二阶段

搭建全专业 BIM 模型（图5），进行碰撞检测及优化设计，提高设计质量，减少后期变更，节省项目工期。提供精准的工程量，控制项目造价。

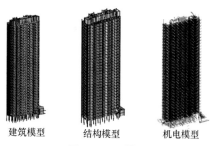

建筑模型　　　结构模型　　　机电模型

图5　BIM 模型

（3）净高分析

设计端进行管线排布，见图6、图7。

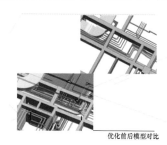

优化前后模型对比

图6　管线综合排布

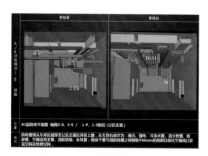

图7　地下室净高优化对比

（4）地下车库的精细化设计

通过 Autoturn 软件进行车行轨迹模拟，我们可以实现地下车库的精细化设计避免未来可能出现的问题。

（5）构件截面优化

生成钢梁、钢柱相关参数进行统计，优化截面规格，统一节点构造。尽可能满足工厂化、工业化生产需求。

3.3 施工阶段应用（技术标编制应用、施工场地策划、可视化交底、ALC 墙板装配、钢结构深化设计）

（1）场地布控及施工组织方案 BIM 设计

通过 BIM 模型，直接生成满足加工精度的各类加工详图及相关表单。

（2）管线综合

利用三维建筑模型，通过优化设备管线在建筑结构废余空间中的布置，提高设备管线的空间利用率，降低空间成本，提升项目建成后的空间品质。

（3）预制构件精细化设计及二维码应用

通过 LOD400 级 BIM 模型，生成加工精度的各类构件详图及相关表单。

（4）工程算量、材料统计应用

在三维建筑模型基础上，按照甲方要求对工程量分类统计，合理进行模型规划、计算逻辑编制、统计报表定制，从而实现建筑各专业工程量统计可以及时准确地输出，为工程结算提供数据支持配合甲方进行合同管理。

（5）现场可视化交底及 VR 应用

利用 VR 技术进行虚拟体验可以展现很多难搭建或者危险性很高的场景。同时也会让场景更加完整，体验更强，从而提升培训效果。

可以将实际项目场景进行模拟，让工作人员在虚拟场景中进行安全体验。对细部节点、优秀做法进行学习，获取相关数据信息，同时还可进一步优化方案，提升教育效果。

利用 VR 进行安全培训可以激发工人的好奇心，从而提升其参加安全培训的兴趣。

虚拟场景不会受场地限制，可最大程度模拟真实场景下的安全事故，同时可以避免材料和人工的浪费，符合绿色施工的理念。

（6）现场配合、辅助验收

BIM 的应用不是一个静态的过程，BIM 的理念是通过建筑建造全过程信息的传递为项目管理带来价值，在施工阶段，施工各方需要对瞬息万变的现场情况做出及时准确的响应。BIM 模型在施工过程中必须保持相关信息与进度的同步、准确，才能保证 BIM 在施工过程中起到有效的作用。

3.4 平台应用

装配式 BIM 平台应用见图8。

图8　装配式 BIM 平台智慧工地管理

B096 安悦佳苑 10 号楼项目

团队精英介绍

王　昊
西安建筑科技大学在读博士研究生

张泽玉
西安建筑科技大学在读
硕士研究生

王卢燕
西安建筑科技大学在读
硕士研究生

方佳伟
西安建筑科技大学在读
硕士研究生

获得西安建筑科技大学首届结构设计
信息技术大赛三等奖，第四届全国装
配式大赛省级三等奖等。

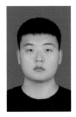

闫鹏飞
西安建筑科技大学在读
硕士研究生

冯谦帅
西安建筑科技大学在读
硕士研究生

曹哲源
西安建筑科技大学在读
硕士研究生

杭州亚运会棒（垒）球体育文化中心项目EPC总承包BIM技术及智慧化平台应用

精工钢结构（集团）股份有限公司，绍兴精工绿筑集成建筑系统工业有限公司，比姆泰客信息科技（上海）有限公司

王留成　王强强　姚进华　姚盼盼　赵切　徐斌　彭栋　蔡京翰　王狄　张文旭

1　项目概况

1.1　项目介绍

项目地点：选址位于绍兴市柯桥区和镜湖新区场馆中点，西靠柯桥核心区，东临镜湖新区。靠近地铁1号线，距离最近站点不足1km，对接绍兴北站，直达杭州主会场（图1）。

图1　棒（垒）球体育文化中心工程效果图

建筑面积：总建筑地面积160000m²，地上建筑面积98000m²，地下建筑面积56000m²。

建筑功能：本项目分为A、E两个地块，A地块包括一个棒球主场（座位数5000），一个棒球副场（固定座位1500＋临时座位1000），一个集训中心和一个体能训练馆。E地块包括一个垒球主场（固定座位1000＋临时座位1000），一个垒球副场（500临时座位）。是2022年第19届亚运会棒（垒）球赛事举办地，赛事结束后与中心社区联动开发，作为运动式未来社区的"体育样板"，为浙江省未来社区建设提供模板。

1.2　公司介绍

（1）精工钢结构（集团）股份有限公司成立于1999年，是一家集国际、国内大型建筑钢构、钢结构建筑及金属屋面墙面等的设计、研发、销售、制造、施工于一体的大型上市集团公司，

在全国钢结构行业排名中连续六年蝉联第一。

（2）绍兴精工绿筑集成建筑系统工业有限公司是精工钢构集团的全资子公司，为首批"国家装配式建筑产业基地"，同时为"浙江省建筑工业化示范企业"、"浙江省建筑工程总承包试点企业"。作为"浙江省钢结构装配式集成建筑工程技术研究中心"的依托单位和"上海装配式建筑技术集成工程技术研究中心"联合依托单位，开展绿色装配式集成建筑的研发，现已形成住宅、公寓、学校、医院、办公的PSC（钢混组合）装配式集成建筑产品体系与成套技术，"全系统、全集成、全装配"的建筑技术已达到国内领先水平。作为发展绿色装配式集成建筑的重要产业，公司已建设完成并投产的绿筑集成建筑科技产业园华东基地（一期），以及正在筹建中的华北基地（保定）和计划建设的华南基地、华中基地、西南基地、西北基地，最终将实现年产800万m²装配式集成建筑产品的规模。

（3）比姆泰客信息科技（上海）有限公司

比姆泰客信息科技（上海）有限公司是一家专注于建筑业信息化管理的科技互联网公司，融合精工20余年的行业经验，以精工绿筑完整的装配式产业链与EPC项目为实践支撑，结合BIM技术、二维码、物联网、大数据、GIS、云计算等科技，不断创新，积极求变，为钢结构加工及施工企业、装配式生产企业、总包企业、设计院等单位提供专业的BIM咨询、智慧生产、项目管理、EPC总承包管理等服务，助力传统建筑业开启"互联网＋"的新未来。

1.3　项目重难点

（1）影响力大

本工程为浙江省重点工程、杭州亚运会重点工程，社会影响力大、关注度高，建成后这里将

崛起成为市区融合的交汇点、融杭联甬接沪的桥头堡、创新创业的新高地。

（2）工期紧张

2020 年 7 月 1 日签订 EPC 合同，合同工期仅 700 天，且 2021 年 1 月底前完成地下室顶板浇筑工作，2021 年 10 月底前必须完成除集训中心主楼内部装修工程外的其他所有工程。

（3）地下机电管线密集、大型设备数量多

本工程地下 1 层车道净高要求达 3.5m，净高要求严，车道上空机电管线数量多，且上部楼面降板多、结构部件尺寸大，导致机电管线布局异常密集，其施工净高空间管理、施工精度管理是本工程的难点。

1.4　应用目标

以保证工期、质量、安全为目的，依据项目特点进行施工部署和技术质量控制的技术管理；培养专业 BIM 建模与管理人才的人才管理；实现建筑项目管理全过程产业化、数字化管控与建造的新技术应用探索；实现制度建设标准化，信息资源标准化的方法论总结验证四大最终结果为核心，逐步建立一套完整的全生命周期的设计生产施工体系。

2　BIM 团队建设及软件配置

2.1　实施方案

基于本项目 BIM 应用，通过对设计优化、碰撞检查深化、机电管综优化及自主研发的 EPC 信息化平台，实现全专业全过程 BIM 技术应用。

2.2　项目 BIM 团队

建立以集团总工为负责人的 BIM 实施团队，按照专业组建 BIM 应用工作组，各专业 BIM 工程师具有专业的施工管理工作经验及丰富的 BIM 应用经验（图 2）。

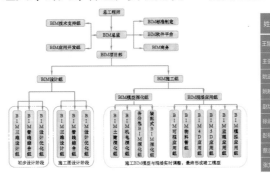

图 2　本项目 BIM 团队组织架构

2.3　BIM 建模及应用标准

由于工程不同阶段所需 BIM 模型深度要求不同，公司形成了一套 BIM 建模及应用标准。从模型创建的源头保证信息的有效传递和共享，以保障达成本项目的 BIM 实施目标，并根据该项目的各个专业提供 BIM 模型说明文件。

2.4　BIM 建模软件（表 1）

BIM 建模软件　　表 1

序号	名称	使用功能
1	Tekla xsteel20.1	钢结构建模、深化软件
2	Revit 2018	管道综合建模、精装修建模、土建建模软件
3	Lumion 2018	漫游动画
4	Fuzor 2018	施工动画
5	Navisworks 2018	碰撞检查、可视化、展示软件
6	比姆泰客项目管理平台	项目全周期管理平台

3　BIM 技术应用点

3.1　净高分析

净高分析是一个预防性的措施，是在设计阶段通过 BIM 建模，对净空要求高、管线复杂的区域进行分析，提前发现不满足净高要求的地方，及时进行设计变更，减少工期、节约成本（图 3）。

3.2　碰撞检查及优化

使用 Revit 对已经设计出来的管道综合模型进行模型搭建，得到三维管道模型，再进行管道的碰撞检查。管道的碰撞可分为硬碰撞与软碰撞，

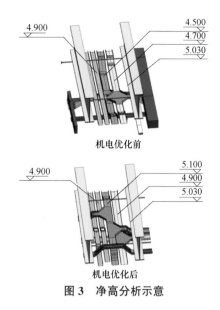

图3 净高分析示意

硬碰撞为暖通、电气桥架和给水排水管的管件碰撞；软碰撞为管件实际大小与设计所给管径大小不一样，主要原因是部分管道需要在其管件外包裹一层保温层。对于硬碰撞，Revit可以进行碰撞检查，检查出相应位置的碰撞；对于软碰撞，可以在建筑中的关键管道节点中，打出剖面进行检查。

3.3 统一轻量化、精细化管理

通过精工EPC智能平台（图4）对所有施工过程所涉及联系人信息、文件、图纸、模型等进行管理，各方施工单位可以从平台上下载，省去不必要的交流，并且给每一个构件都进行二维码编码，制作"构件身份证"，进行实时的追踪，从深化设计开始，到安装完成结束。

图4 精工EPC智能平台示意图

3.4 智慧工地

现场安全、质量、进度、物资、机械、成本均通过BIM建造集成及各种软硬件集成，最终实现数字建模、智慧施工。在施工现场安装摄像头，进行实时的视频监控，记录可追溯的视频画面。通过视频监控，管控人员设备安全，保障工程进度及质量，并以此为根基联动大数据、人工智能衍生出新型的具有高时效性的报警系统（图5、图6）。

图5 智慧工地平台

图6 现场视频监控

3.5 智能监测

在视频监控的技术基础上，增加扬尘、噪声、地下水位、地面沉降等报警系统，保证施工过程中的安全问题（图7）。

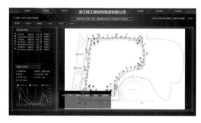

图7 智能监测

3.6 AI识别

基于现有的视频监控功能，加入AI智能算法，可以检测出未穿戴头盔、反光服，穿短袖、短裤、拖鞋等未按规定进入现场的人员，并且结合劳务实名系统对应到相应的施工人员，以此来保障施工过程中的安全问题（图8）。

图8 AI识别

A111 杭州亚运会棒（垒）球体育文化中心项目 EPC 总承包 BIM 技术及智慧化平台应用

团队精英介绍

王留成
浙江精工钢结构集团有限公司
项目总工程师

正高级工程师
中国施工企业管理协会科技专家

长期从事钢结构制造与施工技术方面的研究工作，先后担任北京新机场、鄂尔多斯东胜体育场等多个大型复杂钢结构技术负责人。获批国家级、省级工法 7 项；荣获省部级科学技术奖 9 项，授权发明专利 20 项。

王强强
浙江精工钢结构集团有限公司 BIM 事业部副总经理

高级工程师
九三学社社员

从事钢结构施工管理和技术创新科研工作。主持省部级重点研究与开发计划项目 1 项。取得发明专利 8 项，实用新型专利 10 项，软著及外观专利 8 项；省级科技成果 8 项，均为国际先进水平，其中 2 项技术国际领先；获批省级工法 1 项；在核心期刊发表专业论文 20 余篇；创新研发的 2 项技术被评为浙江省建设领域推广应用技术。

姚进华
浙江精工钢结构集团有限公司项目执行经理

一级建造师
高级工程师

担任项目负责人近 20 年。所负责项目多次荣获江苏省优"扬子杯"、中国钢结构金奖等。发表省级论文 2 篇，国家级论文 2 篇。

姚盼盼
浙江精工钢结构集团有限公司项目技术经理

二级建造师
BIM 建模师

一直从事工程项目施工及技术管理工作，先后参与新疆大剧院项目、新疆国际会展中心二期场馆建设及配套服务区项目、乌鲁木齐奥林匹克体育文化中心项目、绍兴国际会展一期 B 区工程项目的现场管理及技术管理工作，所参与项目荣获詹天佑奖 1 项、鲁班奖 2 项、中国钢结构金奖 5 项。

赵切
比姆泰客信息科技（上海）有限公司建模咨询服务部经理助理

工学学士
工程师
二级建造师

主持或参与的技术研发成果获得科技成果奖 1 项，该技术国际领先；获得浙江省科学技术奖奖 1 项，省级工法 1 项，国家级 BIM 大赛奖项 5 项，申请发明专利、实用新型专利共计 12 项，发明专利授权 3 项；先后在国内专业核心期刊发表论文 2 篇。

徐斌
比姆泰客信息科技（上海）有限公司

软件工程学士
工程师

主要从事建筑信息化相关研究工作，电气及智能化设计 5 年，有多个大型 BIM 项目及公建设计经验，获得省级 BIM 奖项、QC 成果 3 项。

彭栋
浙江绿筑集成科技有限公司

BIM 工程师
沈阳建筑大学本科学历

从事给水排水/暖通设计工作 5 年，从事 BIM 工作 5 年，有着多个大型项目的设计经验及 BIM 应用经验，获得国家级 BIM 奖项 3 项，省级 BIM 奖项 3 项。

蔡京翰
比姆泰客信息科技（上海）有限公司建模咨询服务部

管理学学士
工程师
浙江大学宁波分院本科学历

主要从事建筑信息化建模工作，主持或参与绍兴一号线、绍兴妇幼保健医院、杭州亚运会棒（垒）球体育文化中心等多个大型项目，获得全国各类 BIM 大赛奖项 4 项。

王狄
浙江省绿筑集成科技有限公司技术员

管理学学士
工程师

主要从杭州亚运会棒（垒）球场馆现场技术工作，负责 BIM 的技术管理及课题研究，结合现场情况对 BIM 相关内容进行调整，获各类 BIM 大赛奖项。

张文旭
比姆泰客信息科技（上海）有限公司建模咨询服务部助理工程师

工学硕士
工程师

主要研究方向为钢与混凝土组合结构；获得中国 BIM 大赛奖 2 项，其中 1 项全国 BIM 大赛特等奖。在《建筑科学与工程学报》中文核心期刊发表学术论文 1 篇。

BIM 技术在装配式钢结构施工中的应用

山西潇河建筑产业有限公司

郑礼刚　郭毅敏　晋浩　孟灵娜　秦冰琪　邓婕　刘博　闫宏伟　王志兴　李帅

1　工程概况

1.1　项目简介

山西建投商务中心为公建项目，位于太原市龙城新区龙城大街和滨河东路的交汇处东南角，西侧临滨河东路，北侧临龙城大街，东侧临规划道路。南侧临星河北路，地理位置优越，交通便利。该项目由东塔楼、西塔楼、东西塔楼连接体、酒店、裙房以及地下室等子项目组成（图1）。

西塔楼地下 3 层，地上 41 层，结构高度为 175.70m，集商业、办公于一体。

图1　项目效果图

西塔楼结构采用钢管混凝土框架-钢筋混凝土核心筒混合结构，34F（避难层）设置型钢环带桁架，底部 3~6F 通过斜撑转换桁架将标准层 16 根框架柱转换为底层 8 根巨柱。10.970~29.520m 为转换桁架，钢结构质量约为 5000t；底部 8 根巨柱钢结构重量约为 3000t，29.520~183.70m 为标准层钢结构，钢结构重量约 8000t。楼板采用钢筋桁架楼承板组合楼板。塔楼外框柱结构形式复杂，塔楼从下向上截面形式的变化为：8 根巨柱→箱形截面转换桁架→圆钢管混凝土柱＋H 型钢梁。

1.2　公司简介

山西潇河建筑产业有限公司成立于 2017 年 5 月 17 日，注册资金 3.8 亿元，总投资 10.5 亿元，

由山西省国资委于 2017 年 5 月 3 日批复同意设立，属国有控股企业，是山西建投集团旗下专业从事装配式钢结构建筑的核心子公司。拥有中国钢结构制造特级、建筑施工总承包壹级、钢结构工程专业承包壹级资质（图2）。

图2　公司鸟瞰图

1.3　工程重难点

（1）建筑高度对工程测量控制难：工程为高层建筑，结构高度高达 175.70m，对精度的控制相对于普通的结构要求更严，需要制订专门的测量技术方案，实施难度大，技术要求高，过程烦琐。

（2）不利环境条件下的钢结构安装困难大：如何确保在大风等恶劣气候条件下的钢结构焊接是保证工程顺利实施的重要环节。

（3）高空作业安全防护任务严峻：工程为高层建筑物，外筒钢结构的安装、核心筒施工均需制定专项的高空作业安全防护方案，确保本工程的安全施工是我们考虑的重点问题。

（4）钢结构与土建混合施工的协调：钢构件现场安装时应分区施工，按分区提前提供土建钢筋安装施工，给各工种提供工作面。

（5）转换层桁架的安装：工程共 42 层，转换桁架重量达 102t，转换桁架结构形式复杂多变。各类钢柱转换区域节点复杂，加工难度很大，并且重量大、安装高度高、危险性大、安装质量要求严格、工期紧张。

（6）大型构件运输困难：工程转换桁架构件形式复杂，尺寸大；其中转换桁架构件尺寸最大

达到 12000mm×8000mm×4000mm；而且公司距离项目现场的道路路况复杂，如何保证构件安全运抵施工现场是本工程的重点。

2 BIM团队建设及软硬件配置

2.1 制度保障措施

项目成立之初公司就组建了强有力的团队对项目组织深化设计及技术交底，团队协作克服工作困难，明确的任务分工让团队有条不紊地运行，为了项目的顺利进行配备了软件开发工程师、BIM工程师、工艺设计工程师等专业研发人员10人，根据实际工作情况与设计单位积极沟通，保证了设计理念的完美体现。

公司制定了研发项目管理制度、产学研合作管理制度、员工创新提案和激励制度等管理制度，充分发挥了研发人员的积极性和创造性。

2.2 团队组织架构（图3）

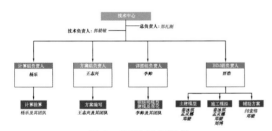

图3 团队组织架构

2.3 软件环境（表1）

软件环境　　表1

序号	名称	项目需求	功能分配
1	Revit 2018	三维建模	结构、建筑
2	Tekla 21.0	三维建模	钢结构
3	Navisworks 2018	模型整合、施工方案展示	方案步骤展示
4	BIM-FILM	施工模拟	施工模拟动画制作
5	SAP2000	结构变形等计算	提升卸载结构计算、吊点反力计算
6	ANSYS	下吊点分析	下吊点有限元分析
7	PKPM	配筋、结构面验算	提升胎架处配筋，楼面结构验算
8	Midas Gen	安全措施验算	工具箱验算，胎架钢梁强度
9	PS	施工方案展示素材	根据需求制作施工方案步骤图
10	Ae	视频制作	宣传视频制作

2.4 硬件环境

公司BIM团队配备一台服务器以及多台双显示器显卡3080的工作台式机，以及一台配置为i7的便携机。除此之外，还配备了无人机与iPad，方便我们在施工现场进行BIM工作。

3 BIM技术重难点应用

3.1 三维受限空间施工模拟技术

首先通过输入BIM模型，进行工件焊接变形模拟分析。

然后通过测量模型各个节点单元之间的距离，确定施焊人员的作业空间，制定可行性施焊方案。

基于三维实体模型进行工艺研究、焊缝形式选择及确定坡口方向等工艺优化处理，本工程外圈钢柱，柱间斜撑，节点1、3等复杂位置一次性安装完成，焊接探伤合格率为100%（图4）。

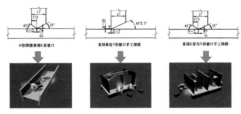

图4 焊接模拟

3.2 数字化质检与虚拟预拼装技术

转换桁架安装前若不进行预拼装，其加工精度和接口将难以确保满足现场的安装需要，但是工程工期紧张，实体预拼装往往需要耗费大量时间，导致工期延误，所以我们采用虚拟预拼装技术。通过对复杂构件三维坐标的检测，结合设计模型理论坐标，建立异形结构和组合截面形式构件精度控制体系。

3.3 BIM仿真模拟巨型转换桁架吊装技术

3.3.1 大型构件运输模拟

模拟路线：太太路→化章街→汾东南路→平阳路→龙城大街。

（1）在选在太太路人行天桥部位运输时，由于节点1截面为7250mm×7734mm×3913mm，板车高为900mm，超出限制高度（4.5m）与宽度。与负责人进行沟通之后，考虑到最不利的因素，决定将节点1黄色部分改为直发件，晚上运输。

（2）在平阳路-龙城南街路口，由于平阳南路为28m，龙城南街17m，板车最小转弯半径为20m；经过计算，板车在此处转弯的半径为39m，此值大于它的最小转弯半径20m，所以可以顺利通过。

3.3.2 起重机站位模拟

针对本工程大型构件分布集中的特点，下部+33.620m以下钢结构采用450t履带式起重机吊装，基坑预留坡道，履带式起重机下到−15.1m预留的U形道路位置，在塔楼3面布置履带式起重机行走道路（图5、图6）。

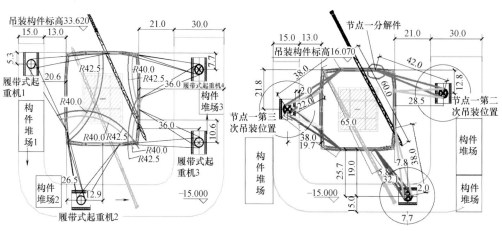

图5 起重机布置图

图6 施工现场图

图7 吊装模拟与现场实际安装对比图

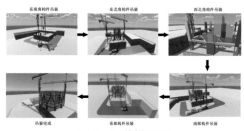

图8 吊装模拟图

3.3.3 钢结构吊装模拟

（1）对不利位置进行模拟分析

1）吊装东南侧节点1时，履带式起重机在标高为−15m的U形道路上进行操作，此时履带式起重机距离钢结构外边缘长7.8m，宽21m的位置。如果起吊高度不足25m时，就会和底部巨柱碰撞。所以起吊高度必须大于25m。

2）吊装东北侧10.77m标高斜梁，履带式起重机在距离钢结构外边缘长约27.9m，宽21.4m的位置。起吊高度不足30m时，吊车臂向前移动会与节点1的边缘碰撞。所以起吊高度必须大于30m。

（2）转换桁架安装流程

通过转换桁架安装方案对项目进行模拟，从东南侧吊装东南侧的节点一、下弦杆、吊柱和四角10.77m标高斜梁。吊装的顺序从东南角-东北角-西北角-南侧-东侧依次进行安装（图7、图8）。

通过对模拟优化制定的吊装方案，完整地表现了场地布置，施工流程，机械的尺寸大小、站位

等，提前检验了塔式起重机的布置是否合理，不利位置履带式起重机是否会碰撞等，让业主及项目人员对施工流程、重难点有了清晰的认识，指导现场吊装作业，降低了项目施工过程的难度（图9）。

图9 方案对比图

A121 BIM 技术在装配式钢结构施工中的应用

团队精英介绍

郑礼刚
山西潇河建筑产业有限公司总工程师

高级工程师

主持了大量钢结构工程如山西建投装备制造有限公司、山西建投商务中心、潇河国际会议中心等项目的技术工作，现任中国钢结构协会专家委员会专家委员、中国钢结构协会理事会理事、中国建筑金属结构协会钢结构专家委员会专家。

郭毅敏
山安潇河建筑产业有限公司

常务副总经理
高级工程师

长期从事钢结构数字化研究精通钢结构全流程制作工艺。先后主持了晋建迎曦园1号楼装配式高层住宅、潇河国际会议中心、潇河国际会展中心等项目的技术工作。在国家级核心期刊发表论文7篇，主持或参与申报发明专利2项、实用新型专利17项、软件著作权8项，参与编制地标、行标5项。

晋浩
山西潇河建筑产业有限公司技术中心 BIM 组主管

助理工程师

主要负责 BIM 组制度及流程、技术质量、课题研究、创新管理等相关工作以及负责组织人员对工程投标、研发设计、钢结构生产加工工艺、施工等环节提供 BIM 技术支持。先后参与山西建投商务中心、山西潇河建筑产业有限公司、广州凯达尔国际枢纽广场等项目。

孟灵娜
山西潇河建筑产业有限公司 BIM 技术员

主要负责结构专业 BIM 模型搭建与维护，组织结构专业 BIM 技术实施与应用，负责建筑专业平台模块管理。先后参与完成了山西装备制造有限公司、潇河国际会议中心、山西综合改革监控中心等项目的施工方案编制。

秦冰琪
山西潇河建筑产业有限公司 BIM 技术员

主要从事项目的建筑及装饰专业 BIM 模型的搭建以及辅助项目施工方案的编制及模拟。先后参与完成了山西建投装备制造有限公司、山西建投商务中心、潇河国际会议中心、山西综合改革监控中心等项目。参与编写《装配式建筑钢结构 BIM 模型分类与编码规范》等标准。

邓婕
山西潇河建筑产业有限公司 BIM 技术员

主要从事项目的建筑及装饰建模以及辅助项目施工方案的编制及模拟。先后参与完成了山西装备制造有限公司、潇河国际会议中心等项目的施工方案编制。多次获得全国各类 BIM 大赛奖项等。

刘博
山西潇河建筑产业有限公司 BIM 技术员

主要负责宣传片、动画交底等视频内容的后期剪辑与美化，先后参与了潇河国际会展中心工艺模拟、冬季焊接、超声波探伤等项目的动画剪辑及制作。

闫宏伟
山西潇河建筑产业有限公司 BIM 技术员

主要负责机电专业 BIM 模型搭建与维护，组织机电专业 BIM 技术实施与应用，负责机电专业平台模块管理。多次获得全国各类 BIM 大赛奖项等。

王志兴
山西潇河建筑产业有限公司技术质量管理部负责人

工程师
一级建造师

主要从事钢结构全流程工艺的研究，先后组织编制山西建投商务中心超高层钢结构、潇河国际会展中心中间组团项目大跨度空间管桁架钢结构等项目的超危大施工方案，在国家级核心期刊发表论文4篇，实用新型专利15项，参与编制地标、行标2项。

李帅
山西潇河建筑产业有限公司详图组负责人

助理工程师

要负责钢结构项目的深化设计、图纸设计变更工作。熟悉门式钢结构、框架钢结构、钢混结构等多种类型的深化、加工、制作、安装流程。

BIM 技术在体育场馆设计阶段的应用与研究

中国建筑第八工程局有限公司

张伟强 田云生 张耀勤 龚鹏谦 尚栋 梁龙龙 杨亚坤 刘楚明 关凌宇 李照俊

1 工程概况

1.1 项目简介

1. 总体概况

洛阳市奥林匹克中心项目位于洛阳伊滨区孝文大道与龙顾路交叉口，是 2022 年第十四届河南省运会主场馆，建筑面积 17.71 万 m²，包含 5 万固定座（加 1 万移动座）体育场、2000 座游泳馆、室内田径训练馆以及室外活动场地、地下车库及相关配套设施设备用房等。项目效果图如图 1 所示。

图 1 洛阳市奥林匹克中心项目效果图

2. 钢结构概况

(1) 体育场钢结构概况

体育场属大型甲级体育场，为管桁架结构，包含屋盖钢结构及飘带钢网架，之间通过设置伸缩缝脱开。体育场屋盖长约 291.5m，短约 284.6m，径向主桁架为 74 组悬挑钢管桁架，1 层平台设 74 个支座作为外圈支承，3 层看台顶设 68 个支座，作为内圈支承。主桁架间距约 9m，东西向悬挑 48.1m，南侧悬挑 21.8m，悬挑部分设置三道环向桁架及多组交叉拉杆。所有构件均为圆管，截面为 $\phi180\times8\sim\phi630\times35$，材质主要为 Q355B，总用钢量约 8500t。

(2) 游泳馆钢结构概况

游泳馆属中型甲级游泳馆，形似游泳浮板，

采用正放四角锥焊接球钢网架结构，南北长约 116.8m，东西长约 117.5m，屋盖最高点的结构标高 34.794m，泳池上方最大跨度（短跨）为 65.2m。网架厚度 4.2m，典型网格尺寸 5m×5m，网架杆件采用圆管，节点采用焊接空心球。中心区域支撑于框架柱顶，周边采用摇摆柱支撑，并在柱间设计高强钢索斜撑，总用钢量约 1300t。屋盖钢网架结构最大管件为 $\phi402\times25$，最小为 $\phi89\times5$，焊接球最大为 WSR900×40，最小为 WS350×14。

(3) 室内田径训练馆

田径运动馆屋盖结构采用单层铝合金网壳结构，单层网壳短向跨度 71.0m，长向跨度 96.6m，矢高约 9.5m。单层网壳柱顶环梁以外部分构件采用钢构件，主要由内部铝合金结构＋外环钢结构，外环钢结构通过销轴铰接于混凝土柱，并设计摇摆柱上下销轴节点辅助受力。总用钢量约 400t，铝合金结构约 170t。箱形梁最大截面为 450×400×25×25，H 型钢梁为 H350×200×8×10。

1.2 公司简介

中国建筑第八工程局有限公司（简称"中建八局"）是隶属于世界 500 强企业中国建筑股份有限公司的国有大型骨干施工企业。前身为中国人民解放军基建工程兵西安指挥所，组建于 1970 年，1978 年改转为 22 支队，1983 年集体整编为中国建筑第八工程局，2007 年改制为现企业。总部设于上海浦东。

1.3 工程重难点

(1) EPC 建设模式：本项目为固定总价 EPC 建设模式，工期紧、设计周期短，务必一次成优，因此从设计阶段应用 BIM 进行策划模拟尤为重要。

(2) 结构复杂、施工难度大：体育场采用管桁架屋盖、游泳馆采用网架屋盖、田径训练馆采用钢＋铝单层网壳屋盖，采用丝带形异形幕墙，复杂节点多，设计、施工难度大，采用BIM正向设计，深化设计前移。

（3）定位高、规模大、工期紧：本工程为河南省重点工程，工期仅590天，在很短的时间内既要实现设计理念，又要符合有关施工要求，同时还必须解决现场机电各专业综合布线、设备的合理布置等要求。钢结构、幕墙、消防、弱电等系统的深化设计工作庞大，相互间的沟通配合也非常重要，需用BIM协同配合。

（4）质量要求高、创优难：本工程招标质量目标要求达到鲁班奖，质量管理要求高，需重点策划、管理。装饰效果需要各专业配合进行完成，前期建筑、结构与安装未能深入地考虑装饰效果，装饰具体做法确认完成后，各专业需要配合装饰进行调整。

2 BIM团队建设及软件配置

2.1 制度保障措施

制定BIM管理策划及应用标准，利用BIM先行策划、提前模拟，基于中建八局BIM协同平台，高度融合BIM、设计、采购及施工，降低施工存在的风险；要求设计人员驻场，与BIM负责人深入一线，实勘现场情况，有针对性地进行设计、深化，解决设计问题；BIM团队参与设计全过程、参加设计例会，反馈设计问题及解决建议。

2.2 团队组织架构（图2）

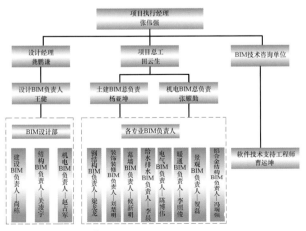

图2 BIM团队组织架构

2.3 软件环境（表1）

软件环境　　　　表1

序号	名称	项目需求	功能分配	
1	Revit 2020	建模	建筑、结构、机电模型搭建	建模、模拟
2	Tekla 2020	受力分析	钢结构设计	建模、分析
3	Rhino 6.0	幕墙设计	幕墙设计	设计、建模、分析
4	3d Max 2020	室内装修设计	精装设计	建模、展示
5	SketchUp 2020	建模	景观设计	建模、模拟
6	BIM 5D	专业整合	集成协同平台	轻量化、展示
7	Navisworks	专业碰撞检查	各专业模型整合	碰撞检查、整合
8	Revizto	轻量化展示	模型及图纸交互	展示、演示
9	Midas	结构分析	有限元分析	分析计算
10	PKPM	结构计算分析	结构计算分析	分析、建模
11	ABAQUS	有限元分析	有限元分析	计算、分析
12	Fuzor 2020	模拟演示	施工模拟	漫游动画
13	Lumion 9.0	效果动画	动画制作	漫游动画
14	光辉城市	真实效果渲染	效果渲染	模拟、动画

3 BIM技术重难点应用

3.1 土建专业BIM正向设计应用

（1）采用无人机倾斜摄影技术，采集现场地表数据，进行前期土方平衡设计测算；根据地勘情况，对桩基进行设计优化。

（2）建立复杂节点模型，对劲钢结构梁柱节点进行优化，便于现场施工和保证工程质量（图3）。

图3 劲钢结构梁柱节点模型及现场实体

（3）对型钢柱支座、钢结构埋件、柱帽等节点复杂部位进行设计优化，现场实施效果良好（图4）。

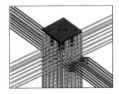

图4 复杂节点BIM模型及现场实体效果

（4）体育场地下室属超长圆弧结构，采用有限元分析软件 ABAQUS 进行温度应力分析，合理布置混凝土配筋，避免结构开裂。

（5）二次结构阶段，利用 BIM 技术对构造柱、圈梁及过梁进行设计出图，直观体现具体位置和做法，减少构造柱和上部墙体预留洞口冲突等问题（图5）。

（6）采用 BIM 技术对构造柱、墙体洞口进行排版布置，避免与管线冲突（图6）。

 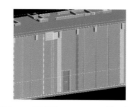

图5　圈梁设计 BIM 模型　　图6　预留洞口 BIM 模型图

3.2　安装专业 BIM 正向设计应用

对管线进行综合排布及碰撞检查，确定后出具施工图纸，较于传统二维图纸，BIM 图纸更能直观表示各专业间融合后的准确模型，真正地将模型信息量化并运用，更直观地提供具体定位及标高，为施工提供便利（图7）。

图7　管线综合排布模型

3.3　钢结构专业 BIM 深化设计应用

（1）根据施工图建立模型后和钢结构施工单位进行充分沟通，完成施工图深化设计，出具 3D 模型图纸，便于现场杆件查找及核对（图8）。

（2）对体育场钢结构铰接支座进行受力计算

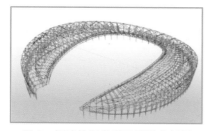

图8　钢结构深化设计模拟分析图

及模拟，保证受力安全。

3.4　屋面及幕墙专业 BIM 深化设计应用

根据施工图及深化图建立 BIM 模型，对屋面及幕墙进行排版，提取模型信息，定尺加工（图9）。

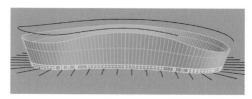

图9　玻璃幕墙排版

3.5　精装修专业 BIM 正向设计应用

通过 3d Max 建立精装模型，进行多方案对比，方便业主及政府单位快速确定设计方案（图10）。

图10　精装模型方案对比

3.6　室外景观 BIM 正向设计应用

通过 BIM 进行苗木布置，形成景观效果图，便于建设单位及政府进行方案的评审和确认（图11）。

图11　景观苗木布置

3.7　BIM 人流及景观水系正向设计分析

通过 BIM 对近、远期人流量，景观水系等进行模拟。

3.8　平台应用

（1）通过局 C8BIM 平台实现了模型快速浏览、设计文件发布、多方高效协同、4D 工期模拟等应用，大大提高了管理效率。

（2）利用公司自行开发的装配式机房深化系统，快速实现 BIM 建模，并通过 VR/MR/二维码等技术让现场充分理解设计意图。

A138 BIM 技术在体育场馆设计阶段的应用与研究

团队精英介绍

张伟强
项目执行经理

高级工程师

作为洛阳奥体项目 BIM 管理第一责任人，引导小组成员在工作中积极推广和应用 BIM 技术，期间获得省级工法 6 项，省级 BIM 奖 2 项，省级及以上 QC 成果 2 项。

田云生
项目总工程师

高级工程师

主持洛阳奥体项目技术质量系统管理工作，积极创新管理，推广应用 BIM 等创新技术。现已组织完成项目市优质结构评价，获得省级工法 7 项，省级 BIM 奖 2 项，省级及以上 QC 成果 6 项，申报专利 15 项，发表论文 4 篇。

张耀勤
项目副经理（安装）

高级工程师

勇于创新，责任担当，业绩突出，参建的郑州奥体项目获得河南省"中州杯"、华夏奖、鲁班奖等荣誉；个人曾参与编制 5 项工法、5 项施工技术、8 项 QC、BIM 建模等成果获得国家级、省级和公司级多项奖项。

龚鹏谦
设计经理

高级工程师

作为设计经理带领设计管理团队与项目部同步入场，解决初设遗留的特殊消防、功能性评审、抗震超限审查等疑难问题。带领团队依据项目特点优化创效达 10%，过程中获各参建方高度认可，并收到业主和总包感谢信。

尚栋
建筑设计师

工程师

驻场洛阳市奥林匹克中心设计管理：完成功能性评审、特殊消防评审，设计优化建议，设计及校对施工图图纸并通过审图；解决施工问题，协调幕墙、装饰设计；解决初设错漏问题，与参建各方组会讨论，保证项目按期推进。

梁龙龙
专业工程师

工程师

参与的金水区市民公共文化服务活动中心获得河南省工程建设优质结构、中施企协 BIM 大赛三等奖，获工法 1 项、专利 2 项、QC 成果 3 项、发表论文 1 篇。洛阳奥体项目获得省建协 BIM 大赛二等奖，获工法 2 项。

杨亚坤
科技管理工程师

工程师

在洛阳奥体项目期间作为两馆及总图的技术负责人，积极推广 BIM 技术策划及应用实施，获得省级及以上 QC 成果 3 项、省级 BIM 奖 2 项，工法 4 项，专利 4 项。

刘楚明
专业工程师

助理工程师

先后参与郑州奥体、河南高法、洛阳奥体建设，荣获洛阳市优秀共青团员、国家级 QC 成果 2 项、省级 QC 成果 6 项、省级工法 6 项、专利 3 项、发表论文 3 篇。

关凌宇
结构设计师

助理工程师

在洛阳市奥林匹克中心项目从事设计管理工作，落实图审意见近 400 条，各种优化措施近 30 项，在保证安全性的基础上做到了经济效益最大化；完成了奥体 4 号景观桥的结构设计和出图。

李照俊
专业工程师

助理工程师

曾参与郑州奥体、郑州网球中心二期 BIM 管理；组织洛阳奥体机电人员进行看图、识图，制定合理建模流程。过程中组织审核机电模型，反馈图纸会审、交底、审定、出图。

传输之光，通信之源——BIM"筑"力大唐电信光通信发源地定义万物互联

中国建筑第八工程局，中建八局西南建设工程有限公司

刘瑞军　赵坤　徐晓强　王成　薛涛　何高峰　朱永柏　王育坤　贾迎冬　吴继承

1 工程概况

1.1 项目简介

项目位置：A-1 科研楼（信息通信创新园二期工程）位于北京市海淀区学院路 40 号，东至塔院西街和邮科社区，南至北京联合大学应用文理学院，塔院小区和中国通信广播卫星公司，北至花园北路，西至学院路（图 1）。地上建筑面积 73436m²，地下建筑面积 23310m²（含人民防空地下室建筑面积 4754m²）。本工程主体地下为混凝土框架-剪力墙结构，地上为钢管混凝土柱钢梁框架支撑结构。建成后将作为中国信科集团信息领域的科研办公楼使用（图 2）。

图 1　项目区位图

图 2　项目效果图

本工程钢结构总用钢量约 1.6 万 t，材质为 Q355B，钢柱为箱形柱，主要节点形式包含梁梁刚接节点、梁梁铰接节点、梁柱节点、支撑节点、梁上支撑节点等（图 3）。

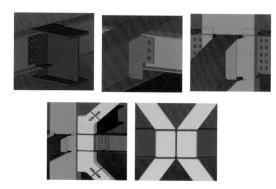

图 3　项目主要节点形式

1.2 公司简介

中国建筑第八工程局有限公司，是世界 500 强企业——中国建筑股份有限公司的全资子公司，始建于 1952 年，总部现位于上海市。中建八局将秉承"诚信、创新、超越、共赢"的企业精神，牢固坚持"品质保障、价值创造"的核心价值观，为我国建筑业繁荣和国民经济发展做出新的更大贡献。

1.3 工程重难点

可利用场地狭小、工程地质条件及周边管线情况复杂。

工程体量大；超危大工程论证难度大、大体积混凝土测温传统方式效率低、钢结构用量大。

异形曲面施工、实测实量、机电涉密、多专业协同作业难度大。

钢结构信息化、精细化管控、质检要求都非常严格；项目涉及多方协同办公，如何提高工作效率尤为重要。

2 BIM团队建设及软硬件配置

2.1 制度保障措施

项目制定切实可行的 BIM 实施方案和 BIM 总体实施标准，为后续 BIM 工作持续高效开展提供保障。

2.2 团队组织架构

为推动本项目 BIM 技术应用落地，由公司 BIM 工作站和项目经理、项目总工作为领导层负责总协调，BIM 主管负责推广落地，各专业 BIM 工程师负责实施（图4）。

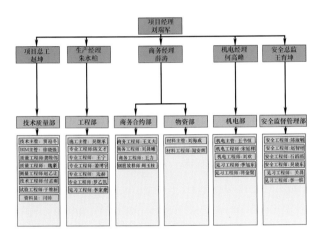

图 4 团队组织架构

2.3 软件配置（表1）

软件环境 　　　　　　　　　表1

序号	名称	项目需求	功能分配	
1	Revit 2020	工程建模	全专业	建模
2	Navisworks 2020	模型整合	全专业	碰撞
3	3ds Max 2020	渲染效果	全专业	动画
4	AutoCAD 2020	出图	全专业	出图
5	Rhino 7.0	建模	结构/幕墙	建模
6	Tekla 2020	建模	钢结构	加工
7	C8BIM	协同	全专业	协同

2.4 硬件环境（图5）

HP Z440工作站

Dell Precision 7550

MR头盔

RTS673 Trimble
放线机器人

Trimble TX8
三维扫描仪

智汇星光机电一体化
3D激光扫描装置

图 5 硬件配置

3 BIM 技术重难点应用

3.1 场地狭小周边环境复杂

交通运输模拟：通过模拟，可以对车型、转弯半径、行车路径、道路宽度进行动态分析，提出合理规划运输方案。

场地部署：基于 BIM 技术对主要阶段进行三维场布设计，进行方案论证并优化场地部署（图6）。

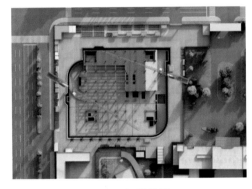

图 6 场地模拟

3.2 工程体量大，要求高

总建筑面积 $96746m^2$；
土方开挖量约 $150000m^3$；
钢结构用量约 $16000t$。

针对项目特点，利用参数化技术对异形曲面施工（图7）、空间坐标点导入导出（图8）、构件数量统计、Rhino＋GH 程序驱动数据、超危大工程（模架）应用（图9）等都进行了深度应用，大幅提高工作效率及准确性，减少重复作业，标准节点整理打包，形成标准节点库，具有一定的推广性。

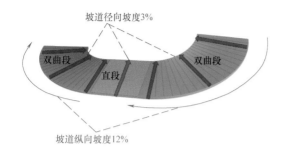

图 7 异形曲面施工

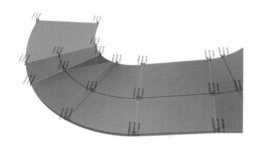

图 8 三维模型控制点坐标示意图

图 9 超危大工程（模架）应用示意图

3.3 高空超重外挑钢桁架施工

本工程东西立面 18 层各设计有一榀钢桁架，桁架高度 4.8m，跨度 32.2m，质量约 52t。桁架底部标高 69.79m，顶部标高 74.59m，桁架底部至标高 13.2m 结构内凹。采用高空散拼的施工方法对桁架进行安装（图 10）。

3.4 钢结构体量大，管控要求高

面临问题：①钢结构信息化整合难度大；②钢结构精细化管控工作要求高；③钢构材料信息、生产管控、质量检验要求严格。

解决方案：利用 ECS（Elastic Connect System）钢结构生产管理系统（图 11）。

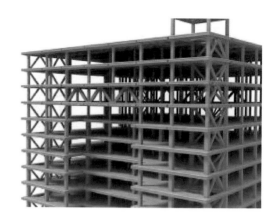

图 10 高空钢桁架安装

应用效果：针对钢结构信息化整合提供整体解决方案，对生产、管理方面较传统模式有明显优势。

图 11 ECS 系统管理流程

3.5 基于 BIM 的项目管理协作应用

我局自主研发 BIM 协同管理平台（图 12），实现对所辖项目 BIM 应用实践的垂直查询与管控。

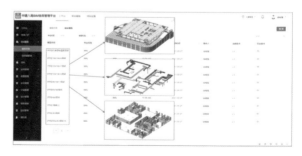

图 12 C8BIM 协同管理平台

A149 传输之光，通信之源——BIM"筑"力大唐电信光通信发源地定义万物互联

团队精英介绍

刘瑞军
中建八局西南公司项目负责人、**BIM 总指挥**

高级工程师
一级建造师

参与过中国农业银行北方数据中心、亚投行等项目工作，获得鲁班奖、中国钢结构金奖、"长城杯"金奖等多项国家、省部级工程奖项，科技成果奖 2 项，拥有专利 70 余项。

赵 坤
项目总工

高级工程师

参与过奥体商务园区、凯德 MALL、北京大学第一医院、A-1 科研楼（信息通信创新园二期工程）等项目工作。获得多项中国钢结构金奖、"长城杯"金奖等工程奖项，拥有专利 30 余项。

徐晓强
BIM 技术经理

高级工程师
一级建造师

参与北京中国尊、上海浦东国际机场、柳东文化广场、上海大悦城、雄安市民中心等项目的 BIM 工作。获得中国钢结构金奖、"长城杯"金奖多项工程奖项，BIM 奖项 20 余项，拥有专利 10 余项。

王 成
分公司 BIM 负责人

高级工程师

参与北京协和医院转化医学综合楼、A-1 科研楼（信息通信创新园二期工程）等项目工作。获得多项国家、省部级 BIM 成果奖项，北京市智慧工地专家库专家，buildingSMART 专家认证。

薛 涛
商务经理

高级经济师
造价工程师

参与过 A-1 科研楼（信息通信创新园二期工程）等项目工作。获得中国钢结构金奖、"长城杯"金奖等多项工程奖项。

何高峰
项目副经理

一级建造师
造价工程师

参与过北京融科、成都万达、北京紫御华府、南港投资服务中心、天津希丁安厂房、北京和利时等项目机电管理工作。获得中国钢结构金奖、"长城杯"金奖等多项工程奖项，拥有专利 20 余项。

朱永柏
生产经理

高级工程师

参与 A-1 科研楼（信息通信创新园二期工程）、中国人民银行外汇储备局工程、中国移动信息港、怀柔安丽家园住宅等项目工作。获得中国钢结构金奖、"长城杯"金奖等多项工程奖项。

王育坤
安全总监

工程师

参与 A-1 科研楼（信息通信创新园二期工程）、中石油、金融街 E10、新时代健康药业、中国移动等项目工作。多个参建项目评获北京市"绿色安全样板工地"奖项。

贾迎冬
技术经理

工程师

参与北京大学第一医院保健中心工程、A-1 科研楼（信息通信创新园二期工程）等项目工作。获得国家优质工程奖、中国钢结构金奖、"长城杯"金奖等多项工程奖项，拥有专利 20 余项。

吴继承
施工主管

工程师
一级建造师

参与诸城樱花国际住宅楼、淄博德诺板基 1850 设备基础、新县两管一中心、A-1 科研科（信息通信创新园二期工程）等项目工作。获得多项国家、省部级工程奖，拥有专利 10 余项。

中央美术学院青岛校区项目莫比乌斯环钢结构的 BIM 应用

中国建筑第八工程局钢结构工程公司

张文斌　吕洋　孙广尧　杨淑佳　贺斌　张立刚　胡立冰　张晓斌　杨文林　付洋杨

1 工程概况

1.1 项目简介

中央美术学院青岛校区位于山东省青岛市黄岛区唐岛湾南岸西侧，建筑面积 119000m²，本工程钢结构主要包括圆管柱、箱形柱、桁架、箱形梁、弧形钢梁及网架等构件类型，总吨位约 15000t，钢结构主要分布在钢连桥，礼堂网架，宿舍楼、公寓楼屋面。工程效果图见图 1。

图 1　工程效果图

1.2 公司简介

中建八局钢结构工程公司是隶属于中建八局的专业公司，拥有钢结构设计院、钢结构制造厂（制造特级）、检测中心、自有劳务公司、吊装公司，是集设计、科研、咨询、施工、制造于一体的国有大型钢结构公司。

1.3 工程重难点

本工程设计超前，外形独特，以莫比乌斯环造型呈现的教学综合楼是整个项目的精华所在。在设计施工过程中有以下重难点。

（1）结构形体复杂：莫比乌斯环建模难度大，

既要实现曲面流线造型，又得保证设计合理性与施工可行性。通过犀牛软件建立几何模型，导入 Midas 计算软件进行结构设计，使计算模型与实际工程的形体更一致，计算更精准。

（2）主体结构跨度大：曲面流线型钢连桥跨度达 73.5m，桁架及构件的选型布置难度大。

（3）建筑功能要求高：连廊部位为画室，对自然采光和结构空间布置的要求较高。把大桁架腹杆由十字交叉斜杆改为单斜杆，并设置通高天窗，减小结构遮挡，提高采光性能。

（4）种植屋面等结构荷载大：屋顶花园覆土厚达 0.8m，需满足荷载、建筑净高、构件变形的控制要求。

2 BIM 团队建设及软硬件配置

2.1 制度保障体系

在公司 BIM 实施细则及 BIM 实施标准前提下，本团队对 BIM 实施整体思路进行细化，对团队成员细致交底形成制度体系，以确保实施过程的顺利、高效。

2.2 团队组织架构

团队组织架构见图 2。

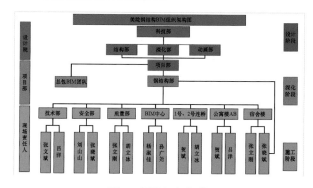

图 2　团队组织架构

2.3　软件环境

软件环境见表1。

软件环境　　表1

序号	名称	项目需求	功能分配	
1	SolidWorks	三维建模	建筑	建模
2	Rhinoceros	三维建模	建筑	建模
3	AutoCAD	二维绘图	模型	建模
4	Tekla/Advancesteel	三维建模	模型	建模
5	Midas	计算分析	计算	分析
6	Analysis	计算分析	计算	分析
7	Revit	三维建模	模型	建模
8	3d Max	三维动画	视图	动画

2.4　硬件环境

团队设置硬件包括：台式电脑、IPAD、触屏电脑、全息展示柜、VR行走和蛋椅等。

3　BIM技术重难点应用

3.1　深化过程节点难点处理

在型钢混凝土柱与钢梁相遇处，运用BIM仿真技术，综合考虑型钢柱牛腿处与柱纵筋连接需要设置套筒还是搭筋板（图3）。

图3　纵筋连接问题

3.2　典型节点深化设计优化

多杆件重合处，根据现实条件进行优化，将钢柱变径位置进行错开处理，以方便构件加工，

改善节点受力性能。根据Tekla模拟的视觉放样效果，将屋面构架柱脚的变截面节点改为下插式节点（图4）。

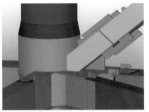

图4　利用BIM对典型节点深化设计进行优化

3.3　楼承板悬挑支撑技术

本工程采用独特的莫比乌斯环结构，结构复杂，曲率多变，悬挑部位较多，造成楼承板铺设情况。根据实际铺设情况，开发研制了一种可拆卸悬挑压型金属板支撑装置，解决了现场施工难题，资源可回收利用，实现了绿色施工（图5）。该成果获得专利一项，五小成果一项。

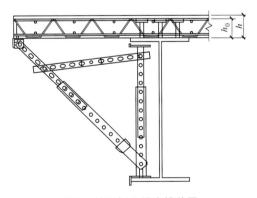

图5　楼承板悬挑支撑装置

3.4　格构柱支撑技术

重型格构柱支撑由方形上下底座、桁架单元、活动横杆、活动斜杆和销轴组成。平面尺寸1.5m×1.5m，最高承载力150t，最大使用高度可达40m，具有拆装运输方便，可循环使用，损耗率低等特点，如图6所示。

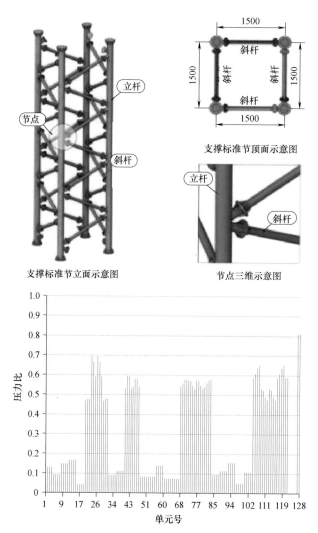

支撑标准节立面示意图　　支撑标准节顶面示意图

节点三维示意图

图6　格构柱应力分析

A159 中央美术学院青岛校区项目莫比乌斯环钢结构的 BIM 应用

团队精英介绍

张文斌
中建八局钢结构工程公司山东分公司
总工程师

一级建造师
注册安全工程师
高级工程师
工学硕士

从事钢结构施工管理工作 14 年，参建马钢新区煤气柜，1580 热轧生产线、2250 冷轧生产线等冶金系统工程，宿马工业园保障房 EPC 总承包项目，中央美术学院，青岛海天中心等标志性工程，获得专利 10 项、国家级项目管理成果奖 2 项、国家级 BIM 大赛奖 6 项、2020 年中国钢结构行业优秀建造师称号。

吕洋
中建八局钢结构工程公司
中央美术学院青岛校区
项目总工

工程师
工学硕士

负责钢结构施工管理、技术工作，先后参建济南遥墙机场扩建北指廊工程、智联重汽项目、海天大酒店改造项目（海天中心）一期工程项目、中央美术学院青岛校区项目等标志性工程，获得专利 4 项，发表 SCI 论文 2 篇，国家级 BIM 大赛奖 2 项，2021 年被评为公司"优秀员工"。

孙广尧
中建八局钢结构工程公司
山东分公司施工管理部
业务经理

BIM 建模师

从事 BIM 管理 4 年，参与济青高铁红岛站项目、杭州萧山机场等项目的 BIM 工作，荣获省部级及以上 BIM 奖 5 项。

杨淑佳
中建八局钢结构工程公司
山东分公司施工管理部
业务经理

工程师
大学本科

负责分公司各项科技成果申报、BIM 技术推广工作，先后荣获国家级 BIM 奖 3 项，省部级 BIM 奖 2 项。

贺斌
中建八局钢结构工程公司
中央美术学院青岛校区
项目执行经理

注册安全工程师
工程师
大学本科

从事钢结构施工管理工作 8 年，参建杭州国际博览中心、青岛海天中心等标志性工程，获得专利 1 项，省级工法 1 项，省级 QC 成果 1 项，国家级 BIM 大赛二等奖 1 项。国家级项目管理成果 I 类成果 1 项。2020 年被评为公司"优秀员工"。

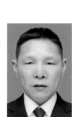

张立刚
中建八局钢结构工程公司
中央美术学院青岛校区
项目测量主管

一级建造师
工程师

长期从事钢结构施工技术工作、发表论文 2 篇。参与北京凤凰国际传媒中心的莫比乌斯环状钢结构工程及幕墙工程、青岛海天中心 365m 钢结构工程。

胡立冰
中建八局钢结构工程公司
山东分公司质量总监

工程师

从事钢结构施工质量管理工作 8 年，参与郑州老家院子项目、埃及标志塔项目、济南西部会展项目、乌鲁木齐国际机场等项目技术及 BIM 工作，荣获省部级及以上 BIM 奖 2 项，发表论文 1 篇，工法 1 篇，成果 1 篇。

张晓斌
中建八局钢结构工程公司
中央美术学院青岛校区
安全总监

注册安全工程师

主要从事安全管理、安全培训等工作，参与中央美术学院青岛校区项目、乌鲁木齐国际机场改扩建项目安全管理工作。

杨文林
中建八局钢结构工程公司
科技部业务经理

工程师
大学本科

主要从事公司 BIM 管理工作，搭建公司三维模型库，主导项目 BIM 大赛的申报、创优、动画制作及 BIM 技术培训与推广。

付洋杨
中建八局钢结构工程公司
科技部业务经理

注册安全工程师
工程师
BIM 建模师

从事 BIM 管理工作 9 年，先后主持或参与上海国家会展中心、桂林两江国际机场、重庆来福士广场、天津周大福金融中心等项目的 BIM 工作。荣获省部级及以上 BIM 奖 34 项，专利授权 17 项，发表论文 4 篇。

水工钢结构 BIM 数字建模及 3D 打印拓展数据技术

华北水利水电大学，郑州双杰科技有限公司，安阳市大正钢板仓有限责任公司

刘尚蔚　魏鲁婷　马颖　蒋莉　胡雨晨　郑强　张太平　史沐曦　周业钦　孙萌浩

1　工程概况

1.1　项目简介

引汉济渭工程是我国"十三五"规划的 172 项重大水利工程之一，同时也是陕西省规模最大、影响最为深远的战略性、基础性和全局性水资源配置工程，是 2014 年底批复进入筹建的，用以满足西安、咸阳、宝鸡、渭南 4 个重点城市及沿渭河两岸的 11 个县城和 6 个工业园需求的调输配水工程。

三河口水利枢纽为引汉济渭工程的两个水源之一，是整个调水工程的调蓄中枢（图 1）。三河口水利枢纽主要由拦河大坝、泄洪放空系统、供水系统和连接洞等组成，水库总库容为 7.1 亿 m^3，调节库容 6.5 亿 m^3，死库容 0.23 亿 m^3。坝址断面多年平均径流量 8.70 亿 m^3。拦河坝为碾压混凝土拱坝，最大坝高 145m，高度在全国同类大坝中排名第二。坝址位于佛坪县与宁陕县交界的子午河峡谷段，在椒溪河、蒲河、汶水河交汇口下游 2km 处。坝体结构分为碾压和常态两种混凝土类型，其中底孔表孔部分设计为常态混凝土。按照三河口施工流程分为两期，一期为坝身主体部分，从左坝肩起分为 10 个坝段。二期为泄水表孔和泄水底孔。

图 1　三河口水利枢纽

本项目基于 BIM 数字建模及 3D 打印拓展数据技术，制作出三河口水利枢纽碾压混凝土拱坝坝体和基岩、边坡分块打印成型与组装的 3D 打印模型。

1.2　公司简介

华北水利水电大学水利学院（原水利工程系）是华北水利水电大学办学历史最长、规模最大的主干学院。伴随着学校七十年的发展，已成为一个综合实力较强，在国内具有较高知名度的教学科研单位。学院有水利水电工程、农业水利工程 2 个国家特色专业建设点专业，国家综合改革试点专业农业水利工程，国家卓越工程师教育培养计划有水利水电工程，国家级卓越农林人才教育培养计划有农业水利工程，国家级工程实践教育中心有河南省水利勘测设计研究有限公司；有工程管理、水文与水资源工程 2 个河南省特色专业建设点专业，水文与水资源工程、港口航道与海岸工程 2 个河南省工程教育人才培养模式改革试点专业，省级实验教学中心有水工程水文化虚拟仿真实验教学中心（图 2）。

图 2　华北水利水电大学

1.3　工程重难点

（1）根据前期勘查资料、工程设计图纸、施工方案等进行坝体、地形精细建模及模型组装，对建模精确程度要求高。

（2）根据3D打印机打印平台尺寸及模型结构特点对整体模型进行合理的块体划分，并进行元素合并和检查，保证打印模型点、线、面的闭合和完整性。

2 软硬件配置

2.1 软件环境（表1）

软件环境　　　　　　　　　　　表 1

序号	名称	项目需求及功能分配
1	Revit	三维建模
2	3d Max	三维建模、STL 检查、数据格式导出
3	Cura	3D打印切片
4	Lumion	三维模型渲染、漫游动画制作

2.2 硬件环境（表2）

硬件环境　　　　　　　　　　　表 2

序号	名称	项目需求及功能分配
1	台式计算机	相关软件操作
2	FDM 3D打印机	3D打印实体模型（PLA 材料）

3 BIM 技术重难点

3.1 BIM 三维模型建立

3.1.1 基于 Revit 的坝体三维模型建立

（1）族库模型创建

建模之前先根据设计图纸对碾压混凝土拱坝进行分区，在结构上将拱坝分为 10 个坝段。在材料上将碾压混凝土拱坝分为碾压混凝土和常态混凝土部分。碾压混凝土部分为坝体主体部分，常态混凝土部分包括坝顶常态混凝土、表孔、底孔、拦污栅、闸门、电站进水口和上坝电梯。分区完成后进行相应族库模型的创建。

由 Revit 建立的部分族库模型如图3所示。

（2）族模型信息参数设置

Revit 模型中的建筑信息不仅包括几何尺寸还包括工程材质等信息，在族模型的建立过程中需要尽可能详细地添加标注参数。在基本族模型创建完成后，还要对其造价、性能等附加信息进行录入。

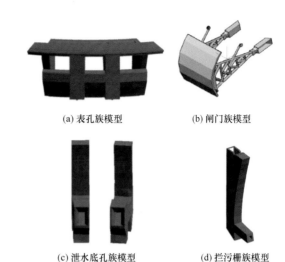

(a) 表孔族模型　　　　(b) 闸门族模型

(c) 泄水底孔族模型　　(d) 拦污栅族模型

图 3 部分族库模型

（3）族模型的搭建拼装

将项目模型拆分成多个族模型分别建模后，需要再对族模型进行拼装，从而形成完整的建筑信息模型。图4为搭建完成的碾压混凝土拱坝三维模型。

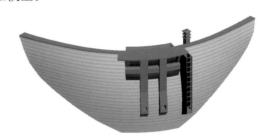

图 4 碾压混凝土拱坝三维模型

3.1.2 地质模型建模

根据地质勘查资料、地貌影像图片、全景摄影资料等进行地质模型建模（图5）。

图 5 三河口地形图

3.1.3 整体模型建立

将地质模型和坝体模型组装生成三河口碾压混凝土拱坝整体模型（图6）。

图 6　整体模型

3.1.4　3d Max 建模及 Lumion 漫游

3d Max 带材质模型的建立与 Lumion 实景漫游，可以更真实地查看整体模型的细节与场景效果，为后续工程提供指导（图 7、图 8）。

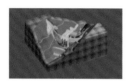

图 7　3d Max 带材质模型　　图 8　Lumion 漫游示例图

3.2　基于 BIM 的 3D 打印技术

3.2.1　3D 打印技术概述

3D 打印即利用光固化或纸层叠技术，将打印机内装有的打印材料，通过电脑控制层层叠加，使计算机上的三维图形转化为物理实体的技术。

本工程将建立好的碾压混凝土拱坝三维模型存储为 stl 格式文件，然后按照工艺要求，将模型沿特定方向、依据一定的厚度切片，生成 G 代码，再将 G 代码导入 3D 打印机中，在计算机的控制下，每层薄片按照规划好的打印路径层层打印，从而生成实体模型。

3.2.2　三河口碾压混凝土拱坝模型 3D 打印

（1）块体分割与 stl 检查

本工程为大体积 3D 打印构件，为满足 FDM 3D 打印机平台打印尺寸要求，采用了分割子块打印再拼合组装的方法。

将地基打印模型分为基础上部和下部，基础上部编号为 JC01-01-14，基础下部编号为 JC02-01-12。由坝体构成位置将坝体分为上游、下游、左坝肩、右坝肩和基础 5 部分（图 9）。对分割形成的块体模型进行元素合并，单个打印单元不得有断开的点和边。

使用 3d Max 软件中的"stl 检查"功能对所建模型中存在的破损面进行筛查，保证打印模型点、线、面的闭合和完整性。检查合格后导入 Cura 软件进行切片。

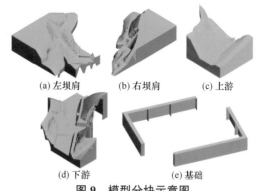

(a) 左坝肩　　(b) 右坝肩　　(c) 上游

(d) 下游　　　(e) 基础

图 9　模型分块示意图

（2）切片打印

将切割处理好的三维模型导出成打印设备识别的 .stl 文件，在 Cura 切片软件中进行打印数据转换，形成 .gcode 数据代码。将打印数据保存至移动存储卡，打印机通过存储卡读取模型的打印信息，完成模型打印信息的导入。

打印开始前按照相应要求进行打印质量、填充、支撑、速度和温度等设置。依据 3D 打印机打印模型的特点对模型放置进行优化，确定底部接触面位置，减少打印支撑并保证模型在长时间打印过程中稳定不倾斜（图 10）。对模型打印全程做动态检查。

（3）模型拼装

模型打印完成后，依据预留的螺栓（ϕ6mm）连接孔，采用螺栓紧固件进行拼装，使用工具剔除打印支撑，打磨表面及接触面至光滑后进行组装（图 11）。

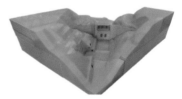

图 10　打印位置优化　　图 11　三河口碾压混凝土拱坝模型 3D 打印图

4　结论

本项目基于 BIM 数字建模及 3D 打印拓展数据技术，提出了碾压混凝土拱坝 3D 打印模型的分块成型的组装方法，详细研究了大体积模型分块打印和拼装的流程，成功制作出了国内第一个碾压混凝土拱坝坝体和基岩、边坡分块打印成型与组装的 3D 打印模型。

B172 水工钢结构 BIM 数字建模及 3D 打印拓展数据技术

团队精英介绍

刘尚蔚
华北水利水电大学水利水电工程系主任

华北水利水电大学教授
博士

主要从事工程结构三维可视化仿真与虚拟现实技术研究。获发明专利 28 项、软件著作权 2 项、发表论文多篇。获河南省科技进步奖 3 项、中国钢结构协会科学技术奖 2 项。

魏鲁婷
华北水利水电大学水利工程专业硕士

BIM 建模师

已考取全国 BIM 技能等级考试一级证书，掌握 BIM 建模技术。曾担任学生会副主席等职务，多次获得学业奖学金、优秀学生干部等称号。

马 颖
华北水利水电大学副教授

博士
硕士生导师

主要从事工程结构抗震研究，先后主持 1 项国家自然科学基金青年基金项目和 2 项省部级项目，获 1 项河南省科技进步三等奖。

蒋 莉
华北水利水电大学副教授

硕士生导师

毕业于华北水利水电大学水工结构工程专业，主持河南省科技攻关项目 1 项，参编教材 1 部，发表论文十余篇。

胡雨晨
华北水利水电大学水利工程专业硕士

BIM 建模师

研究生期间任水利学院研究生学生会干部，多次获得研究生学业奖学金。

郑 强
安阳市大正钢板仓有限责任公司总经理

BIM 项目策划师

张太平
安阳市大正钢板仓有限责任公司

BIM 项目流程管理师

史沐曦
华北水利水电大学学生

BIM 建模师

周业钦
华北水利水电大学学生

BIM 建模师

孙萌浩
BIM 仿真模拟及运动分析研究

香港科技大学机械工程硕士研究生，从事进阶力学分析，各类运动学知识研究。第一学历为北京化工大学机械设计制造及其自动化专业双证书。有着基础机械设计知识以及数电模电等自动化学习与训练，在 BIM 团队研究中有着出色的发挥。

基于 BIM 技术在上跨铁路及高速双转体 钢-混混合连续梁施工中的应用

中国中铁六局集团有限公司，中国中铁六局集团北京铁路建设有限公司

刘奉良　孙爱田　张海虎　胡江南　李硕　靳博昊　崔连拓　李勇　张华强　马瑞祥

1 工程概况

1.1 项目简介

项目位置：北京市延庆区。

施工面积：262000m²。

功能：延崇高速公路是 2019 年世界园艺博览会区道路和 2022 年冬奥会赛场联络通道，为世园会和冬奥会的顺利召开起到了重要的交通保障作用。同时，作为京津冀一体化西北高速通道之一，是连接北京城区、延庆新城与河北张北地区的快速交通干道，对于疏解西北通道货运交通压力，提高道路通行能力和行车安全都具有重要意义。

结构特点：施工期间因场地限制，在上跨大秦铁路及京新高速期间，采用（49＋140＋52）m 双转体钢-混混合连续梁，桥梁全长241m。其中99、100 号主墩处均转体施工，转体部分跨径分别为 48m＋70.25m，66.25m＋45m，顺时针方向转体角度为 78.5°、81.5°，单个转体最大重22000t，双幅转体就位后施工边跨现浇段及跨中合龙段完成全桥施工（图1、图2）。

图 1　项目效果图

本桥采用钢-混混合连续梁构造，双幅不对称整体转体施工，利用钢箱梁自重轻跨越能力大的特点，加大了连续梁桥的跨越能力，解决了单一材料不合理配跨比的问题，亦解决了跨越多线铁

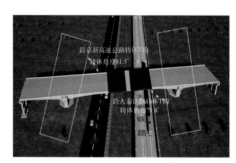

图 2　钢-混混合连续梁效果图

路、高速公路，工程场地严重受限，桥下净高小，重载繁忙，电气化铁路运营安全要求高等带来的技术及安全难题。

1.2 公司简介

中铁六局集团北京铁路建设有限公司始建于1953 年，是以铁道工程、公路工程、房屋建筑工程、水利工程、轨道交通为主要核心业务的大型国有施工企业。公司四次评为中国中铁施工企业20 强，为国家高新技术企业和北京市企业中心，并荣获詹天佑奖、鲁班奖、李春奖等多项国家级标志性奖项。

1.3 工程重难点

（1）钢箱梁高 4.205m，最大宽度5m，属于超宽超高构件，同时钢-混结合段内部零部件数量多，操作空间狭小，需要充分考虑每一块零件的装配及焊接顺序。

（2）工程邻近京新高速、既有大秦铁路，具有工程场地严重受限、桥下净高小、重载繁忙、电气化铁路运营安全要求高等带来的技术及安全难题。

（3）钢隔室内密布 PBL 剪力键、剪力钉、普通钢筋及预应力管道，安装难度大，且本桥钢-混结合段位于主梁正负弯矩交替区域，对剪力连接件的抗疲劳性能要求较高。

2 BIM 团队建设及软硬件配置

2.1 制度保障措施

施工阶段 BIM 实施需在传统施工流程基础上进行 BIM 施工流程再造，建立基于 BIM 的协作化实施模式，使施工过程运转流畅，从而提高施工效率和水平，保障工程质量。施工阶段 BIM 实施流程主要包括组织策划、施工模型创建及变更深化、施工过程模拟优化、碰撞检测及冲突分析、现场施工应用、施工管理、控制决策及业务管理、信息附加、成果交付、总结等步骤。

2.2 团队组织架构（图3）

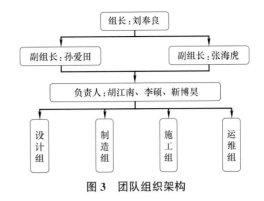

图 3　团队组织架构

2.3 软件环境（表1）

软件环境　　　　　　　　　　　　　　　　　　　　表1

序号	名称	项目需求	功能分配
1	Autodesk Revit 2014	桥梁、结构	桥涵、路基、场布等专业建模
2	Autodesk Navisworks 2017	桥梁、结构	模型整合，碰撞检查，施工模拟
3	Lumion 10	桥梁、结构	场地布置模拟与漫游渲染
4	Autodesk 3ds Max 2018	桥梁、结构	三维动画效果处理
5	AutoCAD 2014	桥梁、结构	图形处理
6	720 云	桥梁、结构	720°虚拟漫游
7	Adobe After Effects	桥梁、结构	图形视频处理
8	会声会影 2018	桥梁、结构	视频剪辑
9	luban 管理平台	桥梁、结构	工程项目协同管理
10	Unity 3D	桥梁、结构	虚拟驾驶体验

2.4 硬件环境

服务器设备是 BIM 应用的关键设备，用来运行平台软件和 BIM 网络软件，实现 BIM 应用的多用户协作和数据的共享，工作站设备主要用来进行建模工作，周边设备包括无人机、视频设备等。

3 BIM 技术重难点应用

（1）在施工前使用 Revit 软件对整体工程进行模型搭建，通过 BIM 技术还可对一线施工人员进行可视化的三维技术交底，让施工交底内容更形象，表达更加清晰直观、快捷，提高施工效率；使施工人员了解施工步骤和各项施工要求，确保施工质量，避免不必要错误而形成材料的损失。

通过钢箱梁三维模型（图4）获得内部异形隔板的构造及精确安装位置，指导施工人员拼装、

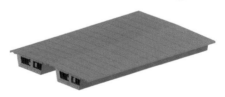

图 4　钢箱梁三维模型

焊接，同时形象地体现出各个隔板的安装步骤及参数，克服了施工人员由于对钢箱梁复杂结构理解模糊造成的施工错误，确保钢箱梁高质量施工（图 5）。

图 5　钢箱梁三维交底

利用 BIM 技术创建钢隔室及内部钢筋、预应力管道、PBL 剪力键、剪力钉等模型，精确定位锚头焊接位置、混凝土浇筑位置，保证人员进行正常施工，极大地提升施工质量（图6、图7）。

图 6 钢隔室内部构造

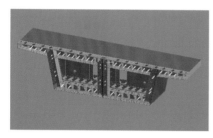

图 7 钢-混结合段钢隔室钢筋预应力

（2）本桥钢-混结合段位于主梁正负弯矩交替区域，对剪力连接件的抗疲劳性能要求较高，施工前采用 ANSYS 对钢-混结合段进行模拟，建立三维实体-板壳有限元模型进行模拟应力校核，模型中考虑了纵向预应力的影响（图8）。经数据计算结果表明，钢-混结合段钢箱梁各构件均满足要求。

图 8 ANSYS 受力分析

（3）通过对主线转体连续梁钢筋与波纹管、预埋件等构件进行碰撞检测，共检测出 231 处碰撞点，及时进行调整，有效解决了钢筋碰撞冲突和竖向振捣不畅问题。解决了二维设计图难以充分表达的错综复杂的钢筋与预应力等其他构件的空间位置协调问题。

（4）通过对转体系统施工模拟、钢箱梁拼装工艺模拟、上跨大秦铁路及京新高速钢-混混合连续梁转体施工模拟，将转体施工与既有临建设施、环境因素结合 BIM 数据进行精细化分析，结合测量数据与施工监测数据，保证了转体顺利就位（图9）。

图 9 BIM 施工工艺模拟

（5）在合龙段吊装施工前，利用 BIM 技术提前进行方案分析，发现合龙段预留 3.5m 宽，距离较窄，若在梁上搭设轨道，将梁体运至转体一端，利用卷扬机进行合龙段箱梁运输，则会导致人工难以控制梁体位置，并且极容易发生安全事故。于是及时修改方案，将箱梁运至合理位置，再通过一台起重机进行吊装，保证了合龙段顺利就位（图 10）。

图 10 三维模拟合龙段吊装方案可行性

（6）本工程转体桥结构复杂，其中钢箱梁内部包含异形模板，梁体内部钢筋工程量巨大，难以采用人工计算工程量，利用 BIM 模型计算工程量可快速对各种构件进行统计分析，将各部位工程量通过计算机精确计算，达到工程量信息与设计方案完全一致的目的（图11），在保障工程材料消耗管控的同时，BIM 技术计算工程量可节省人工计算时间，提升工作效率。

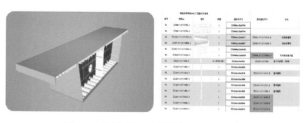

图 11 钢箱梁内部隔板工程量统计

A174 基于 BIM 技术在上跨铁路及高速双转体钢-混混合连续梁施工中的应用

团队精英介绍

刘奉良
北京铁路建设有限公司总经理助理

工程师

北京市劳动模范，北京市劳模创新工作室领军人，先后主持 3A 工程、南水北调、延崇高速公路等重点工程，先后荣获了詹天佑奖、李春奖、中国钢结构金奖等国家级奖项。

孙爱田
北京铁路建设有限公司
科技部部长

高级工程师
一级建造师

北京公路学会工程技术专家，近年来从事公司 BIM 技术的应用和推广工作。多次荣获科技奖、全国 BIM 大赛成果奖等奖励，发表多篇论文和专利，多次参加行业内的成果鉴定和评奖工作。

张海虎
G228 滨海公路工程项目
经理

高级工程师
一级建造师

担任京台高速公路、延崇高速公路、g228 滨海公路负责人，荣获中国钢结构金奖、科技进步奖、创新大赛奖共计 9 项，BIM 奖项 4 项，获施工工法 5 项，完成国际先进科研课题 4 项。

胡江南
京密路工程项目经理

高级工程师
一级建造师

中铁六局"十大杰出青年"，担任京台高速公路、延崇高速公路、京密路负责人，荣获中国钢结构金奖、科技进步奖、创新大赛奖共计 10 项，BIM 奖项 10 项，获施工工法 4 项，完成国际先进科研课题 4 项。

李 硕
G228 滨海公路工程总工程师

工程师

集团公司技术管理先进工作者，g228 滨海公路负责人，荣获中国钢结构金奖、科技进步奖、创新大赛奖共计 6 项，BIM 奖项 5 项，获施工工法 2 项，完成国际先进科研课题 4 项。

靳博昊
G228 滨海公路工程副总工程师

工程师

中铁六局集团优秀毕业生，g228 滨海公路负责人，荣获中国钢结构金奖、科技进步奖、创新大赛奖共计 10 项，BIM 奖项 4 项，获施工工法 9 项，完成国际先进科研课题 4 项。

崔连拓
G228 滨海公路工程助理工程师

二级建造师

获中国施工企业管理协会首届工程建造微创新技术大赛优胜奖、2021 年全国 QC 小组示范级成果。

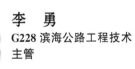

李 勇
G228 滨海公路工程技术主管

工程师

g228 滨海公路技术负责人，主持申报并荣获中国施工企业管理协会首届工程建造微创新技术大赛一等奖，中施企协 2021 年工程建设科学技术进步奖二等奖，获 QC 成果 5 项、工法 5 项。

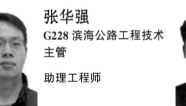

张华强
G228 滨海公路工程技术主管

助理工程师

g228 滨海公路技术负责人，主持申报并荣获中国施工企业管理协会首届工程建造微创新技术大赛优胜奖，获 QC 成果 1 项、工法 2 项。

马瑞祥
G228 滨海公路工程 BIM 工程师

BIM 项目管理二级

主要负责 BIM 技术应用、管理工作，荣获 BIM 奖项 10 项，获施工工法 2 项，实用新型 1 项，申报并荣获第 15 届北京发明创新大赛铜奖。

四、优秀奖项目精选

罗湖四季花语 10 号楼——BIM 数字建筑波形钢板

浙江中南建设集团钢结构有限公司

王再胜　王俊杰　陈志伟　余家明　李立政　王景　苏杭　高生　柴坤　来之珺

1　工程概况

1.1　项目简介

罗湖四季花语北区 10 号楼钢结构工程，位于河北省沧州市江西大道以西，福建大道以东，纬一南路以北，建筑高度 57.6m，地上 18 层为住宅，地下 1 层为储藏间，总建筑面积为 13000多平方米，地上建筑面积 12200 多平方米，地下建筑面积 840 多平方米，地下室层高 5.2m，地上标准层层高 2.9m。本住宅楼设 2 个单元，共 144 户（图 1）。

图 1　工程效果图

罗湖四季花语北区 10 号钢结构装配式住宅楼项目是中南钢构与清华大学合作开发的波形钢板组合剪力墙技术成果在高层住宅中推广实施的首例项目，主体结构为异形钢管混凝土柱、钢管混凝土柱钢梁框架＋波形钢板组合剪力墙结构体系，标志着中南钢构自主研发的装配式钢结构技术开始在国内高层住宅项目中落地应用，已成为在北方地区应用 BIM 装配式技术建造的高层住宅样板，对促进钢结构住宅工业化生产、BIM 装配化建造、绿色施工以及环保节能均有着十分重要的意义，为加快北方地区的城市化建设进程发挥积极作用。

1.2　公司简介

浙江中南建设集团钢结构有限公司位于杭州国家高新开发区，为国家高新技术企业、省级高新技术企业研究开发中心、浙江省重点骨干企业、杭州市新型建筑工业化生产基地、杭州市企业技术中心。公司拥有多条国内外先进的波形钢板组合墙、轻钢、重钢、管桁架、网架及金属围护生产线，致力于大型工业厂房、仓储、民用和商用多高层及超高层建筑、场馆与会展中心等公共建筑大跨度空间结构、高耸塔桅结构、桥梁等钢结构工程的设计、制造、安装服务。公司具有钢结构工程专业承包壹级、建筑工程施工总承包叁级、轻型钢结构工程设计专项甲级、钢结构制造企业特级、建筑金属屋（墙）面设计与施工特级等资质。

1.3　工程重难点

（1）施工平面规划难度高，构件种类多，需做好现场施工组织。

（2）构件种类多，节点类型复杂，深化设计相应难度大，工作量大。深化设计的准确率、及时率比较重要。

（3）本工程结构形式复杂，安装作业面较小，与土建交叉作业和高空作业多。

（4）需深化设计、制作、安装的构件多，工期短。

（5）波形钢板组合剪力墙作为主要横向抗剪构件代替了传统混凝土剪力墙，其截面形状特殊，焊接变形控制难。

（6）结构不但受风荷载的影响，而且由于日照和温度等天气变化，使结构的空间位置始终处于动态变化状态，对测量控制的方法和测量精度提出了高要求。

2 BIM 团队建设及软硬件配置

2.1 团队组织架构

公司将安排 BIM 工作组入驻工程现场，BIM 设计负责人施工经验丰富（图2）。

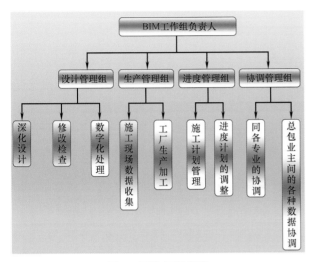

图2 团队组织架构

2.2 软件环境（表1）

软件环境　　　　　　表1

序号	名称	项目需求	功能分配	
1	Revit 2020	三维建模、土建深化	结构、建筑	建模/动画
2	3d Max 2014	三维建模	—	动画
3	Lumion 10.3 试用版	—	—	动画
4	Tekla 19.0	三维建模	结构	建模
5	ANSYS	荷载计算	—	验算
6	品茗三维场布软件	场布	施工进度	动画

2.3 硬件环境

硬件配置为 Windows7 旗舰版，内存 64G，CPU E5-2683。

3 BIM 技术重难点应用

3.1 Tekla 应用成果

建立 Tekla 模型对构件加工制作、施工安装起到至关重要的作用。Tekla 模型能方便地导出构件及零部件的加工图及数据，经过简单的调图处理后即可用于构件加工（图3）。

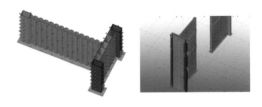

图3 柱脚节点——波形钢板剪力墙柱脚节点

Tekla 模型能方便地导出波形钢板墙构件布置图和相关数据，满足构件生产、运输及安装需求；满足预决算、材料采购、构件加工，现场安装定位等的需求。

Tekla 建立三维模型对结构施工图进行深化，展示结构、构件及连接形式，同时检查构件及零部件等的碰撞情况，有利于及时调整，方便技术交底、加工、安装及验收，解决了平面 CAD 图无法解决的问题（图4）。

图4 Tekla 三维模型

3.2 Revit 应用成果

罗湖四季花语北区 10 号楼工程地下室竖向吊装，地下室水电管道等安装容易受到 CAD 平面图纸影响而产生实际空间线路的立体碰撞。采用 Revit 建筑信息模型，可对风口、灯具、喷头、烟感、喇叭、窗户、挂幕墙、风机、水泵、锅炉等机械设备的安装排列及定位排布提供便利（图5）。

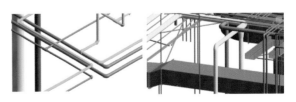

图5 管道碰撞修正图

采用 Revit 软件可依据建筑造型特征、建筑空间及施工现场实际情况进行管线综合排布，充分利用建筑空间优化管线走向与排布，做到整齐美观并提高经济效益。Revit 机电模型可预留出施工与维修空间，便于二次施工作业及日后的移交运维。

通过 BIM 技术建模，将传统的平面与文字叙述交底转换为三维模型展示，并配以技术交底动画，从而使技术交底更为直观明了，也可为工厂化预制加工复杂风管接头等提供立体化的加工图，提高施工效率与质量（图6）。

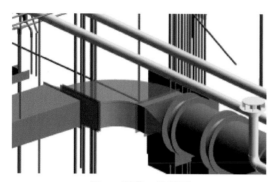

图6 管道三维模型

同时，对 BIM 模型的数据挖掘和数据分析应用、三维显示、碰撞检测、施工模拟、物资提量等方面的技术实现可检验设计方案是否合理，通过模型发现施工质量、安全、可行性等方面的隐患，对施工进行可行性分析，及时采取有效的预防与强化措施。采用三维方式的管路综合工作将大大减少现场错误，减少返工和浪费，对整个工程的优化建设起到不可估量的推进作用。

3.3 ANSYS 应用成果

ANSYS 多用途的有限元法计算机设计程序，可以用来求解结构、流体、电力、电磁场及碰撞等问题并进行线性分析、非线性分析和高度非线性分析；软件提供了 100 种以上的单元类型，可用来模拟罗湖四季花语北区 10 号建筑结构工程中的波形钢板墙的材料与结构的力学分析；通过 3D 实体建模及应力分析提供预应力报告计算书，用于建筑结构稳定分析，得出结构构件之间的振动频率，从而保证现场施工过程的安全（图7）。

3.4 BIM 应用总结

罗湖四季花语北区 10 号建筑项目由浙江中南

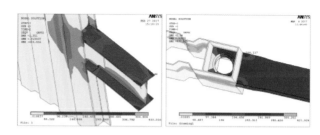

图7 ANSYS 分析结果示意图

建设集团钢结构有限公司进行钢结构加工制作和施工安装、钢结构深化设计、信息化数据处理和连接、钢结构施工方案编制及演示视频制作等工作，应用 AutoCAD、Tekla、Revit、MAX lumion VR 仿真软件建立 BIM 模型，应用于中南钢构智慧大数据平台。

通过对施工现场 BIM 模型的构建，进行施工模拟，通过 VR 虚拟现实技术实现了可视化，可进行 360°无死角查看，并通过现场智慧数字监控设备实时查看施工现场，加强了施工监控过程，可更好地管控工程质量与安全生产。可以通过 BIM-VR 安全体验馆，沉浸式、互动式并结合视觉、触觉、听觉形成身临其境的体验效果，直接感受火灾、触电、坠物、高空坠物、坍塌、脚手架倾斜、塔式起重机倒塌等，对施工人员的安全教育具有重要指导作用。

通过 BIM 技术的应用，让我们认识到 BIM 能更方便地考察设计方案是否合理，提前发现施工质量、安全、可行性等方面的隐患，从而采取有效的预防与强化措施，大大减少现场错误，减少返工和浪费，对整个工程的优化建设起到不可估量的推进作用。

4 BIM 应用存在的不足

虽然 BIM 技术的应用已经越来越广泛，但在钢结构工程中的应用主要局限于投标阶段，其主要原因是：

（1）未完全实现各软件之间的协同工作，相互转换模型时存在转换效率低、模型失真、只能查看而不能编辑等无法协同的现象；

（2）未完全实现各专业之间的信息共享，出现不同专业之间构件或设备的碰撞问题；

（3）未完全实现各阶段之间的数据移交，项目全周期信息化管理无法落实。

A014 罗湖四季花语 10 号楼——BIM 数字建筑波形钢板

团队精英介绍

王再胜
浙江中南建设集团钢结构有限公司副总经理

一级注册结构师
一级建造师
高级工程师

中国建筑金属结构协会钢结构专家委员会专家，中国钢结构协会专家委员会专家委员。主要从事钢结构施工技术、设计研发及管理工作。

王俊杰
浙江中南建设集团钢结构有限公司运营副总经理

工程师

主要负责车间生产、工程施工管理工作，熟悉各类钢结构的生产工艺及现场安装工作。

陈志伟
浙江中南建设集团钢结构有限公司总师办主任

工程师

主要从事公司钢结构施工技术方面的工作，熟悉各类钢结构施工工艺技术，熟悉钢结构信息化的管理工作。

余家明
浙江中南建设集团钢结构有限公司质安部经理

高级工程师
二级建造师

主要从事公司生产车间及施工现场质量安全方面工作，并负责公司危大工程施工方案的审核工作，公司信息化建设主要负责人之一。

李立政
浙江中南建设集团钢结构有限公司可视化科长

BIM 工程师
艺术设计工程师

主要从事和负责工程施工模拟可视化、Revit 建模等工作，熟悉钢结构工程的信息化管理工作。

王　景
浙江中南建设集团钢结构有限公司可视化职员

BIM 工程师
BIM 高级建模师

主要从事工程施工模拟可视化，Revit 建模等工作，熟悉钢结构工程的信息化工作。

苏　杭
浙江中南建设集团钢结构有限公司可视化职员

BIM 工程师
高级建模师

主要从事负责工程施工模拟可视化、建模、效果图等工作，熟悉钢结构工程的信息化工作。

高　生
浙江中南建设集团钢结构有限公司结构分析科科长

硕士
结构工程师

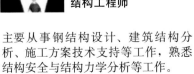

主要从事钢结构设计、建筑结构分析、施工方案技术支持等工作，熟悉结构安全与结构力学分析等工作。

柴　坤
浙江中南建设集团钢结构有限公司后期技术科科长

项目经理
工程师

主要从事和负责施工现场管理、工程施工技术等工作，熟悉钢结构工程的项目管理和现场施工技术工作。

来之珺
浙江中南建设集团钢结构有限公司可视化组组员

BIM 工程师
效果图工程师

主要从事负责工程施工模拟可视化、建模、效果图等工作，熟悉钢结构工程的信息化工作。

华山喜来登酒店项目 BIM 应用

九冶建设有限公司钢结构科技分公司，九冶钢结构有限公司

姚兵　岳曼　李乐天　隋向阳　李湉　黄超莹　王嘉睿　张炜　李亮

1　工程概况

1.1　项目简介

项目位于陕西省华阴市华山景区的核心区域（图1）。该工程由九冶建设有限公司承建，浙江大学建筑设计研究院有限公司和杭州铁木辛柯建筑结构设计事务所有限公司共同设计完成，其规划按照"一核为心、两轴互补、两区合一"的思路展开，以花中君子——莲花和华山传统文化相融合，现代建筑和传统建筑互补，用新中式风格演绎休闲舒适的东方度假理念，进一步提升华阴市的城市品位。

酒店主体为钢框架结构，主楼（1号楼）总建筑面积约20967m²，其中地上4层，地下1层，结构形式为钢框架结构（莲花造型）；宴会厅（2号楼）总建筑面积13165m²，地上4层，地下1层，钢框架为仿古结构。工程量总计6200t，造价2.8亿元。

图1　项目效果图

1.2　公司简介

九冶建设有限公司钢结构科技分公司是九冶建设有限公司下属专业从事钢结构建筑加工制造的钢结构企业。公司主营项目为钢结构产品加工制造，经过十余年的提升与完善，产品结构形式由单一的H型钢发展到格构、箱形、十字形、大型筈结构等多种钢结构产品，是目前西北地区专业化程度高、技术力量雄厚、工艺先进、设备精良、生产能力强的钢结构生产企业之一。目前主要经营建筑钢结构、路桥钢结构、高层钢结构、电力钢结构及非标钢结构等建筑物的加工制作。

1.3　工程重难点

（1）1号楼（莲花造型）、2号楼（仿古造型），变截面钢柱节点构造复杂，双曲面异形钢梁造型多变，制作难度大（图2）。

（2）主要焊缝为一级焊缝，焊接质量要求高。

（3）莲花瓣交界处的钢柱与钢梁的安装控制精度要求高。

（4）钢结构单体防火面积10万 m²，且防火要求高。

（5）异形桁架楼承板铺设精度要求高。

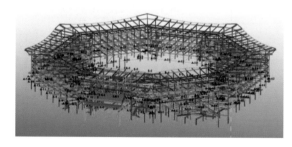

图2　项目钢结构模型

2　BIM 团队建设及软硬件配置

2.1　制度保障措施

（1）组织保障体系

按照 BIM 组织架构表成立 BIM 工作室及 BIM 管理领导小组。由项目 BIM 负责人全权负责 BIM 系统管理和维护，由总工程师任组长，组员包括公司 BIM 负责人、项目领导班子、设计及 BIM 系统各专业负责人等，定期沟通，保证能够及时、顺畅地解决问题。

（2）建立沟通机制

制定相关参与方例会制度，及时解决各方提出的问题；确定沟通形式，以邮件或者微信等沟通，以便日后查阅及责任划分。

（3）BIM模型质量保证措施

建模开展前对各单位BIM实施人员进行相关培训，保证建模质量；对各参与方内部进行质量控制，设立质量检查机制；各阶段模型交付前需组织相关审查。

2.2 团队组织架构（图3）

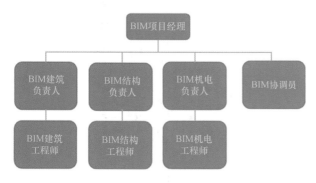

图3 团队组织架构图

2.3 软件环境（表1）

软件环境　　　　　　　　　　　表1

序号	名称	功能
1	Tekla 2020	钢结构建模深化
2	鲁班场布	场布建模、漫游动画
3	鲁班土建	土建模型建模
4	鲁班钢筋	钢筋模型深化
5	Lumion	动画渲染、效果展示
6	鲁班BE	BIM平台功能集成应用
7	鲁班BV	BIM平台客户端应用

2.4 硬件环境（表2）

硬件环境　　　　　　　　　　　表2

	CPU	内存	显卡	数量
基础配置	Intel i5	8G	GT440	台式机7台
进阶配置	Intel i7	32G	GTX1080	台式机5台
活动配置	Intel i7	24G	GTX1060	微星笔记本1台

3 BIM技术重难点应用

（1）可视化技术交底

除了传统的纸质技术交底外，技术员还利用BIM模型向工厂技术及现场施工人员进行可视化交底，提醒其注意特殊位置制作、安装的方式，保证现场施工（图4）。

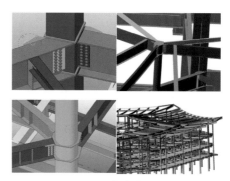

图4 特殊节点技术交底

（2）多专业深化设计

根据施工图纸及现场施工情况建立配电间桥架及管道井管道模型，对施工中的问题提前进行预知排除，合理布置，指导现场施工（图5～图7）。

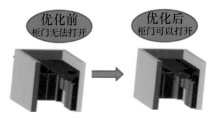

图5 配电间优化

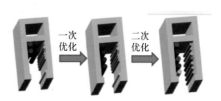

图6 管道井优化

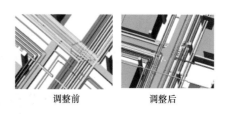

图7 管线综合排布优化

（3）改善物料管理效率

传统材料采购是由技术人员从 CAD 图纸上进行材料提取，数据不够准确，耗费时间长，变更影响严重。利用 BIM 技术进行材料提取汇总，按施工进度分批次提取材料预算进行采购，可以有效降低采购成本，减少资金长时间占用，提高经济效益。

（4）基于鲁班平台的进度管理

模拟现场施工进度，将模拟建造进度与实际建造进度对比分析，找出进度计划提前或滞后的原因，为进度计划的调整给出依据（图8）。

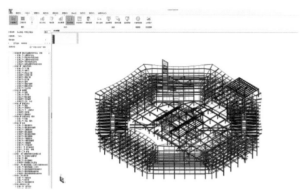

图 8　施工模拟示意图

通过 BIM 平台，利用移动端设备 App，及时上传数据信息。项目部管理人员，利用移动端扫描二维码，对照构件信息，进行出、入库，进、出场的检查和信息收集。同时应用于操作规程、设备管理等交底。对施工现场的进度、质量、安全、成本进行精确管控，提升项目管理效率（图9）。

图 9　BIM 平台综合应用示意图

通过设置无人机拍摄航线及固定拍摄点，获得每个时段现场的人、材、机布置及形象进度，通过此方式指导总平面管理，加强对劳动力的控制，保证进度管理目标的实施。将无人机拍摄影像与 BIM 施工模拟进行对比分析，方便项目部实时掌控和调整施工部署，形成影像资料，节省大量的人力物力，提高工作效率（图10）。

图 10　无人机航拍图

4　应用经验总结

采用 BIM 样板、可视化安全技术交底、施工方案模拟等手段，在施工前能有效解决专业碰撞等问题；通过建好的模型，管理人员可以随时查看模型，了解项目结构及细部节点，更直观、方便地对一线操作人员进行可视化技术交底，避免返工，提升现场施工效率，提高工程质量。项目以鲁班管理平台实现了专业深化设计阶段的协同工作和施工管理的管控，不仅为项目节省了工期，更为项目节约施工成本。

公司在项目 BIM 技术应用上也存在不足：经验少，不够深入、全面；人员技术水平仍需加强；BIM 应用点少，除钢结构外其他专业应用能力有待提升。

A023 华山喜来登酒店项目 BIM 应用

团队精英介绍

姚 兵
九冶建设有限公司钢结构科技分公司副总经理，总工程师

高级工程师

长期从事钢结构施工技术工作，先后参与和负责完成了西安天人长安塔、华山喜来登酒店、华山阿特艾斯室内滑雪场等多项大型公建施工，获冶金行业优质工程奖 2 项，专利 20 余项，发表论文 3 篇。

岳 曼
九冶建设有限公司钢结构科技分公司科技创新部经理

高级工程师

长期从事钢结构技术创新工作，负责公司技术研发、工法编制等工作，发明专利 3 项，实用新型专利 11 项，发表论文 3 篇。

李乐天
九冶建设有限公司钢结构科技分公司科技创新部副经理

BIM 中心负责人
工程师
BIM 二级工程师

主要负责 BIM 技术应用，负责公司钢结构、电气等多专业建模、BIM 平台应用、动画制作等工作，多次获得各类 BIM 大赛奖项，专利 6 项。

隋向阳
九冶建设有限公司钢结构科技分公司科技创新部技术员

BIM 一级工程师

长期从事钢结构建模工作，负责公司钢结构项目详图深化，完成各类钢结构项目建模 60 余项，实用新型专利 3 项，发表论文 2 篇。

李 浩
九冶建设有限公司钢结构科技分公司科技创新部技术员

BIM 一级工程师

负责公司钢结构项目详图深化，土建、钢筋项目建模，完成各类项目建模 50 余项，实用新型专利 3 项，发表论文 2 篇。

黄超莹
九冶建设有限公司钢结构科技分公司科技创新部技术员

BIM 一级工程师

负责公司钢结构项目详图深化，土建、钢筋项目建模及技术研发工作，完成各类项目建模 40 余项，实用新型专利 5 项，发表论文 2 篇。

王嘉睿
九冶建设有限公司钢结构科技分公司科技创新部技术员

BIM 二级工程师

负责公司土建、钢筋项目建模及场布建模工作，负责多个项目漫游动画、视频渲染，完成吊装演示动画、顶推动画、管道安装动画等各类项目 20 余项，获得多项 BIM 大赛奖项。

张 炜
九冶建设有限公司钢结构科技分公司科技创新部技术员

BIM 二级工程师

负责公司土建、安装项目建模，完成各类项目建模 10 余项，获得多项 BIM 大赛奖项，专利 2 项。

李 亮
九冶建设有限公司钢结构科技分公司科技创新部技术员

工程师

长期从事钢结构建模工作，负责公司钢结构项目详图深化，完成各类钢结构项目建模 70 余项，专利 5 项，发表论文 4 篇。

顺德区德胜体育中心工程——综合体育场 BIM 技术应用

上海宝冶集团有限公司，郑州宝冶钢结构有限公司

吝健全　秦海江　蒋雨志　郭冠军　冯德阳　王志辉　赫秀秀　吴晓军　潘小铜　朱慧伟

1　项目简介

1.1　项目概述

本项目位于广东省佛山市顺德区大良镇（图1）。

建筑概况：地上5层，±0.000为室内地面标高，相当于85高程标高4.5m。建筑的长为236.5m，宽为228.5m，建筑物总高度为52.09m，总建筑面积约为42967.27m²。

德胜体育中心是多功能体育建筑综合体，将体育场、体育馆、游泳馆及配套商业设施进行一体化设计，通过公共架空层整合成一个公共建筑群落，可满足举办地方性赛事在内的大型活动及全民健身运动需要。本文仅介绍二标段综合体育场（图2）。

图1　项目鸟瞰图

图2　项目概况

1.2　公司简介

上海宝冶集团有限公司是世界500强企业中国中冶旗下的骨干企业，始建于20世纪50年代，是拥有建筑工程、冶金工程施工总承包特级，以及多项施工总承包和专业承包资质的大型国有企业。作为全国建筑施工行业的龙头单位，上海宝冶始终保持与时俱进，以崭新的思维和不断创新的精神迎接BIM技术的挑战。公司自2011年成立BIM团队以来，在丰富的施工总承包项目实践经验的基础上进行了大量BIM技术的研究与应用，积累了丰富的BIM服务项目经验。目前公司已成功为110多个项目提供了优质的BIM服务和BIM云平台服务，服务覆盖范围遍布北京、上海、陕西、安徽、广州、江苏等各大省市。服务项目涉及大型体育场馆、综合体建筑、商业高层、住宅、体育场馆、学校以及大型钢厂等各类民用和工业项目。

1.3　工程重难点

（1）本工程格构柱和屋面桁架体系以曲面为主，详图深化设计难度大、构件尺寸标示繁琐。下部结构为格构柱，并且柱内灌注混凝土，埋入深度在地面以下，与土建结构钢筋连接是难点，每根杆件、每个节点、每个连接板都牵涉到详图的深化设计，钢结构深化设计工作量非常大。

（2）本工程共设置8根格构柱，安装定位难度大；安装时需分段安装，对接角度难以控制。利用Tekla软件三维建模定义格构柱坐标，保证格构柱角度。利用Midas软件验算胎架，保证胎架的支撑能力满足格构柱的安装要求。

2 BIM 团队建设及软硬件配置

2.1 制度保障措施

依据上海宝冶集团有限公司企业标准，编制BIM 策划实施方案、钢结构深化方案等，保证项目 BIM 应用顺利实施。

2.2 团队组织架构

项目组建 BIM 管理深化小组，设置专人负责。形成以公司总工程师为组长、公司设计研究院院长和技术研究院院长为副组长、BIM 管理深化部门各专业 BIM 工程师为实施主体的三级管理模式（图 3）。

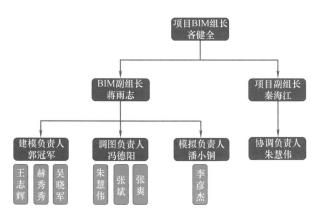

图 3　三级管理模式架构

2.3 软硬件环境

以 Tekla 深化模型为基础，以 AutoCAD、Rhino、Revit、3d Max、Fuzor 等 BIM 软件为辅助，一站式智能化信息系统为载体，将智能 5G 加工平台和施工安装平台有效结合，从而实现科学的现场施工指导（图 4）。

本项目工程结构复杂，外观曲面较多，需要多种BIM相关软件多专业交叉使用，互相配合。BIM工作以Tekla为载体，以智能化信息系统为平台，融合Revit、3d Max、Fuzor、Rhino等BIM专业软件，形成一套完整的应用体系为项目实施提供有效服务。

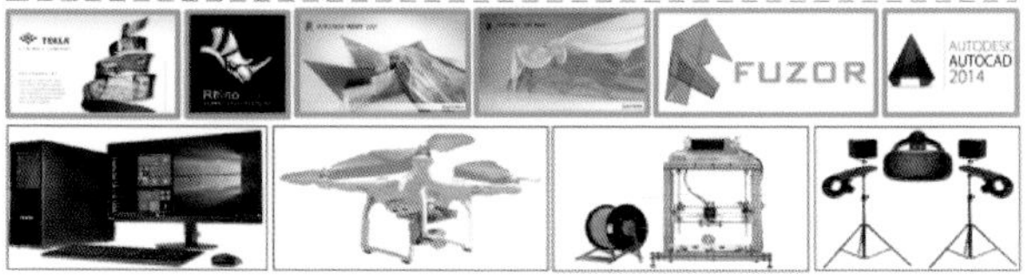

项目配有台式服务器2台、移动工作站1台、无人机、3D打印机、VR设备、焊接机器人等先进设备。

图 4　软硬件环境

3 BIM 技术重难点应用

3.1 模型结构优化及各专业间协同

（1）外形优化：透过 BIM 建模软件，并根据标准规范建立高精度 3D 模型，建模期间密切联系现场，对建模过程中发现的问题及时整合，生成问题报告单，提出优化建议并对模型外形（图 5）和节点（图 6）进行合理优化，优化后提交给业主和设计单位，整理汇总问题报告及优化建议近 200 多条，提高了图纸会审的精度及效率。

结构设计未考虑相关专业
结构设计未考虑结构外观
结构设计未考虑加工困难
结构设计未考虑焊缝影响

钢骨变直利于土建施工
圆弧过渡利于外形美观
单弯分段利于加工制作
错开焊缝利于结构受力

图 5　外形优化

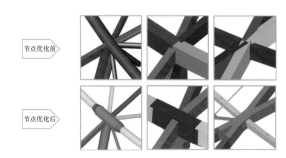

图 6　节点优化

（2）专业之间协同：通过 BIM 技术对拉杆、高钒索、支座等需要定制的构件，利用 AutoCAD 绘制三维 BIM 模型，并与 Tekla 模型进行合模，解决专业协同问题（图 7）。

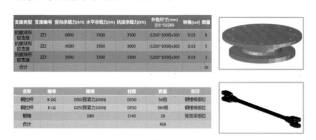

图 7　支座及拉索建模

（3）专业校核：积极协调参建各方，如钢结构、土建、机电、幕墙、管线等专业进行合模，对因专业设计交流不足等问题产生的碰撞在 BIM 模型中予以展现，并协调各方给出解决方案（图8）。

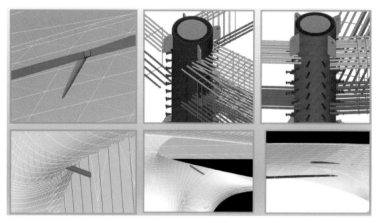

图 8　专业校核

3.2　安装措施模拟

（1）胎架验算：由于本工程跨度大，需要搭设大量较高临时支撑，共布置 145 座标准支撑胎架，V 撑的临时支撑 7 组，为保证现场安全作业，对支架进行设计验算分析（图9），胎架底部反力和最大值为 1083.22kN，胎架位置为 A1-2 轴 1.5m×1.5m 胎架，高度为 24.3m。

定性在标高 15m、33m（个别 32m）高度设置水平支撑。

剪切应力化最大值0.94<1，满足规范要求。

胎架最大强度应力比为0.89<1，满足规范要求。

胎架顶部采用 HW300×300×10×15 经计算可以满足施工要求。

平面内稳定性应力比最大值0.93<1，满足规范要求。

平面外稳定性应力比最大值0.70<1，满足规范要求。

图 9　胎架验算

（2）施工过程模拟：通过 Tekla 模型，配合方案策划配置安装胎架，并反复计算修改，最终达到符合要求的胎架配置方案（图10），施工过程分析中使用公司标准胎架1.5m×1.5m，2.0m×2.0m 作为支撑体系，按照图纸说明首先安装混凝土柱与格构柱部分，然后将 1～10 片单元按照①-②-③-⑥-⑤-④-⑦-⑧-⑩-⑨大步顺序安装，每个大步分为 2 小步或 3 小步（有张弦梁结构时），施工过程仅考虑自重，由于忽略了节点自重，故对计算结构自重取 1.2 的放大系数，临时支撑胎架底部铰接，主体结构柱刚接，为增强胎架群稳

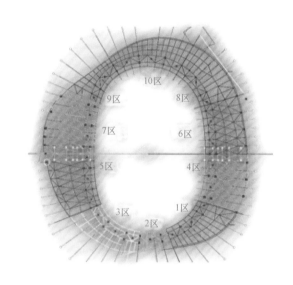

图 10　安装措施模拟

（3）施工吊装模拟：通过 Tekla 模型查询各构件重量，按最大重量对吊机进行选择和吊装模拟分析，采取综合最有利的方案进行现场施工（图11）。

图 11　吊装模拟

A038 顺德区德胜体育中心工程——综合体育场 BIM 技术应用

团队精英介绍

吝健全
上海宝冶钢构工程公司副总工程师

高级工程师

从事钢结构、非标设备生产制造、施工管理、智能建造和5G应用研究工作。曾获国家级、省部级工法2项，科技成果2项，专利12项，参编行业标准1项。河南省钢结构协会专家，中国钢结构协会空间结构分会专家。

秦海江
上海宝冶钢构工程公司设计院院长

高级工程师

长期从事结构专业设计工作，主持设计了大型工业厂房、超高层写字楼、大型商场、高层住宅、高耸结构、学校建筑等各类建筑多项，具有丰富的设计经验。

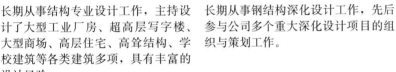

蒋雨志
郑州宝冶钢结构有限公司设计研究院院长助理

高级工程师
二级建造师

长期从事钢结构深化设计工作，先后参与公司多个重大深化设计项目的组织与策划工作。

郭冠军
郑州宝冶钢结构有限公司深化设计主管

一级建造师
工程师

先后主持参与北京环球影视城、北京2022年冬奥会雪车雪橇赛道遮阳棚、商丘三馆一中心、武汉新建商业服务业设施和绿地、广东顺德区德胜体育中心工程二期体育场、厦门新会展二标段等深化设计工作。

冯德阳
郑州宝冶钢结构有限公司深化设计工程师

工程师

主要从事钢结构深化设计、建筑信息化模型建立等工作，主要参与了杭州火车东站、乌鲁木齐火车站、武汉新建商业服务业设施和绿地、商丘三馆一中心、广东顺德区德胜体育中心工程二期体育场、苏州科技馆等项目。

王志辉
郑州宝冶钢结构有限公司深化设计工程师

工学学士
助理工程师

主要从事钢结构深化设计、建筑信息化模型建立等工作，参与建设了商丘三馆一中心、安阳文体游泳馆、广东顺德区德胜体育中心工程二期体育场、苏州科技馆等项目。

赫秀秀
郑州宝冶钢结构有限公司深化设计工程师

助理工程师

从事钢结构详图深化设计工作十余年，先后参与武汉新建商业服务业设施和绿地、广东顺德区德胜体育中心工程二期体育场等深化设计工作，对厂房、场馆、超高层等多种结构类型的深化设计具有丰富的经验。

吴晓军
郑州宝冶钢结构有限公司深化设计工程师

助理工程师

主要从事钢结构深化设计工作，对异形结构、廊架结构、场馆、高层结构较为擅长，参与建设了海南海花岛、比亚迪云轨站台、东方厂小学及幼儿园等多项大型项目。

潘小铜
郑州宝冶钢结构有限公司钢结构技术工程师

BIM 建模工程师
一级建造师

长期从事钢结构深化设计、BIM 管理工作，先后获得国家级 BIM 奖 1 项，省级 BIM 奖 1 项。

朱慧伟
郑州宝冶钢结构有限公司深化设计工程师

二级建造师
助理工程师

主要从事钢结构深化设计工作，先后参与了上海徐泾办公楼、武汉新建商业服务设施和绿地、横琴台商总部大厦等项目。

新建湖北鄂州民用机场转运中心工程项目 BIM 技术应用

上海宝冶集团有限公司

齐健全　秦海江　蒋雨志　代东洋　王高伟　耿成路　叶桐　卢利利　张爽　李彦杰

1 项目简介

1.1 项目概述

项目地点：湖北省鄂州市燕叽镇和沙窝乡之间。

结构形式：混凝土柱＋钢排架结构。

建筑面积：67.8 万 m^2。

单体数量：12 个。

1.2 钢构概况

新建湖北鄂州民用机场转运中心工程指廊区域分为空侧指廊 8 个单体，陆侧指廊 3 个单体。空侧指廊为单层钢排架结构（混凝土柱＋钢屋盖），檐口高度 12.3m，柱网尺寸 16m×15m，W1～W4 宽度约 90m，整体长度约 280m，W5～W8 宽度约 90m，整体长度约 225m，陆侧指廊为钢筋混凝土框架结构（钢雨棚和钢夹层），檐口高度 12.3m，柱网尺寸 16m×16m，L2～L4 宽度均为 48m，长度均为 160m（图 1～图 3）。

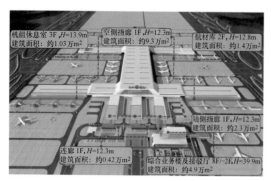

图 1　项目鸟瞰图

1.3 公司简介

上海宝冶集团有限公司始建于 1954 年，是世界 500 强企业中国五矿和中国中冶旗下的核心骨

图 2　空侧指廊 BIM 效果图

图 3　陆侧指廊 BIM 效果图

干子企业，拥有中国第一批房屋建筑、冶炼工程施工总承包特级资质以及国内多项施工总承包和专业承包最高资质，业务覆盖研发、设计、生产、施工全产业链，服务涵盖投资、融资、建设、运营全生命周期，是国家级高新技术企业、国家知识产权示范企业、国家企业技术中心、国家技术标准创新基地。

上海宝冶先后荣获国家科技进步特等奖、全国五一劳动奖状、全国工人先锋号、全国青年文明号、中国建筑施工综合实力百强企业、中国工程建设社会信用 AAA 企业等众多荣誉，位列"中国建筑业竞争力百强企业"前 20 名，斩获中国建筑行业工程质量最高荣誉"鲁班奖"47 项。在行业内率先通过 ISO9001 质量保证体系、ISO14001 环境管理体系、OHSAS18001 职业健康安全管理体系认证，并通过了美国 AISC、欧标 EN1090 等国际认证。

1.4 工程重难点

体量大、任务重：指廊部分共 11 个单体。

工期紧：2020 年 12 月～2021 年 12 月完成主体和围护结构。

平面尺寸大：空侧指廊建筑面积约 9.3 万 m²，陆侧指廊建筑面积约 2.3 万 m²。

钢构件数量多，施工组织困难：空侧指廊共 8 个单体，每个单体有钢柱根 101 根，钢梁 326 根。

2 BIM 团队建设及软硬件配置

2.1 团队组织架构（图 4）

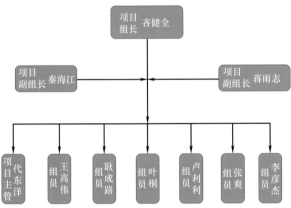

图 4 BIM 团队组织架构

2.2 软件环境（表 1）

软件环境 表 1

序号	名称	项目需求	功能分配	
1	Tekla Structures 21.1	三维建模、钢结构深化设计	结构	建模
2	AutoCAD	图纸查看	结构建筑	图纸查看
3	Revit 2018	三维建模、模型整合	结构建筑	建模模型整合

2.3 硬件环境

Lenovo ThinkStation P328：图像处理、模型搭建、整合、渲染等。

DJI 大疆御 Mavic Air 2 无人机：施工航拍（图 5）。

- Lenovo ThinkStation P328

图像处理、模型搭建、整合、渲染等

- DJI大疆 御 Mavic Air 2

施工进度航拍

图 5 BIM 应用硬件

3 BIM 技术应用情况介绍

（1）本项目是住房和城乡建设部首个运用 BIM 模型清单算量计价的试点项目，要求在勘察、设计、施工、质量验评、清单算量、后期运维等全过程运用 BIM 技术，实现构件编码、算量计价等功能（图 6、图 7）。

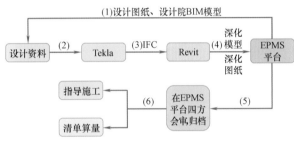

图 6 BIM 技术应用流程

图 7 BIM 技术应用 EPMS 平台

（2）通过 BIM 技术做钢构深化设计，给钢结构加工安装提供深化设计图、安装图、材料采购预算（图 8、图 9）。

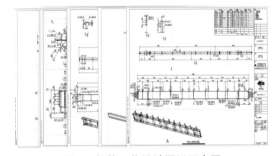

图 8 钢构深化设计图纸示意图

38	W3-GL-33	BH600×250×12×16	GKL2	Q355B	13046	1	1715.28	1715.28	34.97
39	W3-GL-34	BH700×300×12×18	GKL2a	Q355B	13050	2	2290.76	4581.51	90.51
40	W3-GL-35	BH700×300×12×18	GKL2a	Q355B	13050	1	2290.76	2290.76	45.25
41	W3-GL-36	BH600×250×12×16	GKL2	Q355B	13046	3	1757.9	5273.69	110.54
42	W3-GL-37	BH600×300×12×22	GKL6	Q355B	13246	1	2381.98	2381.98	42.03
43	W3-GL-38	BH600×250×12×16	GKL2	Q355B	13046	1	1757.9	1757.9	36.85
44	W3-GL-39	BH700×300×12×22	GKL2c	Q355B	13050	1	2514.37	2514.37	44.88
45	W3-GL-40	BH700×400×12×25	GKL3	Q355B	14974	2	3125.95	6251.89	94.88
46	W3-GL-41	BH700×450×12×25	GKL3a	Q355B	15400	8	3810.48	30483.92	416.9
47	W3-GL-42	BH700×450×12×25	GKL3a	Q355B	15400	1	3810.48	3810.48	52.11
48	W3-GL-43	BH700×400×12×18	GKL1	Q355B	15400	1	2840.25	2840.25	48.8
49	W3-GL-44	BH700×400×12×18	GKL1	Q355B	15400	11	2839.01	31229.06	536.11
50	W3-GL-45	BH700×450×12×25	GKL3a	Q355B	15450	1	3821.48	3821.48	52.27
51	W3-GL-46	HN500×200×10×16	GL7	Q355B	7930	17	690.48	11738.17	244.35
52	W3-GL-47	BH600×300×12×22	GL6	Q355B	14842	1	2529.6	2529.6	43.8
53	W3-GL-48	BH700×300×12×20	GL8	Q355B	14842	1	2589.62	2589.62	48.5
54	W3-GL-49	BH600×300×12×22	GL6	Q355B	14842	1	2574.41	2574.41	44.87
55	W3-GL-50	BH600×250×12×16	GL3	Q355B	14842	5	2080.37	10401.85	212.51
56	W3-GL-51	BH700×300×12×20	GL8	Q355B	14795	1	2589.62	2589.62	48.5
57	W3-GL-52	BH700×350×12×22	GL9	Q355B	14795	1	2974.2	2974.2	51.56

图 9　钢构采购预算清单示意图

（3）通过 BIM 技术对钢构复杂节点进行处理（相关部位杆件冲突、解决传统二维绘图缺陷）、相关专业合模（土建、钢构、机电模型合模，检查各专业间连接碰撞问题）、BIM 模型施工模拟，指导施工（图 10~图 13）。

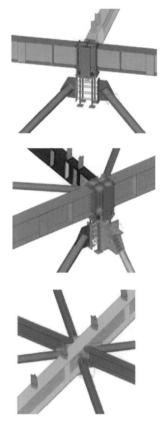

图 11　钢柱和埋件处复杂节点

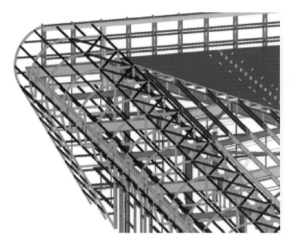

图 12　各专业 BIM 模型合模

图 10　屋面处复杂节点

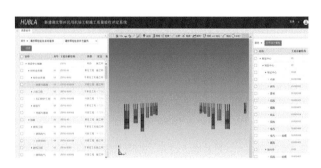

图 13　现场通过 EPMS 平台查看 BIM 模型指导施工

A042 新建湖北鄂州民用机场转运中心工程项目 BIM 技术应用

团队精英介绍

吝健全
上海宝冶钢构工程公司副总工程师

高级工程师

从事钢结构、非标设备生产制造、施工管理、智能建造和 5G 应用研究工作。曾获国家级、省部级工法 2 项，科技成果 2 项，专利 12 项，参编行业标准 1 项。河南省钢结构协会专家，中国钢结构协会空间结构分会专家。

秦海江
上海宝冶钢结构工程公司设计研究院院长

高级工程师

长期从事结构专业设计工作，主持设计了大型工业厂房、超高层写字楼、大型商场、高层住宅、高耸结构、学校建筑等各类建筑多项，具有丰富的设计经验。

蒋雨志
郑州宝冶钢结构有限公司钢结构设计研究院院长助理

高级工程师
二级建造师

长期从事钢结构深化设计工作，先后参与公司多个重大深化设计项目的组织与策划工作。

代东洋
郑州宝冶钢结构有限公司深化设计工程师

工程师
二级建造师

长期从事钢结构深化设计工作，先后负责安阳文体文化中心、新建湖北鄂州民用机场转运中心项目钢结构深化设计工作，参与公司多个重大项目的深化设计工作。

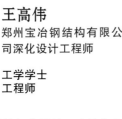

王高伟
郑州宝冶钢结构有限公司深化设计工程师

工学学士
工程师

主要从事钢结构深化设计、建筑信息化模型建立等工作，参与建设了首都博物馆、珠海横琴台商总部大厦、广东顺德区德胜体育场、湖北鄂州民用机场转运中心工程等各种类型的项目。

耿成路
郑州宝冶钢结构有限公司深化设计工程师

工学学士
工程师

主要从事钢结构深化设计、建筑信息化模型建立等工作，参与建设了合肥新桥智能电动汽车产业园、安阳文体中心、珠海横琴台商总部大厦、湖北鄂州民用机场转运中心等各种类型的项目。

叶桐
郑州宝冶钢结构有限公司 BIM 工程师

工程师
二级建造师

负责湖北鄂州顺丰机场二标钢结构和维护系统 BIM 工作。

卢利利
郑州宝冶钢结构有限公司 BIM 工程师

工学学士
工程师

主要从事钢结构深化设计工作，参与了国家雪车雪橇中心、首都博物馆、上海虹桥机场国际机场、重庆江北机场等项目，曾获上海施工协会 BIM 大赛一等奖，广联达 BIM 大赛一等奖。

张爽
郑州宝冶钢结构有限公司深化设计工程师

工学学士
工程师

主要从事钢结构深化设计、建筑信息化模型建立等工作，参与建设了武汉新建商业服务中心和绿地、广东顺德区德胜体育场、湖北鄂州民用机场转运中心工程等项目的深化设计。

李彦杰
郑州宝冶钢结构有限公司深化设计工程师

工学学士
工程师

主要从事钢结构深化设计、BIM 建模工作，参与得胜体育中心工程、商丘三馆一中心、鄂州民用机场转运中心工程指廊等多项大型公建项目深化设计工作，获得 BIM 技能一级证书。

陕西国际体育之窗项目钢结构工程 BIM 应用

中国建筑第八工程局有限公司钢结构公司

于椿汶　张艳军　李超超　刘思腾　李珠龙　周钦君　张云飞　曹春　付洋杨　杨文林

1 工程概况

1.1 项目简介

项目地点：陕西省西安市高新路与科技八路十字路口西南角。

建筑面积：总建筑面积 360000m²；地下 77000m²；地上 283000m²。

建筑高度：1 号楼 241m；2 号楼 137.7m；3 号楼 97.5m；地上裙房 23.7m。

建筑层数：地下 4 层，地上，1 号楼 56 层，2 号楼 34 层，3 号楼 22 层，裙房 4 层。

结构类型：1 号楼采用钢管混凝土框架＋伸臂桁架及腰桁架＋型钢混凝土核心筒混合结构；2 号、3 号楼采用框架-核心筒结构体系。

陕西国际体育之窗项目超高层综合体（图 1）建成后将成为西安市高新区的地标性建筑，工程由 3 座塔楼及合围式裙房构成。陕西国际体育之窗项目是推动陕西省体育事业和体育产业协调快速发展的重要项目，已被列入"十三五"省级文化产业重点项目，同时根据陕西省承办全运会需求，被定位为十四届全运会赛事指挥和新闻媒体中心。

图 1　项目效果图

1.2 公司简介

中建八局钢结构工程公司作为中建八局旗下的专业直营公司，不断打造多元化的产业结构及全产业链的商业模式，发展成为具备综合设计与咨询、制造加工、施工安装及维护维修等能力的全生命周期钢结构工程服务商。企业拥有轻型钢结构工程甲级设计资质、钢结构工程专业承包壹级资质，拥有钢结构设计院、钢结构制造厂（制造特级）、检测中心、自有劳务公司、吊装公司，是集设计、科研、咨询、施工、制造于一体的国有大型钢结构公司。

公司秉承"科技引领、管理提升、品质保障、价值创造"的发展理念，致力于打造"科技钢构""优质钢构""安全钢构"。近年来，公司保持稳步发展，主要经济指标持续快速增长，综合实力位居行业前列，先后获得"中国安装协会科学进步奖""华夏建设科学技术奖""建设工程金属结构金钢奖""国家优质工程中国钢结构金奖""上海市文明单位"等荣誉。

1.3 工程重难点

超大超重构件的制作、运输和安装：1 号楼外框钢管混凝土（CFT）柱截面为 PD1700mm×50mm，延米质量达 2t，其中地下室首节柱柱底板厚度达到 100mm，需要在深化设计阶段充分考虑制作、运输、安装因素，科学合理进行构件分节，方能保证此类构件的运输以及安装。

场地平面组织、协调管理局限：结合本工程实际地理位置，项目西侧、北侧建筑红线紧贴城市主路，施工场地狭小、而本工程钢结构体量庞大，构件极多，堆放困难。现场内部运输道路紧张，1 号塔楼进入地上施工阶段后，将无钢结构材料堆场，现场可规划道路较为局限。需要合理安排梳理交通及堆场，精细化协调管理提高现场有限场地的利用率。

各专业施工交叉密集：工期紧凑导致 1 号楼核心筒施工与土建、机电等各专业同步展开，相互交叉影响现象普遍。外框 CFT 柱内灌混凝土，为保证混凝土浇筑质量，钢结构施工不宜领先土建层数较多，需要保证柱内注混凝土和钢柱安装协调。此外 1 号楼（图 2）施工至 22 层后，幕墙专业将介入施工，施工交叉影响问题将更加突出。各专业应明确交叉作业点及施工穿插的配合方式，在深化设计及施工阶段进行合理的布置。

图 2　1 号体育商务大厦钢结构 BIM 模型

2　BIM 团队建设及软硬件配置

2.1　制度保障措施

本工程使用中建八局钢结构工程公司相关 BIM 管理标准，有效指导 BIM 技术的落地实施，规范 BIM 应用，综合提升项目的管理水平。并根据公司 BIM 相关技术文件（图 3）制定了本项目钢结构 BIM 实施方案（图 4），进一步细化了 BIM 技术在本项目的实施。

图 3　公司 BIM 相关技术文件示意图

图 4　项目钢结构 BIM 实施方案示意图

2.2　团队组织架构（图 5）

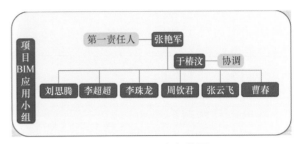

图 5　团队组织架构图

2.3　软件环境（表 1）

软件环境　　　　　　　　　　　表 1

序号	名称	功能分配
1	Tekla	建模,深化设计,清单报表生成等
2	Dynamo	复杂结构建模
3	Midas	计算分析、施工模拟、设备验算
4	Revit	建模以及各专业模型的校核
5	3d Max	技术交底,模拟动画的制作
6	Solidworks	异形结构建模
7	Tekla,ABAQUS	有限元节点验算

2.4　硬件环境（表 2）

硬件环境　　　　　　　　　　　表 2

序号	项目	参数
1	CPU 型号	Intel. core. 17-5960x @3.00GHZ
2	内存	32G　金士顿
3	显卡	专业显卡　Quadro 4000K
4	显示器	24 寸　LED＋IPS 电脑液晶显示器×3
5	固态硬盘	256G　固态硬盘
6	机械硬盘	4T　机械硬盘

3　BIM 技术重难点应用

3.1　复杂节点的深化设计

本工程采用大量钢与混凝土组合结构，在复杂钢结构节点处（图 6），大量混凝土梁与钢骨柱连接，为保证混凝土梁受力，需要将混凝土梁中的钢筋与钢骨柱连接，采用钢筋连接板、钢筋接驳器的方式进行连接。采用 Tekla Structures 软件和 Revit 软件协作，优化钢筋的布置，预先将钢筋连接板或套筒等节点深化在钢柱上，在加工厂同钢柱一起加工制作，质量控制能得到有效保障。

3.2 碰撞检测

本工程钢结构与土建钢筋、机电管线和幕墙装饰等专业相交密集，导致钢结构深化过程中频繁出现一些钢柱零件板之间或者钢构件零件板与钢筋、管线或幕墙之间发生碰撞的情况。通过 BIM 技术对构件之间的碰撞进行模拟，而

图 6　钢筋混凝土与钢结构组合节点

后对此进行检测，在这个过程中能够及时发现问题。对于施工不到位所导致的变更次数增多这一现象能够进行控制，并以此来降低设计错误，提高工程质量。

3.3 施工方案比选及施工过程模拟

本工程裙房结构施工环境复杂，场地狭小，施工方案的选择（图 7）对于裙房施工节点的实现尤为重要。

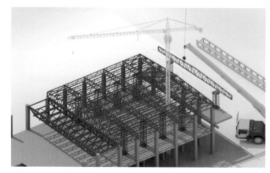

图 7　裙房施工图示

前期共策划三种可行性方案，对三种方案分别建立 BIM 模型，使用 Midas Gen 软件进行模

图 8　汽车式起重机上楼板

拟，通过对楼板强度和吊装的稳定性分析发现小型汽车式起重机上楼板分段吊装（图 8）的方案可施工性较强，能够满足施工要求。

通过使用 BIM 模型进行复杂部位（图 9）的可视化漫游，同时利用 BIM 技术，将 BIM 结构模型与临时设施、大型施工机械设备模型整合在一起，使用 Navisworks 软件对重点施工工序进行模拟，解决各工序交叉施工引发的碰撞问题，调整各工序的施工时间，优化工期进度。

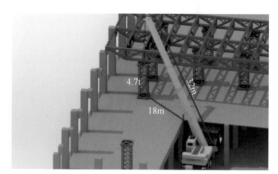

图 9　特殊构件吊装工况分析

3.4 二维码、BIM 模型和项目管理系统结合

超高层钢结构建设周期长、管理难点多、管理工作量大，而且项目施工是一个动态性的管理过程，参与单位与组织人员众多，必须及时进行信息交流和沟通。

使用项目管理系统将 BIM 模型信息与施工过程中的动态信息进行链接，通过二维码技术（图 10）将项目实时的施工反馈信息整合进 BIM 模型中。

将 BIM 模型中的构件信息和制作过程中的加工信息通过二维码粘贴在构件统一拟定部位。构件进场后管理人员通过扫描轻松获取任意构件的信息资料，安装阶段将安装信息再次编辑进二维码中，通过项目管理系统反馈至项目管理人员处，方便与各专业之间进行沟通，解决问题。

图 10　二维码技术应用

A053 陕西国际体育之窗项目钢结构工程 BIM 应用

团队精英介绍

于椿汶
中建八局钢结构工程公司陕西国际体育之窗项目经理

一级建造师
注册安全工程师

从事现场施工管理 10 年，先后担任呼和浩特国际农业博览园项目执行经理、陕西国际体育之窗项目经理。获得专利授权 1 项，发表论文 4 篇，获省部级及以上 QC 成果 2 项，荣获 2020 年度公司优秀共产党员。

张艳军
中建八局钢结构工程公司隆基绿能项目经理

硕士研究生
工程师

从事项目管理工作 6 年，先后任青岛海天中心项目技术主管、乌兰察布苹果数据中心项目总工、陕西国际体育之窗项目总工、隆基绿能项目经理的工作，荣获 BIM 奖 2 项，发表论文 2 篇，获优秀 QC 奖 2 项。

李超超
中建八局钢结构工程公司陕西国际体育之窗项目总工程师

工程师
二级建造师

从事钢结构施工，先后参与西安丝路国际会展中心、陕西国际体育之窗等大型钢结构公共建筑项目，乌兰察布苹果数据中心钢结构厂房建筑及石油化工类钢结构建筑施工。

刘思腾
中建八局钢结构工程公司陕西国际体育之窗项目技术主管

注册安全工程师
助理工程师

从事钢结构施工管理 4 年，先后参与呼和浩特"文化客厅"项目、呼和浩特文化国际农业博览园项目、陕西国际体育之窗项目等的 BIM 工作。荣获 BIM 奖项 2 项，发表论文 2 篇，获优秀 QC 奖 2 项。

李珠龙
中建八局钢结构工程公司陕西国际体育之窗项目生产主管

助理工程师

从事现场施工管理 4 年，先后参与济青高铁红岛站项目、郑州华锐光电项目、河南省高级人民法院项目、陕西国际体育之窗项目及汽车检测中心项目建设。

周钦君
中建八局钢结构工程公司陕西国际体育之窗项目安全主管

助理工程师

毕业于西安建筑科技大学安全工程专业，从事现场施工安全管理 2 年，先后参与乌兰察布苹果数据中心项目及陕西国际体育之窗项目的建造。确保上述两个项目无人员伤亡及职业健康损誉事件。

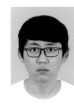

张云飞
中建八局钢结构工程公司陕西国际体育之窗项目商务负责

助理经济师

从事项目商务管理工作 3 年，毕业后一直担任陕西国际体育之窗项目商务负责人。多次参与市场部项目前期投标报价以及陕西省装配式建筑计价依据钢结构部分的编制。荣获公司 2020 年度"风险管理典型案例"二等奖。

曹 春
中建八局钢结构工程公司西安综合保税区 A8 仓库项目技术工程师

助理工程师

从事现场施工管理 2 年，先后参与呼和浩特"文化客厅"项目及西安综合保税区 A8 仓库项目建造。参与陕西国际体育之窗、泾河体育中心等项目的 BIM 申报工作。

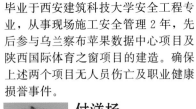

付洋杨
中建八局钢结构工程公司科技部业务经理

注册安全工程师
工程师
BIM 建模师

从事 BIM 管理 9 年，先后主持或参与上海国家会展中心、桂林两江国际机场、重庆来福士广场、天津周大福金融中心等项目的 BIM 工作。荣获省部级及以上 BIM 奖 34 项，专利授权 17 项，发表论文 4 篇。

杨文林
中建八局钢结构工程公司科技部业务经理

助理工程师
BIM 建模员

主要从事公司 BIM 管理工作，搭建公司三维模型库，主导项目 BIM 大赛的申报、创优动画制作及 BIM 技术的培训与推广。

宁波五江口商业体项目 BIM 综合应用

浙江同济科技职业学院，浙江潮远建设有限公司

吴霄翔　张杭丽　杨海平　项鹏飞　陆叶　沈勇　朱志豪　孙天齐　程景龙

1 工程概况

1.1 项目简介

本项目位于宁波市海曙区后孙地段五江口区块地块，总建筑面积为 169588.91m²，其中地上建筑面积 120106.21m²。地下建筑面积 49482.70m²。其中地下 2 层为停车场，地上分为 8 栋建筑，T1、T2 和 T3 楼为商业、办公、酒店综合业态，S1～S5 楼为商业及设备用房（图1）。

T1 楼宴会厅为钢框架结构，最大结构跨度 33m。

图 1　项目渲染图

1.2 公司简介

浙江同济科技职业学院位于浙江杭州市，是一所由浙江省水利厅举办的全日制公办高等职业院校，建校以来，学校秉承"厚德 笃学 修能"的校训，坚持"质量立校、特色兴校、人才强校、开放活校、文化树校"的办学方针，艰苦创业、砥砺前行，建成了全国水利职业教育示范院校、全国文明单位、全国优质水利高等职业院校，是教育部现代学徒制试点单位、浙江省"双高计划"建设单位、浙江省文明校园，为水利建设事业和区域经济发展做出了突出贡献。学院自 2016 年成立 BIM 研究中心，近五年累计参加国内各项 BIM 竞赛 50 余次。

1.3 工程重难点

本项目工程量大，场地布置协调难度大，进度任务艰巨。地下室面积大，基坑周边情况复杂，开挖及围护难度大。钢结构跨度大，安装定位精度要求高。大型施工机械临边高空作业较多，安全管控难度大，项目参建单位多，设计、深化、施工周期重叠，项目管理协调难度大。

2 BIM 团队建设及软硬件配置

2.1 制度保障措施

依据现有规范和企业标准，制定项目 BIM 应用策划书，作为宁波五江口商业体项目 BIM 实施依据，制定规范、详细的 BIM 实施流程，如图 2 所示。

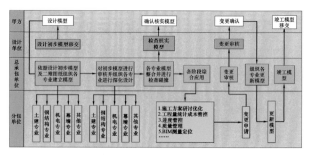

图 2　BIM 实施流程

2.2 团队组织架构

项目成立总包牵头，各专业分包参与的 BIM 工作组（图3）。

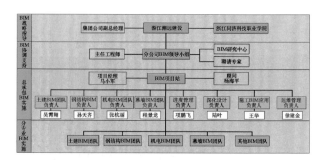

图 3　团队组织架构

2.3 软件环境（表1）

软件环境　　　　　　表1

序号	名称及版本号	说明
1	Revit 2018	土建、机电全专业设计建模
2	AutoCAD 2014	深化设计成果
3	Navisworks Manage2018	数据集成,模型空间碰撞检查
4	Lumion8.0	协同漫游、动漫渲染
5	品茗 HiBIM 软件	管综、开洞、套管
6	品茗模板设计软件	施工模板设计
7	品茗脚手架设计软件	施工脚手架设计
8	品茗施工策划软件	施工场地布置
9	CCBIM 云平台	平台运维管理

2.4 硬件环境（图4）

图4 硬件环境

3 BIM 技术重难点应用

BIM 技术重难点应用主要分为模型创建、深化设计、施工及运维管理四个阶段（图5）。以下介绍部分重要应用。

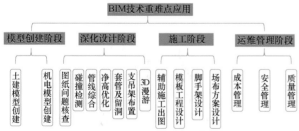

图5 BIM 技术应用点

3.1 模型创建

项目部 BIM 工作组组织各专业团队分层次、有计划地创建各专业信息模型（图6）。

3.2 图纸问题核查

建模过程中核查图纸问题，并协调项目各参

(a) 土建模型　　(b) 钢结构模型

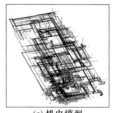

(c) 机电模型

图6 BIM 模型

与方解决问题（图7）。

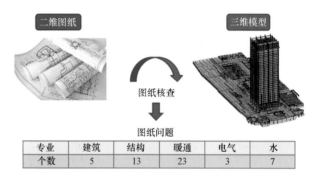

专业	建筑	结构	暖通	电气	水
个数	5	13	23	3	7

图7 图纸问题核查

3.3 碰撞检测

利用 Navisworks，对各专业模型整合，进行分层次的碰撞检查，导出碰撞报告，对碰撞进行分析和处理，消除碰撞，有效地解决各专业之间"打架"问题，提高深化设计效率（图8）。

(a) 各专业碰撞检测示意图

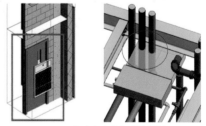

(b) 解决各专业间碰撞问题

图8 碰撞检测

3.4 管线综合

利用 Revit 对机电管线进行综合排布，使管线成排成行，减少管道在车道、机房内的交叉、翻弯等现象（图9）。对管线排布密集的复杂节点，协调讨论多次，确定优化方案，出具深化设计图纸，指导现场安装施工（图10）。

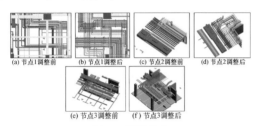

(a) 节点1调整前　(b) 节点1调整后　(c) 节点2调整前　(d) 节点2调整后

(e) 节点3调整前　(f) 节点3调整后

图9　管线综合

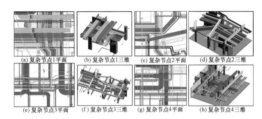

(a) 复杂节点1平面　(b) 复杂节点1三维　(c) 复杂节点2平面　(d) 复杂节点2三维

(e) 复杂节点3平面　(f) 复杂节点3三维　(g) 复杂节点4平面　(h) 复杂节点4三维

图10　复杂节点

3.5 净高优化

利用 BIM 技术合理调整梁高和管线布置，提高关键部位净高。

3.6 套管及支吊架

根据管线排布，利用品茗 HiBIM 软件完成预留孔洞和支架预埋精确布置。

3.7 3D 漫游

利用 Navisworks 和 Lumion 对模型进行漫游审查，提前查看工程完工后实际状况。对漫游过程中发现的问题实时标注，并共享信息，解决了专业间的信息孤岛问题（图11）。

室外3D漫游　　　　室内3D漫游

车库3D漫游　　　消防水泵房3D漫游

图11　3D 漫游

3.8 辅助施工出图

利用 BIM 技术的可出图性，出具各专业优化图纸，包括管综图、单专业图、剖面图、节点详图、结构留洞图和支吊架布置图。辅助现场进行机电安装，避免施工返工，有效地节省施工周期，节约成本。

3.9 模板工程设计

依托 Revit 土建模型，利用品茗 BIM 模板设计软件快速设计模板拼接、板材切割方案，输出各类图表，方便模板集中加工和快速搭设。

3.10 脚手架设计

利用品茗 BIM 外脚手架设计软件快速设计架体搭接方案，输出各类图表，方便架体快速搭设，减少浪费，提高施工效率。

3.11 成本管理

BIM 小组提取模型中的工程量，汇总整理，实现工程量在商务、材料、生产部门等共享交流，使各部门加强对材料消耗的把控。

3.12 安全管理

使用无人机对塔式起重机等大型机械、高空作业进行专项检查（图12），并通过 CCBIM 平台实时共享检查信息，增强了对重大危险源的风险管控。

(a) 无人机待机　　　(b) 无人机巡检

图12　无人机巡检

3.13 质量管理

项目部将模型上传至 CCBIM 云平台，现场管理人员通过手机端 App 采集质量问题信息。将现场问题与模型进行挂接标注，明确责任人，落实整改（图13）。

(a) 项目PC端管理　　　　(b) 项目移动端管理

图13　质量管理

B077 宁波五江口商业体项目 BIM 综合应用

团队精英介绍

吴霄翔
浙江同济科技职业学院专任教师

工学硕士
讲师
工程师

浙江省建筑信息模型（BIM）应用等级评定专家。累计完成各类 BIM 咨询项目 10 余项，总建筑面积 100 余万 m²。

张杭丽
浙江同济科技职业学院
专任教师

工学硕士
BIM 高级建模师

长期从事机电专业 BIM 技术应用研究和相关课程教学等工作，完成多项 BIM 咨询项目。

杨海平
浙江同济科技职业学院
建筑工程学院院长

工学硕士
教授
高级工程师
二级建造师

高级考评员，建筑工程技术专业带头人，建设局"星期天工程师"项目评审专家。

项鹏飞
浙江同济科技职业学院
专任教师

讲师

参与国家自然科学基金 1 项，省部级项目 2 项，主持厅级项目 1 项；近年来发表论文 10 余篇。

陆　叶
浙江同济科技职业学院
艺设学院副院长

高级工程师
一级建筑师

主持国内外多个大型建筑项目设计工作，曾获得艾景奖。

沈　勇
浙江潮远建设有限公司
总工程师

高级工程师

浙江省综合评标专家库成员；浙江省建筑业行业协会专家委员会委员；杭州市"西湖杯"评审专家库成员。

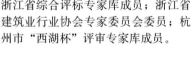

朱志豪
浙江同济科技职业学院
建筑工程技术专业 20 级
学生

建筑工程学院 BIM 社社长，曾获得"优秀寝室长"称号，获浙江同济科技职业学院 Revit 制图比赛三等奖等。

孙天齐
浙江同济科技职业学院
建筑工程技术专业 20 级
学生

在校期间表现优秀，在班级中成绩位于前列，取得 1＋x bim 和 pc 证书，积极参加校内外活动以及竞赛。

程景龙
浙江同济科技职业学院
建筑工程技术专业 20 级
学生

获得了 1＋x bim 和 pc 职业技能等级证书，第二届"品茗杯"全国高校 BIM 应用毕业设计大赛三等奖。

威海宝威科技智能工厂二期工程钢结构 BIM 技术应用

威海奥华钢结构有限公司

毕可廷　刘传军　张书川　赵军平　于志伟　曲海涛

1　工程概况

1.1　项目简介

项目位于威海市环翠区张村镇沈阳路东，东鑫路北，施工时间为 2020 年 11 月～2021 年 10 月，建筑面积 10765.75m^2。结构形式及层数：框架结构，地上 2 层，局部 3 层。项目效果图见图 1。

图 1　项目效果图

1.2　公司简介

公司成立于 2003 年，注册资金 5000 万元，总部位于山东威海，十余年专注钢结构领域，是一家集钢结构建筑及建筑金属屋面和墙面等研发、设计、制造、施工、维保于一体的大型钢结构公司。公司拥有钢结构施工总承包资质，钢结构专业承包壹级资质，建筑幕墙专业承包二级资质，具备年设计、制造各类钢结构建筑 5 万 t 的生产施工能力（图 2、图 3）。

图 2　公司正面

图 3　生产加工区俯视图

1.3　工程重难点

工程屋面造型复杂，有组织排水困难：经与设计及监理沟通屋面排水形式，最终确定采用彩板天沟和不锈钢天沟两种排水形式，使排水通畅。

钢结构详图设计与协调：弧形构件精度直接影响现场安装，结合设计模型，采用 PKPM 与 Tekla 模型对接，实现设计施工的零误差对接（图 4）。

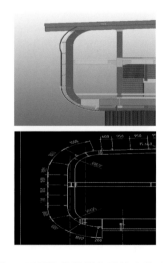

图 4　弧形构件模型和设计完美对接

2 BIM团队建设及软件配置

2.1 制度保障措施

成立以BIM技术为核心的创新工作室，工作室倡导以技术创新为核心，以服务生产经营为目标，不断完善和提高全员BIM技术水平。

2.2 团队组织架构

为保障BIM技术在公司上下更好推广应用，成立以总经理助理为核心的组织架构，具体由技术科牵头，BIM建模小组和BIM应用小组具体实施（图5）。

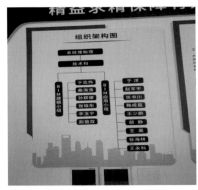

图5 团队组织架构和管理制度示意图

2.3 软件环境

公司采用Lumion，Revit，Tekla Structure，Autodesk CAD等专业软件完成本项目。Lumion主要用来渲染模型并实现漫游功能，Revit主要用来搭建土建及安装模型，实现不同专业的模型互通，钢结构模型搭建则通过Tekla软件实现。

2.4 硬件环境

小组成员均配置专业电脑，最低配置型号为联想Y50-70，满足Tekla等软件的基本运行需求。

3 BIM技术重难点应用

公司实现BIM技术的全寿命周期应用，主要从招标投标、材料采购、深化设计、生产加工、现场安装、维保服务等方面全过程指导施工，BIM技术在这方面应用比较成熟，目前应用的重点是加工与施工的进度协调技术应用。加工和施工阶段运用BIM技术可直观体现构件包含重量、面积、重心、目前的状态等的全部信息，实现随时随地监控进度的协调性；计划2022年将BIM技术落实到实际生产中。

下一步的重难点应用主要如下。

第一，扩大BIM技术的应用范围，实现进度计划管控涵盖采购和详图设计环节，实现计划—设计—加工—安装的完全协调性（图6），确保合同签订后，各环节能够按照生产计划稳步推进，最终实现项目工期目标和利润目标。

图6 进度计划控制系统示意图

第二，深化设计困难。深化设计在工程施工时直接影响着杆件结构安装和制作，工程结构复杂，牵涉到很多构件，借助钢结构专业软件如Tekla Structures完成，功能多，可以创设钢结构BIM三维模型（图7），建模人员依据模型确认构件位置是否正确，是否存在碰撞，但是在和其他专业配合上面有弊端，比如钢筋和钢构件位置确认等，需要借助Revit等软件和钢结构详图软件有效结合，才能更好完成施工任务。

图7 钢结构 BIM 三维模型示意图

第三，节点控制和安装困难。采用杆件、厚板钢柱和 H 型钢等连接形式的网架、钢桁架等结构，由于杆件夹角小，焊接位置特殊，焊接时容易产生变形，建模人员缺乏施工经验等原因，造成节点施工难度大，变形难以控制，拼装空间不容易把控，采用高强度螺栓连接，固定较多；孔加工精度和摩擦面施工需重点控制，采用 BIM 技术构建三维模型（图8）、可直观地展示各节点和拼装位置，更好地指导实际施工。

图8 钢桁架三维模型

A079 威海宝威科技智能工厂二期工程钢结构 BIM 技术应用

团队精英介绍

毕可廷
威海奥华钢结构有限公司总经理助理

一级建造师
一级造价师
高级工程师

现任威海市建筑工程质量专家库成员、威海市建筑业协会专家、山东土木建筑学会装配式建筑专业委员会成员、山东省行业钢结构协会专家委员会成员。
多次获得省市级 QC 成果、BIM 竞赛奖项、工法等，并获得多项专利技术成果。

刘传军
威海奥华钢结构有限公司技术科工程师

一级建造师
高级工程师

先后从事钢结构加工、安装工作多年，积累了丰富的经验，参与施工的工程荣获 2 项"泰山杯"工程，1 项鲁班奖工程。荣获省级工法 3 项，省级 QC 成果 2 项，发表论文 2 篇。

张书川
威海奥华钢结构有限公司项目总工程师

助理工程师

从事钢结构现场施工多年，积极推动 BIM 技术发展，参与施工的工程荣获山东省建筑工程优质结构 1 项，个人获省级 BIM 成果一等奖 1 项、省级 QC 成果 1 项。

赵军平
威海奥华钢结构有限公司项目总工程师

工程师

从事钢结构现场施工多年，参与施工的工程荣获 1 项国家优质奖，1 项省钢结构金奖，个人发表国家级论文 2 篇，荣获省级工法 1 篇，省级 QC 成果 1 篇。

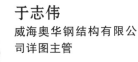

于志伟
威海奥华钢结构有限公司详图主管

工程师

从事钢结构公司详图深化设计多年，积极推动 BIM 技术发展，荣获 BIM 竞赛奖项 2 项，省级 QC 成果 3 项，荣获专利 2 项，发表论文 2 篇。

曲海涛
威海奥华钢结构公司有限公司详图设计工程师

助理工程师

从事钢结构制作与安装多年，参与的奥东基地建设、中玻智造工程均获山东省钢结构金奖。多项 QC 成果获山东省钢结构行业协会优秀成果，发表论文 1 篇，获专利 2 项。

BIM 在 500t 吊车梁复杂结构中的应用

烟台飞龙集团有限公司

崔军彬　王涛　石浩良　张媛媛　侯文慧　林千翔　葛德鹏　鲍晓东　孙鑫

1　工程概况

1.1　项目简介

项目地点：山东省烟台市莱山经济开发区金斗山路西侧，飞龙路北侧。

总建筑面积：36300m²。

结构形式：钢结构。

建筑层数：地上 1 层，局部 2 层，建筑高度 34.2m。

烟台台海玛努尔核电设备有限公司热处理车间采用全钢排架结构，局部钢筋混凝土结构，桩基，杯型独立基础，安全等级二级，本项目是由 500t 吊车梁及 45t 钢柱组成的重型钢结构工程，总用钢量 7200t，是集设备研发与生产于一体的智能工业化厂房（图 1、图 2）。

图 1　项目效果图

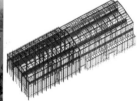

图 2　项目概况

1.2　公司简介

烟台飞龙集团有限公司，始建于 1984 年，是集地产开发、工程建设、科技研发、智能制造、国际贸易、物业服务等多种经营于一体的综合性企业集团。公司注册资金 1.2 亿元，年产值 30 多亿元，年纳税 2 亿多元，集团拥有南北两个工业园区、十六个子公司，现具有建筑工程施工总承包壹级、钢结构工程专业承包壹级、钢结构制造加工特级资质、建筑装修装饰工程专业承包壹级、建筑幕墙工程专业承包壹级、建筑装饰工程设计专项甲级、建筑幕墙工程设计专项甲级等多项资质，是"全国优秀施工企业""全国守合同重信用企业""全国文明单位"的获得企业。

公司拥有钢结构智能制造生产厂房 8 万多平方米，公司年施工面积 50 万 m²，钢结构年加工能力 6 万余吨，主要生产大跨度空间桁架结构、高层重钢及轻钢结构，空间网架、网壳结构，波腹板结构，金属屋面墙面系统、超轻钢集成住宅体系等系列产品。公司拥有数条国内外先进的钢结构加工生产线、重型钢结构加工生产线配套设备，与清华大学、烟台哈尔滨工程研究院、烟台大学、鲁东大学、山东工商学院等多所高等院校建立了技术合作关系，已成功研发了多套"FL"绿色建筑住宅体系，是烟台市首批钢结构装配式住宅示范基地，并打造了多项中国钢结构金奖、山东省优质工程"泰山杯"奖。

1.3　工程重难点

项目工期紧任务重：合同工期仅 120 天，项目处在厂区，人流及车流量大，安全文明施工要求高，满足工期要求是重点。

场地狭小布置难：项目为场内施工，厂区内人流及车流量大，合理规划构件进场时间、堆放位置及吊装地点的布置是难点，且必须确保达到省级安全文明工地布置要求，做到不影响厂区正常生产。

吊装难度大：本项目跨度大，单根钢柱重达 45t，500t 吊车梁安装难度大，保证安装准确性、安全性，确定合理的吊装方案、施工流程及精确测量定位是关键。

全过程质量管理与协调：钢结构构件类型多，对材料进场验收、切割、拼装、焊接、发货、运输、安装验收等全过程进行质量控制是关键。

2 BIM团队建设及软硬件配置

2.1 制度保障措施

集团公司制定了BIM相关标准规范及实施策划，在项目协同管理平台下进行项目的BIM技术综合应用（图3）。

图3 项目数据流转流程

2.2 团队组织架构

集团设BIM技术中心，本项目由BIM负责人、各专业BIM工程师共10人组成，其中2名高级工程师，5名中级建模师，负责BIM计划、现场、信集、档案管理，以及与业主、设计院、各专业分包等BIM团队之间的协同、沟通管理工作，团队多次参加国家级BIM大赛并获得优异成绩（图4）。

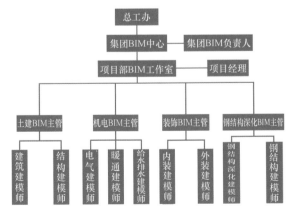

图4 团队组织架构

2.3 软件环境（表1）

软件环境　　　　　　　　　　表1

序号	名称	项目需求	功能分配	
1	Revit 2021	三维建模	建筑、结构、机电	建模
2	Navisworks 2020	碰撞检查	建筑、结构、机电	碰撞检查、施工模拟
3	Tekla 19.0	三维建模	钢结构	深化设计
4	广联达系列软件	工程造价	建筑、结构、机电	工程量计算
5	Fuzor 2020	漫游	建筑、结构、机电、钢结构	漫游查看
6	Lumion 2019	渲染	装饰装修	效果图渲染
7	数字项目平台	管理平台	建筑、结构、机电、钢结构	项目管理、构件跟踪
8	品著系列软件	场地布置	施工现场	场地模拟施工

2.4 硬件环境（表2）

硬件环境　　　　　　　　　　表2

序号	名称	项目需求	硬件配置
1	联想台式机	三维建模	拯救者刃 7000P-26AMR
2	外星人笔记本	模型展示	ALIENWARE X17 R1
3	DELL 云服务器	信息储存	PowerEdgeR650
4	VR体验	模拟体验	HTC Vive VR
5	移动端	施工查看	iPad Air2
6	无人机摄影	施工巡查	大疆御 Mavic2 专业版
7	3D打印机	原型制作	威布 WiibooxThree-M
8	放线机器人	安装施工	TrimbleS9
9	激光扫描仪	施工检查	TrimbleTX6

3 BIM技术重难点应用

3.1 BIM助力钢结构工程优化施工管理应用

（1）通过Tekla、Revit等软件，各专业建模师相互协同建模，定时整合模型，发现问题及时反馈修改，保证模型完整性、准确性、精细性。

（2）BIM三维审图，分专业、分类别形成BIM问题报告，对问题逐项解决销项、复核后，上传至协同平台存档，便于项目人员查看，并作为设计变更及签证的重要依据。

（3）根据专家论证施工方案，规划构件运输、安装现场布置、起重吊车位置等。避免现场二次搬运，减少构件占用场地时间（图5）。

（4）Revit搭建杯形基础BIM模型，优化混凝土节点模型，并输出优化后节点大样图，在杯底设置定位钢筋，杯底与预制柱放十字定位线，确保一次性准确就位，满足后期钢结构构件精确

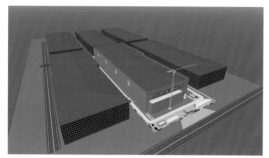

图5　三维场地布置图

安装要求。

（5）Tekla建模，导入SigmaNEST套料、数控排版、沿重合边线放样连续切割钢板，减少废料，降低材料损耗，提高制作进度。

（6）利用广联达物料跟踪系统，按材料进场验收、切割、拼装、焊接、发货、运输、安装验收等流程设置跟踪程序，每道工序质量责任落实到具体人员。

（7）钢结构工程验收信息集成上传报验，施工安装完毕经监理单位签字验收后，将全过程安装验收资料上传平台，形成可追溯质量管理，确保安装质量受控。

（8）施工前进行详细的施工吊装模拟预拼装，对500t吊车梁重难点进行分析，对施工安装人员进行三维技术交底，保证预拼装及施工的安全性、高效性。

3.2　基于BIM技术钢结构预制加工应用

（1）为降低制造与安装的难易程度，合理选择结构分段位置，通过模型按区域进行钢柱拆分并出具加工图，对每一节段进行测量放线，制作胎具，降低工程难度（图6）。

图6　分段定位

（2）便于工厂预制化加工及安装，钢立柱及吊车梁分段焊接，在车间对各节段进行预拼装，利于吊装时的合拢就位。

（3）各分段加工完毕后，在车间内进行预拼装，采用模型对比，检查钢柱及吊车梁的完整性及准确性，检查各接口的安装精度、标高等误差，保障构件进场后顺利安装（图7）。

图7　预制拼装

（4）根据进场各构件二维码信息定位，整体结构安装一次性成型，使到场钢构件基本不用二次加工，减少了现场动火，超声波无损探伤合格100%，现场一次安装合格率100%，无返工、窝工现象。

（5）单个吊耳起吊重达225kN，采用BIM模型验算构件重心位置，优化布置吊耳位置，导出加工图纸，保证吊装时钢柱及吊车梁的平衡。

3.3　基于BIM技术的项目管理应用

（1）基于BIM技术针对优化排砖、钢筋下料、混凝土用量、最佳拼模方案、脚手架周转、机电材料用量、钢结构材料用量等进行精准投料，减少材料损耗。

（2）模型上传至CCBIM进行轻量化转换，手机移动端通过二维码扫描及时查看模型及相关构件的属性，将模型与现场很好地结合，使得BIM模型轻量化，现场应用更便捷。

（3）通过施工组织模拟，将现场实际进度与计划进度进行对比，充分分析论证其合理性和可行性，对各阶段资源消耗进行调整，为项目的顺利推进奠定基础。

（4）数字项目平台"三端一云"对质量及安全问题信息进行把控：通过移动端实时在线记录现场质量及安全问题，收集现场照片形成施工相册，为隐蔽工程验收、施工隐患排查、进度对比提供依据。

（5）本工程通过BIM技术与智慧工地的有效结合，在质量、安全、进度、成本、生产、劳务、绿色施工等方面进行深入应用，通过智能管控、智能预警等方法提高全过程管理水平，实现项目的智慧建造。

A081 BIM 在 500t 吊车梁复杂结构中的应用

团队精英介绍

崔军彬
烟台飞龙集团有限公司副总工 BIM 技术中心主任

高级工程师
一级建造师
烟台市建设工程质量安全技术专家

长期从事钢结构数字化施工及创新技术研究，获国家级 BIM 技术成果 7 项，发表相关论文 5 篇，发明专利 2 项，获国家及省部级工程奖 12 项、省级科技成果和工法多项。

王 涛
烟台飞龙集团有限公司 BIM 技术中心副主任

工程师
BIM 二级建模师

主要从事建筑信息化管理、BIM 技术落地应用工作，荣获国家级 BIM 技术成果 5 项，发表论文 3 篇，获省级工程奖 4 项、实用新型专利 1 项。

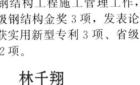

石浩良
烟台飞龙集团有限公司项目经理

工程师
一级建造师

一直从事钢结构工程施工管理工作，荣获国家级钢结构金奖 3 项，发表论文 3 篇，获实用新型专利 3 项、省级科技成果 2 项。

张媛媛
烟台飞龙集团有限公司技术员

工程师

主要从事钢结构工程施工技术工作，荣获国家级钢结构金奖 1 项，发表论文 2 篇，获省级工程奖 2 项。

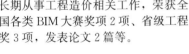

侯文慧
烟台飞龙集团有限公司技术处工程师

工程师
一级注册造价师

长期从事工程造价相关工作，荣获全国各类 BIM 大赛奖项 2 项、省级工程奖 3 项，发表论文 2 篇等。

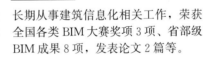

林千翔
烟台飞龙集团有限公司 BIM 技术中心副主任

工程师
BIM 二级建模师

长期从事建筑信息化相关工作，荣获全国各类 BIM 大赛奖项 3 项、省部级 BIM 成果 8 项，发表论文 2 篇等。

葛德鹏
烟台飞龙集团有限公司 BIM 技术中心建筑工程师

工程师
BIM 二级建模师

主要负责企业 BIM 项目决策、BIM 技术质量管理、信息化管理等相关工作，多次获得国家、省部级工程奖和各类 BIM 大赛奖项。

鲍晓东
烟台飞龙集团有限公司 BIM 技术中心机电工程师

工程师
BIM 二级建模师

主要负责 BIM 的技术质量管理、课题研究、组织、实施工作，多次获得国家、省部级工程奖和各类 BIM 大赛奖项。

孙 鑫
烟台飞龙集团有限公司项目技术负责人

工程师

主要从事建筑工程施工技术工作，荣获省级工程奖 3 项，发表论文 2 篇，获省级 BIM 技术成果 2 项。

3D 扫描在钢结构网架施工中应用

陕西建工机械施工集团有限公司，陕西建工钢构集团有限公司，
陕西省土木建筑学会建筑工程钢结构分会
杨石彬　杨占涛　康雷超　吴青松　李鹏超　赵帅　王俊　李新艳

1　工程概况

1.1　项目简介

项目位置：位于广运潭大道与灞浦三路十字东北角，东临灞河，北临灞浦四路，与奥体中心遥遥相望。

建筑面积：工程东西向长 189m，南北向长 306m，总建筑面积约 150000m^2（图 1）。

建筑层数：地下 2 层，地上 6 层。

主要功能：图书馆、艺术教育培训、美术馆、研究机构、配套服务、艺术品拍卖等。

图 1　项目效果图

长安书院钢结构工程总用钢量约 20000t，其中主体钢结构用量约 17200t，钢屋盖约 2800t，结构形式为钢框架＋钢屋盖结构，屋盖为管桁架结构（图 2）。

地上为钢框架结构

地下室负1层为钢骨柱+混凝土框架结构

地下室负2层为混凝土框架结构（局部钢骨柱）

图 2　项目概况图

1.2　公司简介

陕西建工机械施工集团有限公司成立于 1955 年，为省属大型国有企业，企业注册资本金 8 亿元。近五年，集团公司先后被评为全国建筑业科技进步与技术创新先进单位、质量安全管理先进单位。承建的一批大型工程分别荣获鲁班奖、詹天佑奖、钢结构金奖、科技进步奖，其中法门寺合十舍利塔被评为全国钢结构金奖十大工程之一。

1.3　工程重难点

（1）本项目钢屋盖施工工期紧，网架拼装量大，安装质量要求高；

（2）网架拼装须一次合格，安装测量难度大；

（3）因工期约束，现场采用分块吊装法进行施工，网架块体高空对接测量精度要求高。

2　BIM 团队建设及软硬件配置

2.1　制度保障措施

（1）各管理人员必须熟知各种制度的内容，按制度严格执行。

（2）各部门分工明确，各司其职；各负责人要定期进行督导、检查各项制度落实情况，实行三级负责制，层层把关，确保制度的有效落实。

（3）提供 BIM 工作所需的设备配置、资金落实以及人力资源保障，搭建强劲的 BIM 团队。

（4）通过全过程的监控，确保合同中有关 BIM 条款的实现。

（5）对违反各项制度的管理人员进行批评教育，造成严重后果的给予处罚。

2.2 团队组织架构（图3）

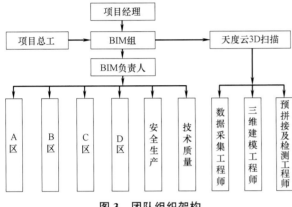

图3 团队组织架构

2.3 软件环境（表1）

软件环境 表1

序号	名称	项目需求	功能分配
1	Cyclone 9.20	三维点云拼接	三维点云去噪编辑
2	Cyclone 3DR 2020	三维点云模型制作	对比分析
3	Realworks 11.3	三维点云拼接	三维点云去噪编辑
4	Geomagic 2015	三维点云去噪	三维拟合建模和设计模型对比分析
5	AutoCAD 2014	导出线模数据	进行数据对比分析
6	Tekla Structures 21	三维模型	提高设计可视化效果

2.4 硬件环境

（1）扫描仪：瑞士徕卡 P40，用于钢结构内部及外部的三维结构数据采集。

（2）高精度标靶：6英寸黑白标靶，用于钢结构标靶控制网的建立采集。

3 BIM 技术重难点应用

3D 扫描技术在钢结构施工中的应用主要体现在：一是钢结构网架的难以定位及测量难度；二是现场施工过程中的一些问题能够实时监督并调整，大大地提高了项目工期进度、节省了成本。

3.1 钢结构工程的全过程重难点应用

本项目长度为 306m，宽度为 189m，钢屋盖为正交正放网架，轴向标高设计无规律，曲率不一，等高线呈现为不规则环向。因此定位测量是网架准确安装的关键环节，项目利用三维扫描仪对现场施工进行全程跟进，把误差消灭在策划阶段，为网架拼安装提供数据支持。

三维激光扫描技术可以 1:1 复原现场的实际施工情况，对于网架块体拼装、安装、补空等安装过程中的施工检测，可起到实时监督并调整的作用。在网架拼装阶段，利用三维扫描提供数据与实体模型数据进行对比，确保数据提供"3min"内，及时反馈至现场调整拼装误差，同时能解决现场网架拼安难以快速定位、网架安装测量难度高等问题。在安装过程中问题能够提前发现，将梁柱实体扫描数据与设计模型对比，通过点云数据的拟合建模，我们可以得到基于现状钢梁钢柱的柱顶面 XYZ 坐标，以及柱体的垂直度检测。根据三维扫描的结果与设计模型进行比对，对偏差较大的进行重新整改（图4）。对网架块体进行扫描并建立拼装块体线模，将得到的线模数据与 Tekla 设计数据进行对比分析，测量出设计和现场的实际误差值，依据分析的误差值对现场拼装好的块体进行调整（图5）。对数据进行对比分析主要是明确拼装的块体是否存在误差，对有误差的块体及时整改，将问题在地面上解决，避免耗时耗力。

对各区域吊装固定好的块体之间进行补空扫描，得出每个杆件的相对位置，基于安装的空间位置，得出每根杆件的实际长度，形成补空杆件数据清单，与现场补空杆件进行数据对比（图6），现场完成补空杆件的裁切与校对，为空中的一次性安装提供保障，现场施工人员根据补空的数据进行补空，避免焊接时误差较大，进行返工，极大地缩短了补空工期。

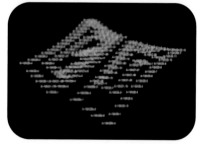

图4 提取柱体中心点坐标与设计值分析对比（示意图）

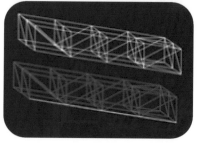

图6 补空扫描数据模型（示意图）

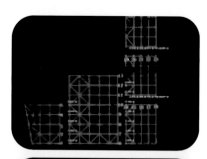

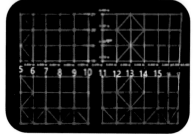

图5 块体扫描及扫描数据对比（示意图）

3.2 钢结构工程的应用总结

三维激光扫描新技术相比于传统方式，不仅三维可视化成果更直观，而且整体三维对比的方式更加准确，避免了以点代面的弊端。这种整体的监测更能反映出实际物体的变化情况，便于提前发现偏差大的区域，提前做好修正措施。

在钢结构方面，三维激光扫描仪可远距离快速、自动、准确地获取各种复杂的点云数据。其高效的测量模式相比传统测量方法有着巨大优势：①数据获取的速度快，实时性强；②数据获取全面，精度高；③全天候作业，不受光线的影响，主动性强；④数据表达清楚、明了、简单；⑤面测量模式，数据丰富。

本工程钢结构施工难度大，精度要求高，质量要求严格，三维激光扫描技术能够实时拾取实体模型的空间坐标并形成点云数据，通过与BIM模型的对比分析，及时了解现场的施工情况，对存在偏差过大的构件可及时采取补救措施，减少作业返工，降低成本和缩短工期。

A083 3D扫描在钢结构网架施工中应用

团队精英介绍

杨石彬
陕建机施集团陕建钢构第四工程公司总经理

工程师

先后主持咸阳彩虹光电 CEC 项目、咸阳奥体中心项目、长安书院项目等重大工程，曾获得陕西省"秦汉杯"BIM大赛一等奖 4 项、中国建设工程 BIM 大赛一等奖 1 项、"华春杯"BIM 大赛三等奖 1 项、中国图学学会"龙图杯"BIM 大赛优秀奖 1 项等。

杨占涛
长安书院项目钢结构工程项目经理

工程师

先后参与咸阳彩虹光电 CEC 项目、咸阳奥体中心项目、三星电子二期项目等重大工程，曾获得省级工法 1 项、QC 陕西省优秀质量管理小组二等奖 1 项、全国工程建设优秀 QC 二等奖 1 项。

康雷超
长安书院项目钢结构工程技术负责人

工程师

长期从事钢结构项目施工技术工作，先后参与咸阳彩虹光电 CEC 项目、安康汉江大剧院项目、三星电子二期项目，参与项目曾获得中国土木工程詹天佑奖 1 项、中国建筑工程鲁班奖 1 项、中国建筑钢结构金奖 3 项。

吴青松
长安书院项目钢结构工程深化设计负责人

助理工程师

主要承担钢结构深化设计、钢结构施工项目技术管理工作，参与项目获得中国建筑钢结构金奖 2 项、陕西省"秦汉杯"BIM 应用大赛一等奖 1 项。

李鹏超
长安书院项目钢结构工程 BIM 工程师

助理工程师

在长安书院项目中主要负责 BIM 技术质量管理及协调的工作，同时编写了 QC 成果 1 项，获得 BIM 应用大赛奖项 1 项。

赵帅
长安书院项目钢结构

工程质量员

主要负责质量管理工作，参与全民健身运动中心项目、长安书院项目，所参与项目曾获得中国建筑钢结构金奖 1 项。

王俊
陕西天度云技术有限公司

技术总监

主要负责三维扫描技术在相关行业探索应用及重点行业的解决方案研发工作，先后参与长沙湘军文化馆钢结构三维扫描 BIM 建模项目、三维扫描在长安书院钢结构施工中的应用、西安老城根钢结构检测分析项目等。

李新艳
长安书院项目钢结构

工程资料员

主要负责项目资料收集整理工作，参与西安奕斯伟硅产业基地项目、长安书院项目等各奖项申报过程中的资料整理。

京东集团总部二期2号楼多功能报告厅

中建一局集团第三建筑有限公司

李衍军　李德华　柴茂　赵有银　张书豪　王丹阳

1 工程概况

1.1 项目简介

项目地点：北京市亦庄经济技术开发区（图1）。

建筑面积：约32万 m^2。

结构形式：框架核心筒＋钢结构。

建筑高度：98m。

图1　项目效果图

京东集团总部二期2号楼（A座、B座）项目是一座大型综合办公设施，地上建筑分A、B两座塔楼及报告厅。项目建成将用于京东员工办公自用，包含开放办公、会议、培训、餐饮、健身等配套功能，A座拟建为京东商城总部，B座拟建为京东物流总部。建成后将京东总

图2　项目概况

部打造成一个灵活、便利的花园式生态办公社区，成为展示现代化建筑理念的商业建筑典范（图2）。

1.2 公司简介

中建一局集团第三建筑有限公司，是世界500强、世界最大投资建设集团——中国建筑旗下三级号码公司，现具有建筑工程施工总承包特级资质，机电设备安装专业承包、起重设备安装工程专业承包、建筑装修装饰专业承包一级资质。企业注册资本金3.6亿元，经过50余年的发展，一局三公司已成长为合约额超三百亿元、产值突破百亿元的国有大型建筑施工企业，是中建一局海外核心运营单位和品质住宅建造引领者。先后获评全国优秀施工企业、全国工程质量管理优秀企业、贯制实施建筑施工安全标准示范单位、管理体系实践优秀单位、纳税信用A级企业、北京

建设行业AAA信用企业等众多荣誉称号，累计获得国家级奖项40余项，省部级奖项200余项。

1.3 工程重难点

工程占地面积大，占地32万 m^2，工地安全管理面积大。临近其他商业办公楼、地铁站，人流量大，项目周围环境较复杂，安全管理识别要求较高。

体量大工期紧，且钢梁、劲性柱结构较多，钢结构安装工序复杂。劲性柱单根重量超15t，最大达20t，远超出塔式起重机载重能力。

钢结构连廊总长度约58m，重量约2000t，采用整体提升的方法进行施工，结构重量不均匀且涉及不等高提升，可能出现提升不同步问题，施工难度大。

2 团队建设及软硬件配置

2.1 制度保障措施

在BIM项目实施过程中，为保证BIM工作有序无误地进行，须制定合理的BIM工作流程。通过统一的工作流程，可以保证BIM模型、深化设计和现场施工三者之间能够合理、高效地衔接和实施。根据本工程特点，制定如下BIM系统在施工管理阶段的实施流程。

（1）BIM应用总体流程

由项目经理牵头，在BIM负责人领导下，BIM工作室进行项目BIM实施任务分解，各部门开展相关工作并定期形成工作成果汇报，形成记录，实现项目动态管理（图3）。

（2）BIM应用分包管理流程

项目分包众多、各专业间接口关系复杂，需要互相移交作业施工界面时给项目组织工作增加了难度，利用BIM技术可促进各方面进行更加高效的协同办公，梳理好各专业接口存在的问题，在项目开展前对整体分包的协调管理进行策划，对模型的创建原则、细度，以及模型质量、安全、进度等方面制定项目建模标准及实施方案，协调

分包创建各专业模型并深化设计，完成各 BIM 应 用点实施，提交 BIM 竣工模型（图4）。

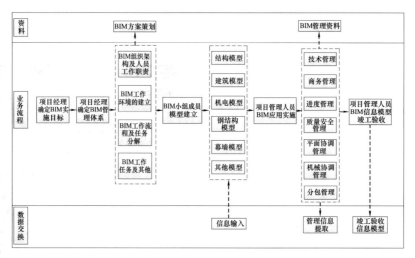

图3 BIM 应用总体流程

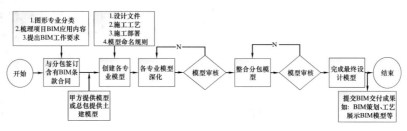

图4 BIM 应用分包管理流程

2.2 团队组织架构

项目部与各方外部单位联合成立项目 BIM 应用管理团队，作为总包单位设置建筑、结构、机电、现场施工、商务、安全、质量等相关专业工程师，组成 BIM 实施小组，作为 BIM 服务过程中的具体执行者，负责将 BIM 成果应用到具体的施工工作中（图5）。

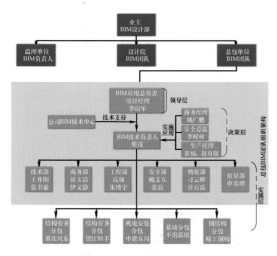

图5 团队组织架构

2.3 软件环境（表1）

软件环境		表1
名称	项目需求	功能分配
Tekla 软件	钢结构专业 BIM 模型创建、修改、碰撞检查	预制加工图生成，材料设备清单统计，出图打印

2.4 硬件环境（表2）

硬件环境			表2
序号	名称	配置	数量
1	计算机	Intel 酷睿 i7,8GB 内存	8 台
2	移动储存	1TB	4 个

3 BIM 技术重难点应用

（1）钢结构 BIM 三维动画实现钢连桥整体提升方案可视化

本工程钢连廊为三层型钢桁架结构，横跨在高达78m的两座塔楼之间，跨度58m，单个连廊重达780t，拟采用"楼面拼装＋整体提升"的方式进行安装。该连廊为近 10 年来北京市重量最大、跨度最大、提升高度最高的连廊。

提升分块在对应下部地面利用塔式起重机和汽车式起重机配合拼装成整体，通过预先设置在对应外框柱上的提升装置提升安装，本项目通过钢结构 BIM 三维动画实现钢连桥整体提升方案可视化（图 6）。

图 6　钢连桥整体提升动画

（2）钢结构 BIM 辅助深化设计出图

各专业应用软件对 BIM 模型进行碰撞检查，提前解决了大量的设计问题，避免了因图纸问题而造成返工损失以及对进度所带来的影响。

定期与钢结构专业共享模型并进行碰撞检查，累计提前发现碰撞并整改 30 余处（图 7）。

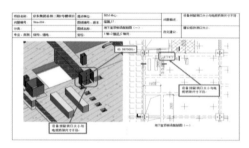

图 7　钢结构、土建、机电等专业碰撞（示意图）

（3）钢结构 BIM 辅助施工方案编制

利用 BIM 技术配合完成方案编制中的复杂节点表现。其中"钢结构专项方案"（图 8）、"屋顶

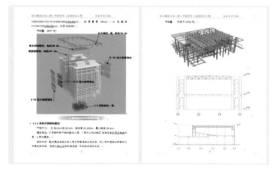

图 8　钢结构专项方案（示意图）

钢框架牛腿安装专项方案"（图 9）等专家论证方案均实现关键节点工序 BIM 可视化，大大提高各方对方案的理解能力，对专家方案评审起到积极作用。

图 9　屋顶钢框架牛腿安装专项方案（示意图）

（4）钢结构 BIM 模型模拟施工工序

结合工程施工需求，利用 BIM 技术对钢结构进行复杂节点、关键部位的工艺或工序模拟演示，方便现场施工。

通过创建钢框架牛腿 BIM 模型，对安装过程进行拆分，实现可视化工序模拟（图 10）。

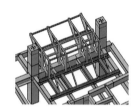

图 10　BIM 模型模拟屋顶钢框架牛腿安装

通过 BIM 技术对钢连廊安装过程 BIM 工序进行模拟，实现钢连桥提升施工全流程可视化，对调整拼装思路、提升方案有重要参考价值（图 11）。

图 11　钢连廊安装工序模拟（示意图）

A085 京东集团总部二期 2 号楼多功能报告厅

团队精英介绍

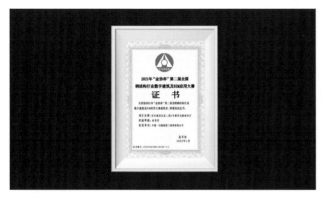

李衍军
中建一局集团第三建筑有限公司项目经理

高级工程师

负责组织研究 BIM 对企业的质量效益和经济效益的作用、制定总体 BIM 实施计划及操作流程等；领导与组织编制 BIM 应用实施方案、计划，制定建模及应用流程、制度；主持相关负责人的每周例会，对整个 BIM 应用的问题有处理和决定权；负责对整个 BIM 应用的管理监督。

李德华
中建一局集团第三建筑有限公司生产经理

高级工程师

全面负责单个项目 BIM 应用过程中的技术和人员管理、BIM 实施计划的编制和执行；负责按时、保质、保量交付模型，满足施工需求。

柴 茂
中建一局集团第三建筑有限公司京东二期项目技术总工

硕士研究师

多次获国家、省部级 BIM 竞赛奖项；拥有 2 项专利权。对项目的整体质量、效率、成本、安全等关键指标进行分析、模拟、优化，提升项目效益。

赵有银
中建一局集团第三建筑有限公司钢结构经理

工程师

长期从事钢结构施工管理工作，同时负责按时、保质、保量交付模型，满足施工需求。

张书豪
中建一局集团第三建筑有限公司项目经理

工学学士

负责 BIM 的技术质量管理、课题研究、创新管理、BIM 正向设计等相关工作。

王丹阳
中建一局集团第三建筑有限公司技术员

工学学士

负责 BIM 的技术质量管理、课题研究、创新管理、BIM 正向设计等相关工作。

全过程应用 BIM 技术助推天津海洋工程装备制造基地三标段项目智能建造

中冶建工集团（天津）建设工程有限公司，青岛习远咨询有限公司

张雷　孙振坤　昌翔　朱峰　张腾腾　余发军　张志彬　唐龙　张晓晨　吉超

1　工程概况

1.1　项目简介

天津海洋工程装备制造基地建设项目位于天津港保税区临港区域渤海五十路以东、辽河中道以北，为我国首个海洋油气生产装备智能制造基地。该工程是天津市"一基地三区"战略实施之全国先进制造研发基地的重点项目，是天津自贸区临港经济区打造海洋装备制造基地的重点工程，是集海洋装备设计、研发、生产制造、组装调试为一体的智能化、自动化高端制造基地。

该项目主要包括智能存储中心、机管电仪制造中心、3 号生产辅助楼、4 号生产辅助楼、喷砂车间、喷漆车间、2 号空压站、6 号厕所、7 号厕所共 9 个单体，总建筑面积 55015.85m^2，最高层数 4 层，最大高度 19.85m，最大跨度 46m（图 1）。主要结构形式为钢结构排架、钢筋混凝土框架、钢筋混凝土框排架＋钢结构网架屋面等。

图 1　项目效果图

1.2　公司简介

中冶建工集团（天津）建设工程有限公司是中冶建工集团有限公司在天津设立的全资子公司，主要经营大中型工业与民用建设工程，至今已驻足津门 40 余年。四十多年来，公司励精图治，负重自强，建立起较为完善的现代企业制度，拥有建筑工程施工总承包壹级、冶金工程施工总承包贰级、市政公用工程施工总承包贰级、钢结构工程专业承包贰级、建筑机电安装工程专业承包叁级等多项资质，获得天津市建筑施工总承包企业信用等级 A 级，成为中冶建工集团旗下最大的子公司。

1.3　工程重难点

（1）多专业交叉施工管理复杂：该项目属于大型中央企业投资的工业类项目，要求工期紧，任务重，需要多专业穿插施工保证工期进度。

（2）工程施工质量标准高：本项目为滨海新区重点项目，区政府在本标段举行重点项目开工仪式，项目要求确保天津市"金奖海河杯"，整个基地争创"国家级优质工程奖"，通过 BIM 技术应用，确保工程质量管控。

（3）工程技术管理复杂：由于项目本身的功能特点，探伤间存在超厚的墙体和顶板、高支模，以及大跨度钢结构，对现场施工管理要求高。通过 BIM 技术应用，通过施工模拟、可视化交底、设计优化等技术手段，满足现场施工技术管理要求。

2 BIM 团队建设及软硬件配置

2.1 制度保障措施

项目开始之初就对项目的 BIM 应用进行实施计划的编制，确定关键时间节点、主要工作内容以及人员的安排，确保与整体 BIM 实施应用协调统一，并且相对应地确定了具体的工作流程内容，确定了各类规章制度，如：例会制度、成果质量制度、过程监督制度等，并且把 BIM 应用落实到现场管理过程中，过程数据痕迹有迹可查，确保项目 BIM 应用的顺利实施。

2.2 团队组织架构（图 2）

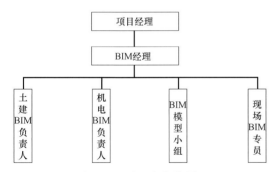

图 2　团队组织架构图

2.3 软件环境（表 1）

软件环境　　　　　　　　表 1

序号	名称	项目需求	功能分配	
1	Revit 2016	土建、机电建模	建筑、结构、机电模型搭建	三维场地规划，安全防护措施布置
2	Tekla	钢结构模型搭建	钢结构模型搭建	深化出图

2.4 硬件环境（表 2）

硬件环境　　　　　　　　表 2

序号	机型	配置标准
1	CPU 类型	英特尔 Core i7-10700@2.90GHz 八核
2	内存	64GB（金士顿 DDR4 320MHz）
3	显卡	NVIDIA Geforce RTX 3060（12GB/影驰）
4	硬盘	西数 WDC WDS240G2G0C-00AJM0（240GB/固态硬盘）

3 BIM 技术重难点应用

项目由自身实情出发，对 BIM 应用进行全方位的规划，搭建 BIM 管理应用架构，涉及人才培养、模型创建、质量管理、安全管理、现场管理、物料管理、材料管理、二维码应用等多个应用模块，并结合 BIM 协同云平台对现场进行信息化管理。

项目初期依据施工组织设计与临建方案、图纸等技术资料，建立各阶段场地布置模型，有助于对现场道路、物料堆放、安全隐患及环保要求进行综合协调（图 3）。

图 3　场地布置

前期利用BIM技术对现场临边防护及安全文明施工进行方案模拟，优化安全防护区域，确定现场防护形式，保障施工安全（图4）。

利用BIM技术对钢结构的节点进行深化，可指导材料加工与安装，避免钢结构施工拆改。并对复杂位置进行可视化的展示，用于施工班组的技术交底，直观形象（图5）。

BIM技术助力环保节能：以二维码的形式进行现场技术交底工作，大大提升了项目数字化无纸化办公的效率。

图4　安全防护

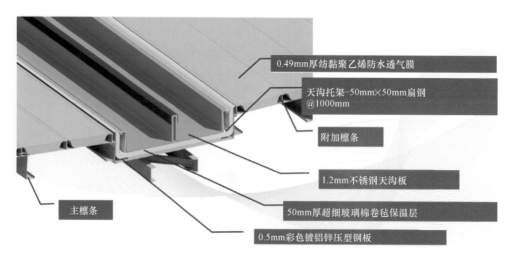

0.49mm厚纺黏聚乙烯防水透气膜

天沟托架-50mm×50mm扁钢@1000mm

附加檩条

1.2mm不锈钢天沟板

50mm厚超细玻璃棉卷毡保温层

0.5mm彩色镀铝锌压型钢板

主檩条

图5　钢结构屋面天沟模型详解

A100 全过程应用 BIM 技术助推天津海洋工程装备制造基地三标段项目智能建造

团队精英介绍

张 雷
青岛习远咨询有限公司 BIM 事业部总监

工程师
中国医学装备协会医院建筑与装备分会 **BIM** 学组委员
青岛市住房和城乡建设局 BIM 专家委员会专家委员

长期从事 BIM 技术工程实践工作。所主持的项目荣获国家级、省部级 BIM 大赛奖项几十项；所主持的威海一中新校区项目、莱芜城发广场项目、威海职业学院双创中心项目被评为山东省 BIM 示范项目。

孙振坤
青岛习远咨询有限公司 BIM 济宁业务部经理

助理工程师
二级建造师
BIM 高级建模师

长期从事 BIM 设计工作，先后在天津海洋工程装备制造基地建设项目、上海信达全球研发中心项目、深圳桂园中学改扩建工程等项目进行 BIM 管理工作。多次获得国家及省部级 BIM 大赛奖项，拥有 BIM 类实用新型专利 1 项。

昌 翔
青岛习远咨询有限公司 BIM 事业部 BIM 业务一部经理

工程师
BIM 高级建模师

长期从事 BIM 设计工作，曾负责大连光明路延伸工程项目、银川丝绸之路经济园项目，天津地铁十一号线项目等多个重大项目，曾多次获得国家级及省部级 BIM 奖项。

朱 峰
青岛习远咨询有限公司 BIM 业务二部经理

工程师
BIM 高级建模师

主要从事 BIM 机电专业深化设计工作，参与了天津海洋工程装备制造基地建设项目、青岛奥体中心项目、澳柯玛产业园等项目，曾获全国各类 BIM 大赛奖项等。

张腾腾
青岛习远咨询有限公司 BIM 工程师

BIM 高级建模师

主要从事 BIM 机电应用及 BIM 现场协调工作，参与过信达生物制药集团上海全球研发中心、青岛市妇女儿童医院西海岸院区、银川丝路经济园领航大厦等大型项目，曾获得全国多个大赛奖项。

余发军
中冶建工集团（天津）建设工程有限公司

高级工程师
一级建造师

长期从事建筑施工管理工作，先后主持天津海洋工程装备制造基地建设项目、新松定制厂房总承包等重点项目，获国家级奖项 2 项，省部级奖项 3 项，授权发明专利 3 项，实用新型专利 5 项。

张志彬
中冶建工集团（天津）建设工程有限公司

工程师
一级建造师
一级造价师

长期从事建筑工程技术管理工作，施工技术管理经验丰富，曾担任多个大型项目总工程师，所在项目获国家级奖项 3 项，省部级奖项 9 项，授权专利 13 项，其中发明专利 3 项。

唐 龙
中冶建工集团（天津）建设工程有限公司

长期担任中冶建工天津公司钢构厂负责人及天钢项目部经理职务

长期主要从事冶金及钢构工程施工管理工作，先后参建了重如天钢搬迁、轧三搬迁、轧一搬迁等大型冶建工程以及中海油天津基地三标段、血液病医院等市重点工程，现任中国医学院血液病医院项目经理部副经理。

张晓晨
中冶建工集团（天津）建设工程有限公司

工程师
一级建造师

从事钢结构技术工作多年，天津钢铁二高线钢结构技术员，天津轧三连铸厂房钢结构技术负责人，轧一冷轧薄板厂房钢结构技术负责人，具有扎实的钢结构专业理论功底和丰富的实践经验。

吉 超
中冶建工集团（天津）建设工程有限公司

工程师
一级建造师

现场经验丰富，具有多年的从业经验、扎实的专业理论功底和丰富的实践经验，工作认真细致，具备较高的专业素质和较强的工作责任心。

BIM 技术在重庆交通大学双福校区西科所团组中的综合应用

中冶建工集团有限公司

敬承钱　徐国友　刘观奇　陈磊　应丽君　谭孝平　傅建波　吕林曲　曾国刚　张秀峰

1　工程概况

1.1　项目简介

项目地址：重庆市江津双福新区重庆交通大学双福校区（图1）。

竣工时间：2020年5月。

建筑面积：占地面积约 $154000m^2$，总建筑面积 $48116m^2$。

图1　项目效果图

建筑主体除5号综合实验楼为钢筋混凝土框架结构外，其余1~4号试验厅均为钢结构，结构形式为钢框架＋钢管桁架，其中4号综合试验厅管桁架单跨跨度长达90m，建筑高度11.2m（图2）。

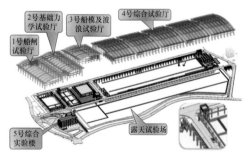

图2　工程分解示意

1.2　公司简介

中冶建工集团有限公司是世界500强企业中国冶金科工集团有限公司属下的大型骨干施工企业，涵盖城市规划、建筑勘察及设计、冶金建设、高端房建、市政路桥、商品混凝土制造、钢结构及非标设备制安、机电设备安装、大型土石方施工、超高层建筑、高速公路、城市综合体、轨道交通、大型吊装、房地产开发、新型周材及物流管理、工程检测、园林绿化、装饰装修、物业管理等施工领域，形成对建筑施工全专业、全流程的全覆盖，构成完整的建筑产业链和服务价值链。

作为重庆地区唯一"四特六甲"建筑企业，中冶建工集团下设钢构专业公司，拥有钢结构工程专业承包一级，钢结构制造特级资质，主营大型和特大型工业厂房钢结构、超高层钢结构、空间钢结构、桥梁钢结构、住宅钢结构、电力钢结构、彩钢板围护结构、轨道交通钢结构、医药化工钢结构、压力容器及非标设备的制造安装，年制安钢结构能力达20万t。

1.3　工程重难点

（1）施工涉及专业：土建施工、钢结构安装、强弱电安装、给水排水系统、通风与空调系统、监控系统、水域收集、太阳能安装等。

（2）多专业交叉，利用BIM软件全面进行策划，完善综合布局，通过二次设计达到工程美观、实用、安全的效果，降低工程成本。

（3）工艺试验管道与各设施设备准确布置是本项目BIM综合应用的重点和关注焦点。利用BIM技术解决交错复杂管线的合理排布，减少返工浪费。

（4）90m大跨度屋面拱形空间管桁架，施工质量要求高，须通过BIM技术模拟分析和质量管理，制定相关安全措施保证施工安全和质量。

（5）工程开工伊始便确立了"确保绿色三星，争创钢结构金奖"的创优目标，故本项目施工质量要求高。

2 工作策划及软件配置

2.1 BIM 标准流程

本项目 BIM 实施以结构与综合管线的碰撞优化和深化为重点，通过制定 BIM 实施标准流程，不断优化和完善各专业模型和设计图纸，形成正确的施工图纸指导现场施工（图3）。

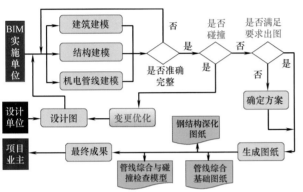

图3 BIM 标准流程

2.2 软件环境（表1）

软件环境　　表1

序号	名称	项目需求	功能分配	
1	Tekla Structures	钢结构建模与深化	钢结构	建模、深化设计
2	Revit	土建、水系统管网深化	土建/管综	建模
3	Navisworks	模型整合与碰撞检查	结构	整合、碰撞
4	AutoCAD	深化出图	深化	图纸处理
5	PIPE3000	管件相贯线数字化加工	施工	数字化加工
6	3d Max	施工模拟与渲染	视觉处理	建模、动画
7	EBIM	远程管理	工程管理	材料追踪、控制质量、安全、进度

3 BIM 技术重难点应用

3.1 水系统管网 BIM 实施

（1）协同建模

通过多专业协同建模，分别创建项目土建和

水系统管网 BIM 模型，相互链接合模形成综合的项目 BIM 模型（图4）。

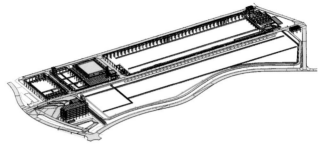

图4 地下管网综合 BIM 模型

（2）模型整合与碰撞检查

利用 Navisworks 多模型整合和碰撞检测的功能，将土建和水系统管网模型合并，检测出多专业模型之间的碰撞问题，针对检测报告中碰撞点一一对应修改和完善 BIM 模型。

（3）工艺系统管综合优化

BIM 模型的可视化增强了 BIM 技术应用人员对水系统管网工艺试验运作原理的理解，直观识别建筑物之间的关系，提前警觉碰撞易发生点，帮助建模人员快速发现问题（图5），及时向设计方提出问题，并提供解决方案的建议（表2）。

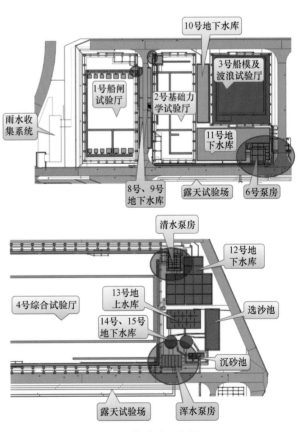

图5 工艺试验运作原理

水系统管网碰撞优化举例　表2

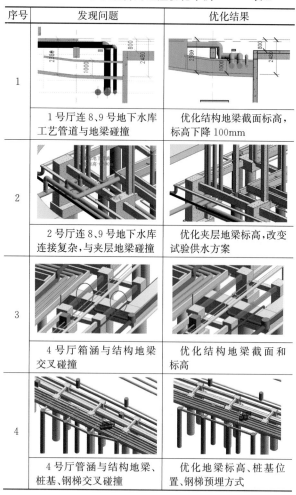

序号	发现问题	优化结果
1	1号厅连8、9号地下水库工艺管道与地梁碰撞	优化结构地梁截面标高，标高下降100mm
2	2号厅连8、9号地下水库连接复杂，与夹层地梁碰撞	优化夹层地梁标高，改变试验供水方案
3	4号厅箱涵与结构地梁交叉碰撞	优化结构地梁截面和标高
4	4号厅管涵与结构地梁、桩基、钢梯交叉碰撞	优化地梁标高、桩基位置、钢梯预埋方式

3.2 钢结构BIM建模及深化设计

（1）钢结构建模

根据设计图及相关工程资料，以项目的真实信息数据为基础，建立钢结构BIM模型，通过碰撞校核功能结合原设计图的"错、碰、漏、缺"问题，及时提出疑问并更正，绘制钢结构施工图纸（图6）。

图6　钢结构建模

（2）桁架设计与优化

通过深化桁架节点，确定不同的管桁架支座节点形式，1~3号试验厅采用原设计固定铰支座节点，4号试验厅经优化采用铸钢球形支座节点（图7）。

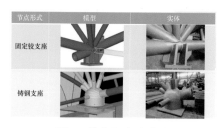

图7　管桁架支座节点

3.3 施工仿真分析

（1）铸钢节点计算分析

应用有限元分析程序对桁架铸钢节点进行仿真分析，以确定铸钢节点在设计荷载下的应力分布与变形满足设计规范要求。

（2）桁架施工过程仿真分析

对90m跨桁架进行吊装稳定性模拟分析，模拟吊索及结构的变形和内应力情况，计算确定吊索截面，以保证吊装安全。

3.4 施工方案模拟与可视化交底

根据吊装稳定性模拟分析结果，制定最佳吊装方案和施工顺序，通过三维动画模拟施工过程（图8、图9）。

图8　90m跨度桁架现场立式组装方案模拟

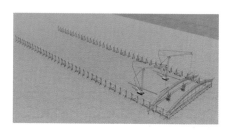

图9　90m跨度桁架吊装施工模拟

3.5 BIM项目协同管理

通过EBIM平台共享水系统管网以及钢结构BIM模型，利用智能手机终端将BIM带到现场，虚实结合，实现公司与项目部施工现场协同工作。构件二维码帮助施工管理人员快速定位模型，了解具体施工信息、资料、质量问题、表单等信息，4D进度模拟和工程动态辅助项目进度管理动态控制。基于BIM模型的项目协同管理，公司对项目现场的安全、质量、进度管理更便捷，沟通更高效。

A104 BIM 技术在重庆交通大学双福校区西科所团组中的综合应用

团队精英介绍

敬承钱
中冶建工集团钢构公司副总经理

高级工程师

负责公司的设计、钢结构技术研发和 BIM 技术应用与管理等工作，致力于技术创新与研发工作，着力应用 BIM 技术解决钢结构工程关键技术难题。获省部级设计奖 2 项、省部级科技成果奖 2 项、拥有专利 15 项，获多项省部级与国家级 BIM 奖项。

徐国友
中冶建工集团钢构公司
公司总工程师

高级工程师

负责公司安全、质量、科技创新与研发管理工作，获中国施工企业管理协会科学技术奖"科技创新先进个人"、"全国工程建设质量管理先进工作者称号"、中国钢结构协会"钢结构杰出人才奖"、"中冶集团劳动模范"等荣誉称号。

刘观奇
中冶建工集团钢构公司
设计室主任

工程师

从事钢结构设计、深化设计工作，有丰富的钢结构施工经验，为本工程 BIM 技术应用主要负责人、校审人，参与的多个项目在各类 BIM 大赛中获奖。

陈磊
中冶建工集团钢构公司
设计室科员

工程师

从事钢结构设计、深化设计工作，负责本工程钢结构 BIM 模型建立及相关 BIM 技术应用与实施，参与的多个项目在各类 BIM 大赛中获奖。

应丽君
中冶建工集团钢构公司
设计室科员

工程师

从事钢结构设计、深化设计工作，负责本工程管综 BIM 模型建立及相关 BIM 技术应用与实施，参与多个项目的 BIM 技术应用。

谭孝平
中冶建工集团钢构公司
设计室科员

工程师

从事钢结构深化设计的图纸校审工作，具备钢结构施工经验，有效保证本工程钢结构图纸质量。

傅建波
中冶建工集团钢构公司
工程部主任

工程师

为本项目钢结构制造技术负责人，负责钢结构制作技术指导与 BIM 生产管理

吕林曲
中冶建工集团重庆交通大学双福校区西科所组团项目经理

工程师

负责本项目现场施工组织管理和安装工作

曾国刚
中冶建工集团重庆交通大学双福校区西科所组团项目总工程师

工程师

负责本项目现场施工技术指导和协调。

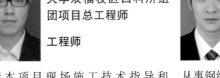

张秀峰
中冶建工集团钢构公司
设计室科员

工程师

从事钢结构深化设计工作，负责本项目现场 BIM 技术应用与可视化交底。

清远市科技馆与青少年活动中心项目 BIM 技术应用

广东省建筑工程集团有限公司

钟宝泉　陈一鹏　刘石胜　万金屏　陆正兴　王彦皓　岑伯杨　谢钧　劳陈明　叶展鹏

1　工程概况

1.1　项目简介

清远市科技馆与青少年活动中心项目主要由科技馆、青少年活动中心组成。主要功能包括：科技馆区、青少年活动中心区、礼仪广场区、素质拓展区、展贸区、公共服务区、会议接待区、场馆基本功能配套区与户外活动区九大功能（图1）。

项目地点：清远市燕湖新城文化公园区。

竣工时间：2022 年 3 月。

总建筑面积约 5.1 万 m^2，其中地上 4 层总建筑面积约 3.85 万 m^2，地下 1 层总建筑面积约为 1.25 万 m^2。

图 1　项目概况

1.2　公司简介

广东省建筑工程集团有限公司（以下简称"广东建工集团"）成立于1953年，是全省建筑行业龙头企业。拥有四项总承包特级，三项甲级及专业配套齐全的资质体系，五项甲级设计资质。拥有一家上市公司，2家国家级科研机构、19家省级科研机构、29家高新技术企业，是广东省内唯一一家被评为高新技术企业的省属企业集团公司。

公司连续 16 年跻身"中国企业 500 强"，连续 15 年荣膺"中国承包商 80 强"，连续 26 年为"广东省守合同重信用企业"。荣获数量众多的詹天佑奖、鲁班奖、大禹奖等国家级、省部级各类科技创新和优质工程奖项，以及国家级和省级工法、专利、软件著作权等科技成果，在行业内具有较强的市场竞争力、较高的社会知名度和良好的社会信誉。

1.3　工程重难点

钢结构体量大，专业协调多、施工工序多，工期紧，对施工管理要求高。

结构复杂：本工程 A、B 区为钢-混凝土混合的框架-剪力墙结构，C 区为钢结构，存在大跨度钢梁（桁架）+混凝土板组合楼盖。

BIM 交互频繁：本工程涉及给水排水、消防、人防、电气、智能化、暖通等多系统协调。

2　BIM 团队建设及软硬件配置

2.1　制度保障措施

项目成立由业主公司牵头，监理、设计、总承包及各专业分包全员参与的 BIM 组织架构，在施工准备阶段编写 BIM 实施方案、建模标准、BIM＋智慧工地实施方案、BIM 竣工验收标准等相关指导性文件，各指导性文件中明确各参与方、各职能部门、各管理岗位的工作任务，以及明确基于 BIM 技术的项目管理业务流程，确保 BIM 技术能够有效地运用于项目中（图 2）。

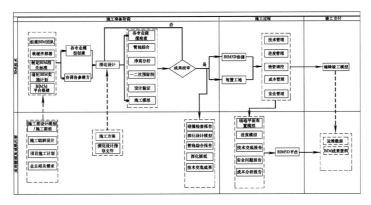

图 2 施工阶段 BIM 应用总体流程

2.2 团队组织架构（图 3）

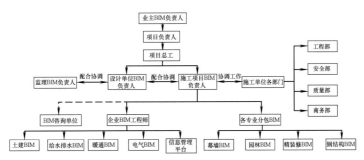

图 3 团队组织架构

2.3 软件环境（表 1）

软件环境　　　　表 1

序号	软件名称	功能
1	Revit	建筑、结构、机电等模型创建
2	Navisworks	施工模拟、碰撞检测、漫游
3	BIM＋智慧工地管理平台	基于 BIM 的施工全过程的信息化管理平台

2.4 硬件环境（表 2）

硬件环境　　　　表 2

配件类型	台式工作站	移动工作站
CPU	Intel® Core™ i7-8700K	Intel i7 4800MQ @3.7GHZ
显卡	GTX1070 8GB	Nvidia Quadro k2100M 2G
内存	DDR4 2400MHz(32GB)	16G
硬盘	2T SATAⅡ 7200转	128SSD＋1TB SATA 硬
显示器	双显 27寸 LED2560×1440	—

3 BIM 技术重难点应用

3.1 钢结构设计施工一体化

以 C 区中庭的球形网壳为例，清远市科技馆中心开口球形网壳跨度 24.6m，矢高 19.05m，采用肋环型网格形式，球面通过肋杆共划分为 24 个扇形对称曲面，共有 4 圈环杆，最内圈环杆设有十字交叉支撑，球形网壳两侧开设门洞。在球形网壳外侧设有由环梁以及环柱组成的环形框架，环形框架与球形网壳通过径向的钢梁连接，径向钢梁两端铰接（图 4）。

总承包单位通过与设计单位协同合作，深化设计图纸，借助有限元工具，采用了三个计算模型进行对比分析，其中模型一为设计单位所提供模型肋杆简化为四段斜杆，杆件弯曲程度不明显；模型二为更加精确地模拟结构，将肋杆细

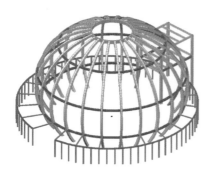

图4　C区球形网壳概况

分为多段单元以模拟弧形杆件受力状态；模型三将模型二中的环向框架去除，仅留下球形网壳结构。

结合使用单位对使用功能、完成效果的需求，对提出的三个模型进行屈曲模态分析、几何非线性及双重非线性分析，该球形网壳结构由于具有矢跨比较大、网格划分较稀疏、存在开洞、有环形框架与之相连这四个不同于常见单层网壳的特点，展现出与常规单层网壳不同的受力特性，其屈曲模态与常规单层网壳不同，结构整体的受力状态以弯曲应力为主。

所得结果通过缺陷模态法以及随机缺陷模态法来考察初始几何缺陷对结构稳定性的影响，所得稳定承载力系数为7.6889，均满足相关规范要求，最终选定模型二（图5）。

(a) 模型一

(b) 模型二

(c) 模型三

图5　第六阶屈曲模态

经过设计施工相协调，最终确认结构形式构造，并进行施工图深化设计。

最后借助BIM可视化技术进行钢结构施工全过程仿真分析，做到技术交底可视化、智能化，以此提高施工质量。

3.2　BIM＋智慧工地技术应用

通过IOT物联网技术，实时采集现场硬件设备的运行数据以及预警情况，实现生产要素数字化。再结合大数据技术，将现场BIM模型与硬件的数据实现互联互通，搭建BIM5D＋智慧工地平台，帮助管理人员实时掌握现场的生产状态、安全生产风险，并通过此平台协助现场的生产、质量、安全等方面的管理（图6）。

图6　智慧工地平台

3.3　创新型管理及应用

基于系统的数字化功能，对施工重难点部位，以模型与可视化施工方案的形式生成对应的交底二维码，以动画配文字说明的形式进行可视化交底。

结合数字化智能工具进行实测实量，并将测量数据与平台进行互联互通，系统会将测量数据对标国标进行数据分析，降低人力物力成本，提高施工效率，确保施工质量（图7）。

图7　数字化实测实量

A109 清远市科技馆与青少年活动中心项目 BIM 技术应用

团队精英介绍

钟宝泉
广东省建筑工程集团有限公司职员

二级建造师
工程师

主要从事现场施工管理工作，负责的项目获得鲁班奖 1 项（广州市黄埔区政府办公楼）、省级优质奖 3 项。

陈一鹏
广东省建筑工程集团有限公司职员

二级建造师
全国 BIM 应用技能等级二级

长期从事建筑工程技术、建筑信息化等相关研究及管理工作，曾参与了众多商业综合体、超高层等的 BIM 管理工作，曾获省建协科学技术奖 2 项，国家级、省级 BIM 大奖 6 项。

刘石胜
广东省建筑工程集团有限公司职员

工学硕士
一级建造师
工程师

长期从事施工现场管理工作，先后主持了清远市城市馆与博物馆、图书馆、科技馆与青少年活动中心钢结构施工设计优化管理。曾获"广联达BIM+智慧工地应用示范项目"优秀组织者、IT 竞赛奖项。

万金屏
广东省建筑工程集团有限公司职员

高校讲师

从事 18 年高校教学及科研工作，20 多年国内外建设工程项目的现场管理等工作。在沙特哈立德国王大学项目担任技术及施工负责人，并获得多项奖项。

陆正兴
广东省建筑工程集团有限公司职员

二级建造师
工程师

一直从事建筑施工、工程技术、信息化等相关研究及管理工作，获省级工法 2 项。

王彦皓
广东省建筑工程集团有限公司职员

工学学士

从事建筑施工、工程技术、信息化等相关研究及管理工作，参与广州国际文化中心项目的建设。

岑伯杨
广东省建筑工程集团有限公司职员

工学学士
一级建造师
土建 BIM 工程师

一直从事建筑施工、工程技术、信息化等相关研究及管理工作，曾获工程建设科技奖二等奖 2 项，省级行业科技奖 10 余项（含一等奖 4 项），省级工法 4 项，授权发明专利 2 项，实用新型专利 23 项。

谢 钧
广东省建筑工程集团有限公司职员

工学学士
一级建造师
高级工程师

一直从事建筑施工、工程技术等相关研究及管理工作，曾获省级行业科技奖 10 余项，省级工法 4 项，授权发明专利 2 项，实用新型专利 10 余项。

劳陈明
广东省建筑工程集团有限公司职员

二级建造师
工程师

长期从事建筑工程施工技术、生产管理工作，参与了广东省建筑工程集团有限公司综合楼工程、广州国际文化中心等项目的建设，曾获广东省建筑业协会科学技术进步奖一等奖。

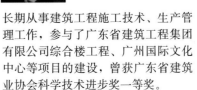

叶展鹏
广东省建筑工程集团有限公司职员

工程师
BIM 建模师

长期从事工程施工技术、质量管理工作，参与了中国南方电网有限责任公司生产科研综合基地工程、广州国际文化中心等项目，参与项目曾获国家优质工程奖，获实用新型专利 7 项。

BIM 正向设计在大型石化钢结构项目设计中的综合应用

华侨大学土木工程学院，厦门新长诚钢构工程有限公司

林炳煌　王卫华　李海锋　霍静思　祁神军　何煜川　赵添福　陈明哲　卢淑婷　郭炎鑫

1　工程概况

1.1　项目简介

该项目是某大型石油化工综合体项目，占地面积约 28 万 m²，采用轻烃裂解技术和先进的聚烯烃技术，生产聚乙烯和聚丙烯等产品，工艺流程复杂，管道系统繁多，预计 2024 年底建成投产（图1）。

本项目钢结构主要有管廊部分和框架部分，区块单体多达上百个（图2）。

图 1　项目设计效果图

图 2　石油深加工联合装置设备钢结构

1.2　单位简介

华侨大学直属中央统战部领导，是中央统战部与国侨办、教育部、福建省共建的综合性大学，被中共中央确定为"国家重点扶植的大学"。

华侨大学土木工程学院成立于 2004 年，其前身是 1964 年创办于福建泉州的华侨大学土木工程系。土木工程为国家级特色专业和福建省高校服务产业特色专业，拥有土木工程一级学科博士点和博士后科研流动站，土木工程一级学科硕士点，2020 年工程学科进入 ESI 世界排名前 5‰。厦门新长诚钢构工程有限公司（NCC）隶属于上市公司日上集团，成立于 1997 年，专业从事钢结构系统的研发、设计、制作、安装与服务，并拥有自主、完善的建筑钢结构及围护配套系统，现已成为中国乃至全世界的重要钢结构制造商。公司资质：钢结构专项设计资质甲级、钢结构工程施工承包资质壹级、钢结构制造企业资质特级。

1.3　工程重难点

石油化工钢结构项目与民用建筑钢结构项目相比，工艺更复杂，设计变更成本更高、修改周期更长。传统设计基于二维剖面图设计，很难从三维角度完全避免钢结构体系与复杂工艺系统或管道系统之间的碰撞或冲突，也给后续的审图或施工环节带来极大的困难。BIM 正向设计可以较好应对上述问题。

2　BIM 团队建设及软硬件配置

2.1　制度保障措施

基于 BIM 平台的小型集成化建筑设计团队建设的模式，将工程项目的 BIM 正向设计在大型石化工程项目中的应用作为团队的核心思想，构建扁平化的网络结构系统，发挥出设计管理的作用，通过网络有效地进行信息的交流与共享。采用校企深度合作模式，由高校教师团队指导，老师和同学们积极探讨在项目综合应用中遇到的相关技术或瓶颈问题，与相关项目设计人员一起开会协调，共同探索BIM正向设计在该项目中的可行性和可操作性。

2.2 团队组织架构（表1）

团队组织架构　　　　　　　表1

姓名	职称
林炳煌	研究生、工程师
王卫华	副教授
李海锋	教授
霍静思	教授
祁神军	副教授
何煜川	讲师
赵添福	研究生
陈明哲	研究生
卢淑婷	工程师
郭炎鑫	工程师

注：左侧列"BIM团队成员"统括以上姓名。

BIM团队成员由熟悉钢结构设计的人员、BIM研究方向的高校师生、企业BIM工程师组成，进行团队合作，多次研讨交流基于石化钢结构具体项目的具体设计应用（图3）。

2.3 软件环境（表2）

软件环境　　　　　　　表2

序号	名称	项目需求＆功能分配
1	Tekla Structures 21.0	三维建模、钢结构深化、详图设计
2	Tekla Structures 2019	三维建模、钢结构深化、设计出图
3	PDMS12.1	设备、工艺、管道三维布置设计管理
4	SAP2000	结构设计分析
5	Revit 2018	三维建模、土建深化
6	Tekla BIMsight	合并建筑信息模型、审查、碰撞校核/动画
7	Trimble Connect	融合建筑信息模型、审查、碰撞校核

2.4 硬件环境（表3）

硬件环境　　　　　　　表3

操作系统	Windows 10（64 位）
内存	8GB
硬盘	240～480GB，SSD
处理器	Intel® Core™ i5 CPU 2+ GHz
显卡	支持两台显示器 如 NVIDIA GeForce GTX 1060
显示器	两台24英寸/27英寸显示器，每台 1920×1200
鼠标	3 键滚轮鼠标，光学
Web 浏览器	Internet Explorer
备份设备	外部硬盘驱动器
网络适配器 （多用户功能）	100MB/s

3 BIM 技术重难点应用

BIM正向设计是指项目从草图设计阶段至交付阶段全部过程都由BIM三维模型完成。抛弃二维的施工图，直接先做三维模型然后在需要的时候，再导出二维图纸或者节点图纸。后续的平面设计图和施工图等均可基于该三维BIM模型直接生成。当在三维BIM模型中提前发现碰撞或其他设计变更问题时，可直接在计算机的三维BIM模型中进行修改。所涉及的设计图、深化加工图等自动关联修改完成，从而避免传统的设计变更环节所带来的大量人工成本和时间成本消耗。

3.1 BIM 正向设计应用实例

以某标段 4150 区块 ES-01 号石油深加工联合装置钢框架为例，综合应用 BIM 正向设计流程。

（1）本项目单体结构、管道、设备、工艺复杂，钢结构设计与其他专业之间要频繁地互相参考，设计精度要求较高，PDMS 与 Tekla 之间需要频繁地转换模型，碰撞检查，全专业模型优化布置设计，且基于 Tekla 软件在设计钢结构方面的便利性，采取以 Tekla 钢结构设计为主导的多专业综合设计模式，BIM 三维正向设计流程如图 3 所示。

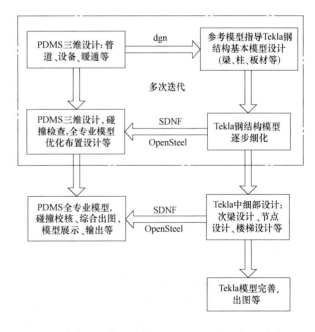

图 3　多专业综合设计模式下 BIM 三维正向设计流程

（2）采用 PDMS 进行设备工艺管道三维设计模型，PDMS 和 Tekla 接口主要采用 SDNF 或 dgn 数据格式，设备工艺管道设计模型导入 Tekla 软件中。

（3）采用 SAP2000 进行结构设计和分析，本区块单体结构分析和设计结果，通过 SDNF 中间格式，使用自动接口程序与 Tekla 进行数据导入导出转换，设计分析模型转换为 Tekla 结构模型。

（4）使用 Tekla BimSight（Trimble Connect）合并各专业模型审查、碰撞校核（图 4），共享信息，沟通交流，发送和接受信息并协调所有项目参与者。发现的冲突或碰撞问题，及时通过平台系统发布给相关工艺部门确认，及时协调最优调整方案，并体现在各自的最新 BIM 信息模型中，然后再进行新一轮的融合、审查，直至各相关工艺满足设计要求，修改后的融合模型如图 5 所示。

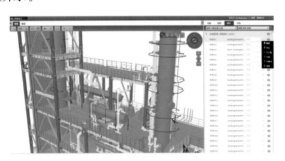

图 4 碰撞冲突检查过程

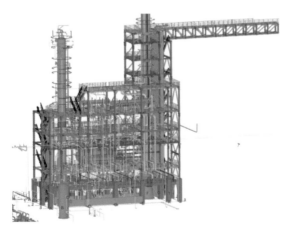

图 5 设备工艺管道专业模型和结构专业模型合并后的融合模型

（5）Tekla 结构模型完善出图。利用 Tekla 模型和内置信息，自动生成所需要的设计和深化加工图档。在需要的环节，直接导出二维图纸或者是节点的详细设计或深化加工图纸和构件清单报表等。

3.2 BIM 价值点应用分析

（1）本项目以 BIM 三维信息模型作为主要的成果载体，实行了"一模多图"的正向设计流程。采用 BIM 软件 Tekla 自动生成的图档，经过稍微调整后，即可符合客户的出图要求，用 Tekla 软件出图后输出 CAD 无须进行修改即可进行交互和阶段设计图交付。同时 BIM 三维信息模型也被用于施工深化、成本算量、后期运维等环节中，大大减少了因碰撞或工艺等原因导致的传统图纸的复杂变更问题，极大地提高了设计环节的沟通协调和改图效率。

（2）本项目采用 BIM 技术正向设计节省了大量工作时间，将工作前置，节省设计周期。而传统设计模式中设计周期较长，需要按照先后顺序，依次完成建筑设计、结构、设备等模型的搭建，设计耗时长。

（3）BIM 协同设计：不同的专业可在 BIM 协同平台平行设计，同时进行建筑、结构、设备等模型的设计和建模工作，大大缩减了设计周期，提高了协同工作性能。

3.3 经验总结

如果工艺管道的变更不是基于 BIM 三维模型，则会导致更多的设计图变更工作量。但在本项目使用了 BIM 设计方法，参与人员深切感受到了 BIM 正向设计中沟通的便捷、高效。融合协调后的模型经深化设计后可顺利加工，不会再遇到重大的结构、工艺碰撞、模型修改或设计变更。对比没有采用 BIM 正向设计的相似工程项目，至少可减少 30% 的设计变更周期。

通过该项目的顺利实施，表明 BIM 正向设计在大型石化钢结构项目设计中的综合应用具有设计和施工效率高、综合效益显著的优势。

B112 BIM 正向设计在大型石化钢结构项目设计中的综合应用

团队精英介绍

林炳煌
华侨大学土木工程学院在职研究生
厦门新长城钢构工程有限公司设计工程师

工学学士
注册建造师

长期从事钢结构设计、深化工作，参与负责了100多个国内外钢结构项目，企业技术骨干。在职攻读工程硕士，研究方向：装配式建筑、BIM技术。

王卫华
华侨大学土木工程学院
副教授

工学博士
硕士生导师

主要从事钢结构与组合结构力学性能、结构分析、抗火及装配式建筑等方向的研究工作。全国再生混凝土学术交流委员会委员、福建省消防协会专家，获福建省科技进步一等奖和二等奖各1项，主持和参与多项国家和省部级课题，获批国家专利10余项，《Construction and Building Materials》《Fire and Materials》《International Journal of Steel Structures》《Journal of Structural Fire Engineering》《土木工程学报》《建筑结构学报》《建筑结构》《建筑钢结构进展》等期刊审稿人。

李海锋
华侨大学土木工程学院
副院长、教授

博士生导师
一级注册结构工程师

中国建筑金属结构协会教育分会常务委员、中国钢结构协会结构稳定与疲劳分会理事。主要从事钢结构教学与研究工作，发表学术论文40余篇。主持国家自然科学基金项目2项。

霍静思
华侨大学特聘教授

工学博士
博士生导师

中国土木工程学会工程防火技术分会理事。长期从事结构工程专业的教学和科研工作。主持国家自然科学基金面上项目3项。发表国内外期刊论文和学术会议论文100多篇，获得发明专利和实用新型专利各2项。

祁神军
华侨大学土木工程学院
副教授

工学博士
硕士生导师

中国建筑学会BIM专业委员会委员。致力于工程项目管理教学与研究工作。参与编著了《工程经济》《项目管理》等教材，发表学术论文100余篇。主持（参与）国家自然科学青年基金项目1项、福建省自然科学青年基金项目1项、厦门市项目2项。

何煜川
华侨大学土木工程学院
土木工程系讲师

工学博士

长期从事钢结构工程的教学、设计与研究工作，主要研究方向为薄壁钢结构及防火，主持并参与多项国家自然科学基金项目。

赵添福
华侨大学土木工程在职硕士闽南建筑设计有限公司厦门分公司负责人

工程师
建造师

主要从事结构设计、古建筑设计、村庄规划配套设计工作，参与住宅、公共建筑、文旅建筑及古建筑等多种类型的建筑设计，独立负责相关项目的设计工作。

陈明哲
华侨大学土木工程在职硕士研究生

工程硕士
工程师

主要从事钢结构深化设计、建筑信息化相关工作。

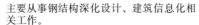

卢淑婷
厦门新长诚钢构工程有限公司深化设计工程师

工学学士
工程师

主要从事钢结构深化设计、建筑信息化相关工作。

郭炎鑫
厦门新长诚钢构工程有限公司深化设计工程师

工学学士
工程师

主要从事钢结构深化设计、建筑信息化相关工作。

锡林郭勒盟蒙古族中学新校区——大跨度钢结构 BIM 应用

西安建工绿色建筑集团有限公司

崔鹏　李明洁　杨丹　谢磊　韩泽铭　张瑞华

1　工程概况

锡林郭勒盟蒙古族中学新校区建设项目（图 1）位于锡林浩特市新区，占地面积约 160282.37m²，包括教学楼 A 栋 5F/−1D，教学楼 B 栋 4F、教学楼 C 栋 4F/−1D、实验楼 4F、科技艺术楼 4F、文体中心 2F、学生宿舍 5F、教师公寓 4F、食堂 3F、体育场看台 1F。工程总建筑面积约 94999.99m²。工程目标为确保"草原杯"，争创鲁班奖。

其中教学楼 A 栋桁架跨度 47.1m，文体中心桁架跨度 36m。教学楼 A 栋 B 型管桁架为 101t。

图 1　项目效果图

2　公司简介

西安建工绿色建筑集团有限公司是由原西安建工第四建筑公司、西安建构、伟宏钢构、大唐钢构合并改制而来，是西安建工集团旗下二级集团。2017 年与绿地控股集团开展战略合作，成为绿地控股集团成员企业。

公司于 2014 年在西安建工集团范围内率先引入 BIM 技术，积极开展 BIM 应用落地工作，积极参与行业技术交流活动，注重技术创新，获得了多项殊荣。

3　项目重难点

桁架布置见图 2。

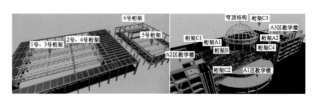

图 2　桁架布置示意图

（1）桁架结构形式各异，整体跨度大。

由于教学楼 A 栋钢结构桁架造型多样（图 3），由三种管桁架及穹顶造型钢结构组成，管桁架整体跨度为 49.2m。在项目施工前期，需确定吊装方案，根据吊装方案确定管桁架拼接方案。

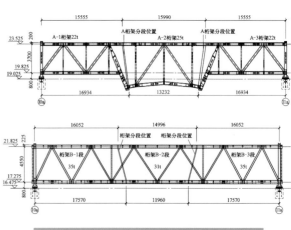

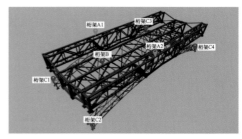

图 3　桁架造型

（2）桁架分段安装需设置临时支撑，支撑架位于斜屋面上，支撑稳固难度大。

教学楼 A 栋桁架施工前，需要在斜屋面上搭设临时支撑架，为了能够直观地反映施工中的难点问题，通过三维模型预排布，设置搭设方案，结合技术部人员完成临时支撑架底座设置，见图4。

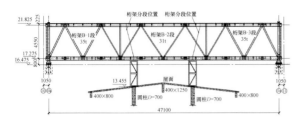

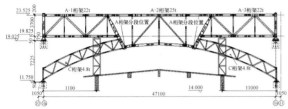

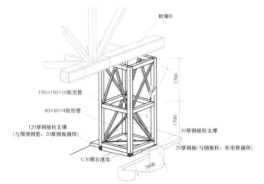

图4　临时支撑架

（3）现场拼装焊接工作量大，多处存在高空焊接。

图5为文体中心管桁架吊装，可以看出拼接基本是在高空完成，在前期，通过三维模型的游览及方案的探讨，预先发现危险源，充分考虑了高空焊接的安全措施。

图5　文体中心管桁架吊装

（4）总包要求专业分包必须应用BIM技术。

4　组织策划及应用

（1）软硬件配置见表1。

软硬件配置　　　　　　　　　　　　　　　　　　　表1

序号	名称	项目需求	功能分配	
软件配置				
1	Revit 2017	项目三维信息集合	专业建模	建模
2	PBDP	项目基础数据管理平台	信息协作平台，BIM进现场的纽带	平台
硬件配置				
3	组装台式机	项目模型组建	模型构建等三维数据处理	内业
4	移动工作站	轻量化BIM模型应用	轻量化模型应用、成果展示等	
5	移动手持端	模型语言表达	PBDP管理平台数据收集及处理	硬件
6	阿里云服务器	运维平台	运营维护	云服务器

（2）BIM应用团队配置见图6。

图6　BIM应用团队配置

（3）数据协同PBDP系统平台应用。

本平台为公司BIM中心研发的基于BIM的信息数据协同管理平台，根据合同及内部管控要求，实施的过程中随时搜集项目的进度信息（包括工程进度、成本、资金审核支付），将实际成本与计划进行对比，提前预测项目中可能出现的风险，及时进行预警，对偏差及时予以纠正，使得项目总在计划的轨道上前进，切实保证项目的工期、成本和质量。同时集团公司对项目进行集成管理，实现项目的全过程动态管理和关键节点预警、管理服务工作预警，做到事前控制，通过定期检查和预警机制对项目及时进行监督和管控，真正实现对项目计划的全过程动态管控。

（4）投标阶段应用。

在投标阶段运用 BIM 技术，将施工图纸快速进行建模，并根据模型进行投标阶段的技术应用。

由于该项目的钢结构图纸较为复杂，预算人员对图纸的熟悉需要时间，通过建立模型，能够利用三维模型非常直观地游览项目概况，帮助管理人员熟悉图纸，同时能够提取模型基础信息，辅助预算人员了解该项目的工程量。

（5）施工阶段 BIM 应用。

在施工阶段运用 BIM 技术，由于在投标阶段模型已经建立完成，在原先模型的基础上，施工管理人员通过模型，细化施工吊装方案，BIM 技术人员配合完成专家论证。图 7 为文体中心方案模拟吊装与实际对比。

图 7　文体中心方案模拟吊装与实际对比

由于教学楼 A 栋跨度太大，前期的初步吊装方案无法满足要求，我们根据模型进行施工方案优化，将施工顺序及吊装方案用三维的方式进行描述，并根据模型演示的施工方案进行桁架拆分分段，指导加工厂拆分，见图 8、图 9。

教学楼 A 栋钢结构最终吊装方案节点展示见图 10。

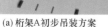
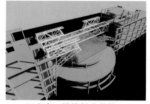

(a) 桁架A初步吊装方案　　(b) 桁架A最终拆分吊装

图 8　桁架 A 吊装方案优化

(a) 桁架B初步吊装方案　　(b) 桁架B最终拆分吊装

图 9　桁架 B 吊装方案优化

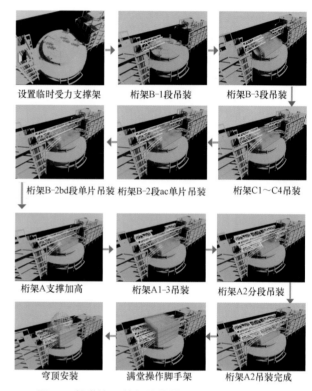

图 10　教学楼 A 栋钢结构最终吊装方案节点展示

5　总结

（1）BIM 模型的建立，是对设计图纸的一次校对审核过程，在项目刚开始的阶段保证设计图纸的准确性。

（2）BIM 模型的分段分块，是对工厂加工过程的指导，提前解决各单元件干涉或者缝隙过大问题，预留焊接缝隙，模拟焊接工位，检查板单元间错缝是否正确合理。

（3）BIM 模型的曲面展开，可提高提料的准确性，节省材料，提高材料的利用率。

（4）BIM 模型能够随时快速准确测量出每一个单元件的外形尺寸和质量，快速计算起吊及运输能力，模拟现场安装工况，确定合适的起吊点及吊车站位。

B114 锡林郭勒盟蒙古族中学新校区——大跨度钢结构 BIM 应用

团队精英介绍

崔 鹏
西安建工绿色建筑集团有限公司 BIM 中心
主任

工程师
陕西 BIM 发展联盟委员会专家

从事 BIM 技术应用工作 7 年，参与本集团 BIM 中心组建工作，先后获得国家级、省市级各类 BIM 大赛奖项 30 余项。

李明洁
西安建工绿色建筑集团有限公司 BIM 中心员工

助理工程师

从事 BIM 工作 7 年，主要负责视频输出，为公司创优报奖提供各类汇报视频材料。

杨 丹
西安建工绿色建筑集团有限公司 BIM 中心员工

助理工程师

长期从事钢结构施工技术工作，从事 BIM 工作 3 年，主要负责钢结构技术现场应用指导。

谢 磊
西安建工绿色建筑集团有限公司 BIM 中心员工

工程师

从事 BIM 工作 6 年，参与众多项目 BIM 技术应用工作，主要负责模型搭建工作。近年来获得各类型 BIM 大赛奖项多项。

韩泽铭
西安建工绿色建筑集团有限公司 BIM 中心员工

助理工程师

从事 BIM 工作 4 年，参与众多项目 BIM 技术应用工作，并荣获国家级、省市级各类 BIM 大赛奖项多项。

张瑞华
西安建工绿色建筑集团有限公司技术质量部部长

高级工程师
一级建造师
陕西省钢结构协会专家

长期从事钢结构施工技术工作，参与众多公司重点钢结构项目技术管理工作。获多项省级工法、专利，发表多篇论文。2020 年率领团队获得中国钢结构金奖。

复杂造型钢结构工程 BIM 应用

中国建筑第八工程局有限公司钢结构工程公司

石帅　付洋杨　徐晓敬　杨文林　唐颖　汤辉　彭成波　胡玉霞　嵇枫婷　张燕妮

1　工程概况

1.1　项目简介

项目地点：嘉兴市南湖区（图1）。

项目时间：2020年5月～2021年12月。

建筑面积：26万 m^2。

本工程为钢框架结构，分为塔楼和裙房区域，其中塔楼共14层，建筑高度为55m，裙房为3～5层，建筑最高处为22.83m，主要用途为办公、酒店、商业、公交站等。

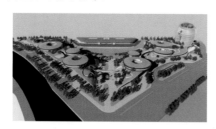

图1　项目效果图

本工程钢结构主要集中在南广场区域，南广场钢结构由塔楼和裙房及玉玦组成。

塔楼外立面造型为蛋壳形。钢柱材质为Q355B、Q345GJB，核心筒钢柱为矩形管，截面为□550×550×30×30，柱间设置BRB支撑。外框为变截面圆管柱，为配合建筑效果，外框柱皆为曲柱。裙楼钢结构由地上2层和屋面层及玉玦造型组成，玉玦柱通过裙房屋面层转换梁的形式实现荷载传递。裙房钢材主要材质为Q355B，最大跨度约21m，最重构件单重约为15t。总用钢量约为2万t（图2）。

图2　钢结构效果图

1.2　公司简介

中国建筑第八工程局有限公司钢结构工程公司是隶属于中建八局的专业公司，拥有钢结构设计院、钢结构制造厂（制造特级）、检测中心、自有劳务公司、吊装公司，是集设计、科研、咨询、施工、制造于一体的国有大型钢结构公司。公司总部设于上海浦东。公司是中国钢结构协会、中国建筑金属结构协会、上海市金属结构行业协会的会员单位，是《钢结构》《施工技术》《建筑施工》杂志社理事单位，上海市高新技术企业。

1.3　工程重难点

（1）难点一：政治意义大、社会关注度高、工期特别紧、施工组织难度大。

项目用钢量在2万t左右，高峰时期有约500名钢结构工人施工，在近一个月时间内完成近1万t产量，同时穿插数十个专业同步作业，场地小，交通条件差，组织协调难度大。

（2）难点二：结构造型复杂，确保构件加工、安装精度是难点。

主要体现在：

1）转换之多：玉玦柱通过裙房屋面层环形梁及外包柱脚等形式进行转换，平面布置各异，没有相同节点。

2）双曲之多：裙房中轴线附近屋面均为双曲屋面，从2层顶面直接延伸至地面，给深化、加工及安装带来极大难度。

3）异形之多：C1、C2边线为毫无规律的曲线，还存在大量不规则天井、洞口等造型，致使节点各不相同，构件很难存在相同件。

（3）难点三：双曲屋面楼板施工是难点。

C1/C2中轴线附近坡屋面一直从2层屋面延伸至室外地面，楼板呈双向扭曲面。造型复杂且毫无规则，楼板施工困难。

2 BIM团队建设及软硬件配置

2.1 制度保障措施

团队人员依据中国建筑第八工程局有限公司钢结构公司BIM实施细则、公司BIM标准，编制BIM策划实施方案等，保证项目BIM应用的顺利实施。

2.2 团队组织架构

根据项目特点，将BIM团队分为三个层级。

项目层级：负责BIM实施整体方向把控，按项目进度计划把控建模进度，对加工厂、现场作业情况进行实时监控。

公司层级：根据项目特点进行BIM深化、出图，整合模型，进行施工进度模拟、碰撞检查、协同平台管理等。

设计层级：钢结构模型搭设，节点设计与优化，根据现场重难点提供技术支持（图3）。

图3 团队组织架构图

2.3 软件环境（表1）

软件环境　　　　　　表1

序号	名称	项目需求	功能分配	
1	Revit 2018	完成项目前期审图、建模	结构、建筑	建模
2	Tekla 20.0	设计优化、异形结构深化	结构	建模、出图
3	3d Max	可视化交底	结构、建筑	建模、动画
4	C8BIM	协同工作	结构、建筑	质量、安全、进度管理

2.4 硬件环境

（1）移动工作站。CPU：i7 4770，RAM：32G，硬盘：256G SSD＋2T HDD

工作内容：钢结构BIM处理、交流学习。

（2）专业工作站。CPU：i7 4770，RAM：32G，硬盘：256G SSD＋2T HDD

工作内容：复杂模型处理、专业计算。

（3）BIM数据中心。CPU：i7 4770，RAM：32G，硬盘：8T HDD

工作内容：文件资料保存、协同工作。

3 BIM技术重难点应用

3.1 复杂造型出图

针对复杂造型，先用Rhino软件建好建筑轮廓模型，导出DWG文件，在Tekla软件中使用参考模型形式导入，在3D视图状态下，进行钢结构杆件放样定位，再配合结构图纸深化钢结构节点，建模完成后，创建图纸，调制成加工和安装图纸，实现了对造型复杂区域钢结构的精确深化，加快了深化效率（图4、图5）。

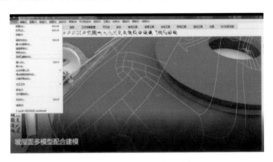

图4 Rhino软件建模

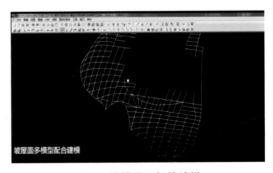

图5 线模导入杆件放样

3.2 模拟复核

将钢结构模型导入Rhino软件中，模拟钢结构与UHPC碰撞复核，将复核结构及时反馈至原设计单位，做出相应变更，减少了后期冗余工作，降低了材料损耗，并且大幅缩短了施工周期（图6）。

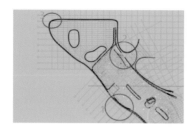

图6　碰撞复核

3.3　钢连桥阻尼器模拟

使用桥梁模态测试分析系统确定桥梁一阶固有频率为3.906Hz，将固有频率输入SPA2000对连桥进行有控、无控状态分析，确定阻尼器参数，调节钢连桥使用频率。

最后使用桥梁模态测试分析系统对阻尼器的减震效果进行测评。将系统的无线采集器放在各测点位置，设置通道参数后，平衡清零后同步采集，窗口选择频谱布局，观察振动时域波形和FFT平均谱（图7、图8）。各个测点TMD安装前后频率幅值比对TMD对连桥振动降幅达到了90％，降幅明显。

图7　测点分布

图8　模拟结果

3.4　结构安装精度复核

利用三维扫描技术对复杂造型区域进行安装精度复核，对已安装结构进行扫描，将扫描出的模型与原模型进行对比，出现偏差及时校正，将结构的误差控制在±6mm以内，保障复杂造型结构的安装精度（图9）。

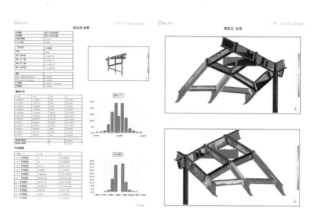

图9　扫描结果（示意图）

3.5　钢连桥加工、安装模拟

钢连桥为一个主钢箱体和两翼梯形箱体构造。箱体由四周钢板、横向加劲板、竖向加劲板、维修孔洞、阻尼器安装托板、封口板等零件组成，且整体呈双曲造型，加工、安装复杂，利用3d Max模拟加工安装过程，理清各部件施焊顺序，保障桥梁顺利安装。与施工队伍进行可视化交底，明确施工步骤、施工工期、施工场地布置等，直观、清晰地了解整个施工过程（图10）。

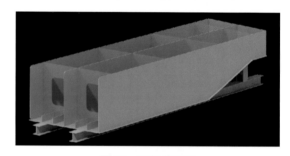

图10　可视化交底

3.6　协同平台二维码管理

利用C8BIM协同管理系统，对钢构件进行二维码编号。对构件的名称、材质、加工时间等信息，实时上传至云端。让各级管理人员可以查看现场钢结构生产情况。同时，附加安装交底等相关资料，方便现场管理人员、作业人员及时查看技术资料，提高各级管理人员效率。

A116 复杂造型钢结构工程 BIM 应用

团队精英介绍

石 帅
中国建筑第八工程局钢结构公司项目总工

一级建造师
一级造价师

从事钢结构技术工作 6 年，参与了徐州综保区、嘉兴火车站等项目技术管理工作。获得中国钢结构金奖 1 项，实用新型专利 3 项，发表论文 2 篇，获得各类 BIM 大赛奖项 2 项。

付洋杨
中建八局钢结构工程公司科技部业务经理

安全工程师
BIM 建造师

从事 BIM 管理 9 年，先后主持或参与上海国家会展中心、天津周大福金融中心等项目的 BIM 工作。荣获省部级及以上 BIM 奖项 34 项，专利授权 17 项，发表论文 4 篇。

徐晓敬
中建八局钢结构工程公司项目技术主管

助理工程师
BIM 项目管理二级

主要从事分公司 BIM 统筹及三维动画管理工作，主导项目 BIM 大赛的申报、创优动画制作及 BIM 技术培训与推广。先后获得国家级及省级 BIM 奖项 9 项。

杨文林
中建八局钢结构工程公司科技部业务经理

助理工程师
BIM 建模员

主要从事公司 BIM 管理工作，搭建公司三维模型库，主导项目 BIM 大赛的申报、创优动画制作及 BIM 技术培训与推广。

唐 颖
中建八局钢结构工程公司项目经理

工学学士
工程师

长期从事钢结构施工管理工作，先后参与厦门世茂双子塔、嘉兴火车站区域提升改造等项目。获中国钢结构金奖 1 项，授权发明专利 2 项，实用新型专利 4 项，省部级科技成果数篇。

汤 辉
中建八局钢结构工程公司设计研究院项目负责人

助理工程师

主要从事钢结构深化设计管理工作，先后参与了上海国家会展中心、蚌埠体育中心、天津国家会展中心、嘉兴火车站、宁波会议中心等项目的深化设计及管理工作，荣获 BIM 技术应用大赛专项奖，专利技术 1 项。

彭成波
中建八局钢结工程公司设计院结构所主任

一级结构工程师
高级工程师

长期从事钢结构设计、结构优化、施工验算等工作，发表论文 10 余篇，授权专利 2 项。

胡玉霞
中建八局钢结工程公司项目技术主管

助理工程师

主要从事分公司 BIM 管理及三维动画工作。管理分公司三维模型库的建立与维护，先后获得国家级及省级 BIM 奖项 5 项。

嵇枫婷
中建八局钢结构工程公司项目技术主管

助理工程师
BIM 项目管理二级

主要从事分公司 BIM 管理及三维动画工作。管理分公司三维模型库的建立与维护，先后获得国家级及省级 BIM 奖项 5 项。

张燕妮
中建八局钢结构工程公司
项目商务经理

助理工程师

主要从事项目商务工作，进行技术上的商务策划指导，为项目创造利润空间的经济效果，获得嘉兴市总工会颁发的先进个人奖。

大跨曲线跨河连续钢箱梁架设 BIM 研究

中建八局钢结构工程公司

付洋杨　杨文林　徐晓敬　孙晓伟　史伟　赵阳　胡玉霞　嵇枫婷　衡成禹　程笑

1　工程概况

1.1　项目简介

项目位置：绍兴市越城区镜水路立交东侧，越东路西侧（图1）。

开、竣工日期：2019 年 6 月 20 日～2021 年 12 月 31 日。

功能：双向 6 车道高架主线。

长度：696m。

结构形式：大跨曲线跨河连续钢箱梁。

二环北路及东西延伸段智慧快速路工程设置四个联次的大跨曲线跨河连续钢箱梁，均为三跨简支连续钢箱梁组合形式。钢箱梁立面为二次抛物线变高度样式，平面为自由曲线＋缓和曲线形式，宽度为 18～27m，最小曲率半径 300m，属于典型的空间双向扭曲钢结构。

图 1　项目效果图

1.2　公司简介

中建八局钢结构工程公司作为中建八局旗下的专业直营公司，不断打造多元化的产业结构及全产业链的商业模式，发展成为具备综合设计与咨询、制造加工、施工安装及维护维修等能力的全生命周期钢结构工程服务商。拥有钢结构设计院、钢结构制造厂（制造特级）、检测中心、自有劳务公司、吊装公司，是集设计、科研、咨询、施工、制造于一体的国有大型钢结构公司。跟随国内外大政策和中建八局版图规划，先后成立了 7 大重点区域经理部以及海外分公司，不断扩宽市场领域，为中国建筑走向世界而不断努力。

1.3　工程重难点

（1）钢箱梁体积大、质量大、分节长，制造、运输、现场拼装工艺要求高。

解决措施：采用多种三维建模软件进行深化设计，合理分段，采用倒装胎架整体拼装，现场采用正装二次拼装，确保满足设计线型要求。

（2）采用不对称龙门式起重机和架桥机组合吊装方法进行施工，桥面高低差大、分节重量大、稳定性、精度要求高。

解决措施：采用不对称龙门式起重机＋架桥机组合工法安装，结合地质及钢箱梁结构，确定水中临时支墩的位置及结构形式，使用架桥机过孔施工，架设过程中通过不断调节垫块高度解决高低差问题。

（3）大跨曲线跨河连续钢箱梁施工过程中受力情况十分复杂，施工危险性大。

解决措施：利用 Midas 建立施工过程中每个阶段的模型，进行有限元分析和施工过程模拟，计算最不利工况，对重点工序进行精确控制，防止施工过程出现较大变形或重大安全事故。

2　BIM 团队建设及软硬件配置

2.1　制度保障措施

根据公司 BIM 实施细则和公司钢结构 BIM 标准建立项目 BIM 实施方案，有效指导 BIM 技术的落地实施，规范 BIM 应用，综合提升项目的管理水平。

2.2　团队组织机构（图2）

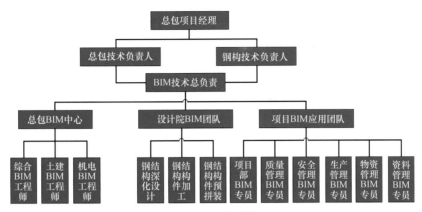

图2　组织机构图

2.3　软件、硬件环境（表1、表2）

		BIM 软件环境	表 1
序号	名称	项目需求	功能分配
1	CATIA V5	复杂曲面曲线建模	结构
2	Revit 2016	土建建模	建筑、结构
3	Tekla 19.0	异形结构深化	结构
4	Midas Gen	结构计算	有限元分析
5	3ds Max	动画演示	三维渲染
6	BIM 平台	文档资料管理、协同工作	数据中心

		BIM 硬件环境			表 2
序号	设备名称	CPU	RAM	硬盘	工作内容
1	移动工作站	i7 4770	32G	256G SSD +1T HDD	BIM 实施处理,交流学习
2	专业工作站	i7 4770	32G	256G SSD +1T HDD	复杂模型处理,专业计算
3	BIM 数据中心	i7 4770	32G	8T HDD	文件资料保存,协同工作

3　BIM 技术重难点应用

3.1　多软件建模实践应用

钢箱梁竖曲线为二次抛物线，预拱度包含设计预拱度和施工预拱度，综合运用 Catia、Auto-CAD、Revit、Tekla 等多种 BIM 软件，利用数字化技术将竖曲线、隔板线与预拱度进行空间叠加，将平面的竖曲线转化为空间类型的竖曲线（图3），并最终建立大跨曲线跨河钢箱梁三维模型（图4）。

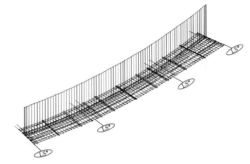

图3　竖曲线预拱度叠加

图4　大跨曲线连续钢箱梁模型

根据预定的安装方案将三维模型进行三个方向的切割，并形成安装的分段。

对三维模型进行操作，利用二次开发程序提取顶板、底板和腹板对应隔板位置的坐标以及其他控制点坐标，形成倒装胎架模型（图5），指导加工厂进行钢箱梁的加工制作拼装，用以保证钢

图5　倒装胎架模型

箱梁加工制作的精度要求。同理还可以提供出正装胎架模型，用以指导现场安装。

3.2 BIM＋GIS 和 BIM＋VR 技术实践应用

（1）BIM＋GIS 进行平面布置规划

利用无人机拍摄的正射和斜射影像快速生成点云模型，结合 GPS 全站仪放线，进行二拼场地的规划，统筹考虑施工现场环境，选择最佳场地位置。在三维 GIS 系统中将 BIM 数据与地形数据相融合，实现平面中相关机械设备场地的系统性结合与应用（图6）。

图 6 BIM＋GIS 实现现场平面布置

（2）BIM＋VR 进行施工过程模拟

BIM 是通过数字信息模拟建筑的真实信息。VR 是利用电脑模拟产生一个三维空间的虚拟世界，为使用者提供关于视觉、听觉、触觉等感官的模拟。

采用 3d Max，将施工过程中的工序进行有序的安排，按照施工流程图进行每个工序的三维动画模拟，将未发生的工序进行虚拟的模拟，呈现出实际施工过程的建造 VR 演示（图7）。

结构施工阶段，项目可通过 VR 进行现场 CI 策划、工序可视化交底、虚拟现实漫游，将龙门式起重机和架桥机以及现场拼装、运梁和架设的工序进行三维呈现。现场施工管理人员和工人可真实地了解每个工序的关键控制点，在施工过程中进行质量和安全控制。

图 7 BIM＋VR 进行施工过程模拟

3.3 有限元分析

（1）临时结构施工模拟计算

根据 BIM 模型数据和有关设计参数，利用 Midas 软件进行临时结构的施工验算，按照吊装、过孔两种工况进行分析计算（图8）。分析在两种工况下的支撑反力、支撑变形和支撑应力比，反向验算施工过程选择的材料和规格的可行性，保证施工过程的安全可靠。

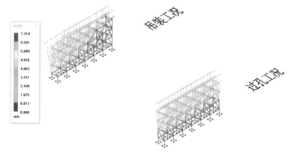

图 8 临时支撑有限元分析验算

（2）施工过程模拟计算

为对整个施工过程进行全面控制，利用 Midas 软件对安装和卸载过程的全桥变形、弯矩、剪力和应力进行分析（图9）。

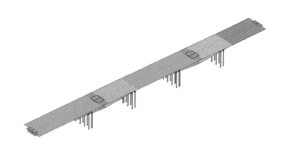

图 9 安装过程有限元分析验算

3.4 BIM 工程量计算和成本管控

基于 BIM 软件进行钢结构工程量的快速计算，方便进行材料计划的安排和工程预算清单的编制，便于对整个工程自投标到竣工结算全过程的成本管控。BIM 软件所提供的工程量信息不仅包括构件编号，零件编号，材质，长度，总重和螺栓、栓钉、焊缝等的计算和数量统计信息，同时还便于制定采购计划和劳务用工计划，增强建造成本的计划性和可控性。

A117 大跨曲线跨河连续钢箱梁架设 BIM 研究

团队精英介绍

付洋杨
中建八局钢结构工程公司科技部业务经理

注册安全工程师
工程师
BIM 建模师

从事 BIM 管理 9 年，先后主持或参与上海国家会展中心、桂林两江国际机场、重庆来福士广场、天津周大福金融中心等项目的 BIM 工作。荣获省部级及以上 BIM 奖项 34 项，专利授权 17 项，发表论文 4 篇。

杨文林
中建八局钢结构工程公司科技部业务经理

助理工程师
BIM 建模员

主要从事公司 BIM 管理工作，搭建公司三维模型库，主导项目 BIM 大赛的申报、创优动画制作及 BIM 技术培训与推广。

徐晓敬
中建八局钢结构工程公司项目技术主管

助理工程师
BIM 项目管理二级

主要从事分公司 BIM 统筹及三维动画管理工作，主导项目 BIM 大赛的申报、创优动画制作及 BIM 技术培训与推广。先后获得国家级及省级 BIM 奖项 9 项。

孙晓伟
中建八局钢结构工程公司项目技术总工

一级建造师
工程师

从事钢结构施工研究工作，先后参与南宁吴圩国际机场、广西文化艺术中心等项目钢结构施工。获得中国钢结构金奖 3 项，实用新型专利 5 项，发表论文 5 篇。

史 伟
中建八局钢结构工程公司项目经理

一级建造师
工程师

从事钢结构施工研究工作多年，先后参与蚌埠市体育中心工程、南部新城冶修二路桥工程等。获得中国钢结构金奖 3 项，鲁班奖 1 项，上海市金钢奖 4 项，发明专利 1 项，实用新型专利 10 项，发表论文 10 余篇。

赵 阳
中建八局钢结构工程公司技术主管

助理工程师

从事钢结构施工研究工作，先后参与蚌埠市体育中心工程、南部新城冶修二路桥工程等项目钢结构施工。获得中国钢结构金奖 1 项，实用新型专利 2 项，发表论文 13 篇。

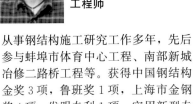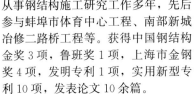

胡玉霞
中建八局钢结构工程公司项目技术主管

助理工程师

主要从事分公司 BIM 管理及三维动画工作。管理分公司三维模型库的建立与维护。先后获得国家级及省级 BIM 奖项 5 项。

嵇枫婷
中建八局钢结构工程公司项目技术主管

助理工程师
BIM 项目管理二级

主要从事分公司 BIM 管理及三维动画工作。管理分公司三维模型库的建立与维护。先后获得国家级及省级 BIM 奖项 5 项。

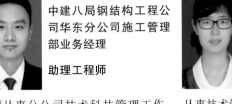

衡成禹
中建八局钢结构工程公司华东分公司施工管理部业务经理

助理工程师

主要从事分公司技术科技管理工作，协助项目方案编制、科技前期策划及创优申报，先后取得授权专利 4 项，发表论文 4 篇。

程 笑
中建八局钢结构工程公司科技部业务经理

一级建造师
工程师
BIM 建模师

从事技术管理工作 4 年，授权实用新型专利 11 项，受理发明专利 2 项，BIM 奖 6 项，参与 2 项成果评价，均达到国际领先水平。荣获 2020 年度公司级优秀员工。

智建琼顶，扬帆远航

浙江大地钢结构有限公司，龙元明筑科技有限责任公司

裴传飞　田云雨　伍侯达　汪爱园　郑建敏　赵峰　李晓明　赖伍丰　郭关海　莫汤伊

1　工程概况

1.1　项目简介

项目地点：海南省海口市长秀片区长秀大道以北、经二路以东（图1）。

图1　项目效果图

建筑面积：总建筑面积 7.8 万 m²，其中地上建筑面积 6.5 万 m²（地上 6 层），地下建筑面积 1.3 万 m²（地下 1 层）。

结构类型：混凝土框架减震-钢屋盖结构。

建筑功能：海口市五源河文体中心具备举办全运会等全国性以及单项国际比赛等功能。

钢结构概况：海口市五源河文体中心体育馆钢结构屋盖整体造型呈渔船形，采用辐射型鱼腹式桁架结构，中央大跨屋盖由 28 榀辐射式桁架和中央刚性环组成，桁架之间通过环梁连成一个整体共同受力。屋盖荷载通过 40 根内环钢柱传递至下部的混凝土看台，体育馆外圈由 32 根 Y 形柱相互连接形成一个圆锥形结构，内圈看台上钢柱与外圈 Y 形柱通过桁架或单梁连接，与中央大跨屋盖形成一个完整的结构体系（图2）。

1.2　公司简介

大地钢构成立于 1994 年 3 月，是中国国内一流、国际知名的钢结构大型专业化制造企业，公司集最先进的钢结构设计、采购、制作、检测、运输、安装技术于一体，具有建筑工程施工总承

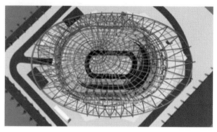

图2　钢结构概况

包一级、钢结构工程专业承包一级、建筑幕墙工程专业承包壹级、建筑装修装饰工程专业承包贰级、轻型钢结构专项设计甲级、中国钢结构制造特级资质，并通过 ISO9001、ISO14001、OHSAS18001 国际质量、环境、职业健康安全体系认证，美国钢结构协会 AISC 认证，欧洲联盟 CE 认证以及俄罗斯 GOST 认证，是国家钢结构领域高新技术企业。

公司致力于全球范围内超高层、大型体育场馆及文化设施、会展中心、机场火车站等大型公共建筑、大型电力、重型厂房、桥梁、非标设备等钢结构系列产品，强大的海外项目管理团队与美国 BECHTEL、FWC，欧洲 ALSTOM，印度 RELINCE，韩国 HHIC 等大型总包商及业主都建立了长期的战略合作关系，承建国内外各类钢结构工程 2000 余项，获得鲁班奖、詹天佑奖、中国钢结构金奖等百余项，钢结构出口美国、沙特阿拉伯、阿联酋、新加坡、菲律宾、印度、越南、韩国、多米尼克、阿尔及利亚等国。

1.3　工程重难点

（1）体量巨大，结构复杂。屋盖中央刚性环分别由内压环、内拉环、内圈环梁、内圈网格

梁等多组合结构构成，内压环直径达到 25m，材质采用 Q390B、Q420GJ 等多种高建钢；体育馆外圈 32 根 Y 形柱相互连接形成的圆锥形结构在施工过程中受力复杂多变，对钢构件的加工精度、安装精度、焊接变形等都提出了极高的要求。

（2）环境复杂，场地受限。场馆中心地面看台占用场内大部分空间，下方的地下结构使得施工作业区大幅度缩减，现场场地条件极为有限。

（3）BIM 综合应用。公司采用 BIM 软件合理分段，并通过虚拟预拼装技术，检验加工及安装精度，优化 Y 形柱连接节点，减少现场作业工序，确保现场施工质量与安全（图 3）。

利用 BIM 技术对施工现场进行整体规划，对其中的临水临电、绿色施工、安全文明等进行合理部署，做到各施工分区明确合理，可视化组织实施（图 4）。

 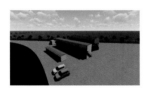

图 3　钢结构虚拟预拼装　　　图 4　现场场地规划

2　BIM 团队建设及软硬件配置

2.1　制度保障措施

根据项目特点以及项目应用需求，结合工程项目管理"四控三管一协调"的管理方针，BIM 应用涵盖项目施工前期准备阶段、施工阶段、竣工阶段共 3 个阶段，采取"总体规划，分阶段实施，全过程管理"的制度保证体系，从源头保障项目的顺利实施。

2.2　团队组织架构（图 5）

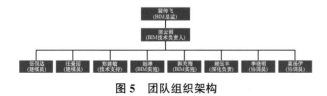

图 5　团队组织架构

2.3　软件环境（表 1）

软件环境　　　　　　　　　　表 1

序号	名称	项目需求	功能分配
1	Revit 2020	三维建模	创建、整合模型
2	Tekla Structures 19.0	三维建模	钢结构深化、建模
3	Fuzor	三维模拟	虚拟漫游、模拟施工
4	Midas Gen2019	施工过程验算	有限元计算
5	Lumion 9.0	效果增幅	效果渲染
6	品茗 BIM 施工策划软件	场景布置	三维场布
7	SketchUp	模型渲染	三维模型建立和输出
8	Navisworks	三维建模、管线检查	漫游、综合管线碰撞

2.4　硬件环境（表 2）

硬件环境　　　　　　　　　　表 2

序号	名称	配置	图片
1	台式电脑（2 台）	主板：i7 10700　内存：ddr4-3000mhz 16G×2　显卡：七彩虹 2060 6G ULTRA	
2	笔记本电脑（2 台）	主板：CPU-Intel i7　内存：16G　固态硬盘 512GB	
3	移动端设备（6 部）	iPhone(256GB)	

3　BIM 技术重难点应用

3.1　基于 BIM 技术的组合支撑体系设计计算及全过程施工模拟

（1）本工程根据结构图纸，初步拟定施工方案，通过 Revit 2020 软件模拟施工方案中的分段及支撑布置，并对方案的可行性和合理性从多维度角度进行分析（图 6）。

中心环次支撑数量：7 个。

中心环主支撑数量：14 个。

径向桁架支撑数量：28 个。

（2）根据施工方案，真实模拟施工顺序，采

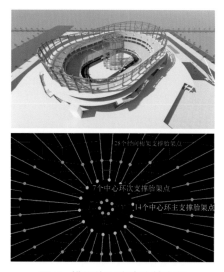

图6　模拟施工方案支撑布置

用 Midas Gen 2019 对施工各阶段进行有限元分析，确保结构分段合理、施工便利（图7）。

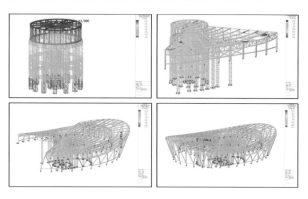

图7　Midas 软件全过程有限元计算

（3）利用 BIM 技术建立各阶段、工况的现场平面布置模型和调整时间节点，为现场平面管理提供直观形象的依据，利用 BIM 模型并结合吊装方案，进行可视化交底（图8）。

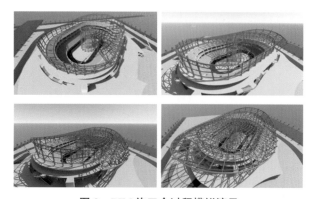

图8　BIM 施工全过程模拟演示

3.2　BIM 与其他专业的协同应用

采用 BIM 软件进行机电与各专业之间的管线碰撞检查，根据检查结果、规范要求、施工要求进行管线综合优化，保证机电管线走向合理、美观、适用（图9）。

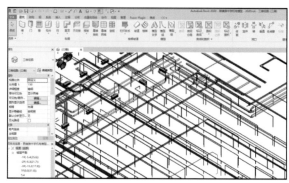

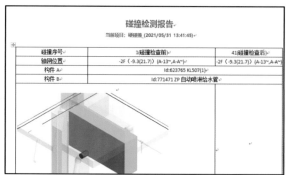

图9　机电管线碰撞检测与优化

3.3　钢结构 BIM 应用总结

海口市五源河文体中心项目作为海南省建省30 周年献礼工程，在项目设计、施工乃至运维过程中全面应用 BIM 技术，解决了在设计和施工过程中的方案可视化、设计优化、综合管控等诸多方面难题并收获实效。

通过 BIM 在钢结构施工中的应用，更高效地完成了钢结构的高空对接工作，主体结构工期比原计划节省了 36 天，进一步节约了施工过程中的各项成本，提高了工程建设质量与项目综合管理水平，推动了 BIM 的宣传并加强了 BIM 技术人员的知识储备，得到了业主、监理、总包单位的一致好评。

团队精英介绍

裴传飞
浙江大地钢结构有限公司董事长

高级工程师

浙江省钢结构行业协会副会长，专家库成员。主要从事建筑施工管理工作，先后负责 SYSTEM 装配式钢结构等体系的建立，参编行业标准 1 项，发表核心期刊 7 篇，授权发明专利 5 项，实用新型专利 11 项。

田云雨
浙江大地钢结构有限公司技术中心经理

高级工程师
一级建造师

长期从事钢结构施工管理、施工技术、建筑信息化等工作，多次获得全国、浙江省优秀项目经理，主持多个省级 BIM 应用竞赛，成绩优异，主持或参与省（部）级课题 4 项，授权专利 18 项。

伍俣达
浙江大地钢结构有限公司技术中心 BIM 工程师

工程学士
工程师

主要负责 BIM 团队建设并提供相关技术指导，参与并完成多项大型体育馆及机场项目的 BIM 数字化信息技术研究工作，荣获多项省级、国家级 BIM 大赛奖项。

汪爱园
浙江大地钢结构有限公司技术中心 BIM 工程师

工程师
二级建造师

主要从事钢结构超危大方案编制论证与工程创优工作，先后荣获多项省级、国家级 BIM 大赛奖项。发表论文 1 篇，授权发明专利 1 项，实用新型专利 4 项。

郑建敏
龙元明筑科技有限责任公司技术总监

高级工程师
一级建造师

长期从事装配式钢结构建筑体系研发与技术推广，为长三角建筑工业化联盟专家、海南省装配式建筑专家，获专利 16 项，参编 9 项行业及团体标准，主导完成 5 项省（部）级课题，获上海土木工程学会科技进步奖等 5 项奖项。

赵峰
浙江大地钢结构有限公司项目经理

工程师
一级建造师

毕于浙江工业大学土木工程系，长期从事钢结构施工管理工作，对场馆类项目有较深的经验，主要负责的项目荣获"中国钢结构金奖" 1 项，"浙江省金刚奖" 1 项，曾获"全国钢结构工程优秀建造师"等称号，发表论文 4 篇，授权发明专利 1 项，实用新型 2 项。

李晓明
浙江大地钢结构有限公司行政部主任

高级工程师

主要从事钢结构施工技术管理工作，先后参与多项课题研究及参评工作。曾获上海市金属结构行业协会优秀技术员称号。发表核心期刊 3 篇，授权发明专利 2 项，实用新型专利 7 项。

赖伍丰
浙江大地钢结构有限公司设计院院长

工程师
一级建造师

长期从事钢结构设计、深化设计、项目管理、钢结构数字化信息技术研究工作。主持参与了多项超高层、国家大型场馆的技术信息处理及管理工作，荣获多项中国钢结构金奖。

郭关海
浙江大地钢结构有限公司项目经理

工程师
一级建造师

长期从事钢结构施工管理工作，担任过多个大型钢结构项目负责人，如世博轴阳光谷、甘肃会展五星级酒店、无锡银辉超高层双子楼、瑞金体育场、海口五源河体育馆，参与过多项大型钢结构施工课题研究，项目多次荣获中国钢结构金奖。

莫汤伊
浙江大地钢结构有限公司行政部

工程师

主要从事钢结构项目宣传交流工作，打造项目展示交流和成果转化运用平台，先后组织多项课题研究及成果展示工作，致力于装配式钢结构建筑体系的研发与技术推广。

康复大学——体育馆项目钢结构 BIM 技术创新应用

中启胶建集团有限公司，青岛泰龙钢构有限公司

张牲　郑建国　杨兆光　王集弘　胡文杰　张超　张智　金万里　刘圣国　王来宾

1 项目概况

1.1 项目简介

康复大学由山东省主管，残联、卫健委等部门共同建设，驻地青岛市红岛高新区。项目总建筑面积 48240.17m²，主要包括康复大学项目学部、体育馆、国际学术交流中心等部分（图 1）。其中，体育馆建筑面积 16134.44m²（图 2）。

图 1　项目鸟瞰图

图 2　体育馆效果图

体育馆主要为学校体育活动、体育康复训练及各类运动赛事比赛活动用场地，包括体育馆（混凝土＋弦支穹顶结构）与游泳馆（屋盖为张弦梁）部分（图 3）。地上建筑面积：14139.28m²，

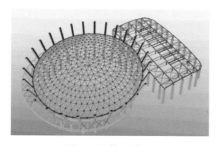

图 3　结构示意图

地下建筑面积 1995.16m²。主体地上 2 层，地下 1 层，建筑高度 23.5m。

1.2 公司简介

中启胶建集团有限公司始建于 1949 年 9 月，1999 年改制为股份制公司，拥有房屋建筑工程施工总承包特级资质，装饰装修、钢结构、机电设备安装等专业承包一级资质，享有对外承包工程经营权，通过国家一体化体系认证，为全国优秀施工企业、全国守合同重信用企业、全国建筑业 AAA 信誉企业。

公司具有行业领先的科技研发和设计能力，是首批全国科技创新建筑施工企业和全国建筑业科技进步与技术创新先进企业，拥有省级企业技术中心。企业综合实力位居青岛市建筑业综合十强企业、青岛市百强企业、山东省建筑业五十强企业、中国建筑业竞争力百强企业。

1.3 工程重难点

新材料、新设备、新工艺、新技术"四新技术"的引进、研发和推广，是集团和公司战略的重要内容。公司领导一贯重视这项工作，给予了人、财、物的大力支持。同时，建设单位积极响应国家政策，鼓励使用 BIM 技术，并在合同中明确 BIM 使用要求。

因体育馆项目的特殊性，项目过程资料多且各专业交叉协调难度大，肩负责任重：本项目包含众多专业系统，各专业由多种软件建模而成，多种格式的模型兼容、定位与及时更新维护，都需要提前做好详尽的规划。附属设施，需提前投入使用，工期要求紧。

交付模型精度要求严格，专业程度高：钢结构模型由施工单位完成，体量大；设计单位采用 Revit 建立统一模型进行协调，拆分后，对特殊节点采用 Tekla 深化。

2 BIM 团队建设及软硬件配备

2.1 制度保障措施和团队组织架构

为保证 BIM 团队的良好运行，集团公司于 2016 年 3 月成立 BIM 技术中心，以支撑多项目的 BIM 技术应用，从事项目 BIM 技术管理，为本单位 BIM 技术发展进行人员储备、团队培养。同时各项目依据实际情况确立各项目 BIM 组织团队（图 4），制定切实可行的 BIM 实施流程（图 5），完善人员培训制度，确保运行过程流畅无碍。

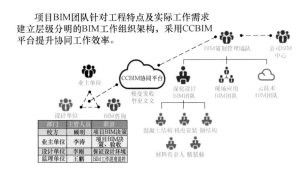

图 4 项目 BIM 组织架构人员

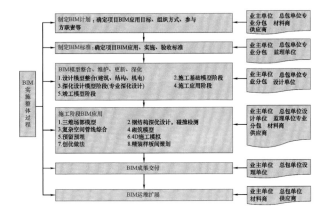

图 5 BIM 实施流程

2.2 软件环境

本工程采用 Tekla、Revit、Navisworks、3d Max 等软件（表 1）进行综合 BIM 应用。深化设计运用 Tekla 等软件实现数据交互，实现翻模验证、出图和算量等功能。

软件环境　　　表 1

序号	名称	功能分配
1	Tekla	用于构建钢结构模型
2	Revit	用于构建土建模型
3	Sketchup	配合场布软件制作模型
4	广联达 BIM5D	BIM 平台，用于工程量的综合导出以及 BIM 具体应用的实现
5	CAD	用于建筑施工图纸绘制
6	广联达场布软件	用于施工现场模型的场地布置
7	Navisworks	用于交付模型、检验碰撞
8	CCBIM	用于协同平台

2.3 硬件环境

硬件配备高性能服务器、citrix 虚拟桌面 3D 解决方案（图 6），为行业内高端成熟的技术。

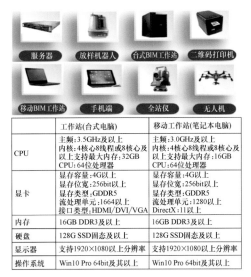

	工作站（台式电脑）	移动工作站（笔记本电脑）
CPU	主频：3.5GHz及以上 内核：4核心8线程或8核心及以上支持最大内存：32GB CPU：64位处理器	主频：3.0GHz及以上 内核：4核心8线程或8核心及以上支持最大内存：16GB CPU：64位处理器
显卡	显存容量：4G以上 显存位宽：256bit以上 显存类型：GDDR5 流处理单元：1664以上 接口类型：HDMI/DVI/VGA	显存容量：4G以上 显存位宽：256bit以上 显存类型：GDDR5 流处理单元：1280以上 DirectX：11以上
内存	16GB DDR3及以上	16GB DDR3及以上
硬盘	128G SSD固态及以上	128G SSD固态及以上
显示器	支持1920×1080以上分辨率	支持1920×1080以上分辨率
操作系统	Win10 Pro 64bit及以上	Win10 Pro 64bit及以上

图 6 硬件配置图

3 BIM 技术重难点应用

3.1 方案优化，加快决策进度、提高决策质量

（1）单体间截面、构造及节点等问题。由于游泳馆侧边桁架跨度大、截面类型多，导致结构焊缝对接频繁，斜腹杆截面大于竖腹杆。解决方法：对节点处进行优化（图 7）。

（2）发现游泳馆侧边桁架截面存在突变，对其结构可行性及整体协调性存在质疑。与设计院反馈验证后，进行节点深化（图 8）。

（3）复杂柱安装模拟。劲性柱加劲板安装定位及安装顺序模拟（图 9）：先安装内侧筋板，再安装外侧筋板，加快安装效率、提高安装质量。

图 7　节点方案优化

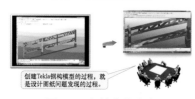

创建Tekla钢构模型的过程，就是设计图纸问题发现的过程。

图 8　可行性优化方案

图 9　施工顺序模拟优化

3.2　基于 BIM 模型的设计出图

（1）根据 BIM 模型，运用建模软件的图纸功能自动生成图纸，并对图纸进行必要的调整，同时产生供加工和安装的辅助数据（如材料清单、构件清单、油漆面积等）。

（2）导出深化图纸进行精确制作加工（图 10）。根据 BIM 模型导出的加工图纸，进行精确化加工。构件加工质量的准确度得到提升。

图 10　深化加工图纸

3.3　造价成本管理

快速算量，精度提升：Tekla 模型中的数据有可计量的特点，可准确快速地统计选定构件的用钢量，同时输出构件材质规格、数量、单重、总重及表面积等信息。根据构件类型、重量、材质等进行汇总、拆分、排序、对比分析等，为决策者制定工程造价等方面的决策提供依据。将造价估算控制在 3% 精度范围内，造价估算耗费的时间缩短 80%。

4　BIM 技术应用成果及创新

通过 BIM 技术的应用，本工程目前实现了约 23 万元的经济效益（表 2）。通过模型提高沟通效率 80%，节省不必要的沟通时间 50%；避免土建返工与材料浪费 30%。彻底达到了降本增效的效果。

经济效益分析　　　　　　　　　　　　　　　　　　　　　表 2

序号	应用	产生价格	经济效益计算原则	经济效益（元）
1	场地布置	避免现场材料浪费	现场物品的二次搬运，及场地的调整带来的费用	10000
2	模型深化及应用	加强对现场管控能力 避免返工	避免了因管理不到位而出现的质量安全问题，带来的返工	30000
3	图纸会审	避免返工 提高了沟通效率	130 处图纸会审，1 处 100 元计算	13000
4	施工方案	提高了施工方案的可行性	参与 22 项方案，平均每个方案产生价值 1000 元	22000
5	可视化交底	提高了沟通效率 避免了现场的返工	可视化交底模型约 20 个，每个产生 500 元价值，详图交底产生价值 5000 元，安全模型交底 5000 元	55000
6	进度管控	加强施工进度管控能力，避免因赶工追加的支出，节省因合理工期节约的工期支出	主楼 1 区，2 区提高封顶 1 个月，按每天 1000 元计算	30000
7	文件协同	提高沟通效率 加强协同合作	减少信息不对称造成的额外支出和减少沟通成本	30000
8	BIM 模型整合和维护	提高模型精度 加强协同	避免因为模型更新不及时造成的额外支出降低协同成本	40000
总计				230000

该项目 BIM 技术的应用，使得原有的项目管理模式发生了转变，在 BIM 信息参数化、项目精细化管理、绿色施工方面取得了很好的成果。这标示着项目 BIM 化运用取得了很大的成功。

目前，项目建造过程中已全方位应用了 BIM 技术，后续施工过程中将加大 BIM 技术应用力度。针对施工难点，进行全专业 5D 施工模拟，保证各专业有条不紊地进行。

同时，公司已制定计划三年内全面推广企业级的 BIM 技术应用。企业级的 BIM 技术应用已在经营投标管理、工程策划、施工管理、物资及成本管理中采用，改造管理流程，提升管理方式，实现精细化的管理。

A132 康复大学——体育馆项目钢结构 BIM 技术创新应用

团队精英介绍

张　甡
中启胶建集团有限公司总工程师，副总经理

高级工程师、一级建造师、注册安全工程师；山东省五一劳动奖章、全国优秀项目经理；国家优质工程奖过程咨询专家、国家装饰奖评审专家

长期从事工程管理。研发了发明专利、实用新型专利等十余项；撰写的十余项成果荣获山东省建筑业技术创新奖；组织编写了二十余项省级工法，发表论文 8 篇，独著 1 部。

郑建国
中启胶建集团有限公司副总工

高级工程师；青岛市 BIM 技术应用专家库专家；山东省新时代岗位建功劳动竞赛标兵个人

长期从事建筑工程项目质量技术管理等工作，主持发明专利 26 项、山东省省级工法 18 项、国家级 QC 活动成果 12 项、发表专业论文 6 篇，主持现场 BIM 技术应用及智慧化工地建设等现代化数字管理，形成国家级 BIM 竞赛成果 2 项，省、市级 BIM 竞赛成果 6 项。

杨兆光
中启胶建集团有限公司项目经理

一级建造师
高级工程师

组织、协调人员进行各专业 BIM 模型的搭建、建筑分析、二维出图等工作。负责各专业的综合协调工作。负责 BIM 交付成果质量管理，组织解决存在的问题。授权实用新型专利 2 项、发表专业论文 3 篇。

王集弘
中启胶建集团有限公司技术总工

一级建造师
高级工程师

负责各专业的综合协调工作。负责 BIM 交付成果质量管理，组织解决存在的问题。具有丰富的行业实际项目的施工与管理经验、独立管理大型 BIM 建筑工程项目的经验。授权实用新型专利 4 项、发表专业论文 2 篇。

胡文杰
青岛泰龙钢构有限公司副总工

一级建造师
高级工程师

从事钢结构工程现场施工管理工作，负责创建 BIM 模型、基于 BIM 模型创建二维视图、指定 BIM 信息；配合项目需求，负责 BIM 可持续设计。授权发明专利 1 项，发表专业论文 2 篇。

张　超
中启胶建集团有限公司钢构 BIM 制图员

一级建造师
高级工程师

具备建筑、结构、暖通、给水排水、电气等相关专业背景，负责收集、整理各部门、各项目的构件资源数据及模型、图纸、文档等项目交付数据；授权实用新型专利 3 项、发表专业论文 3 篇。

张　智
中启胶建集团有限公司钢构 BIM 制图员

二级建造师
工程师

具备土建、水电、暖通、工民建等相关专业背景，具有丰富的建筑行业实际项目的施工与管理经验，熟悉 BIM 建模及专业软件。授权实用新型专利 5 项，发表专业论文 3 篇。

金万里
中启胶建集团有限公司钢构 BIM 工程师

二级建造师
工程师

协助项目负责人、建筑师、工程师完成从方案到施工图阶段的绘图工作；具备建筑、结构、机电专业知识及施工图识图能力；掌握企业 BIM 软件、二维制图软件的使用。授权实用新型专利 1 项，发表专业论文 2 篇。

刘圣国
中启胶建集团有限公司钢构 BIM 工程师

二级建造师
工程师

负责创建 BIM 模型、基于 BIM 模型创建二维视图、添加指定 BIM 信息；配合项目需求，负责 BIM 可持续设计。授权实用新型专利 2 项，发表专业论文 2 篇。

王来宾
中启胶建集团有限公司钢构系统管理员

二级建造师
工程师

负责 BIM 应用系统、数据协同及存储系统、构件库管理系统的日常维护、备份等工作；负责各系统的人员及权限的设置与维护；负责各项目环境资源的准备及维护。授权实用新型专利 1 项，发表专业论文 1 篇。

南太湖新区滨湖东单元 TH-07-01-13A 地块总部商务综合楼

浙江大东吴建筑科技有限公司

郑文阳　王昊楠　杜俊豪　王立杭　李伟斌　吴泽丙　周康谊　徐超然

1 工程概况

1.1 项目简介

南太湖新区滨湖东单元 TH-07-01-13A 地块总部商务综合楼开发建设项目位于浙江省湖州市吴兴区湖山大道，本工程总用地面积 14976m²，建筑面积约 57726m²，其中地上建筑面积约 45077m²，地下建筑面积约 12613m²，由1号、2号塔楼（含钢结构）和3～7号多层组成（图1）。质量目标为达到绿建二星级要求。

图1　项目效果图

地上由7个结构单元组成，从西侧至东侧分别为1～6号楼及宴会厅。本工程结构形式为钢管混凝土框架结构，抗震设防烈度为6度，为一类高层公共建筑。地下1层，地上共12层，底部标高−6.800m，顶部标高为57.100m，塔楼分内框和外框，主要由圆管混凝土柱和箱形混凝土柱组成。

1.2 公司简介

在中国大力推动绿色建筑、数字建造、实现双碳目标的背景下，浙江大东吴建筑科技有限公司坚持"新模式、新合作、新工艺、新平台、新技术"的原则，斥巨资打造绿色建筑集成产业基地，驱动装配式技术创新，成功开发"东吴云"建筑全生命周期智慧管理平台，联动全产业链资源，打造聚合通洽的协作优势，形成研发、设计、采购、制造、施工的 REPMC 服务模式，为客户提供一体化解决方案，致力成为绿色装配式建筑的行业领导者。

浙江大东吴建筑科技有限公司的建筑产品已覆盖大型场馆、住宅、学校、医院、办公、酒店，以及工业建筑和新农村建筑等领域，拥有成熟的钢结构建筑技术与经验积淀，以完整的全产业链资源管理优势，增强各环节的同构效应，为客户建筑项目提供 EPC 总承包服务，以持续创新实现企业变革发展。

2 BIM 团队建设及软硬件配置

2.1 团队组织架构

项目 BIM 团队针对工程特点及实际工作需求建立层级分明的 BIM 工作组织架构（图2），采用远端平台提升协同工作效率。

部门	主管人员	职责
项目BIM总协调	娄峰	负责协调、组织落实、检查项目总牵头
BIM设计阶段总负责人	郑文阳	负责BIM设计阶段进度安排、模型把控及平台应用
BIM施工阶段总负责人	乐立军	负责BIM施工阶段进度安排、模型把控及平台应用
建筑设计BIM工作组	郑建华	负责建筑设计、模型把控及平台实施
结构设计BIM工作组	李慧	负责结构设计、模型把控及平台实施
暖通设计BIM工作组	倪建强	负责暖通设计、模型把控及平台实施
给水排水设计BIM工作组	徐超然	负责给水排水设计、模型把控及平台实施
强弱电设计BIM工作组	杜俊豪	负责结构设计、模型把控及平台实施
土建施工BIM工作组	许秀林	负责现场模型把控及平台实施
机电安装BIM工作组	邵渠	负责现场机电模型把控及平台实施

图2　团队组织架构图

2.2 软件环境（图3）

图3 软件环境

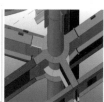

图4 设备配置情况

2.3 硬件环境

项目为BIM团队配备能胜任本次项目BIM技术工作的电脑设备、个人终端和网络构架，至少一台模型整合工作站以及相关数量个人电脑；现场施工队伍每班至少一台移动个人终端。设备配置情况如图4所示。

3 BIM技术重难点应用

（1）钢结构节点优化

通过Tekla结合Revit软件进行二次深化设计，贯穿于从设计至加工和施工的结束全过程，通过计算设立现场临时辅助支撑，通过二次验算分析分段安装的变形，如图5（a）为原设计节点，图5（b）、（c）为优化后钢结构连接节点，通过钢结构专业优化减少了一道焊缝，降低了安装难度，同时不影响结构稳定性，减少钢材加工工序。

图5 钢结构节点优化
(a) 优化前 (b) 优化后（一） (c) 优化后（二）

（2）多专业协同设计

三维管线综合预留预埋：给水排水管道水需排出室外，从地下室至覆土层需要钢梁开孔。BIM模型确定管道出室外孔洞，通过管线优化确定开孔位置，提出预留钢梁孔洞62处，通过钢结构设计师确认后，出具正式预留孔洞图后开孔预留。

协同设计模型见图6，三维技术交底见图7。

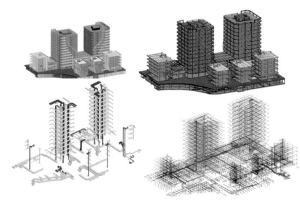

图6 协同设计模型

三维管线综合深化设计

本项目进行全专业正向设计、深化，建立BIM模型，完成设计图纸，实现实施区段施工三维技术交底。

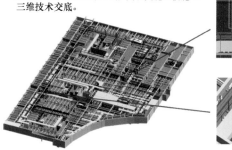

图7 三维技术交底

（3）三维管线综合机房深化设计

制冷系统管道管径较大，为了减少翻弯，结合设备特点及规范要求，对管线及设备综合排布，尽量以管线不交叉为原则，统一流向，达到节能效果，设备与设备之间考虑走道行走空间。布置支吊架需考虑承重，在抗震位置需做抗震支架。设备考虑减震措施，每个设备都有可靠的接地措施。通过对冷冻机房的深化与布置，可以更直观地查看该位置的管道布置，参照规范要求布置减震防雷等措施，使模型与实际现场统一，真正实现虚拟建造的过程（图8）。

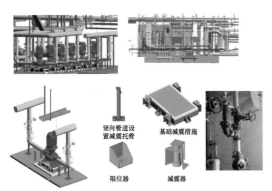

图8 三维管线综合机房深化设计

（4）三维场布、施工模拟（图9）

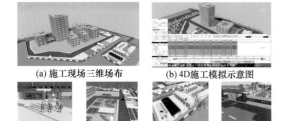

图9 三维场布、施工模拟

（5）多专业协同工作

项目利用BIM协同平台解决设计深化交互工作，并支持多端口登录，提升工作效率。

（6）生活临建、安全措施（图10）

(a) 项目施工电梯 　　　 (b) 安全防护栏杆

图10 生活临建、安全措施

（7）设计管理平台应用

公司采用广联达鸿业云协同平台，基于BIM理念，与云服务器架构构建协同化设计平台，通过模型提取信息，实现信息协同、成果管理、标准落地、资源共享，目前已有20余个项目进行了全面实施（图11）。

公司自主研发东吴云施工管理平台全生命周期应用，目前深度应用在建项目20余项。主要应用在进度管控、质量管控、安全管控等方面。

图11 施工管理平台应用

A142 南太湖新区滨湖东单元 TH-07-01-13A 地块总部商务综合楼

团队精英介绍

郑文阳
浙江大东吴建筑科技有限公司 BIM 研发应用所所长

二级建造师
助理工程师

主要从事建筑信息化相关工作，负责 BIM 正向设计研究、dynamo 程序开发、"东吴云" BIM 协同管理平台（包括东吴云施工管理平台、东吴云生产管理平台、东吴云仓储管理平台、东吴云公司管理平台）开发与应用及相关课题研究。发表核心期刊论文十余篇。

王昊楠
浙江大东吴建筑科技有限公司 BIM 工程师

二级建造师
工程师

主要从事正向设计研究、BIM 深化设计、BIM 设计管理平台与施工管理平台应用工作，获得多项 BIM 类设计大奖，发表核心期刊论文十余篇，获得专利 2 项，参与三十多个 BIM 深化设计项目。

杜俊豪
浙江大东吴建筑科技有限公司 BIM 工程师

助理工程师

主要从事正向设计研究、BIM 深化设计、BIM 设计管理平台与施工管理平台应用工作，获得多项 BIM 类设计大奖，发表核心期刊论文十余篇，获得专利 2 项，参与三十多个 BIM 深化设计项目。

王立杭
浙江大东吴建筑科技有限公司 BIM 工程师

主要从事 BIM 技术的应用、落实和负责施工管理平台等相关工作。参与多个项目的 BIM 全过程应用工作，以及建模软件的开发工作。

李伟斌
浙江大东吴建筑科技有限公司 BIM 工程师

优秀毕业生

长期从事 BIM 技术工作，与团队参与 BIM 技能大赛，获第二届工程建设行业 BIM 大赛三等成果奖；从事 Dynamo 应用开发工作，已经申报 Dynamo 应用相关的专利 2 项。

吴泽丙
浙江大东吴建筑科技有限公司 BIM 工程师

工学学士

主要从事 BIM 技术的应用、落实和负责施工管理平台等相关工作。参与多个项目的 BIM 全过程应用工作，以及建模软件的开发工作。

周康谊
浙江大东吴建筑科技有限公司 BIM 工程师

优秀毕业生

从事 BIM 相关工作，参与探索基于 Revit 钢结构正向设计出图的应用过程，曾获第二届工程建设行业 BIM 大赛三等奖及其他奖项。参与多个项目的 BIM 全过程应用工作，以及建模软件的开发工作。

徐超然
浙江大东吴建筑科技有限公司 BIM 工程师

优秀毕业生

曾获工程建设行业 BIM 大赛三等奖，浙江省数字建造创新应用大赛房建综合组二等奖，参与多个项目 BIM 全过程应用，参与正向设计研究、开发建模软件等工作。

芜湖宇培钢结构厂房 BIM 技术应用

安徽省工业设备安装有限公司

吴继成　张崇希　许俊杰　夏巧燕　蒯杰　夏国祥　夏辉　李多德

1 项目简介

1.1 项目简介

项目地点：芜湖市三山经济开发区（图1）。

建筑面积：78119.87m²。

结构特点：厂房由3个单体钢结构工程组成，其中1号PC车间建筑面积为37680.31m²，2号PC车间建筑面积为31465.08m²，露天跨占地面积为8974.48m²。高跨区域为1号PC车间1～6轴至J～K轴，2号PC车间1～6轴至C～D轴。厂房纵向长度245m，横向长度331m，最大跨度40m，整体项目用钢总量约5100t，单件钢构最重为9.8t（图2）。

图1　项目鸟瞰图

图2　项目概况

1.2 公司简介

安徽省工业设备安装有限公司（以下简称

"安徽安装"）隶属安徽建工集团股份有限公司，成立于1958年9月1日，是集安装、土建、制造、运输、吊装、检测等多种专业于一体的大型综合性施工企业。现为安徽省安装行业龙头企业，安徽省安装和机械设备协会会长单位，安徽省钢结构协会理事单位。

公司拥有4项鲁班奖、12项"黄山杯"、1项"扬子杯"、2项中国市政金杯奖、7项中国安装工程优质奖、1项中国钢结构金奖。公司被认定为"安徽省最佳品牌企业"，获得"合肥市建筑业新技术应用先进企业""全国安装行业先进企业""全国优秀企业施工企业""安徽省诚信企业""安徽建筑行业十大金口碑单位""安徽省环境保护优秀施工示范单位"等诸多荣誉。

1.3 工程重难点

（1）受超长大面积厂房定位轴线控制严格、空间体系形位偏差控制严格、行车梁安装精度质量要求高等影响，若采用通常静态一次放线、各自独立找正，不进行动态测量复核，由于误差积累，会影响钢结构构件安装施工质量。

（2）在本工程项目中，钢结构吊装构件重量大、跨度大，容易在吊装过程中出现变形，如何保证钢构件在吊装时不发生扭曲变形是重点。同时本工程项目在吊装过程时精度要求高、控制难，现场钢梁安装施工速度慢，如何保证安装精度及安装进度是难点。

（3）为减小温度变化对钢结构厂房产生的温度应力，对超过规范允许的温度区段长度的钢结构厂房，通常需要设置温度伸缩缝来减小温度应力的影响。因此如何从构造角度来实现控制大跨度钢结构厂房温度应力，达到设置温度收缩缝的效果，是施工建造过程中的一大技术难点。

（4）大面积钢结构屋面板安装，若采用传统的夹心彩钢板用螺钉固定于檩条，往往因搭接板区域抵抗变形能力较弱，在风力及重力作用下更易发生塑性变形，从而导致屋面系统失效、漏水等现象发生。如何有效解决大面积屋面板漏水问题在大跨度钢结构厂房中至关重要。

2 BIM团队建设及软硬件配置

2.1 制度保障措施

项目初期，编制项目BIM应用实施策划书，确保在项目中开展BIM应用和实践，可解决以下问题：

（1）通过对本项目的建筑、结构进行三维模型搭建，达到三维可视化交底的目的。

（2）通过施工前期三维场地布置，达到合理优化施工用地和吊装方案优选。

（3）通过对项目整体和内部的漫游，形象化展示项目场景，展示项目建成全貌。

（4）通过对BIM技术专业的碰撞检查，进行合理施工，对施工步骤进行综合优化。

2.2 团队组织架构（图3）

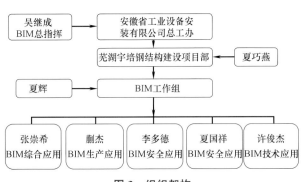

图3 组织架构

2.3 软件环境（表1）

软件环境 表1

序号	名称	项目需求	功能分配
1	Revit 2016	三维建模	建模
2	Navisworks 2016	审核模型、三维漫游、模拟施工	动画演示

2.4 硬件环境

本项目BIM部分技术工作配备了电脑设备和网络构架，一台模型整合工作站以及相关数量个人电脑，均能满足BIM运行环境，正常办公。

3 BIM技术重难点应用

（1）BIM信息模型的创建，包含主体元素、施工过程元素的模型创建。根据施工单位各个工况的施工总平面布置图，针对场内各阶段的施工部署进行BIM模型搭建（图4）。

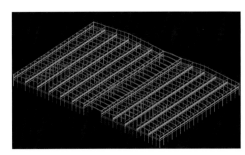

图4 厂房整体

（2）节点构造设计。采用钢梁一端为滑移的设计方式，滑移安装方式为滚轴式水平方向移动，滑动支座节点主要由滚轴槽床、滚轴、滚轴槽、槽钢挡板以及立柱牛腿等部分构成。设置滚轴式滑动支座连接点，厂房在后期受环境影响下可以自由滑动，以此消除两座厂房因沉降、热胀冷缩等因素而产生的应力，提高了结构抗变形能力（图5）。

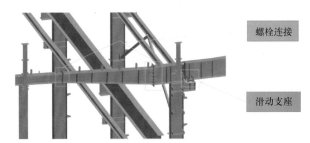

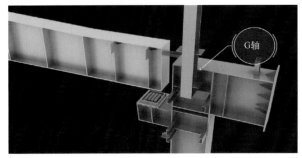

图5 滑动支座示意

（3）露天连廊钢结构工程主钢结构骨架较为单一，但跨度较大，中间系杆、檩条等较多。露天跨内部空间较大，适合堆放材料及吊车吊装作业，所以本工程适合跨内吊装。钢梁吊装采用四点对称绑扎，索具与梁的夹角不小于 45°，钢梁基本为对称结构，为三节钢梁现场组装，整跨钢梁吊点选择如图 6 所示。

图 6　40m 跨梁多吊点整体吊装

（4）360°直立锁边大面积屋面板安装施工技术。该施工技术设计了板材公肋、滑动支架与板材母肋三部分组成的屋面板连接节点，三者主要靠机械咬合方式形成统一整体。该施工技术应用中屋面板具有很好的密封性，滑动支架的设置有效加强了屋面板的抗风性能，解决了传统屋面板存在的漏水问题；同时整个屋面板上见不到铆钉，外观整体性更为优越，具有良好的社会应用前景（图 7）。

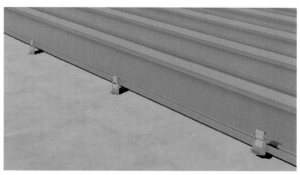

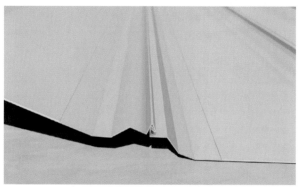

图 7　360°直立锁边屋面板安装

A156 芜湖宇培钢结构厂房 BIM 技术应用

团队精英介绍

吴继成
安徽省工业设备安装有限公司总工程师

硕士研究生
二级建造师
一级造价师
正高级工程师

领导公司技术管理、创新管理等工作，主持的淮河试验研究一期工程荣获中国钢结构金奖，获省级 QC 成果、工法成果 8 项，拥有 10 项专利权，发表论文 3 篇。

张崇希
安徽省工业设备安装有限公司项目副经理

本科
二级建造师
工程师

负责项目 BIM 模型的应用工作，负责定期与项目人员沟通，配合项目的 BIM 工作，出具报告，进行模型的日常维护。

许俊杰
安徽省工业设备安装有限公司部门主管

本科
工程师
公司 BIM 小组成员

负责项目 BIM 模型的应用工作，负责定期与项目人员沟通，配合项目的 BIM 工作，出具报告，进行模型的日常维护。获省级 QC 成果、工法成果 2 项。

夏巧燕
安徽省工业设备安装有限公司项目经理

本科
一级建造师
工程师

主持公司技术管理、创新管理等工作，主持的芜湖宇培钢结构项目荣获"皖钢杯"，获省级 QC 成果、工法成果 2 项，拥有 2 项专利权。

蒯 杰
安徽省工业设备安装有限公司项目技术负责人

本科
二级建造师
工程师

负责项目 BIM 模型的应用工作，负责定期与项目人员沟通，配合项目的 BIM 工作，出具报告，进行模型的日常维护。

夏国祥
安徽省工业设备安装有限公司分公司副经理

本科
高级工程师

负责项目 BIM 模型的应用工作，负责定期与项目人员沟通，配合项目的 BIM 工作，出具报告，进行模型的日常维护。

夏 辉
安徽省工业设备安装有限公司总工办副主任

本科
一级建造师
注册安全工程师
高级工程师

主持公司技术管理、创新管理等工作，主持芜湖宇培钢结构厂房项目 BIM 技术应用，获省级 QC 成果、工法成果 4 项，出版著作《全国二级造价工程师资格考试应试指南》（安装工程）。

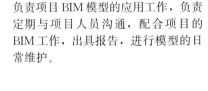

李多德
安徽省工业设备安装有限公司分公司副经理

本科
高级工程师

负责项目 BIM 模型的应用工作，负责定期与项目人员沟通，配合项目的 BIM 工作，出具报告，进行模型的日常维护。

润德华城项目施工 BIM 技术应用

吉林省中润钢结构科技有限公司

杨丽奇　李旭光　孟庆家　尤奕月　孙黎明　赵海娟

1　工程概况

1.1　项目简介

项目地点：吉林省长春市宽城区。

建筑面积：单体建筑面积 13048.78m²。

建筑层数：地上 18 层，地下 1 层，建筑高度 52.65m（图 1）。

结构特点：装配式钢框架支撑结构。

图 1　项目效果图

润德华城项目 13 号楼、15 号楼主体结构采用严寒地区装配式钢结构建筑结构体系，是以钢框架支撑结构为核心，采用了方钢管混凝土柱、窄翼缘 H 型钢梁、H 型钢或方钢管支撑等标准化构件，通过规格少量的构件完成了主体结构的搭建，实现了构件的工厂化生产和装配化施工。以主体结构部件的工厂化制造为前提，奠定了新型建筑工业化的基础，运用了信息化技术手段，实现了设计与产品、设计与施工、设计与管理的融合。

1.2　公司简介

吉林省中润钢结构科技有限公司，成立于 2018 年 9 月，坐落于中韩（长春）国际合作示范区。企业注册资本金 1.59 亿元人民币，生产基地占地 22.6 万 m²，建筑面积 12.6 万 m²，是东北地区钢结构加工单体规模最大的装配式钢结构制造及建筑企业，年设计产能 10 万 t，主要承接钢结构建筑、钢结构桥梁、钢结构场馆和钢结构厂房四类钢结构工程建设项目，产品和服务可辐射东北大部及内蒙古东部地区。

公司非常重视技术研发工作，主编、参编了多个国家和地方标准，《严寒地区装配式钢结构住宅体系解决方案》获得了住房和城乡建设部科技与产业化发展中心的高度认可，参与了国家重点研发计划"高性能建筑结构钢材应用关键技术与示范"项目。

1.3　工程重难点

润德华城项目 13 号楼、15 号楼是吉林省第一个装配式钢结构高层住宅项目，公司技术人员主要从事传统混凝土结构和传统钢结构建筑，对装配式钢结构住宅施工的工艺工法不熟悉。

高层住宅水暖、电气等专业预留管线较多，而钢结构采用工厂化预制和现场拼装，可能造成后期在钢构件上打孔的情况，影响工程质量。

2　BIM 团队建设及软硬件配置

2.1　制度保障措施

（1）建立 BIM 实施小组，由总工程师担任组长，各 BIM 工程师及项目部技术岗位担任组员，定期沟通及时解决相关问题。

（2）购买足够数量的应用软件，配备满足软件操作和模型应用要求的硬件设备。

（3）根据总工期要求编制 BIM 实施进度计划，计划执行中出现偏差应及时纠偏。

（4）建立周例会制度，总结上周完成情况，解决工作中遇到的困难，制定下周工作计划。

（5）建立检查制度，每周检查 1 次模型的正确性、系统的执行情况、过程控制情况和变更的修改情况。

2.2　团队组织架构（图 2）

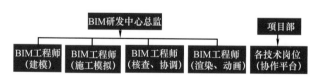

图 2　团队组织架构

2.3 软件环境（表1）

软件环境　　　　　　　　　　　　　　　　　　表1

序号	名称	项目需求	功能分配	
1	Revit 2018	三维建模	建筑、结构、机电	建模
2	Fuzor 2018	土建施工	建筑、结构、机电	施工模拟动画
3	Navisworks	图纸检查	建筑、结构、机电	碰撞检查
4	Tekla 19.0	深化设计	结构	制造、安装
5	Lmion 8.5	效果展示	建筑、结构	效果图、效果漫游
6	广联达钢结构算量	工程量统计、核查	建筑、结构、机电	工程量统计、核查
7	阿里钉钉BIM慧工程	协同平台	建筑、结构、机电	更改模型、工序等
8	BIMFACE	移动端可视化模型	建筑、结构、机电	指导现场施工
9	720yun	效果展示	建筑、结构	室内效果展示
10	Ps	效果展示	建筑、结构、机电	效果图修改
11	Pr	效果展示	建筑、结构、机电	效果视频展示

2.4 硬件环境

经市场调研和初步筛选，将企业未来发展和现实需求相结合。公司请BIM软件服务商、专业咨询机构提出建议，为BIM技术人员配备了高性能计算机、网络及存储服务器。

3 BIM技术重难点应用

3.1 基于BIM技术的三维模型设计

通过可视化仿真模拟，实现了结构体系和建筑围护系统以及内装和设备管线系统的协调，使生产工艺和装配工法与部品部件的产品特点相契合，彻底解决了传统建造方式下设计、施工和使用阶段的脱节问题，前置了使用阶段的功能需求、施工阶段的装配要求、生产阶段的工艺需要，实现了全专业的协同和全寿命周期的融合（图3）。

图3　建筑、结构、机电模型

3.2 基于 BIM 技术的品质构造可提高各专业图纸质量

各个专业在创建模型的过程中，会发现诸多图纸问题。如：构件尺寸标注不清、标高错误、详图与平面图无法对应等问题。在模型创建过程中将这些问题进行汇总，并进行内部核查、讨论，形成内部核查文件，与设计单位进行沟通、完善设计图纸，提高了沟通效率。

利用 BIM 技术，通过将 2D 图纸转换为 3D 图纸的搭建过程，将建筑、结构、机电等各个专业 BIM 模型进行整合，以排除由于版本错误导致的各个专业设计标高或位置对接错误的情况。3D 模型可视化、多系统统一的界面，可更加直观地发现问题，方便进行图纸检查。图纸的问题在施工之前就被发现并纠正，大幅减少图纸错误的遗漏，能够提高施工现场的生产效率，降低由于图纸问题造成的成本增加和工期的延误（图4）。

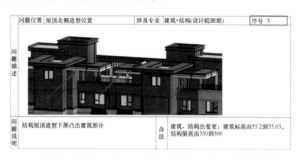
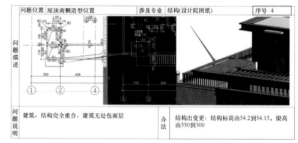

图 4 碰撞报告

3.3 基于 BIM 技术的施工与管理可实现集成项目交付 IPD 管理

根据 BIM 模型对施工现场进行科学的三维立体布局，可以直观地反映施工现场情况，减少施工用地，保证现场运输畅通，有效避免二次搬运的发生。

将 BIM 模型与进度计划进行关联，以时间轴的方式动态展示施工进度，形成可视化三维进度模型，实时监控实际进度与计划进度的偏差，及时制定纠偏措施，有效确保施工进度计划（图5）。

采用三维模型可视化交底，交底内容形象直观，并可以生成详图和剖面图，便于现场定位和找标高，提高交底效率。并且可以通过生成二维码，进行构件交底，使交底更加直观，也便于工人随时查看。

3.4 基于 BIM 的一体化集成设计技术

一体化集成设计技术是该住宅体系的精髓，通过采用 BIM 正向设计技术，实现了各专业的协同设计，以建筑专业为主，集成了装配式建筑部品部件的产品特点和制造信息，在设计阶段即完成了生产、施工、装饰、运维等各阶段的深度融合，完成了设计、生产、施工、管理一体化的新型建筑工业化的变革。

图 5 可视化施工进度（示意图）

A161 润德华城项目施工 BIM 技术应用

团队精英介绍

杨丽奇
吉林省中润钢结构科技有限公司总工程师

高级工程师
BIM 建模师

长期从事建筑工程技术研发工作，参与吉林省多项重点项目的施工建设，参编吉林省地方标准 2 项，获专利授权 2 项、二级施工工法 4 项，获中国施工企业管理协会科学技术进步二等奖 1 项。

李旭光
吉林省中润钢结构科技有限公司总经理

高级工程师
一级建造师
BIM 建模师

长期从事钢结构施工技术工作，主要负责 BIM 的技术质量管理、创新管理、BIM 正向设计等相关工作，获企业高级培训师资质，参编了吉林省装配式住宅地方标准，获东北区 BIM 技术应用大赛奖项等。

孟庆家
吉林省中润钢结构科技有限公司技术质量部经理

一级建造师
工程师
BIM 建模师

参与吉林省两横三纵快速路、南湖大桥翻建工程等多项工程，参与国家"十三五"重点研发课题"高性能建筑结构钢材应用关键技术与示范"项目的建设，参编 2 项吉林省工程建设地方标准，获专利授权 2 项，获东北区 BIM 技术应用大赛奖项等。

尤奕月
吉林省中润钢结构科技有限公司 BIM 工程师

BIM 高级建模师

长期从事建筑 BIM 设计，先后参与和负责完成了润德华城住宅项目、长北公铁桥、抚长收费站、玲珑轮胎等多项设计，获东北区 BIM 技术应用大赛奖项等。

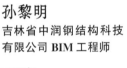

孙黎明
吉林省中润钢结构科技有限公司 BIM 工程师

工程师
BIM 建模师

主要从事钢结构深化设计工作，先后参与和负责完成了一汽轴齿工业园、一汽国际物流园、长春大唐热电等大型工业项目的深化设计，发明专利 1 项，发表论文 2 篇，获东北区 BIM 技术应用大赛奖项等。

赵海娟
吉林省中润钢结构科技有限公司深化设计主管

一级建造师
高级工程师
吉林省钢结构协会专家

长期从事钢结构设计，先后负责完成润德华城住宅项目、吉黑高速钢箱梁、抚长收费站等多项设计。参编了吉林省装配式住宅地方标准，获东北区 BIM 技术应用大赛奖项等。

BIM 技术在丝路国际体育文化交流培训基地建设项目施工中的应用

陕西建工机械施工集团有限公司，陕西建工钢构集团有限公司，
陕西省土木建筑学会建筑工程钢结构分会
李亮　王昆　胡生元　王晓亭　范建贞　陈振东

1　工程概况

1.1　项目简介

丝路国际体育文化交流培训基地项目位于陕西省西安市，是 2021 年第十四届全国运动会的重要场馆设施之一。项目建成后将为运动员进行赛前适应性训练提供保障，同时有利于促进西安体育事业的蓬勃发展。

本项目总用地约 22 万 m^2，净用地面积 17.3 万 m^2，总建筑面积 200133m^2，共计 6 个建筑单体，分别为综合训练馆、游泳跳水训练馆、室内田径馆及室外田径场看台、射击击剑馆、运动员公寓及食堂、外训交流中心及科研办公楼。

项目结构类型多，主要包括钢-混凝土组合结构（钢管混凝土柱、钢骨梁）、型钢桁架、网架（螺栓球、焊接球）、管桁架、屈曲约束支撑等。钢材最大板厚 50mm（Z15），材质主要为 Q355B。

项目相关图片见图 1～图 4。

图 1　项目总体鸟瞰图

1.2　公司简介

陕西建工机械施工集团有限公司（曾用名陕

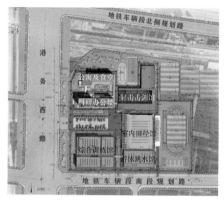

图 2　项目区位示意图

图 3　综合训练馆结构轴测图

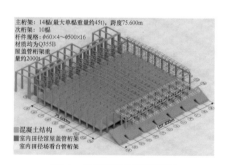

图 4　田径馆结构轴测图

西省机械施工公司、陕西建工集团机械施工有限公司）是陕西建工集团股份有限公司所属的、具有独立法人资格的国有独资企业。集团公司始建于 1955 年 5 月，具有公路工程施工总承包特级资质，建筑工程、市政公用工程施工总承包一级资

质，水利水电工程、机电工程施工总承包二级资质，公路路基工程、公路路面工程、桥梁工程、钢结构工程、地基基础工程、机场场道工程、城市及道路照明工程、环保工程专业承包一级资质，隧道工程专业承包、公路交通工程专业承包公路机电工程、公路交通工程专业承包公路安全设施二级资质，工程设计公路行业甲级、轻型钢结构专项甲级资质，地质灾害防治施工甲级资质，公路工程综合乙级试验检测资质，建筑金属屋（墙）面设计与施工特级资质，网格结构专项一级、膜结构工程专项三级资质。集团公司较早通过质量、环境、职业健康安全三个管理体系的标准认证。

1.3 工程重难点

图纸及成本管控是重点。本项目建筑单体多，工期紧迫，施工任务重，设计图纸变更频繁，涉及材料成本高，需要严格监管以达到降本增效的目的。

工期紧、施工任务重，全过程管控是重点。本项目为全国第十四届全运会的重要场馆设施，项目介质种类多，包含体育工艺、泛光照明灯多达42个专业工序，参建单位较多，组织协调难度大。

品牌价值高、社会影响力强。本项目对于企业在专业领域的BIM技术应用和市场拓展具有重要的战略意义，项目建成后成为具有国际领先水平的体育培养基地，促进陕西省体育事业的蓬勃发展。

2 BIM团队建设及软硬件配置

2.1 制度保障措施

为保证BIM技术在项目上的顺利实施，制定项目会议沟通机制，每周四开展BIM例会，定期召开模型交底会及BIM培训等，共召开相关BIM会议67次。确保各参与方能够了解项目BIM实施进展，BIM模型及应用问题通过会议沟通得到及时有效解决，从而保障项目实施质量。

2.2 团队组织架构

本项目BIM组织架构以业主为主导，项目经理为第一责任人。根据丝路国际体育文化交流培训基地建设项目的特点，施行分级管理和分级决策（图5）。

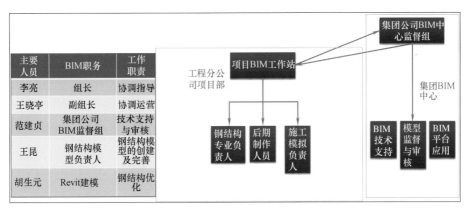

图5 BIM组织架构

2.3 软件环境（表1）

软件环境 表1

序号	名称	项目需求		功能分配
1	Revit 2020	土建、安装建模	结构、建筑建模	建模
2	Tekla 21.0	钢结构建模、图纸深化	结构	钢结构建模、钢结构图纸深化
3	Fuzor 2018	模板、脚手架设计	结构	模板、脚手架设计
4	3ds Max 2018	节点渲染	结构	节点渲
5	After effects	视频特效、视频编辑	—	视频特效、编辑

2.4 硬件环境（表2）

硬件环境　　　　　　表2

部件	型号
操作系统	Microsoft Windows 10 企业版（64位）
处理器	AMD Ryzen 7 1700 Eight-Core Processor 3.00GHz
主板	华硕 PRIME X370-PRO（AMD PCI 标准主机 CPU 桥）
内存	32GB（金士顿 DDR4 3000MHz）
主硬盘	三星 SSD 850 EVO 500GB（500GB/固态硬盘）
显卡	NVIDIA GeForce GTX 1080
显示器	戴尔 DELA0A3 DELL U2414H（24英寸）

3 BIM 技术重难点

3.1 节点深化

（1）针对混凝土梁与型钢柱节点钢筋排布与加腋问题，设计仅给出型钢方形、圆形两个节点大样，实际节点还有如靠墙、洞口、T形、高低跨等18种节点类型，设计节点远远不能满足实际施工要求（图6）。

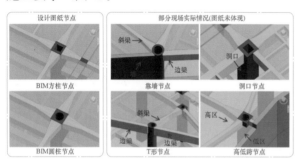

图6　图纸节点深化示意

（2）采取 Revit 建模的方式进行方案比选，形成基于 BIM 深化施工图的工作闭环流程，即从设计图纸-设计模型-模型深化-方案定稿-设计院确认-模型交底-现场实体样板施工-多方验收，到形成最终方案（图7）。

图7　深化流程

（3）通过 BIM 在钢筋、加腋节点中的应用，使各部门沟通协调效率提高30%（图8、图9）。

单层4万 m^2 车库原计划需要15天完成，实际完成时间12天，从而缩短了原计划梁柱节点的深化设计周期，为后续施工环节赢得了更多的时间。通过移动 App 虚实对比，三维交底，保证施工准确性。

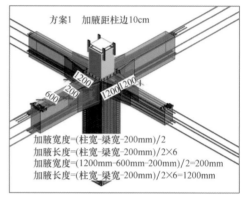

图8　节点模型

图9　实体照片

3.2 土方算量

（1）由于项目占地面积大，如土方高程坐标数据不准确将直接影响土方算量的准确度，导致经济损失。

（2）传统土方算量计算规则不明确，计算量大，通过 BIM 可视化可直观表现高程数据是否准确。

（3）关于 BIM 土方算量的资料及研究情况较少，因此在本项目开展相关研究。

通过 GPS 高程数据导入 Revit 软件生成基坑 BIM 模型，发现两处区域与实际设计和现场偏差较大，通过现场二次采点及设计补点，再次导入并对 BIM 模型进行优化，使其与基坑轮廓、高程保持一致，最终与南方 CASS 土方对比量差为 $-1217.54m^2$，与手算对比量差为 $-8768.56m^3$。

A165 BIM 技术在丝路国际体育文化交流培训基地建设项目施工中的应用

团队精英介绍

李 亮
陕西建工机械施工集团有限公司项目经理

工程师

长期从事钢结构施工管理工作，参与大型钢结构项目施工 10 余年。先后主持榆林体育中心（体育馆、游泳馆）及丝路国际体育文化交流培训基地建设项目等重大工程，获工程奖 3 项，拥有省部级科技成果奖 3 项、专利权 4 项。

王 昆
陕西建工机械施工集团有限公司商务部长

工程师

长期从事钢结构施工管理工作，参与丝路国际、陕西奥体、咸阳奥体等项目管理工作。

胡生元
陕西建工机械施工集团有限公司项目总工

工程师

长期从事钢结构施工技术工作，拥有 2 项专利，发表论文 2 篇，获国家级 BIM 奖项 2 项。

王晓亭
陕西建工机械施工集团有限公司丝路国际体育文化交流培训基地建设项目钢结构工程项目总工

一级建造师
工程师

长期从事钢结构施工技术工作，参与大型钢结构工程项目施工 10 余年。所参与项目曾获钢结构金奖 5 项，詹天佑奖 1 项，鲁班奖 1 项，国优奖 1 项，中国空间结构奖 1 项。个人曾获得中国建筑金属结构协会科学技术奖一等奖，拥有 4 项专利，获得省部级工法 5 项，发表论文 4 篇。

范建贞
陕西建工机械施工集团有限公司经营部部长

工程师

长期从事钢结构施工管理工作，参与丝路国际、陕西奥体、三星等项目管理工作。

陈振东
陕西建工机械施工集团有限公司项目经理

工程师

主要从事钢结构施工技术工作，参与大型钢结构项目工作 7 余年，所参与项目获得鲁班奖 1 项，钢结构金奖 5 项，国优奖项 1 项，中国空间结构奖 1 项，"长安杯" 2 项，获实用新型专利 4 项、省级工法 1 项，发表论文 2 篇，获国家级 BIM 奖项 1 项。